井筒完整性的标准、理论与应用管理

STANDARDS, THEORY, APPLICATIONS & MANAGEMENT OF WELL INTEGRITY

张绍槐　编著

石油工业出版社

内 容 提 要

本书主要阐述了井筒完整性的定义、功能以及从钻井建井作业、开采生产作业到井筒关停和报废作业为止，全生命周期内的标准，并对井筒完整性的失效、风险进行原因分析和理论研究。同时以生产作业阶段为主对井筒完整性的组织管理与运作进行了论述。

本书可供从事石油勘探开发的工程技术人员、科研人员及管理人员使用，也可供高校相关专业师生技术人员使用。

图书在版编目(CIP)数据

井筒完整性的标准、理论与应用管理/张绍槐编著. —北京:石油工业出版社,2019.3
ISBN 978–7–5183–3170–3

Ⅰ. ①井… Ⅱ. ①张… Ⅲ. ①井筒–完整性 Ⅳ. ①TD262

中国版本图书馆 CIP 数据核字(2019)第 036373 号

出版发行:石油工业出版社
　　　　(北京安定门外安华里 2 区 1 号楼　100011)
　　　　网　址:www.petropub.com
　　　　编辑部:(010)64523535　图书营销中心:(010)64523633
经　销:全国新华书店
印　刷:北京中石油彩色印刷有限责任公司

2019 年 3 月第 1 版　2019 年 3 月第 1 次印刷
787×1092 毫米　开本:1/16　印张:22.75
字数:550 千字

定价:160.00 元
(如出现印装质量问题,我社图书营销中心负责调换)
版权所有,翻印必究

为张绍槐教授所著《井筒完整性的标准、理论与应用管理》题词：

为祖国石油科研教育事业奋斗不息，耄耋之年仍孜孜不倦，继百万字巨著出版之后又添高水平新著。愿张老蓬岛春风山河同寿，永驻学术青春。

陈庭根

2018.9

陈庭根，男，1932年生，广东肇庆人。中共党员，教授，博士研究生导师。1953年2月毕业于清华大学石油工程系，先后在清华大学、北京石油学院、中国石油大学任教。曾任教研室主任、石油工程学系（院）主任。主编的《钻井工程理论与技术》是"十五国家级规划教材"和"面向21世纪课程教材"，已经出版两版印刷十多次，是高校应用最多的教材之一。

作者简介

张绍槐，江西省九江市人，1931年1月出生。中共党员、教授、博士生导师。1953年2月毕业于清华大学，先后在清华大学、北京石油学院、西安石油学院、西南石油学院、西安石油大学任教。曾任西南石油学院院长（1986—1990）和西安石油学院院长（1990—1994）。获石油工业有突出贡献的科教专家荣誉称号，为享受国务院特殊津贴的国家有突出贡献的科技专家，曾是国务院学科评议组特邀专家、石油工业部教育指导委员会委员、世界石油大会中国国家委员会委员。出席1983年在伦敦举行的第十一届世界石油大会并任钻井论坛第一副主席、执行主席，出席1987年在休斯敦举行的第十二届世界石油大会并任中国代表团工程组组长，出席1991年在布宜诺斯艾利斯举行的第十三届世界石油大会，出席1993年在墨西哥举行的世界石油大会科学规划委员会第65次会议，出席1994年在米兰举行的世界燃料气体大会并任中国代表团团长，出席1997年在北京举行的第十五届世界石油大会并在会后主讲此次会议发表的钻井完井新技术；1992年到俄罗斯访问任中国石油高校代表团副团长，出席2004年在北京举行的世界石油首届青年大会并任特邀专家。负责的多个国家"863"、国家自然科学基金和省部级科研项目获得了国家级或省部级不同奖项。已出版《高压喷射钻井》《喷射钻井理论与计算》《保护储集层技术》《石油钻井完井文集》等专著并发表了SPE论文以及《井筒完整性的定义、功能、应用及进展》《钻井作业应用井筒完整性标准》等近百篇论文。1998年退休，退休后仍坚持进行相关学术研究。

序

　　从 20 世纪 80 年代末到现在 30 多年，世界上石油天然气上游领域已先后程度不同地进入了自动化—智能化—信息化发展的新段（简称自动化阶段）。在这 30 多年里，国际石油界认识到需要有一个能够准确全面表述井筒问题的专用技术及其术语和整套制度、法规与系列标准。经过实践认识到应该是井筒完整性（Well Integrity）这个新概念，并在实践中不断完善其定义、内涵并扩展其应用范围。这是国际上石油行业当今热之又热的课题，它是石油工程技术创新、标准化和 HSE 领域在井筒工程技术方面的重要内容之一，也是油气上游领域油气井全生命周期内技术管理的首要内容。我国在井筒完整性理论与标准及其应用方面刚刚起步。油气生产作业中井筒完整性是一项新的基础理念，也是新的核心技术、关键技术。遵照习近平主席指示："核心技术、关键技术必须掌握在我们自己手中"及"追赶超越"的指示，我国石油行业应该积极学习、应用、推广、改进、发展井筒完整性理念与技术。挪威最早在 1977 年就提出了井筒完整性概念，挪威石油标准化组织（NORSOK）于 1986 年制定了 NORSOK D-010 第 1 版井筒完整性标准。20 世纪 90 年代修改为第 2 版；2004 年再修改为第 3 版；2013 年颁布 NORSOK D-010 第 4 版：《钻井及各井下作业中的井筒完整性》（Well Integrity in Drilling & Well Operations），是现行标准，也是目前国际上公认和普遍应用的标准。国际标准化组织（ISO）于 2013 年发布了 ISO/TS 16530-2 第 1 版《井筒完整性 第 2 部分：各作业阶段的井筒完整性》（Well integrity – Part 2：Well integrity for the operational phase）；国际油气井生产者协会（OGP）于 2012 年 11 月发布了 OGP Draft 116530-2《石油天然气工业 井筒完整性 第 2 部分：各作业阶段的井筒完整性》。这两个文件充分肯定了颁布与应用井筒完整性标准的重要性、必要性并强调了应用与管理。美国、英国、沙特阿拉伯等国的大石油公司也应用这个标准。

　　本书的主要特点：

　　一是，全面而系统地讲述了目前国际上比较广泛应用的井筒完整性—井筒屏障—井筒屏障组件标准，包括钻井、完井、采油等 10 个作业的标准和 58 个井筒屏障组件的质量标准验收表；

　　二是，有针对性地分析了国际上井筒完整性—井筒屏障—井筒屏障组件失效与风险乃至事故与灾害的主要原因和案例，并进行了理论分析研究；

　　三是，结合我国石油工业上游领域实际，参考国际经验，提出了井筒完整性的组织管理工作；

　　四是，既讲述了井筒完整性理念问世以来 30 多年的发展过程，又提出了我国今后应用与发展井筒完整性的方向和内容。

本书依据和参照以上国内外标准编写而成，希望能推动井筒完整性理念与技术在我国的研究与应用，希望能够作为石油高校的教材或参考书以及油气田的技术培训教材，有助于引起各级领导的重视并推动井筒完整性在我国的应用和发展。

我衷心地祝愿本书早日出版，并很高兴地为本书作序。

中国石油大学教授、博导
刘希圣
2018.9

刘希圣，男，1926年生，河北保定人。教授，博士生导师，中国石油钻井学科创始人之一。1951年毕业于北洋大学采矿系。1952年在清华大学石油系任教，1953年后在北京石油学院任教，曾任钻井教研室主任、钻井力学及工程研究室主任、中国石油工程委员会委员、中国石油天然气总公司科技委员会委员等职。是国家及石油工业有突出贡献专家，1996年获首届铁人科技成就奖。

推荐书(代序)

尊敬的张绍槐教授邀请我为他编著的《井筒完整性的标准、理论与应用管理》一书写序言,我深感荣幸。本人结合在沙特阿美石油公司(Saudi Aramco)十多年在井筒完整性具体工作方面的经验,曾参加 SPE 主办的"欧洲片区井筒完整性标准与实践"研讨班以及曾经参与沙特阿美石油公司全公司采油作业过程中井筒完整性监测方案制订等工作,就《井筒完整性的标准、理论与应用管理》一书奉上我的推荐书。

张绍槐教授编著的《井筒完整性的标准、理论与应用管理》一书,写得比较全面而且有深度,是一本很好的关于井筒完整性的专著。书中结构安排合理,论述得当。该书阐述了井筒完整性标准产生的由来与重要性,以及井筒完整性的定义、应用与实施,列举了相当多的石油公司因井筒完整性问题而造成事故的事例,研究了井筒完整性的失效理论、风险评估和风险检验方法,提出了由井筒屏障的谋划—设计—图解—示意图—监管—监测技术等组成的系统实施策略,探讨了对井筒完整性的组织、管理与运作以及今后的发展方向与要点,并用图表详细分析和论述了常见的 10 种井下作业所应遵循的具体的井筒完整性标准与要求,是读者学习和参考井筒完整性的好教材。井筒完整性标准 NORSOK D-010 已经是全球大多数石油公司普遍引用的标准之一。我国石油工业界在颁布适合自己国情的井筒完整性标准之前,可能在相当一段时间内需要引用 NORSOK D-010。书中对 NORSOK D-010 第 4 版进行了详细的介绍,并编入了该标准的全部 58 个屏障组件验收标准表,这对油气田企业各工程技术人员和高校师生都有一定的参考价值。井筒完整性,按照其定义,是指在一口井的全生命周期内,使用技术的、工程施工的和行政组织的方法来防止或降低地层流体失控状态泄流的风险。这个定义充分说明了井筒完整性是一个大的系统工程,贯穿于一口井从开钻、完钻、生产到废弃的所有相关联的井下作业过程,并涉及室内及现场工程人员和公司管理层的工作内容,包含了如何有机使用三种层面的手段来达到防止地层流体失控泄流风险的目的。简而言之,井筒完整性要求工程设计人员在每一个涉及井下作业之前选择或设计好能有效控制地层压力的技术方案(包括设备的压力级别),而现场工程人员则根据事先设计好的技术方案组织施工,通过相应的标准检验设计方案是否合理,并提出方案更改以达到井筒完整性标准要求;同时,实时记录现场最终实施细节及存档备用。部分石油公司的井筒完整性工作就到此为止,仅限于具体干活的室内工程设计人员和现场工程施工人员,没有行政管理人员的参与。这种工作模式就会造成井筒完整性的要求得不到完整的执行。原因在于没有行政管理人员的参与,就可能没有相应的人力和财力的配套支持,也就不可能做到井筒完整性工作的始终如一的贯彻执行。行政管理人员要从工作制度上、业绩考核上把井筒完整性的工作放在例事日程上,并提出科学合理的监测频率，形成供公司各级人员不折不扣执行的公司准则。这就是为什么井筒完整性的定义包含了三个层面的手段。《井筒完整性的标准、理论与应用管理》比较系统地阐述了井筒完整性及其相关的问题，诚恳地指出中国石油工业在这方面所存在的差距，呼吁有关单位加强这方面的研究以尽快弥补这方面的不足。因此，该书的出版对推动中国石油工业在这方面的工作和对引起业界从业人员对这一课题的重视无疑会起到相应的促进作用。这就是张绍槐教授在80多岁才开始着手文献检索、资料收集调研学习而撰写本书的期愿所在。

梅文荣

2018年8月25日

梅文荣，男，1965年生。于1987年、1990年和1994年分别获得西南石油大学石油工程学士、硕士及博士学位，1990—1997年在西南石油学院完井中心主要从事油气层保护与石油工程教学工作，1997—2000年在中国海洋石油总公司研究中心主要从事油田开发工作液优选及国家"863"课题"海底大位移钻井技术研究"等工作。2001—2006，在加拿大Husky Energy从事完井、修井等井下作业方案设计与实施、增产作业评估、设计与优化等工作。2006年至今，在沙特阿美石油公司(Saudi Aramco)从事油气井的生产、优化、增产以及油气井完整性的公司规范制定与具体监测等工作；在沙特阿美工作期间，曾代表公司参加SPE主办的"欧洲片区井筒完整性标准与实践"研讨班学习，对井筒完整性这一工作非常熟悉，特请推荐本书。

前　言

能源是我国经济社会发展的重要基础。国家发展和改革委员会于 2016 年 12 月发布的《石油发展"十三五"规划》和《天然气发展"十三五"规划》对我国石油天然气发展战略做了部署。井筒完整性是在井的全生命周期内各个作业阶段对保护油气资源、环境和人员安全，防止因井筒完整性失效而导致地层流体失掉控制地外泄乃至发生井喷等灾害事故而提出对井筒的要求以进行安全作业的新理念。挪威最早在 1977 年就提出了井筒完整性概念，挪威石油标准化组织（NORSOK）于 1986 年制定了 D–010 第 1 版井筒完整性标准。20 世纪 90 年代修改为第 2 版标准。2004 年再修改为第 3 版标准。2013 年颁布了第 4 版标准《钻井及井下各作业中的井筒完整性》，是现行标准，也是目前国际上公认和普遍应用的标准。井筒完整性靠一道或多道水力的、机械的屏障来实现其控制地层流体根据需要开采的功能。根据井别、井型和不同作业阶段特点，每道井筒屏障由若干屏障元件配合集装而成。作业期间要连续地和定期地对井筒屏障及其元件按标准进行监管监测检查验收。

本书采用国际上已建立的井筒屏障组件质量检验标准，研究分析了井筒屏障及元件失效问题、监管监测技术、维护—维修及应急处理等问题。按中国石油天然气集团有限公司高温高压及高含硫井井筒完整性系列标准及 ISO 和 OGP 标准讲述了井筒完整性的组织与管理。本书结合中国石油工业的实际情况对井筒完整性的组织管理与人员培训提出了建议。本书的出版价值主要是推动井筒完整性理念在国内油气勘探开发全生命周期内各作业阶段的应用，具有先进性、指导性、实用性。预期能为提高产量、采收率和生产效益，减少风险与事故以及安全生产等做出一定贡献。它可供从事石油勘探开发的工程技术人员、科研人员及管理人员使用，也可供高校相关专业师生技术人员使用。

特别说明，NORSOK 标准/国际通用标准以及本书的十点约定：

（1）Well Integrity——井筒完整性（井完整性❶）。

（2）Well Barrier——井筒屏障（井筒防护❷）。

（3）Well Barrier Elements——井筒屏障元件（井筒屏障组件）。

（4）Well Barrier Envelope——井筒屏障配合集装/组合体/集合体，井筒屏障包装组合。

（5）Well Barrier Schematic——井筒屏障示意图/图解（第一道为蓝色，第二道为红色等）。

（6）Well Barrier Diagram——井筒屏障图解。

（7）Primary and Secondary Barriers——第一道和第二道井筒屏障（一屏障/二屏障；第一个/第二个屏障❸）。

---

❶ 误译或不恰当，不宜应用。

❷ 不能使用。

❸ 不能或者不宜使用。

（8）Well—泛指：井、井筒、井眼（在井筒完整性使用时，都要使用 Well；不宜在中文译为英文时使用 Wellbore）。

（9）Well Barrier Elements Acceptance Criteria Table，W－B EAC，EAC；井筒屏障组件/元件（质量）验收标准表（简称 EAC 表）。

（10）Abbreviation—缩写词（本书在 NORSOK，ISO，OGP 等的缩写词基础上针对井筒完整性有关用词增加了许多，希望读者熟悉并谨慎地应用缩写词）。

张绍槐

2018.9

目　　录

第 1 章　井筒完整性的标准 ……………………………………………………………… （1）
　1.1　井筒完整性的定义、功能、应用及进展 ……………………………………………… （1）
　1.2　钻井作业的井筒完整性标准 …………………………………………………………… （20）
　1.3　测试作业的井筒完整性标准 …………………………………………………………… （29）
　1.4　完井作业的井筒完整性标准 …………………………………………………………… （37）
　1.5　采油作业的井筒完整性标准 …………………………………………………………… （53）
　1.6　关停井与报废井的井筒完整性标准 …………………………………………………… （78）
　1.7　欠平衡钻井/完井（UBD）和管控压力钻井/完井（MPD）作业的井筒完整性标准
　　　 ……………………………………………………………………………………………… （105）
　1.8　泵注作业的井筒完整性标准 …………………………………………………………… （113）
　1.9　连续管（挠管）作业的井筒完整性标准 ……………………………………………… （123）
　1.10　不压井（强行）起下管柱作业的井筒完整性标准 ………………………………… （125）
　1.11　电测作业的井筒完整性标准 ………………………………………………………… （130）

第 2 章　井筒完整性及其失效的理论研究 ……………………………………………… （144）
　2.1　概述 ………………………………………………………………………………………… （144）
　2.2　挑战与机遇—井筒完整性失效的后果与启示（从井筒完整性失效事故中吸取
　　　 教训） ……………………………………………………………………………………… （145）
　2.3　井筒屏障的谋划和图解与设计 ………………………………………………………… （155）
　2.4　可靠性和故障树分析 …………………………………………………………………… （159）
　2.5　井筒屏障及其失效等的理论研究 ……………………………………………………… （169）
　2.6　井筒屏障的设计、构建和井筒寿命周期内的屏障合格性 ………………………… （195）

第 3 章　井筒完整性的组织管理与运作 ………………………………………………… （206）
　3.1　维护井筒完整性及井筒屏障应采取的措施 ………………………………………… （206）
　3.2　井筒完整性风险评估和风险检验方法 ……………………………………………… （220）
　3.3　以生产作业为主线的井筒完整性管理系统 ………………………………………… （227）
　3.4　井筒记录和井筒完整性报告 …………………………………………………………… （245）
　3.5　井筒完整性的组织管理 ………………………………………………………………… （248）
　3.6　应用实例 ………………………………………………………………………………… （269）

第 4 章　井筒屏障组件及其验收标准的管理 ………………………………………… （288）
　表 4.1　液柱 …………………………………………………………………………………… （288）
　表 4.2　套管 …………………………………………………………………………………… （290）
　表 4.3　钻柱 …………………………………………………………………………………… （291）

表 4.4	钻井防喷器	（291）
表 4.5	（钻井）井口装置	（293）
表 4.6	（预留位置）	（294）
表 4.7	采油封隔器	（295）
表 4.8	井下安全阀	（295）
表 4.9	环空安全阀	（296）
表 4.10	油管挂	（297）
表 4.11	油管挂密封塞	（298）
表 4.12	井口装置环空进出阀（Well head annulus access valve）	（298）
表 4.13	挠管（连续管）	（299）
表 4.14	挠管防喷器	（300）
表 4.15	挠管检查阀	（300）
表 4.16	挠管安全头	（301）
表 4.17	挠管防喷器环状橡胶心子	（301）
表 4.18	不压井（强行下入）检查阀	（302）
表 4.19	不压井（强行下入）防喷器	（302）
表 4.20	不压井起下作业的防喷器环状橡胶心子	（303）
表 4.21	不压井起下作业的安全头	（304）
表 4.22	套管水泥环	（304）
表 4.23	采油树隔离工具	（306）
表 4.24	水泥塞（注：对水泥塞作业及检验规定得很全面而严格）	（306）
表 4.25	完井管柱	（308）
表 4.26	地表高压隔水导管	（308）
表 4.27	测试管柱	（309）
表 4.28	机械的油管塞（机械管塞）	（309）
表 4.29	完井管柱组成部件	（310）
表 4.30	不压井起下作业管柱	（311）
表 4.31	海水面以下采油树	（312）
表 4.32	海水面以下测试树组装体	（313）
表 4.33	地面采油树	（313）
表 4.34	地面测试树	（314）
表 4.35	井筒测试封隔器	（315）
表 4.36	井筒测试管柱部件	（316）
表 4.37	电测闸板	（316）
表 4.38	电测安全头	（317）
表 4.39	电测填料盒/润滑油注入头	（317）
表 4.40	插入（Stab – in）安全阀	（318）
表 4.41	套管浮动阀（Casing float valve）	（318）

表 4.42　为修井用的下部隔水导管组装体(LRP) ……………………………………（319）
表 4.43　尾管顶部封隔器/回接封隔器 ………………………………………………（319）
表 4.44　电测润滑器 ……………………………………………………………………（320）
表 4.45　海水面以下的润滑器阀件 ……………………………………………………（320）
表 4.46　井下测试阀 ……………………………………………………………………（320）
表 4.47　不压井环状橡胶心子防喷器 …………………………………………………（321）
表 4.48　旋转控制装置 …………………………………………………………………（322）
表 4.49　井下隔离阀 ……………………………………………………………………（323）
表 4.50　UBD/MPD 止回流阀 ……………………………………………………………（323）
表 4.51　就地地层 ………………………………………………………………………（324）
表 4.52　蠕变地层 ………………………………………………………………………（325）
表 4.53　欠平衡钻井/管控压力钻井阀门(chock)系统 ………………………………（326）
表 4.54　静态的欠平衡液柱 ……………………………………………………………（327）
表 4.55　材料塞 …………………………………………………………………………（328）
表 4.56　套管(环空)固结材料 …………………………………………………………（329）
表 4.57　无隔水导管的轻型修井—井控组合件(WCP) ………………………………（331）
表 4.58　无隔水导管的轻型修井—下部润滑器部件(LLS) …………………………（331）
表 4.59　无隔水导管的轻型修井—上部润滑器部件(ULS) …………………………（332）
表 4.A　正常压力/钻井 BOP 和井控设备的渗漏测试压力 …………………………（332）
表 4.B　钻井 BOP 和控制系统失效 ……………………………………………………（334）
结束语 ………………………………………………………………………………………（335）
附录　缩写词 ………………………………………………………………………………（337）
参考文献 ……………………………………………………………………………………（344）
致谢 …………………………………………………………………………………………（347）

第1章　井筒完整性的标准

考虑到国内目前还没有通用的井筒完整性标准,所以本章主要参考目前国际上公认和普遍应用的 NORSOK D-010 V4 标准编写[1],其主要内容包括:井筒完整性的定义、功能、应用及进展;钻井作业应用井筒完整性标准;测试作业的井筒完整性标准;完井作业应用井筒完整性标准;采油作业应用井筒完整性标准;关停井与报废井的井筒完整性;欠平衡和管控压力钻井、完井作业标准;泵注作业的井筒完整性标准;连续管(挠管)作业的井筒完整性标准;不压井起下钻作业的井筒完整性;电测作业的井筒完整性标准。

1.1　井筒完整性的定义、功能、应用及进展

鉴于目前国内对 Well Integrity/Well Barrier/Well Integrity Element 及其中文名称的用法、译法不统一,书中对"Well/Well Integrity/Well Barrier/Well Barrier Element"的中文译名和用法说明如下。本书用的是"井筒/井筒完整性/井筒屏障/井筒屏障组件",有的中文书和文献用的是"井/井完整性/井屏障/井屏障组件(部件)";还有把"well"改为"wellbore",本书认为欠妥,英文原文都是 Well,没有用 Wellbore 的。"井筒"与"井眼"的含义不同。"井眼(Wellbore)"是指穿过一层或者多个地层的一段井下通道,它可是封闭的(封堵放弃),也可能是与地面连通的,因此井眼不能无控制地外泄地层流体,如油气。"井(Well)或井筒"是泛指连接地层与地面设施的井下通道,它是一个完整的油气生产/注入单元,可能由若干井眼组成,如多分支井。本书中的井筒包括井口装置及井口管线—闸门系统、防喷器/采油树、就地地层、液柱、导管/隔水导管、套管、水泥环、水泥塞、各作业管柱、管柱中的各种组件、安全阀、控制阀、封隔器等井筒屏障组件;挪威石油标准化组织(NORSOK)及本书共纳入了 58 个井筒屏障组件(根据作业和技术的发展很可能增加新的组件)。"井筒"还包括井口、井底、井筒本身上下及其内外、环空、井筒筒壁等。在一口井的全生命周期从建井、生产到关停、报废各个作业阶段的井筒内容和含义是不同的。而"井"(以及"井眼")这个字,在没有提出"井筒完整性(well integrity)"概念之前,是普遍应用的,没有不同意见;在提出井筒完整性概念之后,再用"井""井眼"这个字就比较笼统,甚至有点模糊,"井"不一定是封闭的、可控的,也不包括井口—防喷器—采油树等,只是指井眼本身,可以不涉及井筒屏障、井筒屏障组件,严格地说有一定的局限性。基于上述观点与看法,本书用"井筒",国内已经发表的文献大多数都是使用"井筒"。中国石油天然气集团有限公司发布的高温高压及高含硫井井筒完整性系列标准兼用了"井筒"与"井"两个词。这不仅是一两个名词的问题,也关系到它们的内涵和功能,在此与同行及业界商榷,敬请指正。

1.1.1　井筒完整性的问世与进展

挪威石油和天然气工业以海洋石油、天然气为主,勘探和开发工作主要在挪威大陆架、北

海油田和近北极区,挪威是一个石油和天然气生产大国,也是石油和天然气出口较多的国家。据挪威石油安全管理局(PSA)对海上406口具有不同开发年限和生产类别的油气井进行井筒完整性的调查,18%存在井筒完整性方面的问题,其中7%是由于井筒完整性损坏而被迫关井,而且对环境和经济造成了重大损失。1977年,挪威技术人员最早提出井筒完整性概念。1986年,NORSOK D-010第1版问世,是世界上第一个在钻井、完井、采油等井筒作业中井筒完整性标准。20世纪90年代更新为第2版。2004年8月,NORSOK D-010第3版《钻井和井筒作业中井筒完整性》出台,进一步推动国际石油界关注井筒完整性理念与应用。但是,"石油事故"仍时有发生。特别是2010年4月20日深夜在美国墨西哥湾马孔多海上,BP公司钻井平台"深水地平线"发生了井喷、失火、爆炸恶性事故,造成了11人死亡,在近3个月的时间有 500×10^4 bbl 原油泄流到海域,导致墨西哥湾环境大面积污染。BP公司赔偿美国政府和当地人民63.8亿美元。事故的直接原因主要有三方面:

一是,尾管固井浮箍管鞋及其管串水泥塞封堵质量存在问题,井筒第一道屏障失效,封隔器失效,而防喷器也失效,高压天然气冲出井口,发生井喷、失火、爆炸。

二是,BP公司在对固井后的尾管水泥环进行负压力测试已经知道有3次不合格的情况下(表明第二道屏障失效),而监管人员也没有采取必要措施,而是继续用海水顶替井内钻井液,导致地层流体无控制地进入井内,造成井喷、失火、爆炸。

三是,哈里伯顿公司用水泥封堵软件对该井作多次模拟分析,建议固井时用21个扶正器扶正套管柱在环空居中,但是BP公司工作人员只用了6个扶正器。在负压测试已经表明注水泥固井不合格的情况下,没有用水泥胶结测井(CBL)等进一步检查固井质量差的部位,更没挤注水泥进行补救。在NORSOK标准和有关法规及操作手册中要求固井后做负压力测试和CBL测井检查固井质量,该井负压力测试都不合格,而该井监管人员却掉以轻心,在用海水顶替时,在油藏压力很高的情况下,油气从套管鞋水泥环处冲出,很快就酿成恶性事故。

"深水地平线"恶性事故令全球石油业界及安全环保部门以及各石油公司和全世界共同关注,进行深刻反思、总结教训。在这个背景下,2010年12月美国石油学会发布了API 65-2《建井中封隔潜在产层》(Isolating Potential Flow Zones in Well Construction),把该封隔标准作为API RP 90.《海上油气井套管持续带压管理》(Management of Sustained Casing Pressure on Offshore Wells)和API 65的补充。

2011年,美国石油学会发布API 96《深水井筒设计与建井(Deepwater Well Design and Construction)》第1版。吸取上述深水地平线事故教训,对海洋深水油气井设计和建井中井筒完整性提出了许多新理念和技术条款。

2011年,挪威石油工业协会(OLF)牵头成立由BP公司、Conoco Phillips公司、Eni Norge公司、Exxon Mobil公司、Nexen Inc.公司、Norske Shell公司、Statoil公司和Total公司等跨国石油公司专家们组成的工作组,负责编写井筒完整性标准《OLF井筒完整性推荐指南》(OLF Recommended Guidelines for Well Integrity)。2011年6月,挪威石油工业协会发布了该OLF推荐指南。

2012年5月3日,挪威石油工业协会发布《深水地平线教训及改进措施》(Deep Water Horizon Lessons Learned and Follow-up)文件。该文件还比较了API标准和挪威标准,提出了对NORSOK D-010第3版的修改条款、增补了企业文化理念和条款等。

2013年6月,挪威石油标准化组织发布了NORSOK D-010第4版《在钻井和各个作业中井筒完整性》,即NORSOK D-010的最新版,也是现在国际石油界推崇和应用的,比较公认的井筒完整性标准。同时,国内外石油工作者在应用上述诸多标准、指南、手册的同时,还在继续研究井筒完整性和井筒屏障问题,提出了:井筒完整性管理、井筒安全屏障系统❶、地层完整性、液柱—水力完整性、实体完整性、操作完整性、水力完整性与腐蚀性管理和控制等细则和新概念。国内,中国石油勘探与生产分公司结合相关油气田在高温高压及高含硫井筒完整性方面的技术需求和具体做法,于2013年8月提出在三年内完成,并在2017年2月发布了我国首套高温高压及高含硫井完整性标准系列";吴奇等编著了《高温高压及高含硫井完整性规范丛书》;塔里木油田和四川油田高温高压井开始应用井筒完整性标准与技术取得了良好的效果;《石油钻采工艺》杂志社组织了井筒完整性系列文章,搭建了井筒完整性交流平台;张绍槐在《石油钻采工艺》2018年第一期开始陆续发表关于井筒完整性的系列论文;张智等提出"井筒完整性及其屏障层系应重视螺纹连接理念"及"含硫气井的井筒完整性设计方法";胡顺渠等发表了《川西高温高压气井井筒完整性优化设计及应用》;冯耀荣等发表了《油气井管柱完整性技术研究进展与展望》;景宏涛等发表了《迪那2井完整性评价及风险分析》;储胜利等研究"利用层次分析法分析建立套管井段井筒完整性的模型";冷永红等发表了《柔性自应力水泥固井技术研究及应用》。国内举办了一些关于井筒完整性的学术交流活动。上述工作表明我国已经开始了对井筒完整性的研究和应用。2018年6月1日,中国石油和化工自动化行业2017年科技技术奖评审结果公布,其中由西南石油大学、中国石油天然气股份有限公司西南油气田分公司合作研究的"三高气井生产阶段井筒完整性评价关键技术及应用"获得科技进步奖一等奖(主要获奖人员:张智、张华礼、施太和等14人);中国海洋石油总公司正在申报关于井筒完整性项目的国家奖。这些都是标志着我国应用井筒完整性技术进入新阶段。但是发展并不平衡。

从1986年以来的30多年,国内外越来越深入和广泛地研究和应用井筒完整性及其屏障系统新理念、新观念、新理论、新方法、新技术;随着石油天然气工业向海洋深井、超深井、高压含H_2S和CO_2等复杂井以及非常规油气井、极地地区勘探井、多分支井及最大油藏接触面积井等复杂结构井、智能钻井完井及智能油田等新领域扩展的趋势,在自动化钻井—生产作业阶段,井筒完整性及其屏障系统将越来越显示其重要性。

NORSOK D-010是随着挪威石油工业的发展和施工作业的进展,以保证安全、增值、成本有效性以及保护油气资源及地下水、保护环境等多方面的需要而产生的和制定的。挪威NORSOK标准有可能替换(国内/国际)油公司的规范、技术要求、服务指南,实现权威性管理制度。

NORSOK D-010的建立是基于认可的已有国际标准;NORSOK D-010将被用于挪威石油工业进入国际标准化的进程;为遵守国际标准,一旦国际井筒完整性标准出版发布,与之相关的NORSOK标准将随之取消,共同执行国际井筒完整性标准。NORSOK D-010是一部功

---

❶ 可参考文献:中国石油天然气集团高温高压高含硫井筒完整性系列标准,2017;NORSOK D-010 第4版,2013;An Introduction to well integrity, Rev.0,04, NTNU—Trondheim, Norwegian Univesity of Science and Technology, Stavanger, 2012; Well integrity, past, present and future, TULLOW ppt, 2016.

能性标准,规定了井内使用设备解决方案的最低要求,但满足法规要求的具体解决方案需要由作业公司确定。因此,作业公司应承担遵守该标准的全部责任。钻井、完井、采油方案设计人员必须在满足该标准的基础上,选定确保井筒在全生命周期内安全运行的设计与运行方案。

NORSOK D-010 是按照对普遍应用的标准化内容意见一致的原则来研究制定的,得到挪威石油工业协会(OLF)和挪威制造工业联合会(TBL)的支持进行研发,是由挪威石油标准化组织管理和发布的,这就表明 NORSOK 井筒完整性标准的推出是有一定基础和依据的;NORSOK 标准以首创精神使之顺应法律、法规、立法的变化以及采用了很多发展的新技术。

我国对井筒完整性的研究起步较晚。国家安全生产监督管理总局于 2007 年 7 月对四川罗家 2 井在夜间地面冒 H_2S 气造成井周居民在熟睡中死亡 100 多人的严重事故,组织了西南石油大学、四川石油管理局等,借鉴国际上井筒完整性相关的规范和标准,引入井筒完整性理念,开展了含 H_2S 气田的井筒完整性及安全研究。塔里木油田针对库车山前高压气井面临的众多挑战,以借鉴国外先进的井筒完整性理念为基础,持续开展了井筒完整性设计研究:(1)2005—2008 年,针对克拉 2 和迪那 2 气田多口高压气井环空异常高压问题,引入井筒完整性概念,开展问题井的风险评估工作,采用 API RP 90 进行各环空最大允许带压值计算,并制订治理措施;(2)2009—2011 年,针对迪那 2 气田多口井出现井筒完整性问题,在进行广泛的井筒完整性国际调研的基础上,开展了全油田井筒完整性现状大调查,引用具体完整性设计理念制订了相应措施,保证了迪那 2 气田的安全高效开发;(3)2012—2016 年,针对大北、克深区块大规模建产后井筒完整性面临的挑战,探索了一套以井筒屏障设计、测试和监控为基础的井筒完整性设计技术。西南油气田也非常重视井筒完整性设计相关工作。2008 年,依托龙岗气田开展了一系列相关研究工作并形成了一套"三高气井"完整性评价技术;2013—2016 年,高效完成了龙王庙气藏的试油、完井及开发建产工作,在这期间不断配套和完善了井筒完整性评价所需的各种设备和工具。2014 年发布 Q/SY XN 0428—2014《高温高压高酸性气井完整性评价技术规范》企业标准,2015 年"西南油气田井筒完整性管理系统"正式上线运行。同时,大庆油田和吉林油田等结合自身油气田特点,开展了相关的井筒完整性研究。中海油安全技术服务有限公司针对渤海油田在产油气井开发年限长,井下油套管水泥环损伤的普遍现象,为了能在井筒完整性失效之前及时发现损伤并评价损伤程度,研制了基于宽频超声法的检测技术,可实现三层套管柱及水泥环腐蚀缺陷的三维图像化技术及软件技术。

1.1.2 井筒完整性与井筒屏障的定义、内涵与功能

从 20 世纪 80—90 年代以来,国际上提出和不断完善井筒完整性(Well Integrity)的新概念。说明井筒完整性(含井筒屏障及其组件)的定义(概念、内涵、内容)是:建立一口井从钻井、采油/注水/热采、增产、提高采收率,直到该井关停报废的全生命周期的井筒完整性,而与井筒完整性相关的各个屏障(Barrier)层系及其组件(Elements)是保证井筒完整性的关键。自表层套管下过之后历次开钻的井口装置、防喷器[防喷器集成(Stack)]及与之配套的四通、阀门仪表是各个屏障层系在井口控制压力、防止流体喷溢出井口的"总阀门"装置。在裸眼井段钻井、采油、注水、注热蒸汽(热驱)等作业时液柱是保护井筒的第一个[最早的(Prior)]屏障层系,液柱(也称水力屏障)是保持裸眼井段实现井下安全、平衡地层流体压力,对付和解决处理

井下漏、喷、溢、塌、卡以及缩径等复杂情况的唯一屏障,也是裸眼井段保护储层的屏障,应用化学法为主进行其性能调控,新的用词称之为液体套管。本书是用液体套管组成的液体(流体)屏障层系概念的创新者。下过套管、注了水泥之后,井筒有第一道、第二道乃至多道实体屏障层系,必要时还有操作屏障等。

NORSOK D-010 第4版对井筒完整性的定义为:"在一口井的整个生命周期中,应用技术的、作业施工(操作)的和组织上的方法来减少(和降低)地层流体无控制的泄流(Uncontrolled Release)的风险。图1.1是井筒完整性全生命周期各作业的图解。

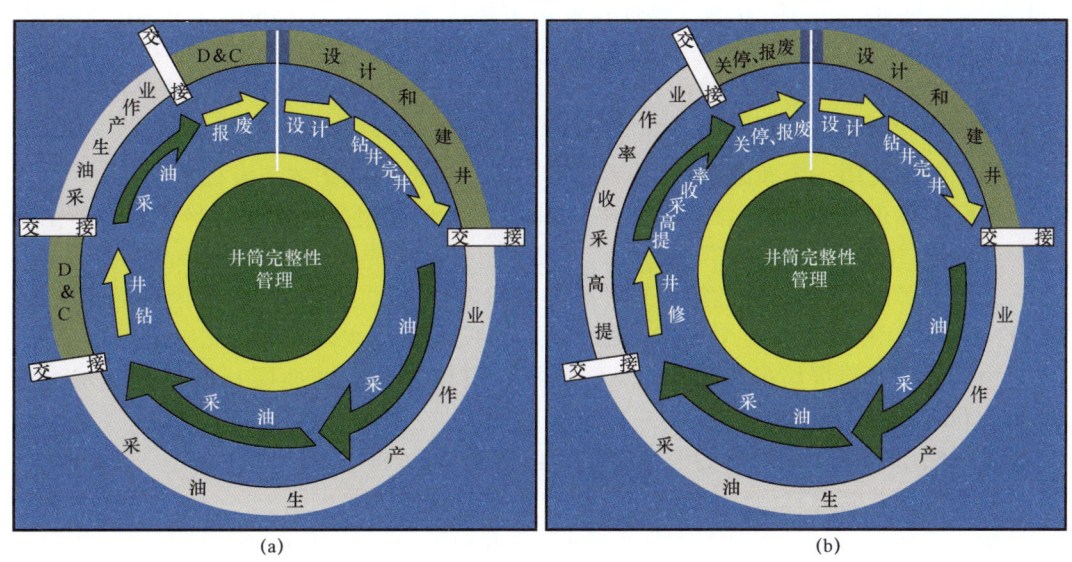

图 1.1　井筒完整性全生命周期各作业的图解
(a)从钻井、建井到报废的各作业图解;(b)从建井(钻井完井测试)经采油生产到
提高采收率作业最后到关停、报废各作业的图解

随着技术进步,对井筒完整性的内涵也不断丰富。对井筒完整性的内涵从理论上分析,可概括为以下四个特性(以下简称"四性"):第一,井筒承压能力及封隔密封性;第二,各个机械装置,包括防喷器、井口装置、管柱、封隔器、阀门、仪表外筒等及其连接螺纹相互连接的可靠性、耐用性,统称机械完整性;第三,井筒内各种作业管柱和工具在井筒内起下无阻,即可达性;第四,井筒内外流体在可控条件下的液流通畅性。一个合格的井筒完整性必须同时具备上述"四性",有任何一个不合格即认为井筒完整性不合格。而且对于不同类型油气藏、不同深度、不同井别、具体的每一口井来说,应该有不同的作业内容与技术标准。上述"四性"的每个性能都要按规定检查监测。例如,承压密封性的常用办法就是压力测试,国内通常是用钻井泵打压用井口压力表和井下压力计检测,而 NORSOK D-010 强调既要用压力测试,更要用柱塞泵小排量的漏失测压法(渗漏)(leak-off test)测试;并规定测试压力应按照具体情况或者施工液体流动方向或者双向测试,渗漏测试压力为 1.5~2MPa,保持压力 5~10min。两种方法的效果是不同的,道理很清楚,值得国内企业考虑。

NORSOK D-010 第4版对井筒屏障的定义:"井筒屏障(Well Barrier)可定义为:先于某一项工作或作业开始之前通过鉴别(识别、判断)所要求的及说明了它们采用的标准和监管

[监视、监测(Monitoring)]方法的井筒屏障组件(Well Barrier Elements,WBE)已经组装为第一道、第二道井筒屏障并安置到位"。本书认为它的内涵是:"井筒屏障是由一个或几个组件组成的一道(或两道,甚至多道)集成屏障体,在某一项工作或作业开始之前经过鉴别所要求的及说明了它们采用的标准和监管/监测方法的井筒屏障组件已经提前安置到位,以防止液体或气体在未受控制的情况下从地层流入另一个地层或外流至地面,实现对井筒的屏障/保护功能"。

井筒屏障层系是实现井筒完整性的关键,如果任何一个井筒屏障组件损坏或降低了入井前经过鉴定设计的标准的话,井筒完整性也就被破坏或降格了。NORSOK D-010 认为:井筒屏障图解是为每一个井筒活动和作业施工而谋划设计的;井筒屏障图解应做到以下16条:

(1)用设计和施工计划来说明该井在钻井完井、生产/注入等作业中的屏障结构;

(2)说明再完井和修井所使用的井筒屏障各个组件(WBEs);

(3)当井筒内使用一个新的部件时,要将其列入该井的屏障图解与设计;

(4)表明井筒永久报废的最终状况(注:一般情况下永久报废井不需要另绘一个新图来表明不同类型的入井装置,除非当第二道井筒屏障的组件和功能失效需要再作处理时);

(5)井筒屏障的图,对最先的第一个井筒屏障用蓝色表示,对第二个(含第一道、第二道乃至多道)井筒屏障用红色表示(NORSOK 做此规定,许多国家、大公司都照此应用);

(6)当地层是井筒屏障的一部分时(一般指裸眼作业井段的地层),要标出地层完整性(Formation Integrity);

(7)说明储层/流入(Inflow)的潜在(可能)的源头(Sources);

(8)列表说明井筒屏障组件(在表中应有原始检验和监测要求);

(9)所有的套管、水泥(包括水泥环返高)作为井筒屏障组件时,应该说明其直径和深度;

(10)应说明井筒屏障的每个组件彼此相对的位置;

(11)井筒信息应该包括:油田/装置、井名称、井别、井状况、井筒/井段、设计压力、修订次数和日期、"由××起草(拟定)的"和"谁检查和批准的"等;

(12)清楚地说明实际的井筒屏障状态——设计的和(或)所建立的等;

(13)说明任何失效的(损坏的)或维修过的井筒屏障组件;

(14)重要的井筒完整性信息及异常情况要注明(或加备注);

(15)第一道(Primary)井筒屏障是液柱构成的屏障,该处是井筒屏障层系/组件裸露于井眼压力之处(即裸眼井段);

(16)第二道(Secondary)井筒屏障要说明它能够用在危险时期(危险井段)(Ultimate Stage)。例如应说明该处的井筒屏障组件(如关闭用的闸板或密封用的闸阀)是打开和关闭井筒屏障集成体(Well Barrier Envelope)之用的。

实现井筒完整性和井筒屏障层系的定义是对一个井筒的最低要求,从井筒完整性和井筒屏障层系的功能并结合钻井、完井、采油等各项作业的目标来说明井筒完整性和井筒屏障层系的功能如下:

第一,井筒在功能及其物理与化学、力学及水力学等理论上是完整的,能够保证顺利安全地作业。例如,钻井作业在实现井筒完整性定义的基础上要按计划实现钻井功能,勘探井要完成探井的任务,主要是钻达预期的地质目的层,完成勘探井取心、测录井等作业,完成钻井液录井、岩屑录井等各项录井工作,弄清探井地层剖面各方面内容,特别是储层特征,了解在该地区钻井存在的井下复杂情况(如漏、喷、塌、卡、缩径、腐蚀源等)为后续钻生产井提出故障提示并实现井身结构及固好井为完井作业打好基础。例如,完井作业要在实现井筒完整性的基础上保护好储层,正确选择完井方法和完井作业,直到顺利交接井。

第二,井筒自始至终处于受控和受监视/监管状态,这样才能及时发现风险、处理风险,使作业处于安全、环境友好条件,也只有这样才能进行在原来设计中安排了的和没有安排的井控作业及不压井起下钻、强行起下钻、强行作业等应急措施。

第三,井筒完整性不仅确保作业者安全实施现代化作业,还将在智能钻井、智能完井、智能油田以及在一个新油田新区域率先进行水平井、多分支井、最大油藏接触面积井等复杂结构井的钻井、完井、测试、生产等新技术、新作业项目,也就是说井筒完整性为石油天然气上游领域的技术发展、技术创新奠定基础。

本书认为,不能简单地认为井筒完整性只是为了保护油气资源、地下水资源和环境,也应认识井筒完整性的另一重要功能是防止油气藏内流体和油层、气层、水层之间流体的相互窜流以及意外地泄漏溢出井筒导致事故。上述几方面是井筒完整性功能的最低要求,也是对各作业的普遍要求。对各项作业应该有具体的功能要求,并在技术上、操作上、组织上采取相应措施。还要注意,在实施与应用井筒完整性规程时,要和井筒完整性概念应用之前的井身结构设计、套管设计、固井设计、完井设计、开发设计等内容结合起来配套衔接起来实施,并集成提高到在一个井筒全生命期间的各项具体设计和作业中,这就增强了作业的一体性、连续性、衔接性,防止原来"铁路警察各管一段"的分散性弊端。例如,在钻井作业设计套管时,如果没有考虑该井开发和采油作业时将要采用强化水力压裂措施(特别是页岩气开发往往要反复多次进行水力压裂),那就给水力压裂设置了限制和障碍。

1.1.3 应用实例

在选择技术解决方案时,重要的是制订正确的井筒屏障组件与设备的要求;例如,应明确规定防喷器的压力等级和尺寸、使用的套管、水泥、井下设备和地面设备的压力等级及设备的材料规范等。在项目开始前就应该及早制定此类规范和要求,而且后期的设备选择要以前期制定的规范为基础。NORSOK D-010 规定:在井筒工作和作业阶段(包括关停井和报废井),如果井内存在可导致井内流体不受控制地从井筒或井内外流至外部环境中的压差,井内应设有两道保持在可用状态的井筒屏障。要求作业者必须遵守至少两道井筒屏障的理念,并且应在作业的各个阶段严格遵守井筒屏障要求。为了确保能够满足井筒完整性要求,应该采用良好的管理—运行方案。一个典型的案例就是要定期对井下安全阀等进行功能试验和压力试验,以确保其在任何时候都处于正常运行状态。运行方案包括在井内操作阀件的程序、流动限制等能对井筒完整性造成影响的活动,以及其他能使井筒保持在受控状态,并能进行安全生产的活动。另一个案例就是要对环空压力进行连续监测,通常使用渗漏测试方法,确保能够及早发现泄漏或井筒屏障失效与破坏的隐患,以能在问题升级之前,采取有效的纠正措施。还需要采取适当的组织措施。图 1.2 是钻进、取心或起下管柱的井筒屏障图解。图 1.3 是 NORSOK 标准的井筒屏障名称图解。这两个图都涉及钻井液、完井液、工作液组成的液柱是井筒最早的井筒屏障,在很多情况下,液柱是唯一屏障或者是第一道屏障的重要组件。裸眼井筒的稳定性是一个专门的研究项目,钻油气层井段时防止伤害储层又是一个特别重要的课题。我国在

"七五"以来,成功地采用屏蔽暂堵技术保护储层和复杂层,井下配有屏蔽暂堵剂及其复配剂的钻井液称之为液体套管(Fluid Casing),可以说液体套管是钻井完井阶段裸眼井筒屏蔽的重要组成部分。在钻井阶段要保持以井筒稳定和保护储层为主的井筒完整性,特别是在不同孔隙的砂泥岩、页岩和裂缝性地层的裸眼井段钻进以及在页岩气气藏钻进时,保护油气层和防止漏、喷、塌、卡以及井眼缩径掉块等复杂性问题的发生和保持井壁稳定是很多油田、区块的钻井—完井难题。孙金声等以油田化学理论为基础,在水基钻井液中加入一定量的零滤失井眼稳定剂,配制成超低渗透钻井液,它可以提高地层承压能力及提供防漏堵漏等效果。它在不同孔隙的砂岩、泥岩、石灰岩和裂缝性地层有很好的封堵能力,可实现近零滤失。零滤失井眼稳定剂通过在井壁表面形成一层致密的超低(近于零)的渗透膜,能够大幅度提高岩层承压能力,能自适应封堵岩层表面孔喉,形成封堵薄层,起着液体套管的作用。经实验室试验后,在大港油田和辽河油田的应用中表明,在长裸眼多层系或压力衰竭地层应用,很好地防止了漏失、卡钻、坍塌等的发生。被封堵层的承压能力提高,提高漏失压力梯度,相当于扩大了安全密度窗口。在裸眼井段钻井时,对钻进窄窗口密度小地层需要使用适于窄密度窗口的钻井液、完井液,而且它的性能稳定性对井筒稳定性与安全性能起着很好的作用,是钻进低压地层裸眼井筒完整性的创新技术。

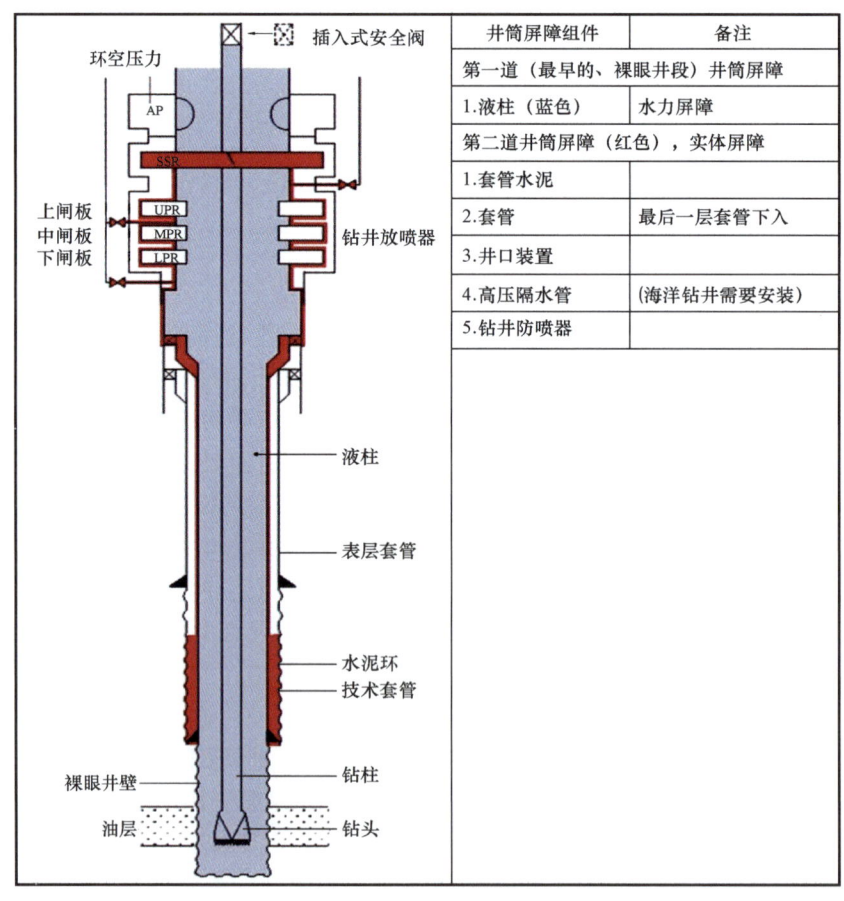

图1.2 钻进、取心或起下管柱的井筒屏障图解

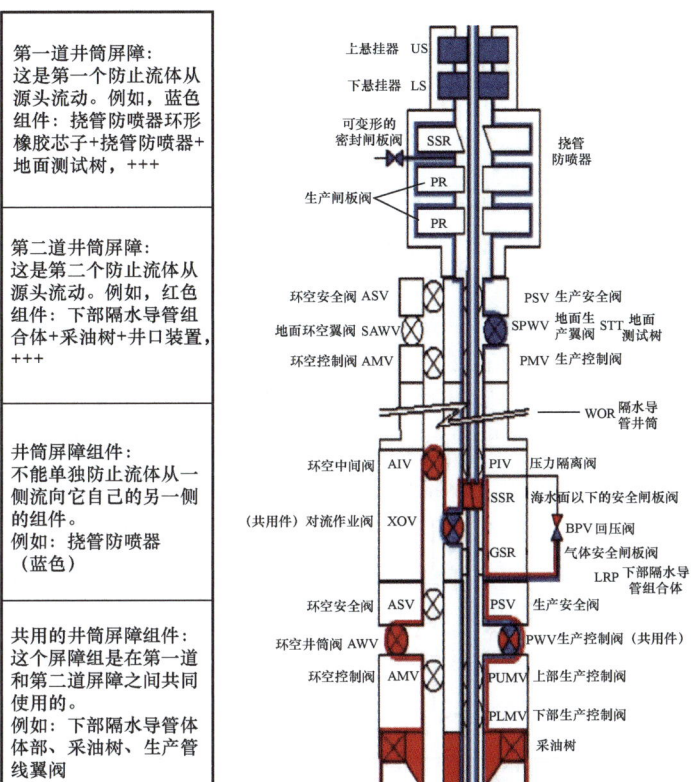

图 1.3　NORSOK 标准的井筒屏障名称

该图表示井筒屏障及其组件的名称(它是一口挠管作业的海洋井,环空安全阀失效之后进行重新设计的井筒屏障);图例写出的组件有 22 个阀、一个地面测试树、一个水下采油树、一套挠管防喷器、一套井口油管悬挂器、两层管柱(蓝色)等;这套井筒屏障及其组件虽非某一口实际海洋井使用的,而是有代表性的图例;图中左侧 4 个方框说明第一道和第二道和共用的井筒屏障及其组件,图中右侧 3 个方框表示不同工作阶段的井筒屏障;方框中的 +++ 表示还有其他未写出的组件

1.1.4　井筒完整性与井筒屏障遇到的问题与对策

1.1.4.1　遇到的主要问题

挪威石油安全署(Petroleum Safety Authority,简称 PSA)在 2006 年开始做了一个探索研究,调查了 406 口井和 12 件近海事故所发生的井筒完整性问题的报告,指出:完整性失效的井有 18% 是由于测量(监测)方面的问题,其中 7% 是由于井筒完整性问题而关井的。全世界井筒完整性与井筒屏障发生的主要问题是:

(1)井身结构设计不合理或者由于地层变化而不适应;
(2)水泥返高不够或者水泥环质量差,没有把复杂地层封固住;
(3)预计的地层压力不准确,导致持续的过高环空压力;
(4)套管水泥固井质量问题,"两界面"胶结不达标;

(5)完井管柱发生变形、磨损、腐蚀、渗漏、穿孔等;

(6)防喷器或采油树与套管头连接处密封不达标;

(7)阀门渗漏;

(8)井下封隔器失效。

图1.4是井筒完整性失效年龄(寿命)统计分析图,寿命最短的只有1~2年,最长的也只有15年。该图反映了挪威石油安全局于2006年研究的部分成果。从图1.4中可明显看出,采油生产油管是发生失效的重要因素。这种情况也在意料之中,因为生产油管要长期暴露在腐蚀性的流体之中,而且生产油管是由许多螺纹连接件组合在一起的,如此多的连接件本身就是泄漏高发部位。所以在油气生产过程中,要在油气藏和环境之间建立两道井筒屏障来防止出现密封性破坏。如果其中一个屏障组件失效,井筒完整性就会降低,而且必须采取措施更换或恢复破坏的井筒屏障组件。井筒完整性丧失可能是由机械、水力和电子失效引起的与井筒组件相关的问题,也可能是设施使用不当造成的问题。还有技术、管理、决策等问题。图1.5是井筒屏障组件失效分析图,管柱失效居第一位,套管、水泥失效居第二位,居第三位的阀闸—井口装置—封隔器失效问题仍然严重。图1.5反映了通过先导研究得出的井数和完整性的相关性。图1.5说明油管泄漏的概率很高。为此要控制风险系数,并及早在失效前探测早期阶段的泄漏显示信息。图1.4和图1.5说明应该重视井筒完整性与井筒屏障及屏障组件失效问题。

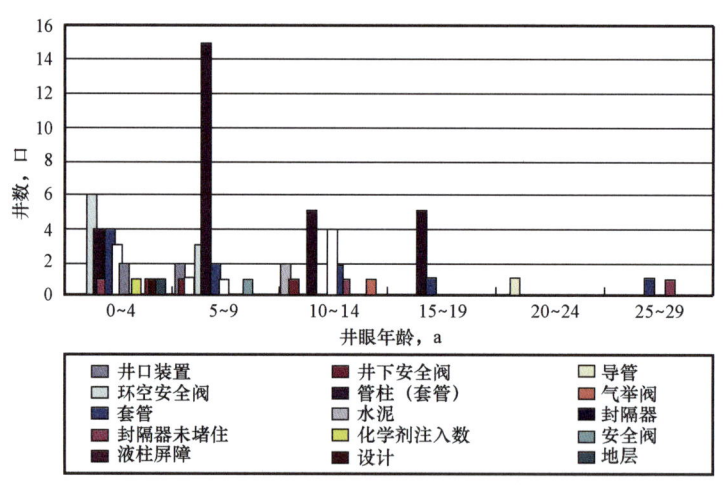

图1.4 井筒失效年龄统计分析图

资料来源:《国际石油经济(回顾与展望)》,中国石油学会石油经济专业委员会会刊,2017年第25卷
《一场即将来临的(石油)行业革命》《2016年国内外油气行业发展概述及2017年展望》
《我国油气上游全面亏损,石油企业积极调整应对挑战》等文

1.1.4.2 井筒完整性失效的几个典型实例

在最近10年内,挪威石油安全署对井筒完整性问题进行了多次研究。所有此类问题都会导致关井停产一段时间,有些情况下整座平台的生产都会临时性关闭。下文是几个井筒完整性丧失的实例及其后果。

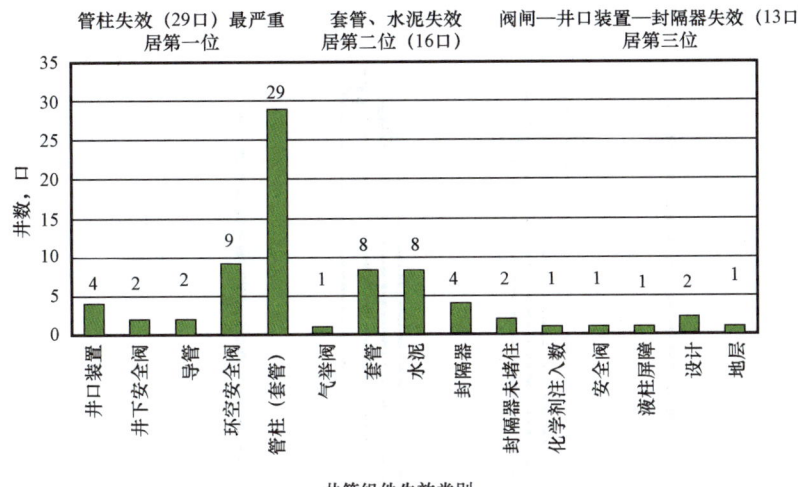

图 1.5　屏障组件失效分析图

[实例1]　表层套管破坏而且井口掉落、沉降。

某井关井后进行大修作业。在井顶部冷却阶段,井顶部没有产生预计的收缩。与之相反,整个井口反而向下掉落了 54cm 并产生冲击。该数值比预计值高出 44cm。平台上面的导管系统并没有承受任何井口系统负荷,因此,表层套管要承受井口载荷的绝大部分,在生产期间,部分载荷会转移到技术套管上,而生产套管只承受很小的井口载荷。调查表明是腐蚀造成了整个表层套管被破坏。由于井失去了机械完整性,该井被关闭。该井的井龄为 8 年。在安装期间,在近海底位置的一个水泥返出口处于开启状态。人们认为是这个出口提供了海水在混凝土平台柱体部位的流体通道。热效应和混凝土平台柱体内部的潮位变化会将海水带入表层套管,并在环空顶部形成腐蚀性破坏环境。为了在以后的井中避免出现类似问题,建议在表层套管环空顶部灌满油,油能够覆盖住暴露的管柱并消除腐蚀。该井的情况如图 1.6 所示。

事故后果:(1)整座平台停产一个月,造成很大的产量损失;(2)遭破坏的井一年后才重新投入生产;(3)此井的修井费用十分昂贵;(4)以后不再允许使用敞开的水泥返出口。

[实例2]　生产套管悬挂器失效。

某口生产井在大修作业期间出现多个问题:

(1)在压力试验期间生产套管悬挂器失效;

(2)在压力试验期间油管悬挂器失效;

(3)在作业期间油管下入工具失效。

下面对此类事件教训说明:

(1)$9\frac{5}{8}$in 套管悬挂器失效。在安装 $9\frac{5}{8}$in 生产套管期间,在进行压力试验时生产套管失效,并从井口位置滑过。悬挂器失效是由套管悬挂系统过度的塑性变形引起的。套管悬挂器通常有一个约为 40°的锥度,而该系统设计得比较细的、锥度仅为 8°。调查结果进一步发现,该系统是按照轴向载荷为 350tf 设计的,但是实际轴向载荷却达到了 600tf。轴向载荷明显超

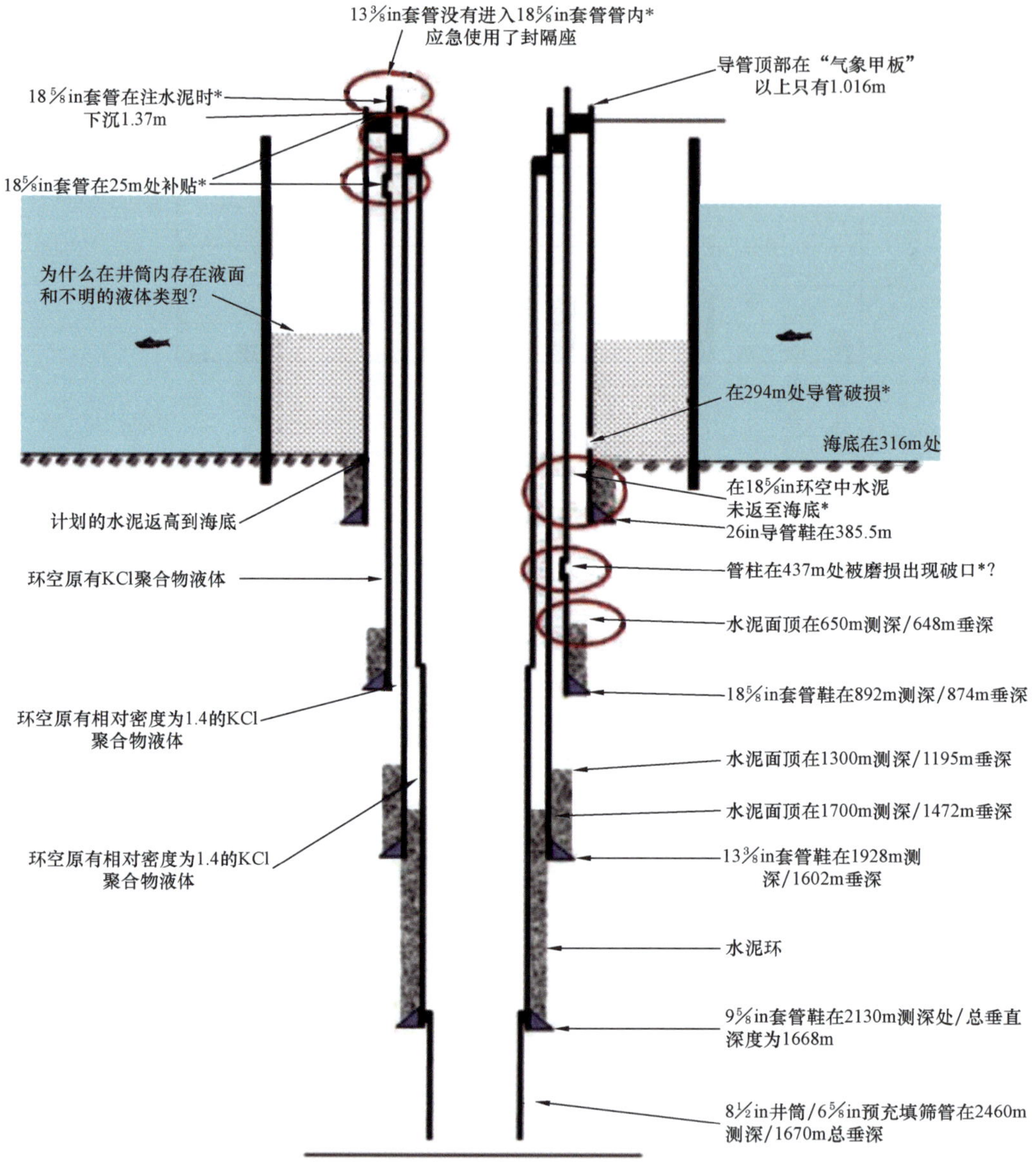

图 1.6 表层套管失效和水泥环缺失井筒屏障失效(图中红圈及标 * 者共 7 个问题)
而导致事故的图例

载是造成事故的根本原因之一。图 1.7 为发生失效之后的套管悬挂器。在图中可清楚地看到顶部发生屈服变形的套管悬挂器。

(2)$5\frac{1}{2}$in 油管悬挂器失效。油管悬挂器也发生了失效,油公司方面对此做了如下描述:"在安装完井管柱期间油管悬挂器被紧固螺栓锁死,用电缆下入测试堵塞,并将其坐在尾管上。在封隔器坐封之后,按照标准程序,从 $5\frac{1}{2}$in × $9\frac{5}{8}$in 环空中打压至 3500psi。当压力达到 3500psi 时压力突然释放,同时,坐入的管柱上顶 2ft,这表明油管悬挂器已经越过紧固螺栓。通往地面控制井下安全阀的控制管线也已经在悬挂器以上的位置脱开,使得要用电缆才能关闭井下安全阀"。

（3）下入工具失效。在试图将油管柱从井内的抛光座圈中剪开时，油管悬挂工具脱开。取出后发现此工具的尺寸和负荷能力与规范不符。该失效事故的根本原因已查明为工具的最大负荷等级资料不正确。该工具失效的原因是施加的负荷超过其额定载荷。

上述发生的三起事故都与轴向负荷有关：套管悬挂器事故是由于设备的实际重量超过悬挂器的强度等级引起的，这也反映出悬挂器系统有一个内在的设计问题；

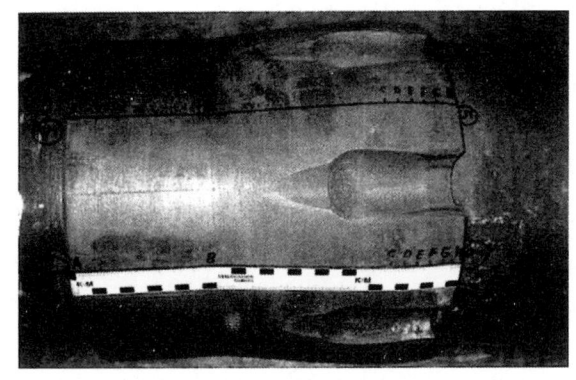

图1.7 在失效之后发生变形的套管悬挂器

油管悬挂器问题是由于在安装期间管柱没有对中，使锁紧螺栓上承受的负荷不均匀；油管下入工具失效是由于超载造成的，因为规范规定的强度等级要比工具的强度等级更高。

在对套管悬挂器的轴向负荷性能进行升级时，生产商进行了一次试验。尽管在试验期间材料产生屈服，生产商和油公司还是认可了这次升级。

后果与教训：（1）高昂的修井费用；（2）许多这种类型的井口仅能在原始设备规格之内使用；（3）应使用正确的下入工具技术规格。应改进生产油管的下入和坐入程序。

[**实例3**] 井筒完整性破坏。

按计划对某口井进行钻井和下套管作业，坐入了技术尾管并在油气藏顶部坐入了一套9⅝in钻井尾管。尾管鞋被钻穿并进行了地层完整性试验。然后对技术尾管进行了压力试验，并对9⅝in钻井尾管进行了流入试验。试验表明没有流体流入。在继续钻进时，发生严重漏失。钻井队用预先配制的油基钻井液（最终转换成海水）使井筒保持充满状态，漏失速度逐渐降低。在向裸眼井段注入堵漏材料之后，此井保持稳定状态。此井的井身结构如图1.8所示。

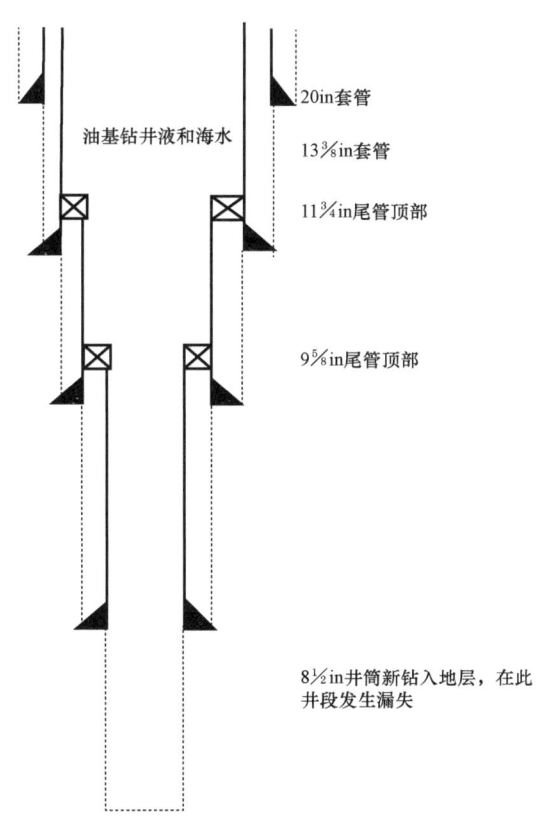

图1.8 发生漏失的井及其控制

钻井队起下钻杆下入放射源。在钻具边冲边下至 $9\frac{5}{8}$ in 尾管顶部时,又诱发了动态漏失。在套管鞋位置进行的溢流检查发现,由于膨胀效应,循环罐的液面有所增加。在新进入的地层流体使循环罐液面增加之前,对此井进行了循环,并调配了钻井液性能。发现返回流量激增之后,在开井的情况下进行了循环。然后用环形防喷器关井。井队人员试图通过节流管汇将气体循环出去,以使井保持稳定。返流消失,然后在漏失继续增加的同时,从井口的环空侧将海水强行顶替入井内。向井内替入两个堵漏材料段塞以试图控制漏失的作业未获成功。然后试图通过泵入附加的水基钻井液进行压井作业。在循环期间出现了动态漏失,而且在回流中发现了原油。在将井内完全循环成海水之后,将另外一段堵漏材料段塞替入井内,并将其强行挤入地层以控制漏失情况,但此次作业未获成功。然后施工人员试图通道节流管汇循环钻井液进行压井。由于高气体峰值且回流不稳定,进行了关井,并试图使用附加的海水和钻井液从环空一侧将气体强行挤入。气体读数仍然很高,施工人员试图通过钻杆泵入黏性物质段塞以封堵裸眼井段。施工中不巧,黏性段塞堵塞住了钻杆,于是施工人员就失去了对此井进行循环的能力。套管压力继续升高,施工人员尝试进行压力试验,以通过环空压裂地层并注入处理剂。套管压力仍然在升高,施工人员在环空一侧强行挤入海水使套管压力下降至零。在通过防喷器进行循环时,仍然松散的砂粒阻止了漏失,施工人员强行挤入堵漏材料的段塞并将其挤入地层。关井后发现套管一侧的压力迅速升高。施工人员进行泄压,以试图对井实施控制。与此同时,开始向环空一侧中泵入钻井液以增加静水压头,然而此时释放出了游离气体和钻井液的混合物。在向环空一侧继续泄压和泵注、润滑作业时,在钻柱的顶部安装了电缆设备。在下入电缆通径工具之后又下了油管射孔器,在某深度成功地进行了钻具射孔。然后地面压力开始稳定,此井被钻井液压住,施工人员恢复了对井的完全控制。

后果:

(1)该井必须要进行成本高昂的侧钻作业;

(2)在漏失、井控期间,井筒屏障始终没有准备就绪;

(3)黏性段塞堵塞钻杆,使情况更加恶化;

(4)在井控事故期间,施加在井上的负荷超过了地层漏失试验负荷,井筒屏障未得到验证。

[**实例 4**] 油管柱中的天然气泄漏。

一家大型作业公司报道称在 14 口水下井中发生了油管泄漏。泄漏的规模比较小,不需要关井处理(表 1.1)。

表 1.1 报告发生油管泄漏的井数量　　　　　　　　　　单位:口

油井	油井或天然气注入井	天然气注入井
7	3	4

因为是水下井,其修井难度比较大。从图 1.9 可见,在取出的油管上有一个大洞。

(1)原因分析。油管泄漏通常是从小漏开始的,而且最常见是接箍处泄漏。泄漏的原因可以有许多种:

① 水下阀门发生泄漏。环空中的压力通过 $2\frac{1}{16}$ in 针阀进行控制。流体中的颗粒可以破

坏或冲蚀此类阀件,从而导致泄漏。在井中采用了下列阀门:环空主阀、环空翼阀、环空循环阀、转换阀、环空排气阀。除了某口井上的针阀被替换为帕克生(Pacson)闸阀以外,某个油田的所有井都使用针阀。图1.10为带阀件的典型卧式水下采油树,所有的环空翼阀都与某条公用服务管线相连通,这样所有的阀门都会承受相同压力。为了对A环空中的压力进行监测,环空主阀始终保持在开启状态。在对某口特定的井进行压力试验时,需将其他井的环空主阀(AMW)关闭。

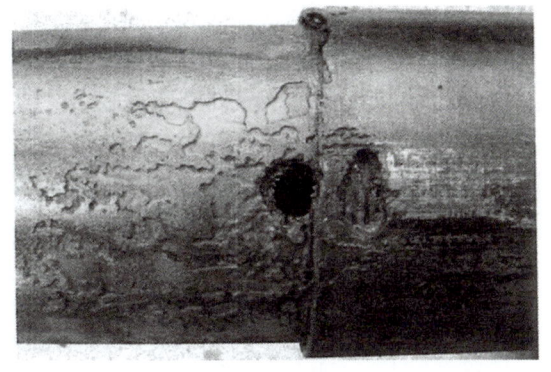

图1.9 生产油管上的孔洞

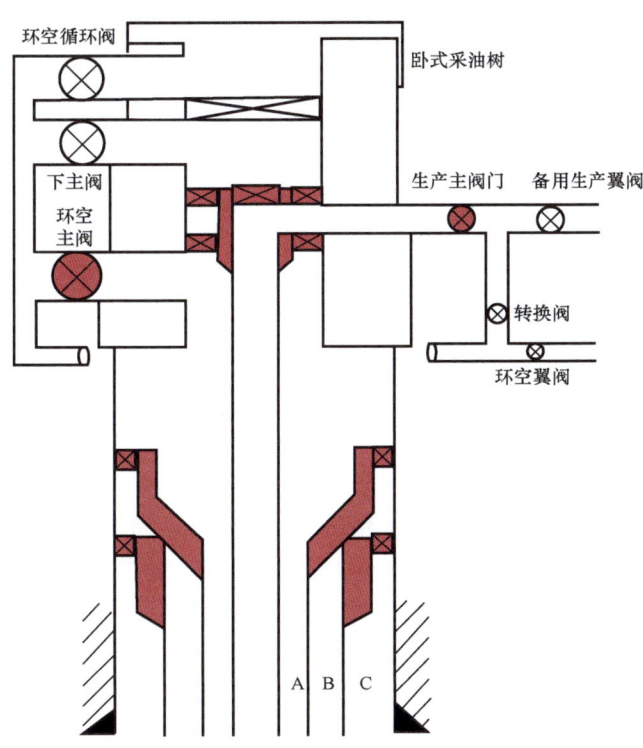

图1.10 带阀件的典型卧式水下采油树示意图

环空循环阀始终承受A环空的压力,在出现泄漏事件时,流体会泄漏至某个腐蚀帽。在腐蚀帽上的螺栓不属于防泄漏型产品,因此压力就可以与海水相连通。海水可能通过腐蚀帽和损坏的针阀泄漏至A环空,但实际并未发现此现象。通常情况下,在特定井中的A环空压力是50~90bar。通过下列阀门可能引发泄漏:

    a. 环空循环阀通过腐蚀帽进入海中;
    b. 通过环空排气阀进入海中;
    c. 通过环空翼阀进入服务管线;

d. 从生产油管通过转换阀进入环空,或从环空通过转换阀进入生产油管。

还不能确定是哪些阀门产生了泄漏。不过,在其中一口井中观测到了井内流体向海中泄漏的情况。施工人员制订了一项测试程序来确定潜在的泄漏点。而且在后续的大修作业中用闸阀替换掉针阀。

② 在抛光座圈中的泄漏。所有井中均应安装 7in 抛光座圈(图 1.11)。在施工中采用了如下安装程序:

a. 在过平衡条件下进行射孔;

b. 用多趟起下钻下入尾管柱、油管堵塞器、生产封隔器和抛光座圈;

c. 用多趟起下钻下入抛光座圈密封管和油管,其深度取决于管子丈量长度的情况,而不是取决于管柱重量。

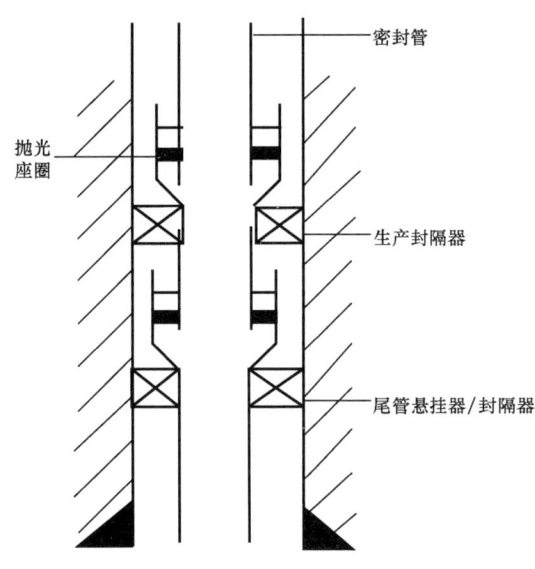

图 1.11 油管柱插入生产封隔器以上的抛光座圈的情况

这表明密封管并非锁定在抛光座圈上。在将密封管下入井内 3000m 过程中,密封件可能磨损,而且碎屑也会被推入抛光座圈,造成潜在的泄漏问题。由于管柱膨胀和温度的影响,密封管也可能工作到抛光座圈内部。此外,抛光座圈表面可能会产生腐蚀和结垢沉积。绝大多数井中的 A 环空内部压力都会高于生产油管内部压力(在油气藏衰竭之后),关井时也会出现这种情况。因此,可能从 A 环空中发生泄漏,泄漏物会通过抛光座圈进入生产油管。有好几口井发生过 A 环空压力降低的情况,这表明可能是通过抛光座圈发生的泄漏。

③ 由于腐蚀和冲蚀引起的油管和接头泄漏。所有产油井都是使用 13Cr 油管完井的。这种材料不太可能发生腐蚀,但并不能排除所有的腐蚀机理。此类产油井的油气比较高,而且据报道还在分离器系统中发现了砂和水。在油嘴和弯头部位最有可能发生冲蚀,然而测量工作还未开始进行。在油嘴中发现过冲蚀现象,但是该状况被认为是设计问题,而且这种认识也始终没有得到纠正。在部分完井管柱中,使用了新 VAM 油管螺纹。这种油管螺纹的抗压能力非常弱,但没有迹象表明油管螺纹发生了失效。作业公司起出 A-17 井的完井管柱进行检查,结果没有发现管柱腐蚀现象,仅在管柱表面看到了较小的痕迹,并在管柱内侧发现了较小的砂粒冲蚀痕迹。抛光座圈的密封表面上有许多细小的痕迹,但是认为此类痕迹与泄漏无关。

④ 其他因素导致的泄漏。在用两趟起下钻安装完井管柱之前,已经在欠平衡条件下对井射孔。射孔后并未进行洗井作业,可能导致很高的表皮系数(A-11 井和 A-18 井。有可能对生产起作用的是上部的层段或渗透率比较高的层段。在生产和关井期间井底压力变化范围是 150~200bar),导致抛光座圈移动并造成泄漏。A-11 井产生过泄漏,A-18 井出现过泄漏现象。在第二阶段钻井活动中,应考虑使用替代完井方案。

(2)推荐做法。

① 测量地面弯头的厚度,观测是否存在砂粒冲蚀的迹象。

② 在选择的井内下入井径测井仪/管柱厚度测量工具。
③ 评估其他类型的螺纹脂。
④ 在下一口井中下入管柱时,检查所有油管和总成上的上扣扭矩。
⑤ 考虑采用出砂控制措施;在 A-10 井再完井时,对完井管柱进行分析。
⑥ 实施水下阀门泄漏试验程序。
⑦ 在以后的大修作业中,用闸阀替换针阀。
⑧ 如有可能,淘汰掉抛光座圈(如果要求使用抛光座圈,则要坐封新封隔器并预先调配好抛光座圈上方的管柱长度,也可以考虑使用伸缩短节)。
⑨ 验证金属间密封,并对井下压力表进行压力密封试验。
⑩ 确认螺纹负荷在额定范围内。
⑪ 修改对油井 A 环空进行压力监测的程序:A 环空压力在 10~90bar;用其他生产数据监测 A 环空的压力。
⑫ 测量弯头壁厚以检查砂粒冲蚀情况。
⑬ 在选择的井中下入井径测井仪工具/壁厚检测工具。
⑭ 在注气井中考虑使用 13Cr 油管。

[**实例 5**] 生产套管失效。

在北海油田的某一口井中,生产油管和生产套管都被挤毁,且不得不更换管柱。下面介绍造成事故的原因。$9\frac{5}{8}$in 生产套管是通过两次作业进行的。底段的坐入深度范围为 2515~4815m(真垂直深度),并进行固井。然后将生产套管的上部坐入抛光座圈,由抛光座圈提供密封。这种做法称为回接解决方案。在管柱安装完成之后,由于不能保持压力,重复进行了多次压力试验。这表明在系统中出现了泄漏。泄漏可能出现在任何位置,如抛光座圈、套管接头或地面设备等位置。在对地面设备进行彻底检查之后,排除了地面设备出现问题的可能性。最终进行的两次压力试验通过验收,于是该井完井投产。该井投入生产后,发现生产套管在深度约 700m 的位置被挤毁。作业公司决定拔出管柱并替换回接生产套管。作业公司按计划更换了回接套管,又投入生产。造成失效的一个根本原因可能是生产套管或抛光座圈的某个部分发生泄漏,这样在压力试验期间,在套管后面产生压力积累。在生产期间热影响使生产套管后面积累的压力超过套管的抗挤毁能力,重复的压力试验会给套管的完整性带来问题(所以,也要考虑压力试验次数要适当而不宜过多)。所以也应考虑压力试验次数不宜过多。在对起出的套管进行检查时发现了另外一个根本原因。图 1.12 反映了管柱变形的情况。生产套管为 $9\frac{5}{8}$in N80 53.5lbf/ft 套管。失效的套管重量为 47lbf/ft,其抗挤强度比其他套管低 30%。在起出的套管柱中只找到一根这种质量的套管单根,而且也没有记录表明为什么要在生产管柱中加入这么一根强度较低的套管单根。53.5lbf/ft 生产套管的抗挤毁强度为 456bar,而 47lbf/ft 套管单根的抗挤毁强度为 328bar,抗挤毁强度降低了 28%。

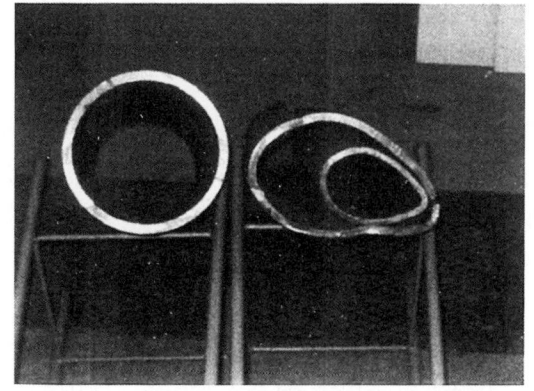

图 1.12 失效的生产套管和生产油管

该事件的后果：

(1)更换生产套管和生产油管的费用非常高；

(2)该井关闭了很长一段时间,生产损失很大。

为此,需要：

(1)改进了通过试验程序和套管试验合格情况；

(2)改进了通过检查和控制程序。

[**实例6**] 井筒失效。

该事故是在北海海域发生的一起重大事故。在修井作业期间,从油气藏到海床井的外部发生了天然气井喷事故。在海底井口底盘位置形成了地下井喷口,在整个平台下方聚积了天然气。平台上的绝大多数人员已经撤离,而井队人员正在设法对井进行控制并开展压井作业。幸运的是,事故当天在北海事故海域并没有起风。由于天然气聚积在整个平台底部,在事故现场非常容易发生爆炸和火灾。幸运的更是,情况得到了控制,险情没有进一步恶化。导致该事故的原因有很多。最初,该井在套管上有一个孔洞,施工人员用加固衬管对该孔洞进行了隔离。在修井作业期间,起出了加固衬管,于是套管孔洞就失去了合适的屏障。在回收加固衬管的时候,由于加固衬管和套管之间的间隙很小,产生了抽吸效应,随后发生井涌。井涌是在第二道井筒屏障的屏障组件(加固衬管)被起出的同时发生的(图1.13)。

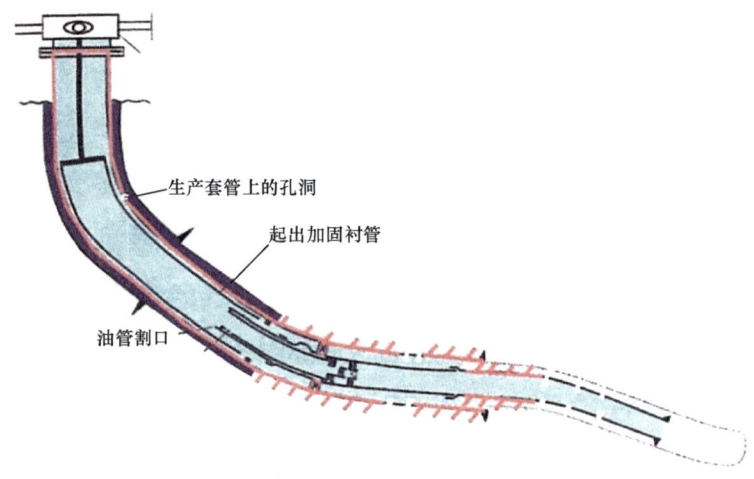

图1.13 加固衬管被起出井筒时的情况示意图

由于天然气从油气藏中泄漏入井内,在从套管孔洞中窜出后,沿着井筒外侧上行至海床中,且两道屏障均已失效(图1.14)。该例充分说明了在井生产的各个阶段应充分认识到井筒屏障的重要性。

严重后果：

(1)整个平台生产停了几个星期,而且直到几个月之后才完全恢复,经济损失很大；

(2)事故是由于移除第二道井筒屏障组件(加固衬管)引发的,同时,在作业期间,主要的钻井液屏障液发生失效(抽汲)。

1.1.4.3 主要对策

失效问题就是井筒完整性的隐患。明显的后果是可能导致材料破坏、人身损害、产量损失和环境破坏的井喷或泄漏,并因此带来代价高昂且充满风险的修井工作。北海油田的大多数油气井产量都很高,生产井、注入井停产造成的损失是很高的,甚至超过修井费用。这说明井筒完整性不仅取决于设备的耐用程度,也取决于作业过程、施工单位的资质和资源以及作业者的资质。这表明井筒完整性不仅取决于设备的结实程度,也取决于运行决策、整个作业过程、施工单位的资质和资源以及作业者的资质;还有技术、运行、决策等问题。减少和消除隐患的主要对策是:

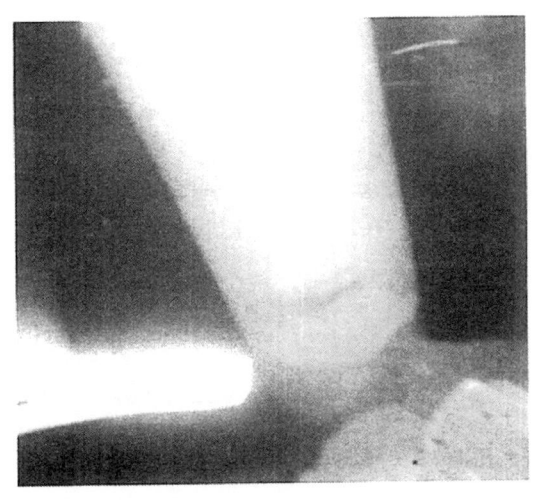

图1.14 环绕井筒周围的地层被刺漏

(1)重视井筒完整性与井筒屏障的全程全方位监测检查管理等工作,并应按照法规、标准、指南等法定文件完善井筒完整性与井筒屏障标准化、规范化,并从技术上、作业上与操作上和组织管理上加强对全生命周期施工作业的一体化设计、提高技术水平、工程质量和组织措施;

(2)按照标准进行井筒及井筒屏障体系设计,其主要内容是:井眼全服役期的用途与目的、服役期寿命、预测地质剖面(含温度、孔隙压力、地层应力等)、井身结构、钻井液完井液工作液、管柱及配件设计、井身剖面及靶位、各层套管及注水泥设计及其质量检查、各次开钻的井口装置—防喷器设计、井筒测试和完井设计、风险分析及应急处理预案等。

(3)按照NORSOK D-010标准进行验收(NORSOK D-010第4版及本书第4章共有58张井筒屏障组件验收标准表,供不同作业和各种屏障结构选择使用)。

上述对策将在本书第2和第3章进一步详述。

1.1.5 结论

(1)用图1.15说明学习与应用井筒完整性及井筒屏障层系的内容和路线图。图中(5)~(14)项的10个作业覆盖了石油天然气上游领域的各个作业,其详细内容在本书第一章分节讲述。

(2)对井筒完整性的认识:油气井的全生命周期小于油气藏的生命周期。油气井的生产对井筒完整性的认识:油气井的生命周期惯称"油气井寿命,油气井服役期"等。一口井的生命周期中经历钻井、测试、完井、生产(包括采油、采气、注水、注气、注蒸汽、蒸汽吞吐等各种生产方式)直到关停、报废。在一口井生命周期中的各个作业环节,需要而且可以通过技术上、作业施工上以及行政组织上的方法来减少和降低地层流体在未控制的情况下外泄的风险,并保证各作业的安全实施。井筒完整性包括井筒密封性、机械完整性、作业管柱可达性、井筒内外流体可控的流动通畅性,即完整的"四性"。

(3)对井筒屏障的认识:井筒屏障是实现井筒完整性的关键与必要手段,井筒屏障是由一

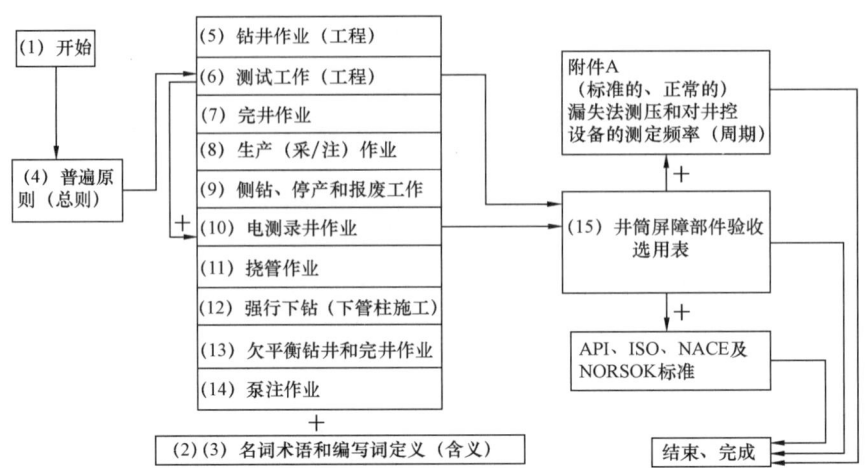

图 1.15 学习与应用井筒完整性及屏障层系的路线图

个或多个组件组成的一道或多道有效屏障集合体(Envelope)。应在每一项作业开始之前,根据油气藏性质、地质条件、油气井类别、作业要求(尤其是重点要求)、当时作业水平、技术水平、可能条件等来设计—谋划每一道井筒屏障,并选择相应的屏障组件。每一道井筒屏障应提前到位,并绘成规范化的示意图——图解和说明。在使用开始和使用过程中,经过鉴别、监管确保井筒屏障保持标准、实现功能,防止流体失控串流和外泄,保证作业安全。

1.2 钻井作业的井筒完整性标准

本节按照 NORSOK D-010 第 4 版标准并参考有关资料讲述在钻井作业期间与井筒完整性有关的技术标准;说明用井筒屏障组件来建立井筒屏障以保证井筒完整性以及钻井作业的安全。

石油勘探开发中,钻井是判断地下是否有油气最重要和直接的手段,"钻头不到油气不喷"。探井确认有油气后,接下来的工作就是查明它的具体范围和出油能力。要通过钻井查清油层层数、深度、厚度,搞清油层的岩性和其他物理性质,测试油气生产能力,然后再扩大钻探,进一步探明含油气情况。在世界范围内,油气钻井费用占油气勘探总投资的 55%~80%,占油气田开发总投资的 50% 以上,钻井技术的优劣和水平直接影响着油气勘探开发效益。伴随着油气勘探开发的深入,钻井设备配套、工具仪器研发、钻井高新技术研究与应用得到了高度重视和快速发展,钻井前沿技术不断突破,储备技术研究投资不断加大。目前,钻井技术不仅仅只是建立油气流动通道,而且也是提高油气井产量、提高采收率等的主要手段。

钻井有10种类型井:基准井、剖面井、参数井、构造井、探井、资料井、生产井、注入井、调整井、评价观察井(前6种井都要钻取较多的岩心,采集全井岩屑并进行较多的电测与录井工作)。不同类别井所应用的井筒屏障结构是不同的。通常分为两类:

(1)勘探井。勘探井的主要用途是发现可能的油气藏,为将来开发和开采之用。此类井通常在测井测试之后暂时关井。

(2)生产井/注入井。在钻井之后用生产/注入管柱完井并投入生产。一般情况下,投产后能够自喷一段时间,压力降低后注水或注气以稳压或增压。在生产阶段结束之后进行关停或报废处理。

海上油气田开发可能使用多种钻井设备;例如坐底式固定平台、钢导管架底座平台、混凝土平台、自升式平台、半潜式平台、动力定位平台等。钻完井方法有平台钻井完井、水下钻井完井;水下井采油的采油树有立式采油树和卧式采油树两种。

1.2.1 国内在钻井方面认识与应用井筒完整性的现状

2007年7月,四川罗家2井钻至高压硫化氢气层时未及时压井,导致高压硫化氢气体上窜,随即在夜间释放至井周围地段,毒死附近熟睡中的居民100多人。事故原因主要是:地质预告不准、钻井液密度与循环当量密度偏小、井身结构设计不当、表层套管技术套管下入深度不够、钻井施工中监测不力未能及时发现溢流、压井不及时等。在国家安全生产监督管理总局的组织下,当时西南石油学院和四川石油管理局等一些单位开始注意和研究目前所说的井筒完整性问题。近10年来,塔里木油田针对库车山前钻高压气井的难题,研究了井筒完整性设计;2005—2008年,针对克拉2和迪那2气田多口高压气井环空异常高压问题,引入井筒完整性的概念开展对问题井的风险评估工作,采用API RP-90标准进行各环空最大允许带压值计算,并制订治理措施。2009—2011年,针对迪那2气田多口井出现完整性问题,开展了全油田井筒完整性现状大调查,引用井筒完整性设计理念制订了相应的措施,保证了迪那2气田的安全高效开发。2012—2016年,针对大北、克深区块大规模建产后井筒完整性面临的新挑战,探索了一套以井筒屏障设计、测试和监控为基础的井筒完整性设计技术。景宏涛等发表了"迪那2井完整性评价及风险分析"。西南油气田于2008年依托龙岗气田开展了井筒完整性一系列相关研究工作,形成了一套"三高气井完整性评价技术";2013—2016年,高效完成龙王庙气藏的试油、完井及开发建产工作;2014年,发布Q/SY XN 0428—2014《高温高压高酸性气井井筒完整性评价技术规范》企业标准,2015年上线运行"西南油气田井筒完整性管理系统"。胡顺渠等发表了"川西高温高压气井井筒完整性优化设计及应用"。中海油安全技术服务公司针对渤海油田在产油气井开发年限长,井下套管水泥环普遍损伤现象,为能在井筒完整性失效之前及时发现损伤和损伤程度,研制了基于宽频超声波的检测技术,可实现三层套管柱及水泥环腐蚀、缺陷的三维图像化技术及软件技术。大庆油田和吉林油田等也开展了井筒完整性研究。长庆油田是以中低渗透为主的低压低产油气藏,但是存在强腐蚀性地下水(洛河水等)问题,据长庆开发志,截至2005年7月底,累计套管破损油水井1000多口约占总井数的9%,一些井(如吴-295-3井)套损时间只有1年,小于3年的占12.9%,大于4年小于6年的占27.4%,大于7年小于10年的占19.4%,大于10年的占40.3%。先后用了许多方法对套损井进行治理,效果仍然不好;这是长庆油田涉及井筒完整性的突出问题。2017年2月,中国石油发布了高温高压及高含硫井筒完整性系列标准。国内,张智等提出"含硫气井的井筒完整性设计方法";冯耀荣等发表了"油气井管柱完整性技术研究进展与展望"等。据悉,最近关注井筒完整性的人越来越多了,这是好势头。

1.2.2 钻井作业的井筒屏障图解

图1.16至图1.19是4个钻井作业应用井筒屏障来实现井筒完整性的图解。

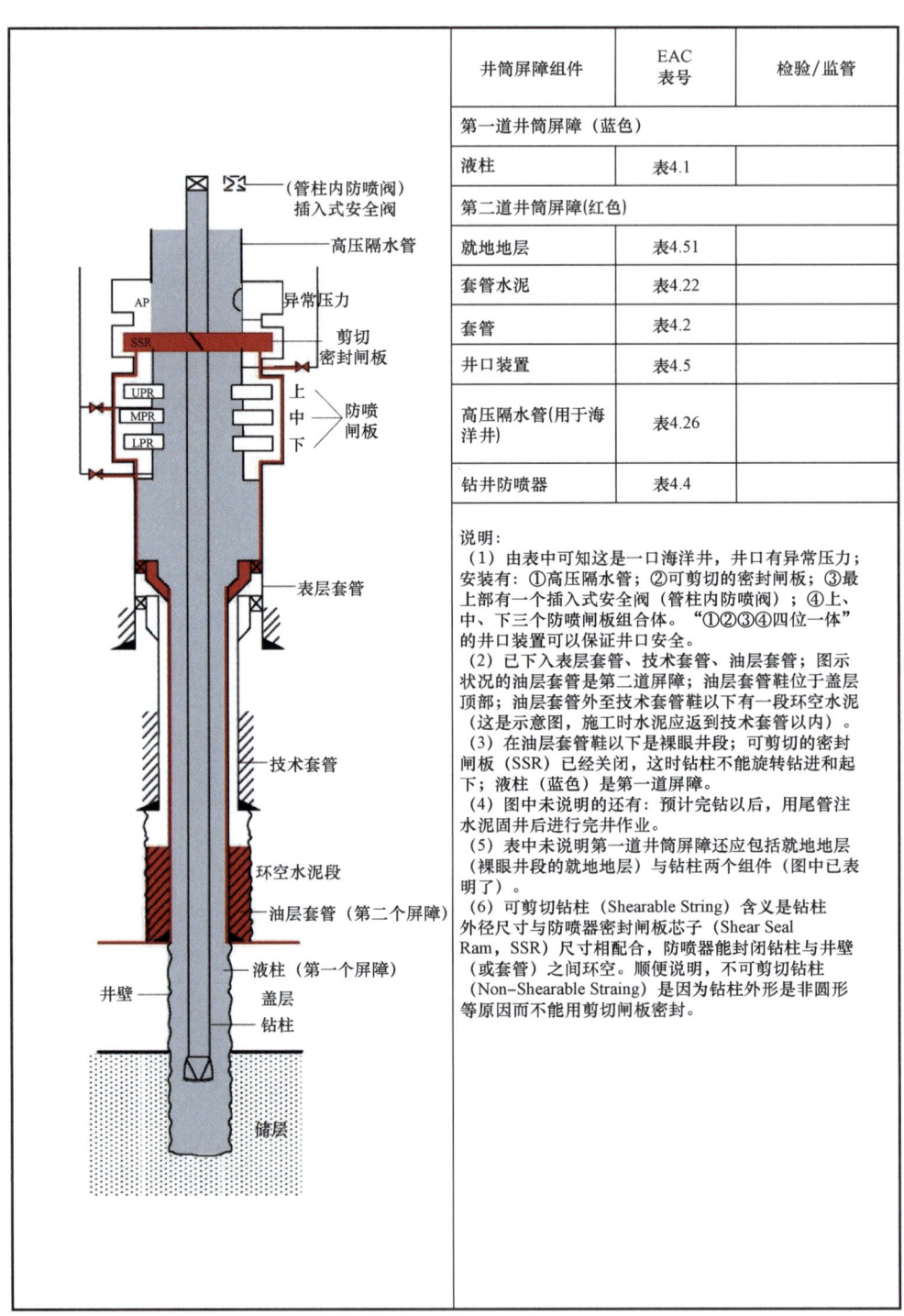

图1.16 用可剪切钻柱钻井、取心和起下钻井筒屏障图解

第1章 井筒完整性的标准

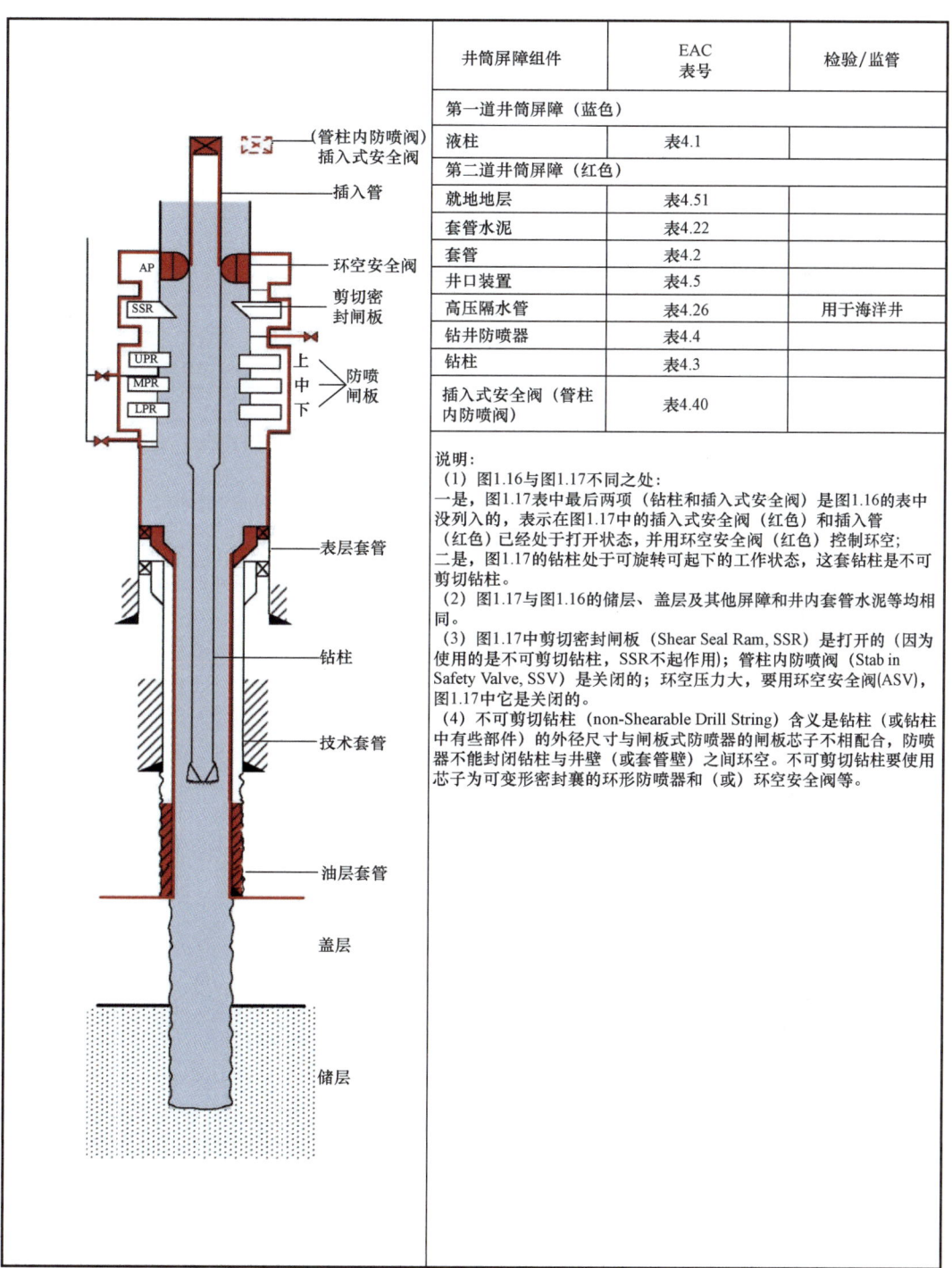

井筒屏障组件	EAC 表号	检验/监管
第一道井筒屏障（蓝色）		
液柱	表4.1	
第二道井筒屏障（红色）		
就地地层	表4.51	
套管水泥	表4.22	
套管	表4.2	
井口装置	表4.5	
高压隔水管	表4.26	用于海洋井
钻井防喷器	表4.4	
钻柱	表4.3	
插入式安全阀（管柱内防喷阀）	表4.40	

说明：
（1）图1.16与图1.17不同之处：
一是，图1.17表中最后两项（钻柱和插入式安全阀）是图1.16的表中没列入的，表示在图1.17中的插入式安全阀（红色）和插入管（红色）已经处于打开状态，并用环空安全阀（红色）控制环空；
二是，图1.17的钻柱处于可旋转可起下的工作状态，这套钻柱是不可剪切钻柱。
（2）图1.17与图1.16的储层、盖层及其他屏障和井内套管水泥等均相同。
（3）图1.17中剪切密封闸板（Shear Seal Ram, SSR）是打开的（因为使用的是不可剪切钻柱，SSR不起作用）；管柱内防喷阀（Stab in Safety Valve, SSV）是关闭的；环空压力大，要用环空安全阀(ASV)，图1.17中它是关闭的。
（4）不可剪切钻柱（non-Shearable Drill String）含义是钻柱（或钻柱中有些部件）的外径尺寸与闸板式防喷器的闸板芯子不相配合，防喷器不能封闭钻柱与井壁（或套管壁）之间环空。不可剪切钻柱要使用芯子为可变形密封裹的环形防喷器和（或）环空安全阀等。

图1.17 下入不可剪切的钻柱井筒屏障图解

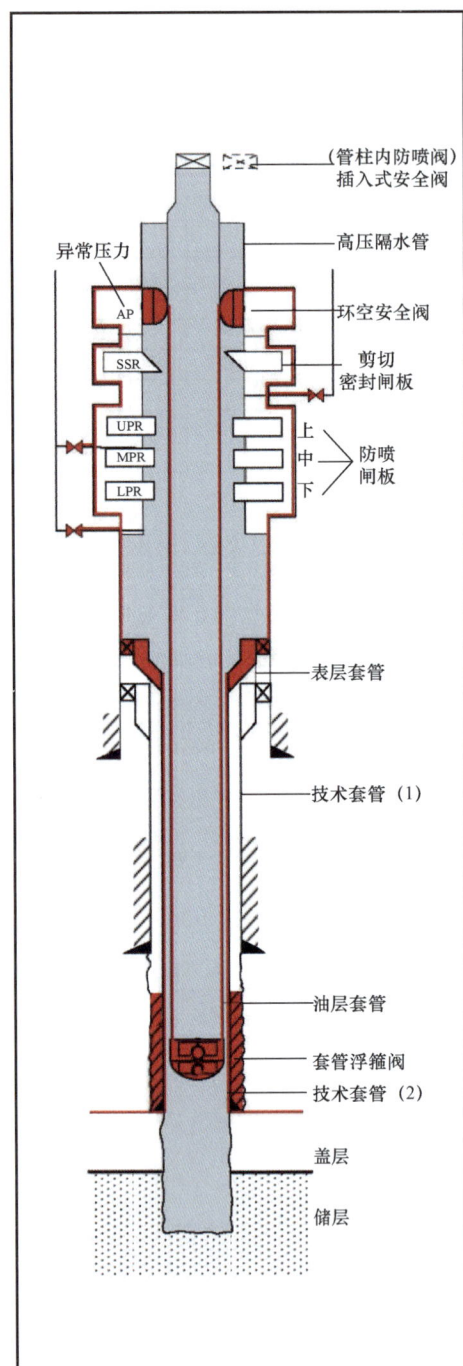

井筒屏障组件	EAC 表号	检验/监管
第一道井筒屏障（蓝色）		
液柱	表4.1	
第二道井筒屏障（红色）		
就地地层	表4.51	
套管水泥	表4.22	
套管	表4.2	
井口装置	表4.5	
高压隔水管	表4.26	用于海洋井
钻井防喷器	表4.4	
套管	表4.2	油层套管（红色）并带有套管浮箍阀
套管浮箍阀	表4.41	新入井的（红色）

注：插入式安全阀已在钻台上准备好了备用。
说明：
（1）井筒中的钻柱及钻头已经起出。
（2）表中倒数第一行的套管浮箍阀的套管是油层套管，下部装有套管浮箍阀（红色）。
（3）有两层技术套管(均为红色)和表层套管(红色)。
（4）技术套管(2)(红色)的套管鞋座在盖层顶部。
（5）该井处于完井作业的准备阶段，即将进行过油管（过管柱）钻进（包括侧钻）和取心等作业工作。
（6）不可剪切套管（non-Shearable Casing）含义是套管柱使用了扶正器等附件，所以套管柱与防喷器闸板芯子两者就不能封闭套管柱与井壁之间的环空；图中表示这时要使用环空安全阀（或环形防喷器橡胶芯子）来封闭环空。在套管柱顶部备有管柱内防喷阀，可用来控制套管内压力。

图 1.18　下入不可剪切套管井筒屏障图解

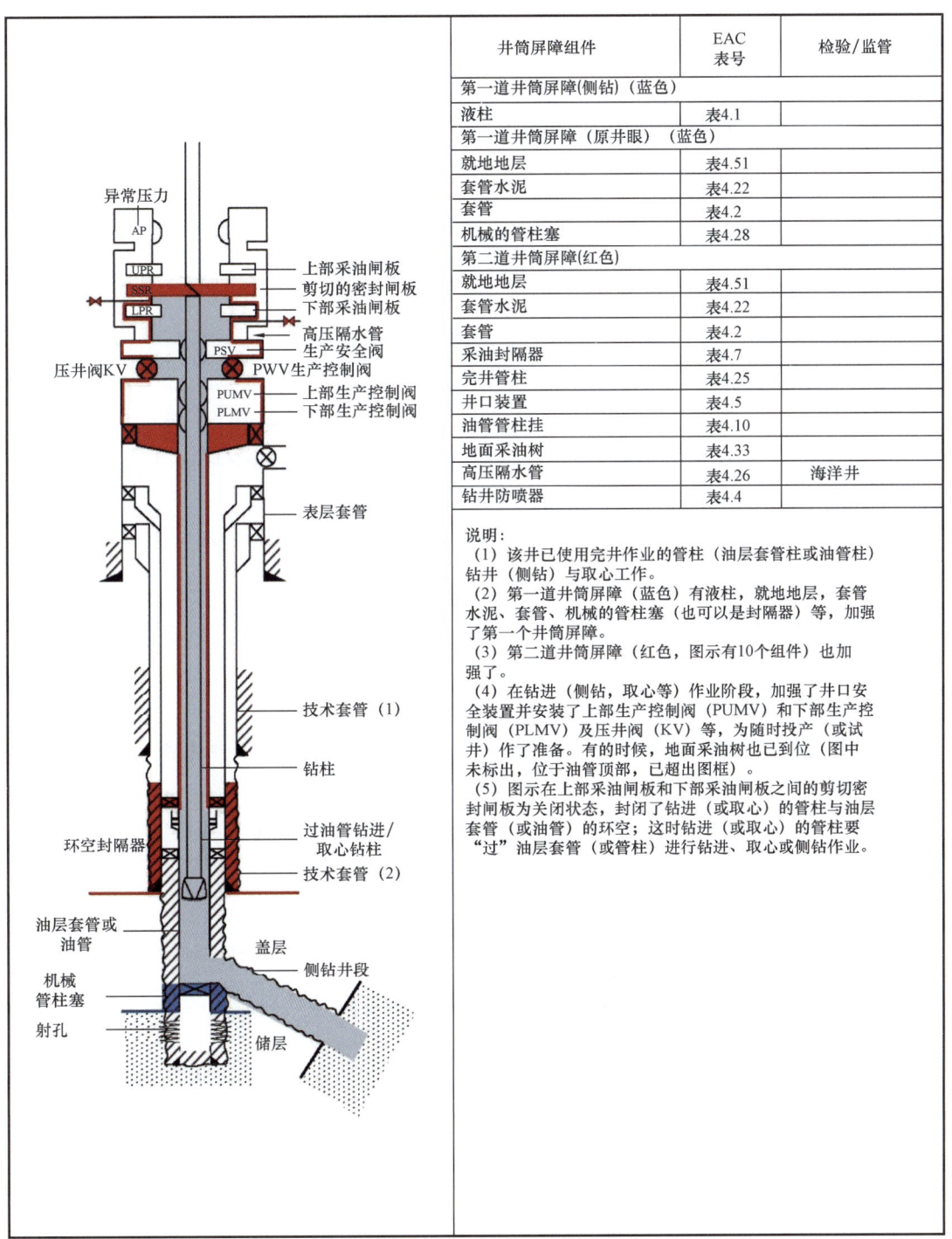

井筒屏障组件	EAC表号	检验/监管
第一道井筒屏障(侧钻)（蓝色）		
液柱	表4.1	
第一道井筒屏障（原井眼）（蓝色）		
就地地层	表4.51	
套管水泥	表4.22	
套管	表4.2	
机械的管柱塞	表4.28	
第二道井筒屏障（红色）		
就地地层	表4.51	
套管水泥	表4.22	
套管	表4.2	
采油封隔器	表4.7	
完井管柱	表4.25	
井口装置	表4.5	
油管管柱挂	表4.10	
地面采油树	表4.33	
高压隔水管	表4.26	海洋井
钻井防喷器	表4.4	

说明：
(1) 该井已使用完井作业的管柱（油层套管柱或油管柱）钻井（侧钻）与取心工作。
(2) 第一道井筒屏障（蓝色）有液柱，就地地层，套管水泥、套管、机械的管柱塞（也可以是封隔器）等，加强了第一个井筒屏障。
(3) 第二道井筒屏障（红色，图示有10个组件）也加强了。
(4) 在钻进（侧钻，取心等）作业阶段，加强了井口安全装置并安装了上部生产控制阀（PUMV）和下部生产控制阀（PLMV）及压井阀（KV）等，为随时投产（或试井）作了准备。有的时候，地面采油树也已到位（图中未标出，位于油管顶部，已超出图框）。
(5) 图示在上部采油闸板和下部采油闸板之间的剪切密封闸板为关闭状态，封闭了钻进（或取心）的管柱与油层套管（或油管）的环空；这时钻进（或取心）的管柱要"过"油层套管（或管柱）进行钻进、取心或侧钻作业。

图1.19 过管柱钻井和取心及侧钻井筒屏障图解

1.2.3 对钻井作业的井筒屏障及其组件的要求

钻井作业对井筒屏障的要求是：

（1）对导管和表层套管的上部井眼，液柱是唯一的井筒屏障，又称之为水力屏障。在其他井段钻进时，液柱都是重要的屏障。NORSOK D-010 要求钻井液密度大于地层流体压力，小于地层破裂压力（按地层流体压力值附加：油/水井 1.5~3.5MPa，气井 3.0~5.0MPa；按当量密度附加：油水井 0.05~0.10g/cm³，气井 0.07~0.15g/cm³）。钻井液应该具有良好的流变性、温度稳定性、悬浮稳定性和抗污染能力等。

（2）表层套管应在钻入异常压力层之前下入；并在表层套管固井之后，二开之前安装好钻井防喷器。

（3）在裸眼中射孔时应在管柱内孔中安装两个高质量的井筒屏障组件；内层的井筒屏障组件应该设计为能够循环的液柱。

（4）NORSOK D-010 认为，非渗透性的地层能够作为井筒屏障组件，但是应该预测孔隙压力和破裂压力（破裂压力大于最高作业压力），该地层才具备地层完整性，同时要求该地层远离裂缝和断层区域。

NORSOK D-010 对井筒屏障组件的验收标准共有 58 个表。本书第 4 章全部编入，以供查用。

1.2.4 钻井作业的井控程序

1.2.4.1 井控活动程序

表 1.2 说明应该使用井控程序的几种主要情况。这个表不是为了强化和附加之用而是在正常计划内的。

表 1.2 钻井作业中需要使用井控程序的主要情况

项目	说明	备注
1	浅气层入流	
2	随之可剪切的管柱或工具经过 BOP 而发生入流	包括闸板密封钻柱前要使钻柱居中
3	随着不可剪切的管柱或工具经过 BOP 而发生入流	这时的入流是有风险的
4	（随着）无管柱或工具经过 BOP 时而发生突然入流	
5	入流中含 H_2S 气体	
6	从任一个先前钻的分支井筒中发生入流	在多分支井中钻进分支井筒时

1.2.4.2 钻井作业对井控作业的要求

一是提前按照标准把井口、防喷器等全部井控装置安装到位和保证质量，并全程进行监控管理；二是做好井控作业施工计划，并且要有应急措施计划；三是落实岗位责任，对参与作业人员进行培训、实地训练及严格考核（表 1.3）；四是按照标准进行验收并按照规格总结将资料入档。

表 1.3 应该实行井控作业的训练及考核

类别	训练频率	训练目的	备注
浅气层压井钻井	由钻井队在值班时每班一次	为训练人员在浅气层入流时履行职责	在钻表层或导眼之前施行
压井:起下	每个井队每周一次	随钻(钻头在井底)的入流职责训练	
压井:起下	每个井队每周一次	在起下钻时(钻头离开井底)的入流职责训练。练习使剪切钻柱(管柱)居中的准备工作	
遥控考克钻井	由钻井队在值班时每班一次	井中带压时遥控作业的考克操作作业训练	在钻出预期的储层以上的上一层套管鞋时,包括带有气体流动情况的井筒,作为钻台作业的顶层练习训练
H_2S 钻井	在钻入可能含 H_2S 层(储层)之前	练习在用的防毒面具设备	
海面以下的防喷器:防喷器在甲板钻井	每一次防喷器在甲板时进行训练	实际操作防喷器手柄	伴随气体在钻台上的应急情况用人工操作法活动考克(阀门)的全部及最后步骤。用动力定位钻机的时候,应包括从船只到平台的通信和操作应急的断开程序
海面以下的防喷器:分流器钻井/隔水导管中有气体的钻井	在海水从隔水管系统中顶替走之前,任何时候 BOP 应安装并完好到位	安装好分流器管线	包括在隔水导管和防喷器中及其管线连接分流器至它的上流管线中的气体。这种钻井可以用海水流经上流管线

1.2.5 导管设计

导管应该设计适当的结构以支撑在井筒服役生命期内的井口装置和所有管材/设备。导管载荷分析应该考虑恶劣气象与海潮、涡漩诱发震动、疲劳、腐蚀发生的可能性。

1.2.6 浅层气

应十分重视浅层气并评估其风险。可用的减小风险的方法及需做的工作是:
(1)确定浅层气的风险和作业的限制模式和程序;
(2)钻一个导眼,使用隔水导管循环泥浆恢复系统装备;
(3)用有关风险降低程序和井控程序方法钻穿可能存在的浅气层;
对于可能存在浅层气的井眼可用下列作业限制措施:
(1)如果浅层气压力较高的话,应该考虑移动改变井位;
(2)使用一个允许动态压井的小尺寸导眼钻穿全部可能的浅气层;
(3)预期的具有异常压力的浅气层应该用最大尺寸为 $12\frac{1}{4}$ in 的导眼并用加重钻井液

钻进；

(4) 在导眼中循环流动检查时间应至少 30min；

(5) 在下部钻柱组合中应安装一个浮箍；

(6) 应该用随钻测井 (LWD) 伽马放射测井和电阻测井；

(7) 对海洋井，从井眼返出的循环液应该用遥控摄像机或遥控装置 (ROV) 连续观察监管；

(8) 直到导眼已经钻穿为止，应保持压井液在可用—备用状态；

(9) 注水泥材料应该到位并在导眼中建立最小 50m 长 (一般情况要超过该值 200%，约 150m 长) 的不渗透气体的致密水泥塞，导管外环空水泥返到地面 (或海底面)；

(10) 安置表层套管的计划和材料 (套管和水泥材料，按水泥返到地面/或海底面，并有最少 50m 的水泥塞进行备料) 应该在上述浅气层有关工作之前到位并做好入井准备工作。

在水深小于 100m 且没有浅层气的海洋井就不必钻导眼，这时要做钻井设备冲撞评估 (Drilling Facility Impact Assessment)，冲撞评估相当于浅层气的入侵或其他冲撞力。

1.2.7 井眼轨迹与井筒间距

精确设计和确定井眼轨迹不仅对于直井、定向井、水平井、分支井、智能井等复杂结构井而且对防止发生下列意外情况都非常重要：

(1) 意外地钻至邻井/其他井的井筒中；

(2) 具有释放井 (放喷) 作用的井下装置的井；

(3) 井中有地质模型装置的井；

(4) 在新井中装有抗腐蚀及其评估装置的井。

1.2.7.1 井眼轨迹的测量

应该用不同的全球定位系统来确定井眼中心的地面井位坐标。海洋井钻井平台的井槽 (Well Slot) 坐标能够从已知参考点 (平台上的固定点、海面下底座等) 来测量确定。

钻进新地层时，井斜和方位的测量应该每 100m 测深至少测一次。所有测量应以正北坐标网格为参考系。从 20 世纪 80 年代以来，随钻测量 (MWD) 随钻测井 (LWD) 随钻地震 (SWD) 系列新技术不断发展直到普遍应用，大大提高了井眼轨迹测量的精度、质量与效果。随钻测量可称之为钻井的眼睛；随钻测井可称之为识别地层和岩性的眼睛；随钻地震是在钻头上安置的眼睛。最近正在研发电子式无线随钻测量及智能钻柱等有线随钻测量工具与技术，都是能够提高井眼轨迹测量精度与效率的。

正在钻进的井筒位置及其与邻井的距离应该在作业的全部时间内都监测。

应该制订测斜计划以减小最小椭圆的不确定性。

1.2.7.2 井筒之间距离的计算模型和采用标准

应该制订量化不确定性的模型。井筒处在计算的不确定性椭圆之内的可能性应该大于 95%。应该确定井筒之间最小的验收距离并且制订风险降低措施。

1.2.8 结论

鉴于钻井作业存在不确定性和复杂性以及钻井作业的质量对后续作业的影响等,要求钻井行业十分重视钻井作业中的井筒完整性、设计好应用好井筒屏障。目前,我国还没有自己的井筒完整性标准,可以参照 NORSOK 标准及本书进行设计、应用、监管监控监测和风险分析、备有预案和应急措施等;并认真总结每次作业的成败之处,做好钻井工程井筒完整性信息管理;不断改进钻井作业的井筒完整性水平,为早日制订我国标准做好基础工作。

1.3 测试作业的井筒完整性标准

在勘探井和评价井的井筒测试期间,要重视井筒完整性有关的要求与标准。测试作业包括用测试管柱和地层测试工具进行测试和取样以及用测录井装置进行测试。测录井工作是了解该井地质剖面的岩性、油气层流体性质、压力、温度、产能,有时还要通过试井检测表皮系数等,根据取样分析结果和测录井资料决定该井下一步作业是可以完井交接,还是要射孔或压裂酸化后再测试,有时可能需要加深或侧钻等。这个作业准备与作业活动开始于已经钻到了要求的井深和裸眼的最后部分已经录井完了之时。这个活动结束于井筒已经压井完了和测试管柱已经起出时(下一步作业,探井要进行试油,生产井可进行采油作业)。本节的目的是说明用井筒屏障组件来建立符合标准的井筒屏障及若干附加要求来保证在过平衡—平衡—欠平衡各种条件下测试作业处在安全状态。

1.3.1 井筒屏障图解

对每口井的活动和作业的井筒屏障层系应该准备到位并做出图解。本节选择了 NORSOK D-010 中的 4 个井筒屏障示意图进行图解说明(图 1.20 至图 1.23)。

1.3.2 测试作业的井筒屏障验收标准

下面列出了测试作业时对井筒屏障的专门要求和指南:
(1)它能够用防喷器封隔密封测试管柱。对海洋钻井作业,它还能够在测试作业时从防喷器的全闭闸板/剪切闸板以下隔开测试管柱。
(2)它能够密封下入的管柱/油管并密封井筒。
(3)它能够借助于地面测试井口装置和注液泵或高压(水泥车)泵,用循环的压井液进行压井,同时,使用本井装备的考克管汇以及液/气分离器进行压井作业。
(4)它将能够全程用测试管柱建立循环通道。

1.3.3 测试作业井筒屏障组件的附加验收标准

表 1.4 说明测试作业时附加的屏障组件验收要求。

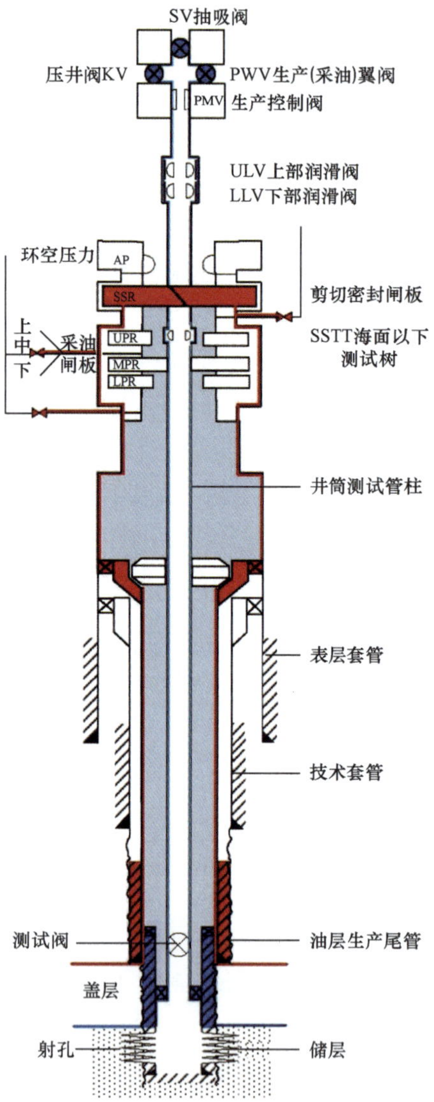

井筒屏障组件	EAC 表号	检验/监管
第一道井筒屏障（蓝色）		
就地地层	表4.51	
套管（尾管）水泥	表4.22	
套管（油层尾管）	表4.2	
尾管顶部封隔器	表4.43	
井筒测试封隔器	表4.35	
液柱	表4.1	
井下测试阀（阀体）	表4.46	
井筒测试管柱	表4.27、表4.36	
海面以下测试树	表4.32	
海面以下润滑阀	表4.45	
地面测试树	表4.34	
第二道井筒屏障（红色）		
就地地层	表4.51	
套管水泥	表4.22	
套管	表4.2	
井口装置	表4.5	
测试（测试）防喷器	表4.4	

说明：要防止压裂和压漏地层，需要建立不间断压力系统。
（1）本图表示在过平衡条件下建立井筒—环空的测试流体循环，同时形成不间断压力系统。
（2）第一道井筒屏障共有11个组件,其中有液柱、测试管柱、测试树等以实现过平衡作业，保证过平衡作业的安全；过平衡钻井时要重视液柱的液体密度，防止压漏地层而造成"先漏后喷"而失控。
（3）第二道井筒屏障有套管水泥，井口装置和防喷器剪切密封闸板（SSR）等，也足以保证过平衡作业的安全。

图1.20　测试—过平衡环空流体的循环和建立不间断压力系统井筒屏障图解

第1章 井筒完整性的标准

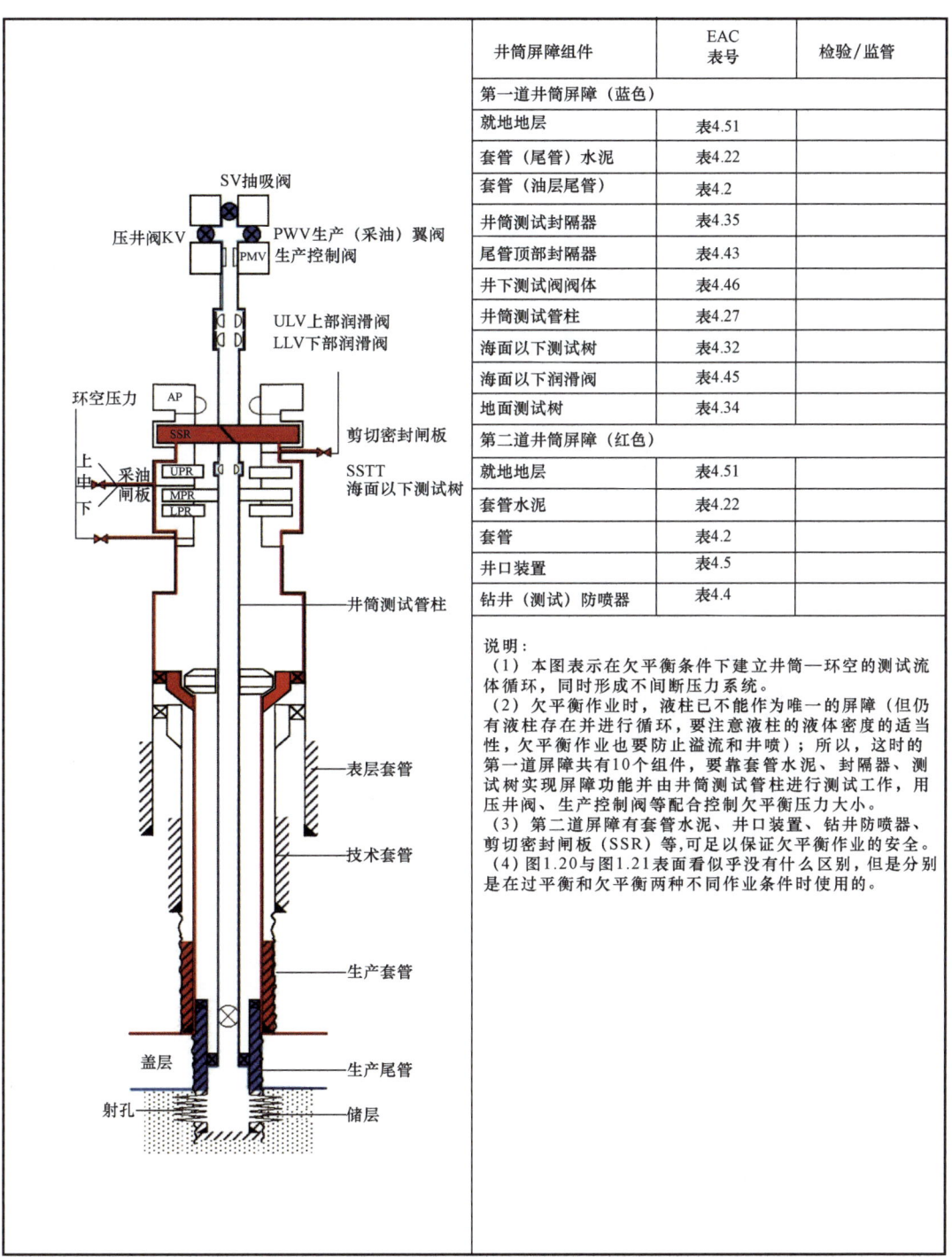

井筒屏障组件	EAC 表号	检验/监管
第一道井筒屏障（蓝色）		
就地地层	表4.51	
套管（尾管）水泥	表4.22	
套管（油层尾管）	表4.2	
井筒测试封隔器	表4.35	
尾管顶部封隔器	表4.43	
井下测试阀阀体	表4.46	
井筒测试管柱	表4.27	
海面以下测试树	表4.32	
海面以下润滑阀	表4.45	
地面测试树	表4.34	
第二道井筒屏障（红色）		
就地地层	表4.51	
套管水泥	表4.22	
套管	表4.2	
井口装置	表4.5	
钻井（测试）防喷器	表4.4	

说明：
（1）本图表示在欠平衡条件下建立井筒—环空的测试流体循环，同时形成不间断压力系统。
（2）欠平衡作业时，液柱已不能作为唯一的屏障（但仍有液柱存在并进行循环，要注意液柱的液体密度的适当性，欠平衡作业也要防止溢流和井喷）；所以，这时的第一道屏障共有10个组件，要靠套管水泥、封隔器、测试树实现屏障功能并由井筒测试管柱进行测试工作，用压井阀、生产控制阀等配合控制欠平衡压力大小。
（3）第二道屏障有套管水泥、井口装置、钻井防喷器、剪切密封闸板（SSR）等，可足以保证欠平衡作业的安全。
（4）图1.20与图1.21表面看似乎没有什么区别，但是分别是在过平衡和欠平衡两种不同作业条件时使用的。

图1.21 测试—欠平衡环空流体的循环和建立不间断压力系统井筒屏障图解

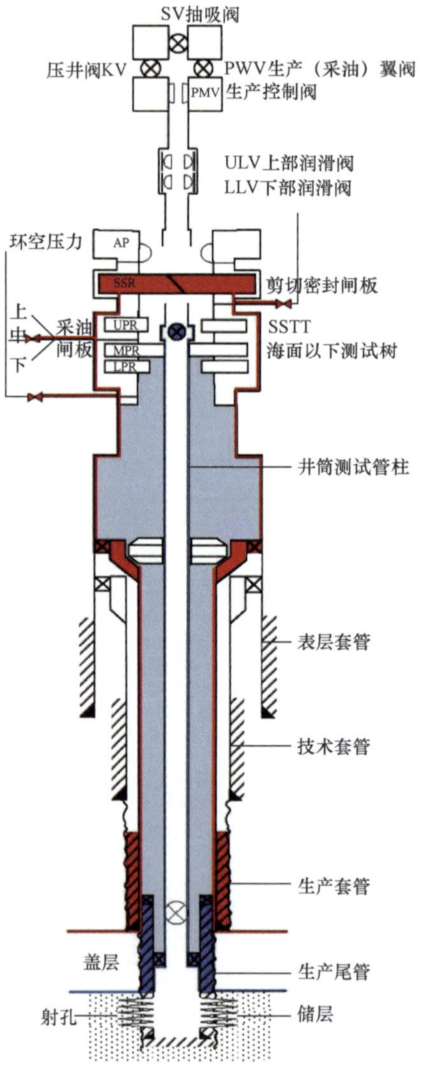

井筒屏障组件	EAC 表号	检验/监管
第一道井筒屏障（蓝色）		
就地地层	表4.51	
套管（尾管）水泥	表4.22	
套管（油层尾管）	表4.2	
尾管顶部封隔器	表4.43	
井筒测试封隔器	表4.35	
液柱	表4.1	
井下测试阀阀体	表4.46	
井筒测试管柱（海面测试之下）	表4.27	
海面以下测试树	表4.32	
第二道井筒屏障（红色）		
就地地层	表4.51	
套管水泥	表4.22	
套管	表4.2	
井口装置	表4.5	
钻井防喷器	表4.4	

说明：
（1）第一道井筒屏障已不能只靠液柱了，而有10个组件（图中井筒测试管柱内有件下安全阀，在表中未注明）。
（2）图示：井筒测试管柱已在剪切密封闸板处封闭并从剪切闸板以上卸开，这样就可以关闭剪切密封闸板；在卸开测试管柱后，可以在欠平衡条件下进行测井作业，也可以在过平衡条件下，起出测试管柱进行电测测试，或者用地层测试器进行油气层地层测试和取样等。
（3）井口的压井阀、生产（采油）翼阀、抽吸阀等已处于工作状态。

图1.22 测试—下入测试管柱并将其卸开井筒屏障图解

第1章 井筒完整性的标准

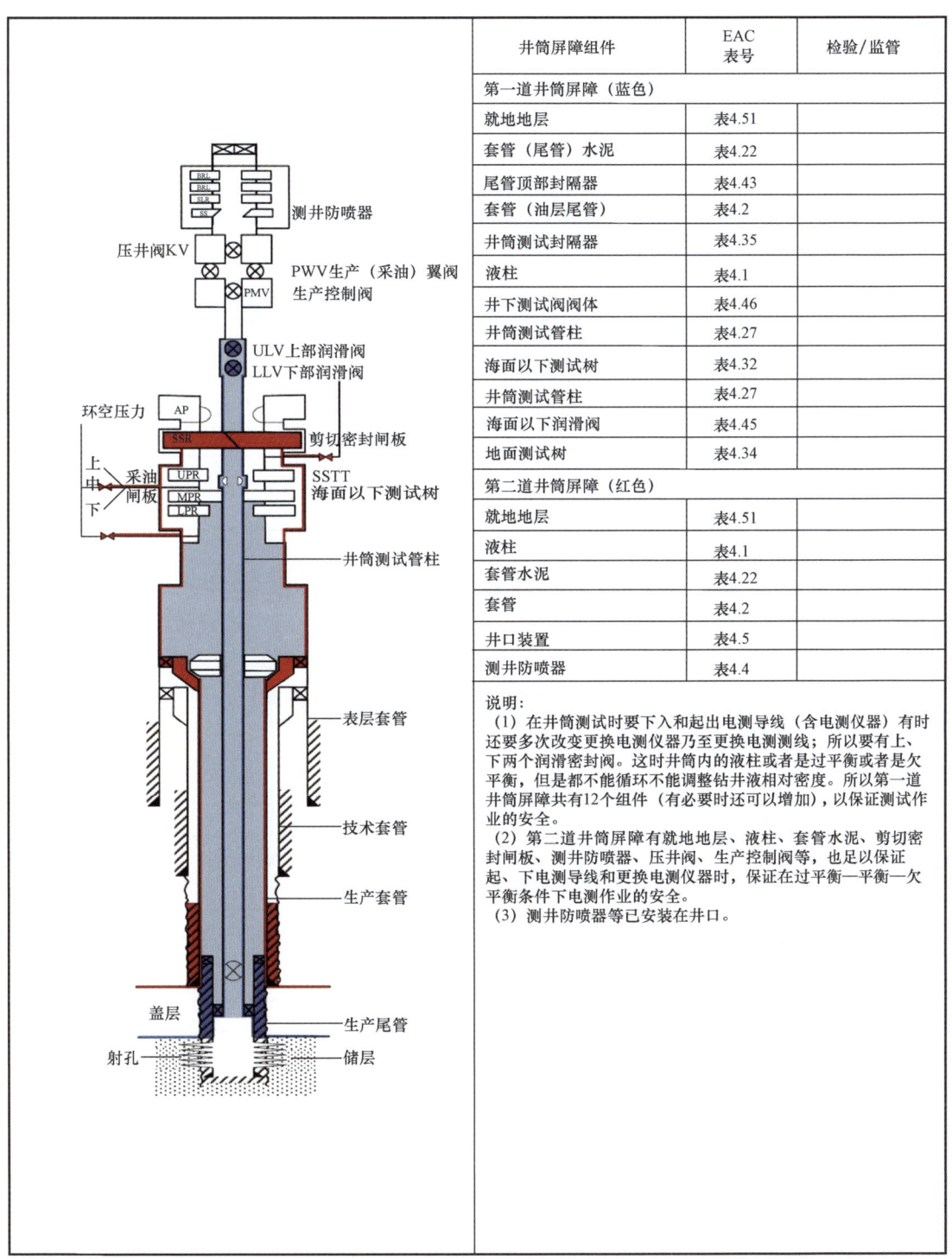

井筒屏障组件	EAC 表号	检验/监管
第一道井筒屏障（蓝色）		
就地地层	表4.51	
套管（尾管）水泥	表4.22	
尾管顶部封隔器	表4.43	
套管（油层尾管）	表4.2	
井筒测试封隔器	表4.35	
液柱	表4.1	
井下测试阀阀体	表4.46	
井筒测试管柱	表4.27	
海面以下测试树	表4.32	
井筒测试管柱	表4.27	
海面以下润滑阀	表4.45	
地面测试树	表4.34	
第二道井筒屏障（红色）		
就地地层	表4.51	
液柱	表4.1	
套管水泥	表4.22	
套管	表4.2	
井口装置	表4.5	
测井防喷器	表4.4	

说明：
（1）在井筒测试时要下入和起出电测导线（含电测仪器）有时还要多次改变更换电测仪器乃至更换电测测线；所以要有上、下两个润滑密封阀。这时井筒内的液柱或者是过平衡或者是欠平衡，但是都不能循环不能调整钻井液相对密度。所以第一道井筒屏障共有12个组件（有必要时还可以增加），以保证测试作业的安全。
（2）第二道井筒屏障有就地地层、液柱、套管水泥、剪切密封闸板、测井防喷器、压井阀、生产控制阀等，也足以保证起、下电测导线和更换电测仪器时，保证在过平衡—平衡—欠平衡条件下电测作业的安全。
（3）测井防喷器等已安装在井口。

图1.23 在井筒测试时起出和下入电测导线以及改变电测测线的装备井筒屏障图解

表 1.4　附加的屏障组件验收标准（举例）

表号	组件名称	附加的特性、要求与指南
1	液柱	当使用压井相对密度的环空液压井时，至少要备有 50% 井筒体积的附加压井液量或者可供选择的附加压井液量。循环液罐的液面高度应该连续监视/监测
4	钻井防喷器	它应该有足够高度和闸板结构以适应于调节海面以下的测试树（或者对自升式平台的安全阀）同时能够允许关闭两个防喷器闸板（在用的中间的管子闸板而下部的管子闸板作为备用件）来环绕可承压的滑动接头。这时，考克阀门和压井出口在中间的管子闸板以下（这里说的管子闸板就是通称的半闭式防喷器闸板）（意指测试作业的钻井防喷器应该有足够高度，它有上、中、下三个闸板；最上部的闸板是全闭式的，中间和下部两个闸板是半闭式的，利用中、下两个半闭式闸板交替密封和打开上起下接头）。在自升式平台上的防喷器结构不允许关闭两个管子闸板（半闭式闸板），就需要使用环形密封囊或环空安全阀作为密封件。在这种情况下，需要使用带孔的滑动接头（Ported Slick Joint，能够放气的带孔的滑动接头）。 它应该有能力用凸轮/锁键结构触碰并移动阀板来关闭海面以下的测试树（SSTT）和上部剪切密封闸板（Shear Seal Ram，SSR）。防喷器的弹性体能够按文件要求的功能封隔井筒测试管柱（及其滑动接头）以承受井筒测试期间最高的温度和压力
22	套管/尾管水泥	当计划在尾管内部坐放井筒测试封隔器时，它应该通过压力测试来检验尾管抛光面（Lap）。在测试作业期间能承受足够的压力
43	尾管顶部封隔器	

1.3.4　测试作业时井筒控制活动程序和井控条件下的钻井

1.3.4.1　井筒控制活动程序

表 1.5 说明发生几种复杂情况时应该采用井筒控制活动的程序。这个表不是为了强化和附加之用，而是包括在计划的活动之中。

表 1.5　测试作业中井控活动程序

项目	说明	备注
1	在下入或起出测试钻柱时的入流或液体漏失	应该准备好并做好使用的准备工作，把插入式（管柱）安全阀安装在与管柱相连接的必要的转换接头（X-Over，大小头）处
2	油管（管柱）漏失测试（查管柱漏失与否及漏失部位）	在井筒测试作业之前在井场应该准备好并检查与漏失位置有关的要求活动工作的决策树（Decision Tree）
3	隔离开海水面以下的测试树（Subsea Test Tree，SSTT）	应该说明最大的上下升沉起伏、横向摆动（Heave）、隔水导管摇摆角度和纵摇（Pitch）–左右倾摇（Roll）标准。从工作阀关闭直到拴锁组件释放（解脱拴锁）为止的时间内的活动事项应该入档并用之于不予拴锁（Unlatching）的程序中。 应该能够在钻台（平台）上不破坏连接部位的条件下起出下部海洋隔水导管组合体以上的释放组合体。 对动力定位平台（船只），应该用指定（规定）的活动来说明漂移偏差（Drift）、停止驱动动力定位（Drive-off）的情况
4	H_2S 的出现	应该建立随时出现 H_2S（等）情况时执行应急方法或中止测试的标准
5	压井	应该把计划内的压井方法和应急压井方法文件化
6	卡阻管柱	应该规定最大允许上提力（解卡力）

在井筒测试工作期间,井队长、司钻应该全程在平台上,同时,钻井测试工具和(或)海水面以下的测试树(SSTT)等装备应该在平台上备用。

1.3.4.2 测试作业的井控钻井

表1.6所列的测试作业中应该完成井控条件下的钻井工作

表1.6 测试作业中井控条件下的钻井工作

类别	频率	目的	备注
海面以下的测试树(SSTT)的解除连接(脱开)	每次起钻以后尽快实施,每个井队每次起钻后实训	职责培训、岗位训练	不是要真的释放海面以下测试树,要求实际训练按计划的和应急释放SSTT的全过程每一步操作活动
海底以上的主要渗漏测试(Leak-off Test)	每次起钻以后尽快实施,每个井队每次起钻后实训	职责—岗位训练	在井筒计划中所包括的决策树内容

1.3.5 测试作业的井筒测试设计

井筒测试作业的方法、程序和设备的选择应该依据安全因素和风险情况对环境、作业效率及成本效益等来确定。应解释说明并确定限定界限和用井筒屏障的测试作业程序。

1.3.5.1 设计依据、假设和假定

按照 NORSOK D-SR-007,应该确定井筒设计压力并应考虑:
(1)最大孔隙压力;
(2)对过油管射孔枪(TCP)点火的最大压力;
(3)最大的整体下推挤注液体(Bullhead)的压力(关闭的管柱压力+70bar)。
对井下和地面设备的材料选择应该考虑 H_2S 存在的可能性。

1.3.5.2 测试作业的载荷类型

测试管柱的所有部件都应能够承受实际载荷检验。应该计算轴向和三轴向载荷并检查作用在油管管柱和测试管柱部件的强度。应该清楚地识别与测试管柱内压力、外挤力和拉伸有关的等级额定值的弱点部位。

应该考虑表1.7中的载荷实况。表1.7不是综合的而是基于计划的活动所应该考虑的实际载荷。

表1.7 测试作业的载荷类型

项目	说明	备注
1	测试管柱按深度的挤毁;在环空液柱以上关闭井口时的静水压力(管柱渗漏测试在井口以下)	在环空液柱顶部的实际施加的最大环空压力(施加的压力或管柱渗漏测试压力);假设管柱内最小的流体压力梯度(如果用干气)
2	在封隔器以下套管/尾管的外挤力,该处测试管柱被抽空	

续表

项目	说明	备注
3	用压力测试管柱时在地面的内压力(在井口装置以下)	对管柱内部这一侧用最大测试压力或者用井口以下管柱重量造成的向下挤注压力(Bullheading Pressure);同时,在环空一侧的压力为零;即在管柱内外形成内压力压差
4	试图在地面井口以下解除一个受卡的测试管柱时所用的拉力载荷	用管柱弱点(薄弱部位)需要的管柱拉力 + 不校正浮力的20%管柱重量
5	温差导致的管柱移动(Tubing Movement)	用冷却流体进行压力测试、采油、关井和压井。在油管内部用低温条件下的最大挤注压力,同时,在环空中的压力为零

1.3.5.3 最小的安全设计系数

井筒管柱及其组成部件应该能够承受所有计划的载荷与应力和/或预期的载荷与应力,包括在井控情况下可能诱发的载荷与应力。最小的安全设计系数应按 NORSOK D-010 V4 及验收表说明的执行。

1.3.6 其他项目

1.3.6.1 应急关闭方法和应急关闭系统:包括自动系统和手动系统的应急关闭计划

1.3.6.2 防止—防治水合物

在测试管柱中和地面的关键部位应采用添加了化学剂的注入液。工作程序应包括防止/防治和消除水合物的活动。环空流体的选择应该考虑在油管测试或顶替碳氢化合物到 SSTT 阀断开海洋隔水导管时水合物渗漏到油管的风险。

1.3.6.3 用欠平衡环空流体进行井筒测试

应该在用欠平衡井筒流体顶替过平衡井筒流体之前进行生产尾管、尾管挂和尾管鞋的入流测试。用下列测试方法:

(1)入流测试阀及其安全极限值,在入流测试时用小于封隔器流体承压能力的流体压力进行测试;

(2)入流测试采用的标准应考虑到热效应;

(3)油层套管应用封隔器流体进行压力测试作为井筒设计压力;

(4)井筒测试封隔器应该从低到最大压差 +10% 进行压力测试;

(5)压井液应在罐中备好待用于顶替,压井液备量为全井筒体积 +50%。

1.3.6.4 深水井测试

应该评估由于在深水中的冷却效应而产生的作业风险(水合物、结蜡和沥青)。选择环空流体应考虑流体的热传导和它们在井口装置的深度位置形成最大流动温度的能力。

1.3.6.5　井场预测试会议

所有有关人员应参加井场预测试会议,讲述并研究下列内容:
(1)井筒测试设计提纲;
(2)预期的压力温度和流量/流速;
(3)预期的作业时间;
(4)应急措施;
(5)风险分析结果;
(6)井筒测试关井(停止作业)系统及其功能;
(7)钻机应急关闭系统的说明;
(8)组织的和职责的解释说明;
(9)强调专门的安全禁令(吸烟、焊接、研磨、使用无遮挡框架和在无措施区域的活动);
(10)手动的关井和应急开关按钮位置;
(11)防火设备的位置;
(12)排放和油溅等的注意事项。

1.3.6.6　脱开海面以下测试树

在浮式船上进行测试作业、程序和计划(按计划内的和应急作业时的),应该释放脱开海面以下的测试树(SSTT)和钻井隔水导管。

如果测试管柱需要脱开且时间允许的话(有计划安排的),应采用下列方法:
(1)关闭井下测试阀,打开循环阀并循环压井液进入管柱(仅在环空过平衡压力情况下);
(2)下压管柱或下放管柱部件进入油气层;
(3)关闭井下测试阀和海面以下的测试树(SSTT),入流测试之前先脱开测试树。

如果时间不允许的话,应启用应急脱开程序。应急脱开程序应有文件规定并有总结。应该评估海洋隔水导管的脱开造成环境污染的风险。

1.3.7　总结

(1)在勘探井和评价井中,要根据测试作业取得的资料确定油气层流体性质、压力、温度、产能等,从而决定该井下一步是否可以进行完井作业以及完井作业要不要进行压裂、酸化,或是该井要继续加深或侧钻等,所以测试作业在整个生命周期中是很重要的一个环节。

(2)测试作业涉及多种测试方法和测试管柱结构,测试时可以采用过平衡压力、平衡压力或者欠平衡压力不同压力循环系统,并涉及井控活动、防止/防治水合物形成等复杂情况,所以测试作业的设计与实施必须符合井筒完整性标准和附加标准。

1.4　完井作业的井筒完整性标准

1.4.1　现代完井工程定义和理论基础

完井工程是衔接钻井工程和采油工程而又相对独立的工程,是从钻开油层开始经测井到下套管注水泥固井、射孔、下生产管柱、排液、投产,其中有的井直至关停、报废的一项系统工

程,在这个服役和生命周期内,各项作业应具有连贯性并紧密衔接,始终不间断地保护井筒完整性。现代完井工程的理论基础主要是:

(1)通过对油、气层的研究以及对油、气层潜在伤害的评价,要求从钻开油层开始到投产和向采油部门交接每一道工序都要用井筒屏障保护油、气层,尽可能减少对储层的伤害,形成油、气层与井筒之间的良好连通,以保证油、气井获得最大产能。

(2)通过节点等理论分析,充分利用油、气层能量,优化压力系统,根据油藏工程和油田开发全生命周期作业特点以及开发过程中所采取的各项措施,考虑环境因素及腐蚀等潜在危害采取防治措施,合理选择完井方式及完井管柱结构和选定套管直径,进行完井管柱及套管的力学计算、强度设计、确定材质、壁厚、螺纹类型等为科学地开发油田提供安全保证。

1.4.2　现代完井工程的内容

(1)岩心分析与储层特性及损害机理研究;
(2)保护储层机理与措施;
(3)钻进油层的完井液;
(4)完井方式及结构等方法;
(5)油管及生产套管尺寸的选定;
(6)生产套管设计;
(7)注水泥设计;
(8)固井质量评价;
(9)射孔及完井液选择;
(10)完井的试井评价;
(11)完井生产管柱;
(12)投产措施。

现代完井工程定义、理论基础、内容和操作程序等,构成了现代完井工程系统。联合国开发计划署(UNDP)援建的油井完井技术中心确定的内容有18个方面:

(1)储层岩石学、岩相学等地质学的研究;
(2)储层特性,油气藏研究;
(3)生产试井(含完井测试、投产测试);
(4)钻柱测试(DST);
(5)固井作业和补救注水泥作业;
(6)完井和再次完井设计和计划;
(7)井底结构的选择、设计和完井装置设计;
(8)射孔配套技术;
(9)钻井液、完井液、再次完井液、修井液等6种工作液;
(10)防止地层伤害机理研究及评价标准与方法;
(11)测井作业(含裸眼和套管内测井);
(12)生产(开发)测井;
(13)油井诊断与分析(含用人工智能、专家系统进行诊断分析);

(14)防砂及各种井底结构—井底装置;
(15)油井处理(包括增产及生产处理);
(16)控制腐蚀与结垢;
(17)作业的经济评价;
(18)油气藏工程研究。

上述内容有许多到现在还没有进行或者说还没有完成彻底。

1.4.3 完井作业的井筒屏障图解

保护油层与完井作业的内容包括:在完井作业活动期间的钻开油气层与保护油层、油层套管(尾管等)及注水泥固井、射孔至排液投产三大部分,及其关于井筒完整性的要求和标准。这项活动开始于钻完全部井深和测录井工作之后。完井作业结束于安装好采油树、井筒屏障测试完毕以及井筒投产组织生产工作准备好之前。本文的目的是说明用井筒屏障组件安全地进行完井作业活动,确保完井作业的井筒完整性。

每口井的完井活动与作业都要准备好井筒屏障系统(WBS)。钻井液(液柱)是最早的第一个屏障;钻井液的功能还有冷却钻头,清除岩屑,传递水力能量给钻头和井底动力钻具(螺杆钻具、涡轮钻具)钻井液是无线式随钻测量(MWD)随钻测井(LWD)的信号传输介质;钻井液是处理漏、喷、塌、卡等复杂情况和压井、救援等的介质,完井液除了具有上述钻井液功能之外,还是保护油气层的重要屏障。完井作业重要的井筒屏障组件还有套管水泥环、完井管柱、井口装置、采油树等。

图1.24至图1.27是完井作业井筒屏障层系图解的重要图例。

1.4.4 完井作业井筒屏障验收标准

下面列出了完井作业时井筒屏障的专门要求和验收标准:

(1)所有井筒屏障组件、控制管线和夹持器结构都应该能够承受环境负载(接触化学剂、温度、压力、机械磨损、腐蚀、振动等)。完井设计中应考虑流体流动的保障问题,如腐蚀、出砂、结蜡、结垢、冲蚀、单质硫沉积、水合物等。

(2)所有生产井(油井、气井)或注入井应装备采油树或注入树。采油树上应配备A环空压力监测监控传感器,传感器的控制系统还要能够报警。

(3)所有钻进碳氢化合物地层油藏以及具有足够大小压力能够把流体举升到地面或海底面的井筒(包括增压注入地层的井筒),特别是压力大于70MPa或者H_2S含量大于$30g/m^3$同时定产气量大于$20 \times 10^4 m^3/d$的井(但这些井是不注缓蚀剂和不采用化学或机械方式排水采气措施的井),在完井管柱中应该安置井下安全阀(DHSV)。高压油气井、高含硫井必须使用生产封隔器。其他高压井、含硫气井、注缓蚀剂井、采用化学或机械方式排水采气措施的井应根据地质和工艺等条件,分析论证是否安装井下安全阀和封隔器。

(4)所有采油井或注入井应该在完井管柱和套管(或尾管)之间的环空安置一个环空密封(生产封隔器)。

(5)应该有可能在完井管柱中安置一个油管挂桥塞(Tubing Hanger Plug)或一个下入深度浅处的油管桥塞以及一个下入深度深处的油管桥塞。

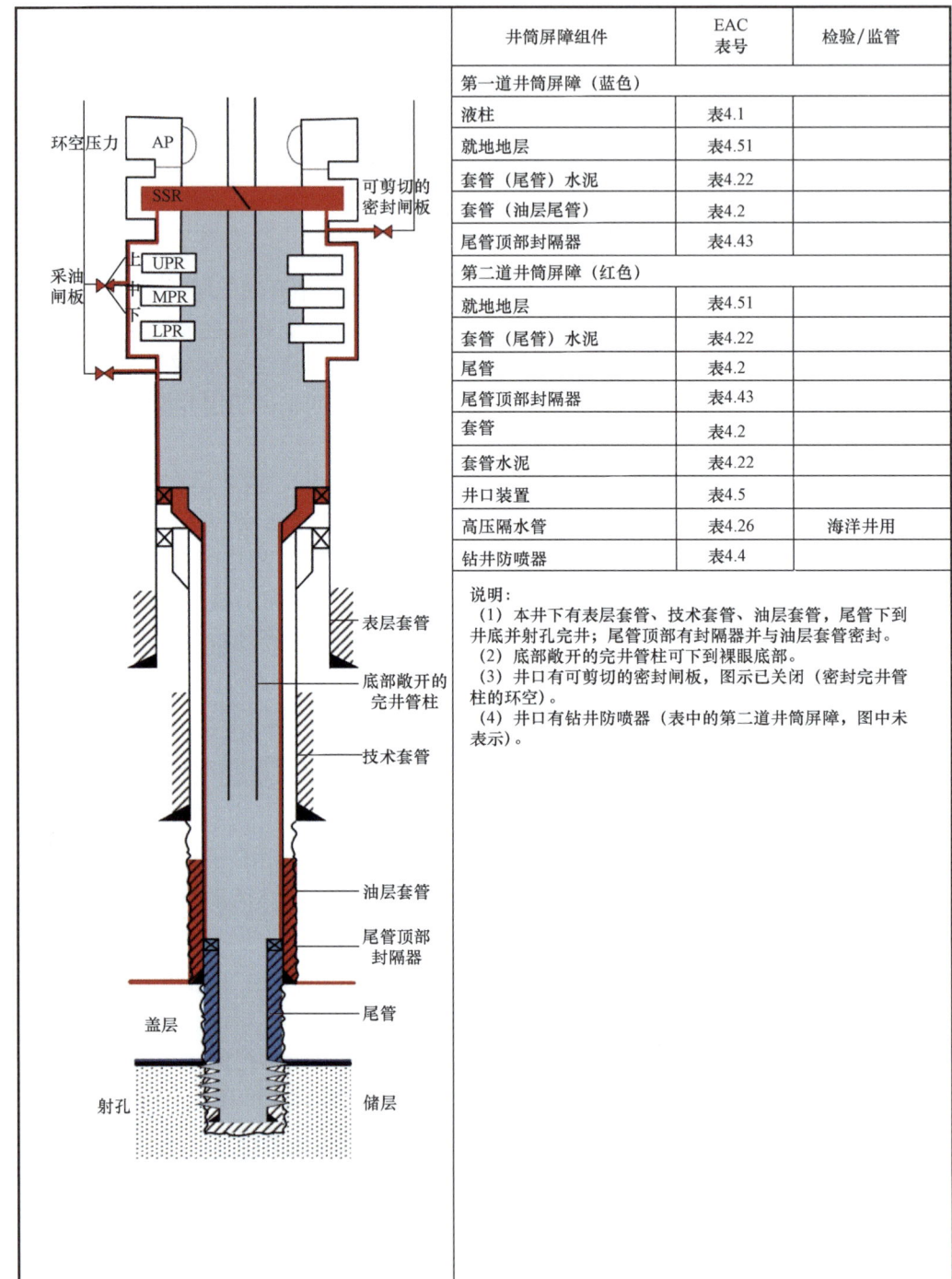

图1.24 下入裸眼底部的完井管柱井筒屏障层系图解

第1章 井筒完整性的标准

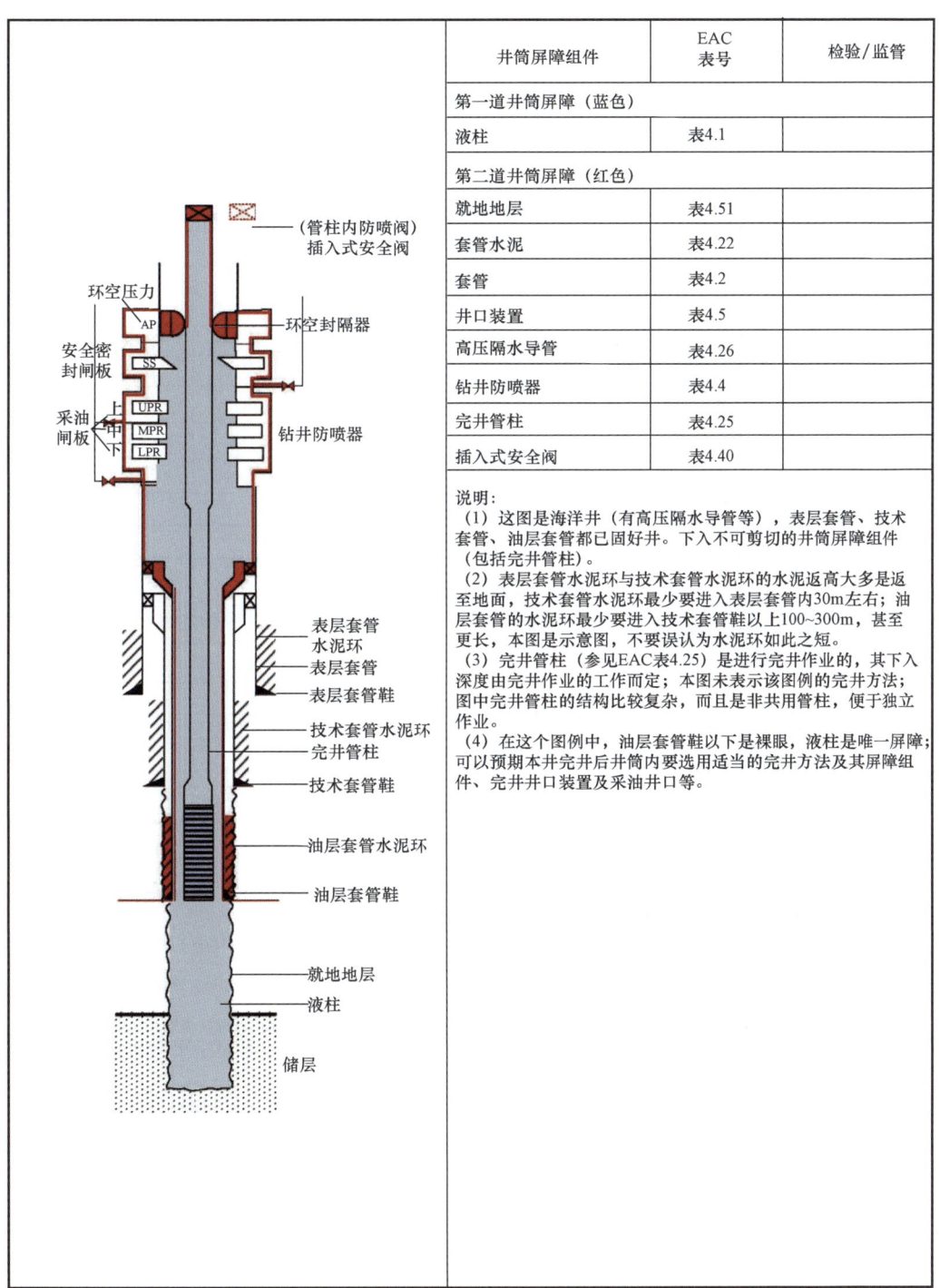

井筒屏障组件	EAC 表号	检验/监管
第一道井筒屏障（蓝色）		
液柱	表4.1	
第二道井筒屏障（红色）		
就地地层	表4.51	
套管水泥	表4.22	
套管	表4.2	
井口装置	表4.5	
高压隔水导管	表4.26	
钻井防喷器	表4.4	
完井管柱	表4.25	
插入式安全阀	表4.40	

说明：
(1) 这图是海洋井（有高压隔水导管等），表层套管、技术套管、油层套管都已固好井。下入不可剪切的井筒屏障组件（包括完井管柱）。
(2) 表层套管水泥环与技术套管水泥环的水泥返高大多是返至地面，技术套管水泥环最少要进入表层套管内30m左右；油层套管的水泥环最少要进入技术套管鞋以上100~300m，甚至更长，本图是示意图，不要误认为水泥环如此之短。
(3) 完井管柱（参见EAC表4.25）是进行完井作业的，其下入深度由完井作业的工作而定；本图未表示该图例的完井方法；图中完井管柱的结构比较复杂，而且是非共用管柱，便于独立作业。
(4) 在这个图例中，油层套管鞋以下是裸眼，液柱是唯一屏障；可以预期本井完井后井筒内要选用适当的完井方法及其屏障组件、完井井口装置及采油井口等。

图1.25 通过防喷器下入不可剪切的井筒屏障层系图解

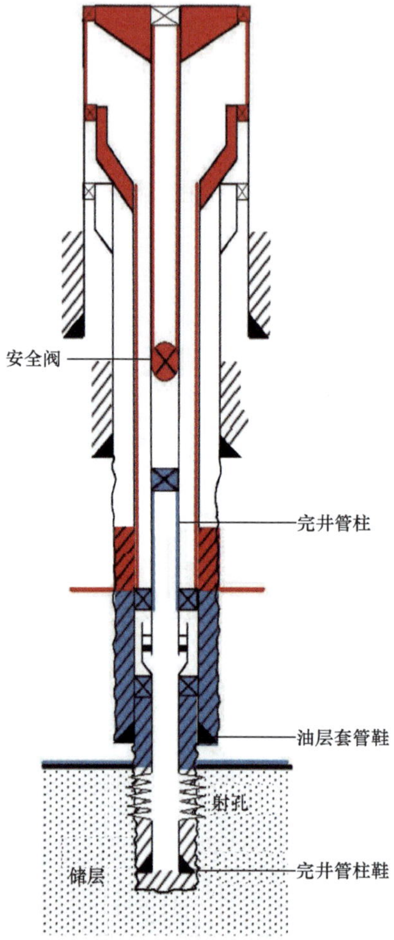

井筒屏障组件	EAC 表号	检验/监管
第一道井筒屏障（蓝色）		
尾管水泥	表4.22	
尾管	表4.2	
尾管顶部封隔器	表4.43	
就地地层	表4.51	
油层套管水泥（套管鞋采油封隔器处）	表4.22	
油层套管（下到采油封隔器以下）	表4.2	
采油封隔器	表4.7	
完井管柱	表4.25	
深度油管水泥塞	表4.6	
第二道井筒屏障（红色）		
就地地层	表4.51	
油层套管水泥（在采油封隔器以上）	表4.22	
$9^5/_8$in套管（在采油封隔器以上）	表4.2	
井口装置	表4.5	
油管挂	表4.10	
完井管柱	表4.25	
井下安全阀（DHSV）*	表4.8	
油管挂水泥塞	表4.11	

*如果上部的井筒屏障有井下安全阀（DHSV）的话，在油管挂采油井筒中应安置一个沉砂塞（Debris Plug）

说明：
（1）本图是图1.25作业的继续，是图1.25与图1.27中间作业的图例，本图表示完井作业已经基本完成。
（2）本图已将图1.25中的钻井防喷器折卸掉，准备安装采油树（图中未标出）。
（3）本图的完井管柱下至井底已完整到位，该完井管柱下部为射孔完成法，所以完井管柱下部一段相当于尾管，中部有油管挂及水泥塞，上部有安全阀。

图1.26 卸掉钻井防喷器和下入垂直的海面以下采油树井筒屏障层系图解

第1章 井筒完整性的标准

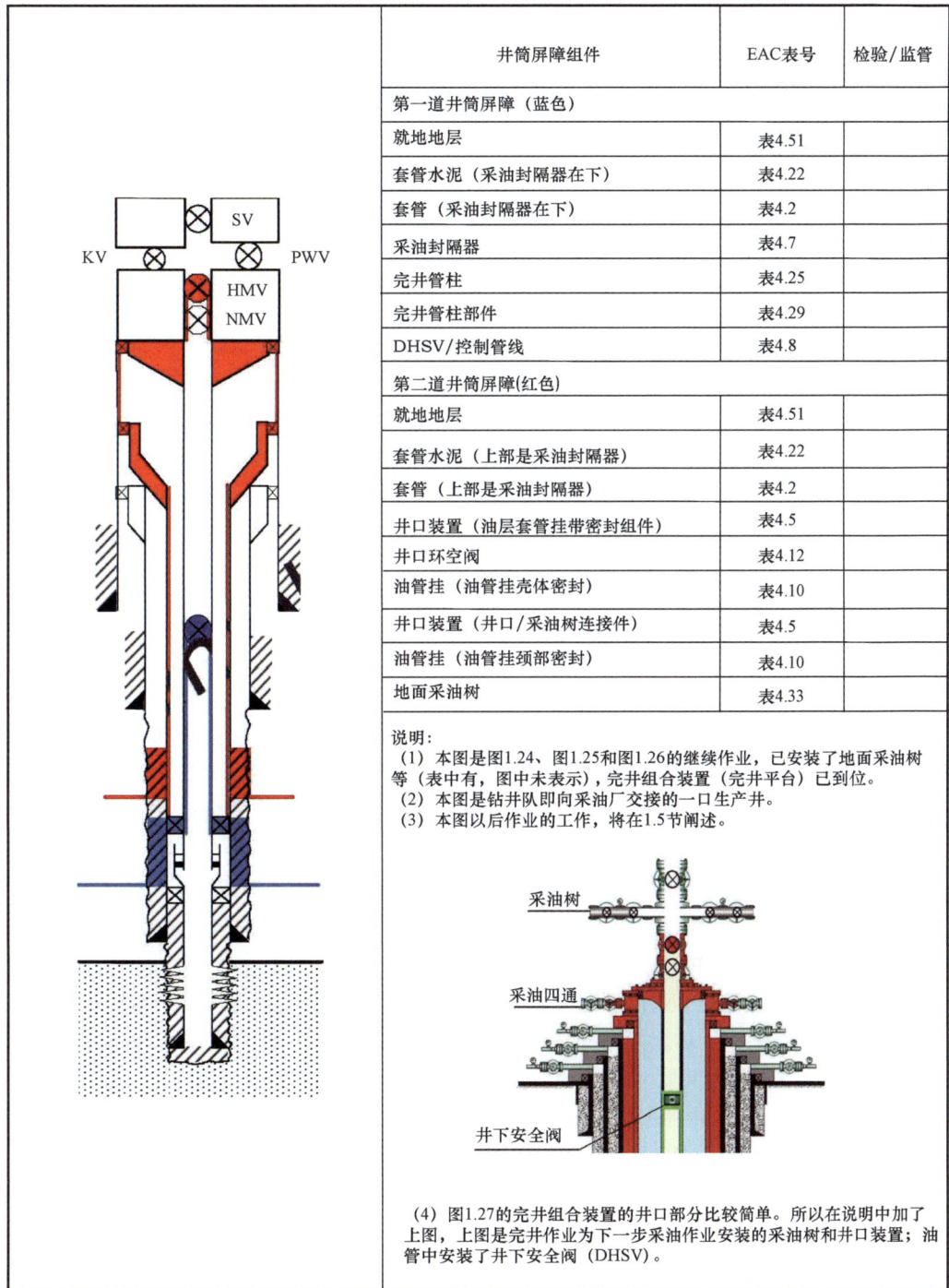

井筒屏障组件	EAC表号	检验/监管
第一道井筒屏障（蓝色）		
就地地层	表4.51	
套管水泥（采油封隔器在下）	表4.22	
套管（采油封隔器在下）	表4.2	
采油封隔器	表4.7	
完井管柱	表4.25	
完井管柱部件	表4.29	
DHSV/控制管线	表4.8	
第二道井筒屏障(红色)		
就地地层	表4.51	
套管水泥（上部是采油封隔器）	表4.22	
套管（上部是采油封隔器）	表4.2	
井口装置（油层套管挂带密封组件）	表4.5	
井口环空阀	表4.12	
油管挂（油管挂壳体密封）	表4.10	
井口装置（井口/采油树连接件）	表4.5	
油管挂（油管挂颈部密封）	表4.10	
地面采油树	表4.33	

说明：
（1）本图是图1.24、图1.25和图1.26的继续作业，已安装了地面采油树等（表中有，图中未表示），完井组合装置（完井平台）已到位。
（2）本图是钻井队即向采油厂交接的一口生产井。
（3）本图以后作业的工作，将在1.5节阐述。

（4）图1.27的完井组合装置的井口部分比较简单。所以在说明中加了上图，上图是完井作业为下一步采油作业安装的采油树和井口装置；油管中安装了井下安全阀（DHSV）。

图1.27 生产井的完井组合装置(完井平台)井筒屏障层系图解

(6)油管内孔应该在井口装置(采油树/注入树的位置)中用警报器监视连续压力传导情况。

(7)A环空(指油管与生产套管之间的环空)中的压力,应该用安全作业规定的压力限制值由警报器监视连续的压力传导情况。

(8)所有流体(或压力)进得去的环空,应该安装压力表并确定安全操作压力范围(用规定的安全作业压力极限刻度的压力表)。

表 1.8 说明完井作业井筒屏障组件验收标准的附加要求。

表 1.8 完井作业附加的屏障组件验收要求

EAC 表号	组件名称	附加的特性、要求与指南
表 4.1	液柱	应有足够量的钻完井液,包括最少的 100% 井筒体积和循环系统容量以及必要的备量,并保持完井液最低使用相对密度
表 4.4	钻井防喷器	钻井防喷器应具有封闭所有共用管柱[包括任何尺寸的缆线和(或)缆线对接到管柱部位(尺寸)]的功能。如果做不到这一点的话,它应能够: (1)在防喷器以下较低部位有能被防喷器封闭的组件;或 (2)在防喷器以下卸掉管柱;或 (3)在一个相当于立根长度的距离之内用防喷器关闭一段适合防喷器关闭尺寸的"管柱立根"

1.4.5 钻完井作业的套管设计

1.4.5.1 总的要求

套管、尾管和回接管柱应该设计得能够承受在井控作业期间的所有计划内的和(或)预期的载荷及其应力。设计方法应该含盖完井和(或)从下套管到永久报废的全部服役阶段以及考虑到包括管柱材质老化、磨损效应等。应该确定设计基础和设计安全余量并入档。应该识别设计的弱点并入档。

所有的套管柱是一个井筒屏障在各个作业子程序阶段的组成部分,如果模拟显示其磨损超过套管设计为依据的最大的允许磨损量,就应该在钻井作业之后测录检查其实际的磨损量。需要事先做磨损模拟工作并在事先与事中用测录井技术检测套管壁厚,特别是在已钻邻井的井中有套管磨损问题及腐蚀问题的井,对侧钻井、大斜度井、定向井、水平井、多分支井、复杂结构井、超深井及富含 H_2S 和 CO_2 等的井筒尤应做好事先模拟事中事后测录检查工作,而不能等到套管磨损、腐蚀已经发生并影响作业和生产时才被迫进行修井处理。

对过管柱(油管)的钻井和完井作业,其全部完井管柱要当作井筒屏障组件来服役,该管柱及其所有相关的组件应该按照油层套管要求,并再重新鉴定其级别和再重新评估其相关载荷。所有的第一道和第二道井筒屏障层系都应该在开始作业之前用新的设计载荷彻底核实修正。

1.4.5.2 套管设计依据、假设和假定

在设计工作中应考虑下列最低要求:
(1)设计的井眼轨迹和由狗腿及井眼曲率造成的弯曲应力;
(2)用相关的风险界限考虑最大的允许坐放深度;

(3)预计的孔隙压力及变化趋势;

(4)预计的地层完整性及变化趋势;

(5)预计的温度梯度和温度相关效应;

(6)钻完井液和水泥浆计划;

(7)井筒服役和作业诱发载荷;

(8)完井设计要求;

(9)预期(预测)的套管磨损;

(10)根据地层评估对下入深度的限制;

(11)可能潜在的 H_2S 和 CO_2;

(12)金相学因素;

(13)井筒报废的要求;

(14)由于窄环空间隙造成的循环当量密度(ECD)变化和抽/吸效应;

(15)薄弱地层、可能的漏失层、缩径和空穴性地层的隔离以及保护储层;

(16)地质构造力;

(17)采用释放井的可能性;

(18)在该地区的已钻井或相类似井的经验与教训。

1.4.5.3 套管载荷类型

在对内压力、外挤力和轴向载荷设计时,应考虑表 1.9 的载荷类型。应该评估井筒生命服役期内设计载荷和应力的可能变化。

表 1.9 套管载荷类型

项目	内容	备注
1	气侵	应确定大小、体积量和强烈度
2	气体充满套管柱	用储层以上的末层套管确定
3	采油和(或)注入管柱渗漏	检查井眼设计压力和工作压力
4	套管的环空水泥	
5	渗漏方法测压测试套管	
6	在封闭环空中流体的热膨胀	可能导致挤毁和内崩
7	套管的动载载荷,包括提拉卡阻的套管到自由状态的整个过程	
8	永久报废	

1.4.5.4 套管设计系数

套管设计应能承受所有计划的载荷与应力和(或)预期的载荷与应力,包括在可能的井控情况诱发的载荷与应力。

1.4.6 井筒控制活动程序和钻井

(1)井筒控制活动程序。

表 1.10 说明发生几种意外复杂情况类型时应该使用的井筒控制活动程序。

表 1.10　完井作业中井控活动程序

项目	意外复杂情况的说明	备注
1	在起下完井管柱时井筒有入侵流体进行压井或液体漏失时	需准备一个插入(Stab-in)安全阀(与管柱连接相同的连接尺寸与螺纹类型)以备全程之用
2	经过防喷器剪切闸板下入非剪切组件	
3	下入由多条控制管线组成的完井管柱	
4	下入和安装砂网筛(Sand Screens)	抽吸效应。无能力关闭射了孔的管柱经过BOP的井筒
5	计划内的或应急的断开海洋井隔水导管的连接部位	用于海洋井作业
6	驱动动力定位或断掉动力定位	用于动力定位船只或平台
7	锚泊失效	失去一个或多个锚/锚链时

（2）完井作业时在井控条件下钻井。

应完成表 1.11 所列的井控条件下的钻井的准备工作

表 1.11　井控条件下钻井的准备工作

类别	实训频率	目的	备注
压井—完井	在主要作业开始之前每个井队至少一次实练	职责/岗位训练	实训内容覆盖即将进行的作业程序
应急断开海洋隔水导管（包括如果使用海水面以下的测试树装置时）的钻井准备工作	在钻机井架立好后尽快实训每个井队一次	职责训练	实训时不必真正地卸开隔水导管，包括不必卸开使用中的海水面以下的测试树(SSTT)。模拟按计划内的和应急断开的所有步骤进行训练

1.4.7　完井管柱结构与设计

1.4.7.1　完井管柱结构

生产井或注入井下入完井管柱开始正常生产是完井工程的最后一项作业。完井管柱下端是油气进入井筒的通道，上端是井口装置与采油树，是控制与监测油气从完井管柱经采油树的出口通道。完井管柱是完井作业重要的井筒屏障组件。下面是生产井或注入井几种主要的完井管柱结构、适用范围、设计原则与技术要求。

（1）自喷井完井管柱。

投产后油井能保持自喷生产，对这类井的生产管柱要按自喷井生产管柱的技术要求来设计。设计合理的自喷井生产管柱的技术关键是根据油管的敏感性分析确定油管的合理直径。自喷井生产管柱主要有两种：一种是全井合采管柱（图 1.28）；另一种是分层开采管柱（图 1.29）。

第1章 井筒完整性的标准

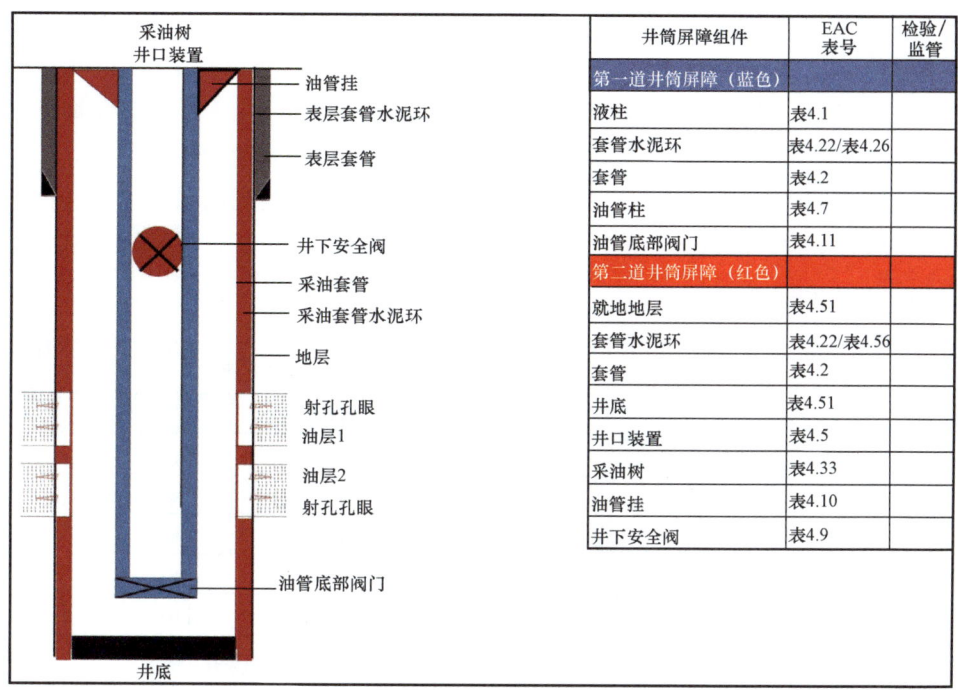

图 1.28 自喷井全井合采采油管柱的井筒屏障示意图

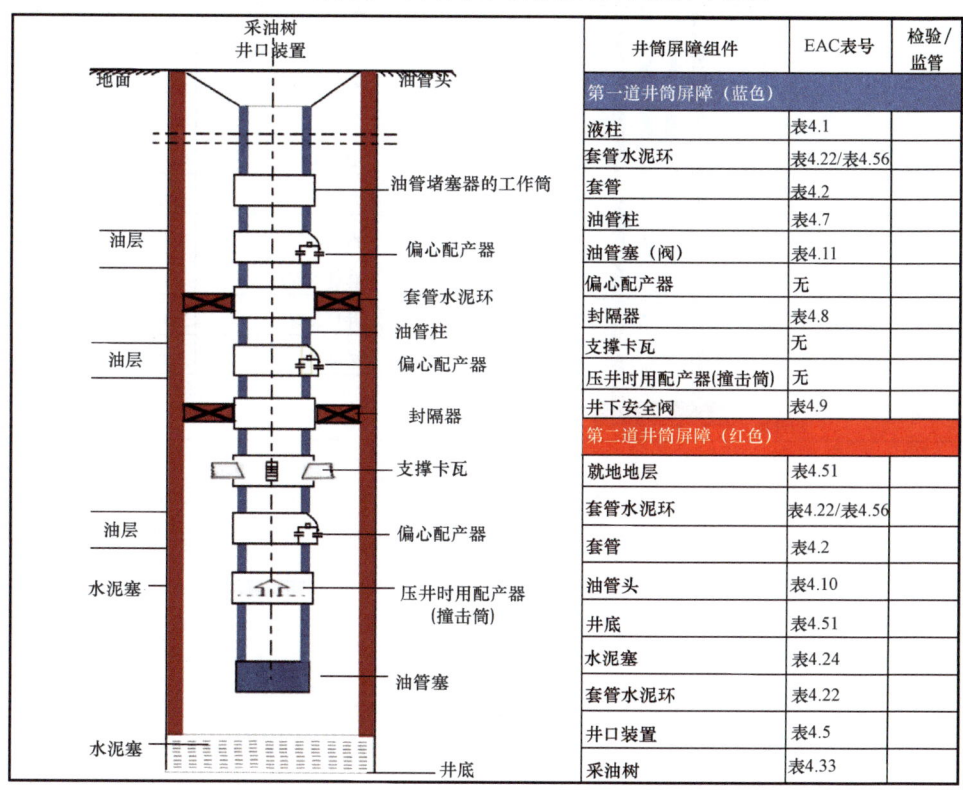

图 1.29 自喷井分层采油管柱的井筒屏障示意图

全井合采管柱其结构简单,就是一根光油管,下至油层中部。它适用于单层系的油井或层数不多且层间差异不大的油井。分层开采管柱(图 1.29)结构较复杂,主要由封隔器、配产器和其他配套的井下工具组成,它主要用于层间差异大的自喷井。用于层间压力差异大或高含水层和油层分采的自喷井分层开采管柱。还有双管分采自喷井采油管柱(图 1.30),它彻底解决了两层段之间的干扰和矛盾,充分发挥各层段的潜力,能大幅度提高采油速度。这种管柱主要由反循环短节、双管可回收式封隔器、单管封隔器、带循环阀密封短节、筛管、坐封短节、返排循环阀等组成。

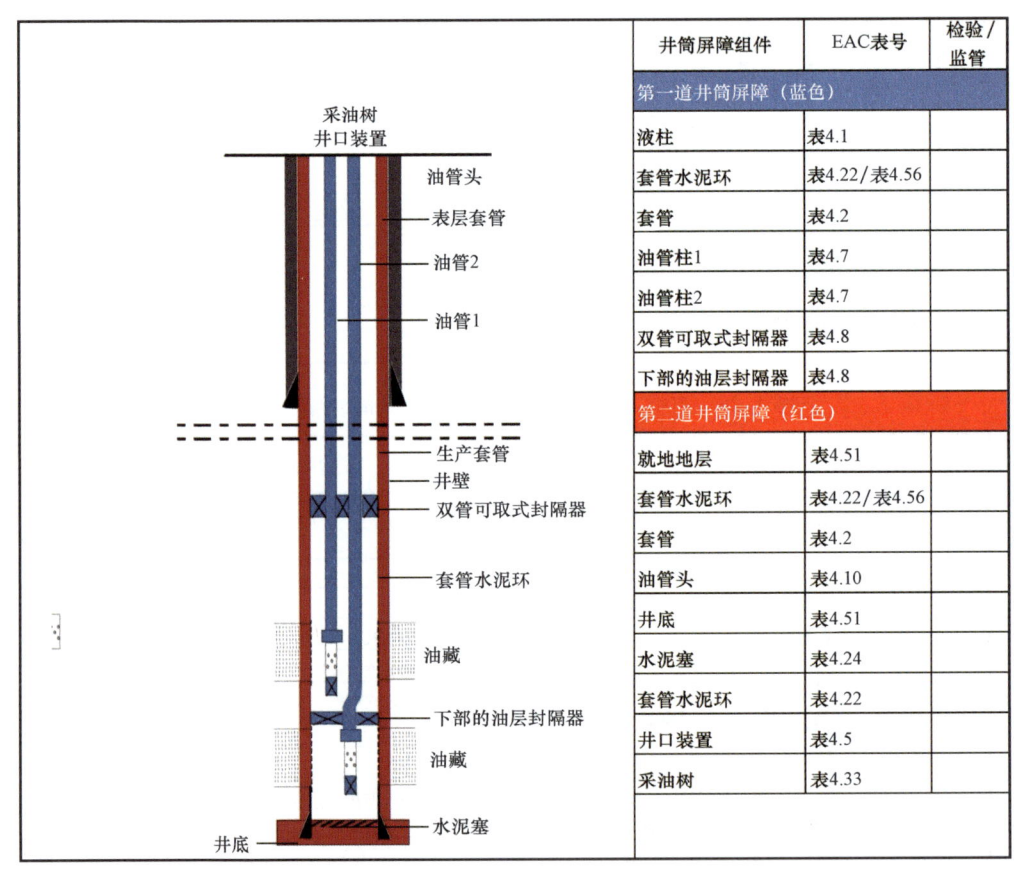

图 1.30 双管分采管柱的井筒屏障示意图

井筒屏障组件	EAC表号	检验/监管
第一道井筒屏障（蓝色）		
液柱	表4.1	
套管水泥环	表4.22/表4.56	
套管	表4.2	
油管柱1	表4.7	
油管柱2	表4.7	
双管可取式封隔器	表4.8	
下部的油层封隔器	表4.8	
第二道井筒屏障（红色）		
就地地层	表4.51	
套管水泥环	表4.22/表4.56	
套管	表4.2	
油管头	表4.10	
井底	表4.51	
水泥塞	表4.24	
套管水泥环	表4.22	
井口装置	表4.5	
采油树	表4.33	

对于深井自喷井,为减少作业对油层的伤害,可下入深井不压井作业管柱(图 1.31)。这种管柱包括油管悬挂器、伸缩补偿器、滑套、限位插入式密封总成、永久式封隔器、井下活门及测试工作筒等。作业时,在密闭压力系统中将第一根油管起出到井下活门以上,井下活门当即关闭,此时已与井下压力系统隔开,即可在不压井的情况下作业。

对于有些在投产射孔时需要进行负压射孔,在停喷后转为其他采油方式时,可采用射孔生产联作自喷管柱(图 1.32)。管柱主要由油管悬挂器、永久封隔器、测试工作筒、枪身释放接头、射孔枪等构成。

第1章 井筒完整性的标准

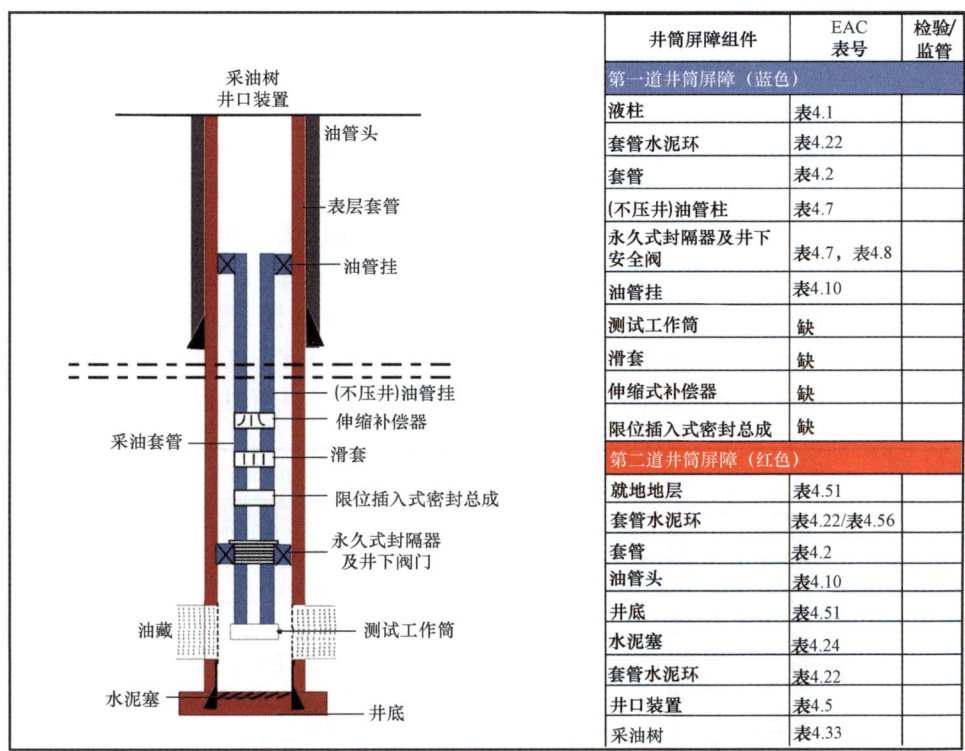

井筒屏障组件	EAC表号	检验/监管
第一道井筒屏障（蓝色）		
液柱	表4.1	
套管水泥环	表4.22	
套管	表4.2	
（不压井）油管柱	表4.7	
永久式封隔器及井下安全阀	表4.7，表4.8	
油管挂	表4.10	
测试工作筒	缺	
滑套	缺	
伸缩式补偿器	缺	
限位插入式密封总成	缺	
第二道井筒屏障（红色）		
就地地层	表4.51	
套管水泥环	表4.22/表4.56	
套管	表4.2	
油管头	表4.10	
井底	表4.51	
水泥塞	表4.24	
套管水泥环	表4.22	
井口装置	表4.5	
采油树	表4.33	

图1.31 深井不压井作业管柱井筒屏障示意图

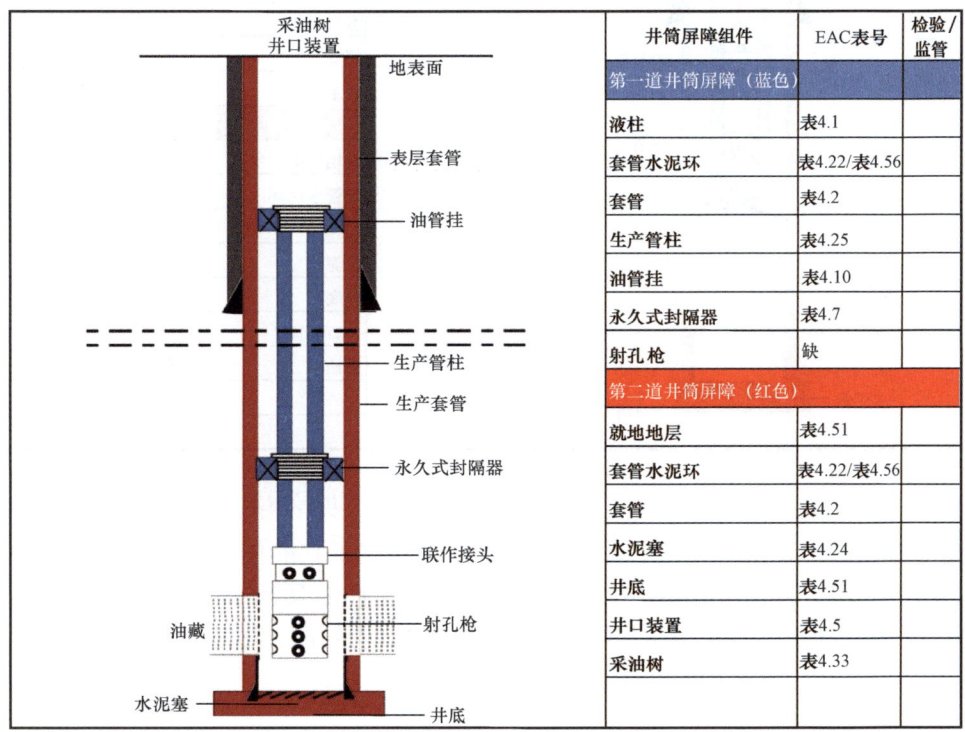

井筒屏障组件	EAC表号	检验/监管
第一道井筒屏障（蓝色）		
液柱	表4.1	
套管水泥环	表4.22/表4.56	
套管	表4.2	
生产管柱	表4.25	
油管挂	表4.10	
永久式封隔器	表4.7	
射孔枪	缺	
第二道井筒屏障（红色）		
就地地层	表4.51	
套管水泥环	表4.22/表4.56	
套管	表4.2	
水泥塞	表4.24	
井底	表4.51	
井口装置	表4.5	
采油树	表4.33	

图1.32 射孔生产联作自喷管柱井筒屏障示意图

（2）有杆泵完井管柱。

油层无自喷能力，但又有一定深度的动液面，原油黏度适中，那就应首先选择有杆泵抽油系统投产。

有杆泵抽油系统主要由机、泵、杆、管四大部分组成。合理设计有杆泵生产管杆的技术关键是深井泵的选择。深井泵的选择一定要建立在油层采油指数准确测算的基础上。并根据油层的产液量及其他因素，首先依据泵的理论排量确定深井泵的类型和主要的工作参数，根据动液面的深度及合理的沉没度确定泵挂深度，接着就可以进行抽油杆柱的设计计算。抽油杆柱设计确定后，根据杆和油管的匹配关系，再根据泵的工作制度和杆、管的组合，就可以计算抽油机的各项基本参数，即可进行抽油机选型。有杆泵生产管柱主要由泵、杆、管和其他井下工具构成。有杆泵井的标准井下管柱如图1.33所示。有杆泵深抽井管柱如图1.34所示。

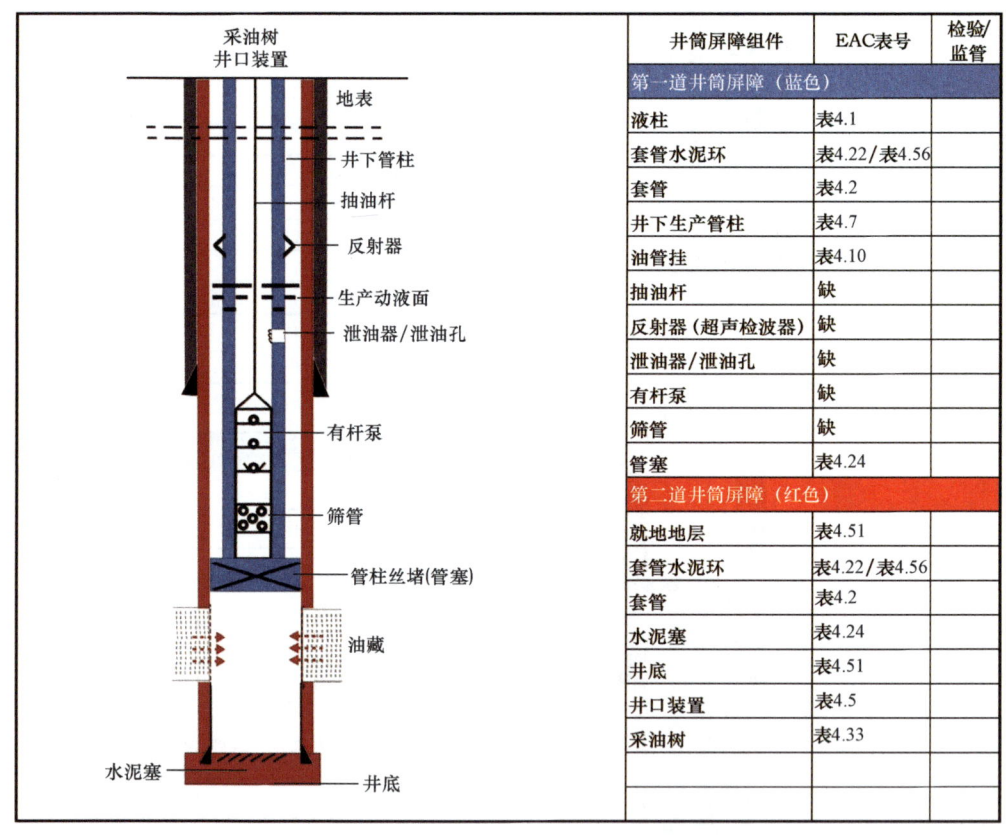

图1.33　有杆泵井标准的井下管柱井筒屏障示意图

有杆泵抽油技术近年来又有了新的发展，不断地拓宽了它的使用范围。具有特种性能的有杆泵，如防砂卡抽油泵、浸入式抽油泵、阀式泵、防气锁抽油泵、耐腐蚀泵等相继研制成功并推广应用，常规有杆泵不适应的油井可采用这些特殊性能的泵以发挥其常规有杆泵不能替代的作用。

（3）水力活塞泵完井管柱。

水力活塞泵采油系统的基本工作原理是由地面泵将动力液增压并泵送入井下，由动力液

第1章　井筒完整性的标准

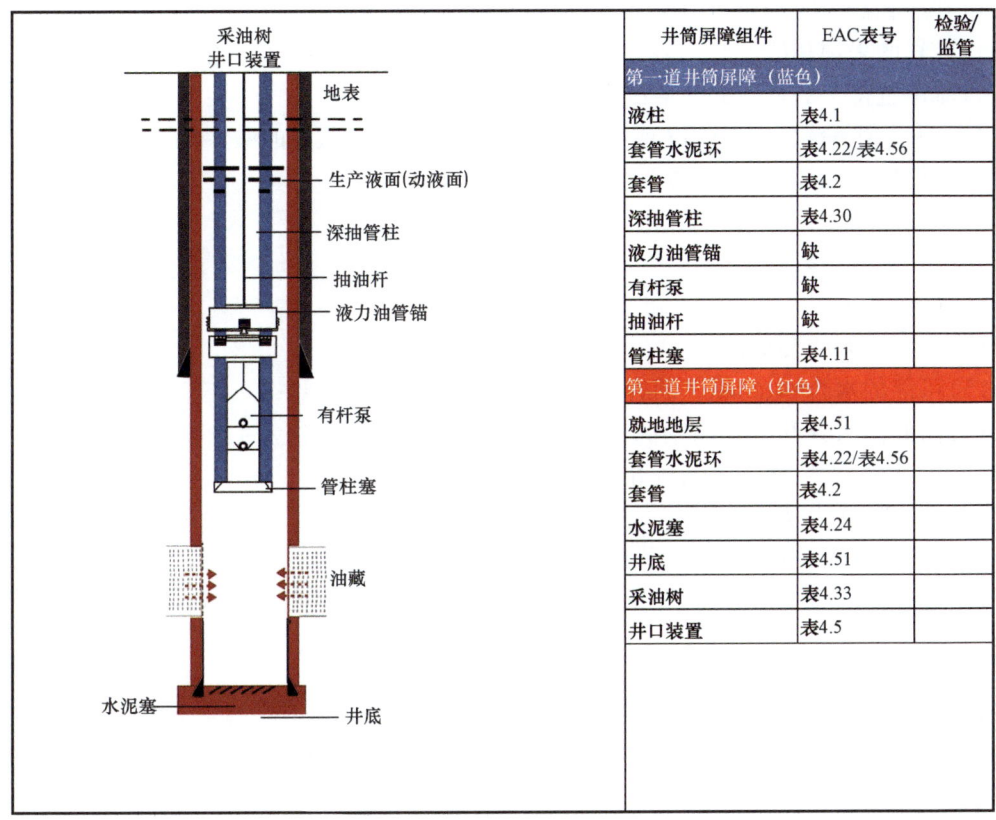

图1.34　有杆泵深抽井管柱井筒屏障示意图

驱动液压马达做上下往复运动,同时液压马达带动井下泵柱塞上下往复运动,把井液举升到地面。

（4）关于潜油电泵完井管柱、气举井完井管柱、注水井完井管柱、天然气井完井管柱、定向井水平井完井管柱、多管射孔完井管柱等,请参阅《现代完井工程》[10]等文献。

1.4.7.2　完井管柱设计基础和假设

所有的完井管柱、尾管和回接管柱应设计得能够承受计划内的和预期的应力(包括在井控情况可能诱发的应力)。设计方法应该是井筒全生命周期包括报废在内符合井筒完整性要求的设计方法。材料的降级应该考虑在内。应该知道设计基础及依据的文件并写入档案。

要计算完井管柱及连接的所有部件应该承受负载的情况并核实。薄弱部位应依据文件加以识别并记入档案文件。完井设计应适应全服役期直至永久报废。

下列各项内容应予评估以建立常规和无量纲参数设计方法：

（1）在井筒生命期内的油藏压力,包括储层流体和(或)气体性能的动态分析;

（2）计划的井筒轨迹和弯曲应力,包括由井眼狗腿和曲率造成的弯曲应力及其影响管柱受力;

（3）完井方法的选择与论证、套管设计及注水泥设计,固井完井质量的检查;

(4)井控和最大的压井压力;

(5)计划的采油和(或)注入速率以及有关联的流体和(或)气体性能;

(6)流体进得去的环空的环空压力管理;

(7)在井筒生命期内 H_2S 和(或) CO_2 包括可能存在于油藏中的酸性物源(Souring);

(8)流体配伍性和腐蚀危害;

(9)井筒预期寿命(生命期长短);

(10)材料的选择;

(11)砂控要求;

(12)人工举升的要求;

(13)可能的水合物、结垢和沥青沉积以及化学剂注入的需要;

(14)由井筒服务和作业,包括井筒维修(修井)打水泥塞(包括井底水泥塞或悬空水泥塞)、规模化挤注、压裂和(或)其他化学剂处理等诱发的载荷;

(15)地质构造力及其影响;

(16)井筒停产和报废的特殊需要内容;

(17)在该区域或类似井筒中得到的已钻进井和已生产井的经验教训、新技术的采用等。

1.4.7.3 完井管柱载荷类型

在计划内活动时,对内压力、外挤力和轴向载荷设计时应该采用的载荷类型。每一种井筒类型应该进行管柱应力分析。应考虑表1.12中的载荷类型。表1.12所列的情况不是强调而是基于计划活动的实际载荷类型。

表1.12 完井管柱载荷类型

项目	对作业的说明	备注
1	完井管柱的压力测试	
2	A 环空的压力测试	从下向上测试油管挂密封性并从上向下测试采油封隔器(作为从最小到最大允许的环空地表压力,MAASP)
3	关井	
4	动态流动和注入情况	对采油井和注入井特别注意温度效应(水、气、水气交替注入)
5	注入	最大的注入系统压力(井筒设计压力)
6	采油	应核算油管外挤力是最小的油管压力的函数(封堵的射孔孔眼/低的测试分离器压力/枯竭油藏压力),结合考虑高的环空压力作业(从最小到最大允许的环空地表压力(MAASP)。考虑磨损/腐蚀效应
7	加重压头(Bullheading)/泵入	压井、增产、压裂
8	起出(拉出)	管柱卡阻时内、外螺纹的剪切极限值。所有完井部件的拉伸强度,包括连接部件
9	过油管射孔枪点火	
10	温度效应	特别注意开井和关井时的封闭容量(体积)变化
11	人工举升	关闭环空安全阀(ASV)和气举阀以上抽空的环空的关闭环空的压力变化情况
12	*永久报废	将在1.6节"关停井与报废井的井筒完整性"中讲述

1.4.7.4 最小的设计系数

油管设计安全系数应包括所有计划到的载荷与应力和(或)预期的载荷与应力,包括在可能的井控情况时诱发的载荷与应力。

1.4.7.5 完井装备——应急关井系统

下列的完井管柱装备应作为安装应急关井系统的分级部件:
(1)井下安全阀(DHSV);
(2)环空安全阀(ASV)或者其他的安全失效时的关闭装备(如果安装了的话);
(3)采油(注水)树阀件——主控阀和翼阀;
(4)为注入化学剂的管线使用的采油树阀(注水树阀)或井口阀;
(5)为环空气举阀用的采油树阀(注水树阀)或井口阀。

1.4.7.6 采油井口装置

要求在完井作业结束时安装采油作业的井口装置,并进行交接(将在1.5节"采油作业应用井筒完整性标准"讲述)。

1.4.8 总结

(1)现代完井工程是衔接钻井工程和采油工程乃至后续作业非常重要的作业环节;为了保护资源和作业安全,发挥井筒完整性全生命周期的连贯性、一体性尤为重要。现代完井工程所包括内容比传统完井工程增加了很多;同时,随着井型的多样化和新技术应用,其内容也深化了许多,且在继续发展之中。为此需要不断继续研究各类完井作业的井筒完整性和井筒屏障,并在实践中完善。

(2)在完井作业中设计好、应用好井筒屏障及其组件是一项深入细致的工作。本节给出的4个典型图解只涉及完井作业的一部分,完井作业还有更多的井筒屏障设计图、井筒屏障组件(如井下安全阀、封隔器、监测传感器、水泥塞等)。各油气田实施时可结合实际情况参照本书及有关资料设计应用。高校师生还可以作为作业进行练习。

1.5 采油作业的井筒完整性标准

一个油气田的生命周期在预探、详探确定了它的工业开采价值,初步探明了含油面积以后,就要进行油藏工程设计,编制开发方案,从而有计划地将油气田投入开发和开采。有些油气田(特别是大型油气田,如大庆油田、塔里木油气田等)需要先选择生产试验区,研究油气层的地质情况,搞清各小层细分依据,弄清各小层面积、分布形态、厚度、储量及非均质性、夹层与隔层的岩性和分布规律等,对油气藏进一步评价;研究井网系统,必要时进行井网试验以优化井网和油气生产井与注入井等各类井的布井方式及其对储量的控制程度,划分开发层系确定单层开采或多层同时开采;研究生产动态规律和合理的采油速度及采油工艺技术等。

在制订开发方案时,必须研究石油采收率。长期以来习惯于依照油田开发的不同阶段而划分为"一次采油""二次采油"和"三次采油"。这是不科学的,国际上已重新分为下列(三个阶段)三类技术[13]:

(1)利用天然能量采油技术;天然能量包括岩石弹性、重力等地质能量和溶解气、气顶、底水、边水等能量。

(2)补充地层能量采油技术;通过注水、注气向油藏中补充能量并结合抽油等技术开采油气的采油技术。

(3)提高石油采收率技术;在常规开采技术的基础上,通过改善油藏和油藏流体的物理、化学特性,调整油藏流体流动性能,提高宏观波及效率和微观驱油效率的多种采油方法,包括新技术、新方法,统称为提高采收率技术或称为强化采油技术。

截至2013年,我国共发现油田576个,其中大型和特大型油田数量占总数的7.3%,但其储量占总储量的58%。我国的石油资源大部分储存于陆相河流、三角洲沉积的砂岩油藏中,其地质条件和地面条件较复杂,储层以陆相白垩系、古近系和新近系为主(占82.8%),地质条件复杂的油藏占44%,低渗透、稠油资源占42%,常规油占57.50%。海洋油气资源与非常规油气资源等,可参阅相关文献。目前,我国陆上各类油田的采收率差别很大,有的油田只有4%或5%~10%(如延长油田、大庆油田外围等低渗透、特低渗透区块);中等的采收率为20%~30%(如长庆油田中渗透率区块和中原油田、华北油田、大港油田、南阳油田的大多数区块);大庆油田萨拉杏主要富油区块和渤海湾、新疆油田部分区块的采收率能达到30%~50%不等;超过50%采收率的区块很少。国际石油界提出继续提高最终采收率,争取达到30%,40%~50%和70%左右等几个等级。全世界的海洋油田采收率都受到作业成本的制约和作业条件的限制,采收率大约在30%~40%,远期目标为30%~50%。至于非常规油气,因为开发时间较短,还难以确定,不过肯定要低于常规油气田。我国在提高采收率技术上与世界先进水平比较还有一些差距和很大潜力。在采油作业中,各种采油方法及其作业技术很多,主要有:自喷—气举采油技术、有杆泵—无杆泵采油技术、注水注气和蒸汽吞吐采油技术、水力压裂和爆燃压裂法采油技术及增产、酸化与化学处理剂采油技术、开发中调剖—补层等活动、采油技术中的防腐—防砂—清蜡—除垢—堵水技术以及一些采油新技术都与井筒完整性及其屏障层系(组件)有关,本节重点论述与井筒完整性以及井筒屏障层系(组件)的组成、失效检验与处理以及监管、监视、监测密切相关的采油作业应用井筒完整性的理论与应用方面。

[实例1] 大庆外围油田油层砂体窄小,断层发育复杂,储层物性差,平面矛盾突出,由此导致油田开发中出现了一类特殊井——有采无注井。这类井没有有效的地层能量补充来源,产量递减快,难以长期稳定生产。仅在大庆油田采油七厂,这类有采无注井就达到123口。一方面,常规压裂技术、酸化技术等改造技术只能改善地层渗透性,不能补充地层能量;另一方面,有采无注井有着巨大的开发价值,以该厂主力产区葡北地区为例,目前采出程度为31.9%,而该地区有采无注井的平均采出程度仅为18.4%,剩余储量比较丰富。为解决这一开发矛盾,探索有效的治理技术,大庆油田采油七厂科研人员在葡北地区优选了葡63-斜922井,开展压裂增产吞吐试验。压裂增能吞吐技术在老区油田应用过,但在大庆油田外围是首次尝试。压裂增能吞吐技术与常规压裂相比,更加注重地层能量的补充。试验中,通过向地层大

量注入高效驱油剂来有效恢复地层能量。同时,利用高效驱油剂的驱替和置换作用来挖潜剩余油,提高储层的动用程度。这次试验的葡63-斜922井油层有效厚度为6.1m,采出程度仅为4.47%,试验共压裂改造3个层段,注入高效驱油剂7575m^3、石英砂121m^3,预计累计增油可达800t以上。还对药剂配方及注入浓度进行优化,选择了高效无碱驱油剂,与地层配伍性更好,更加适应该厂的储层条件,这样可以进一步提高驱替效果。截至2018年5月29日,大庆外围油田已完成7个井组的压裂施工,对比其中4个井组的试验效果,实现日增油30.2t,累计产油416.3t,取得了良好的增产效果。这是大庆油田外围首次开展压裂增能吞吐技术试验,将为大庆油田外围"三低油田剩余油有效挖潜探索出一项新的适用技术"。2018年,该厂将开展10口井的压裂增能吞吐技术试验。下一步,科研人员将根据葡63-斜922井的试验效果和监测资料效果,进一步优化完善试验工艺设计,提升试验效果,为大庆油田外围储层剩余油的有效挖潜提供行之有效的技术支持。为此,要研究"三低井"的井筒完整性、井筒屏障、井筒屏障组件等系列配套技术(这项工作还没有开始)。

[**实例2**] 准噶尔盆地玛湖砾岩油田储量在$10×10^8$t以上,是世界上发现的最大砾岩油田,按照"非常规理念、非常规技术、非常规管理"的工作思路,打破常规勘探开发模式,创新理念、技术与管理,经过近年来持续攻关与试验,形成了"水平井与体积压裂"的主体技术和开发对策。成为中国石油天然气集团有限公司最重要的原油增储上产领域。为此,要研究它的井筒完整性、井筒屏障、井筒屏障组件等系列设计、应用、管理(这项工作还没有开始)。

采油(气)作业是油气田开采过程中,根据开发目标通过采油或采气的生产井、注入井、热采井、调整井等对油气藏采取多项工程技术措施的总称,它与油藏工程、地质工程密切相关,它是钻井工程与完井工程等建井作业的后续作业工程。采油作业研究各种特性的油气藏开发的全生命周期(一般是几十年至一二百年)内如何经济有效地提高油井产量和油田总采收率的有关理论、方法、设计及实施技术。采油工程及其作业的任务是,使油气从油气藏中有控制和有序地流入井中,并有效地将油气举升到地面进行分离、计量处理进入矿场集输系统,其目标:一是安全而经济有效;二是提高油气井产量;三是提高油气田采收率。

从系统工程看,采油工程是油气田开发大系统中的一个处于中心地位的重要子系统,与建井(钻井、固井、完井)子系统、修井子系统、测试子系统、油藏工程子系统、矿场油气处理—集输储存子系统等有着承先启后和相互衔接的关联,也是油气井和油气田关停直至报废前的重要子系统。必须在掌握各种工程技术措施的原理、设计、计算、测试与长期不间断地连续监测、监管,包括遥测、遥控在内的信息并对各种信息综合地动态地分析,才能正确决策和实施,包括风险分析和应急处理,包括在全生命周期内保持井筒完整性和屏障层系及其组件的完好性。

采油工程的理论涉及物理、化学、数学、力学、机械、电子、计算机、地质学、测井录井学、地震物探学、经济管理学乃至法学等多个学科。所以,应该及早研究并全面应用井筒完整性理论与技术,以能实现标准化、一体化、现代化。

1.5.1 采油作业井筒屏障的图解

对每一口已完成的井筒应准备好并维护好井筒屏障层系及其组件。本节列举了6个井筒屏障层系图解(图1.35至图1.40)。

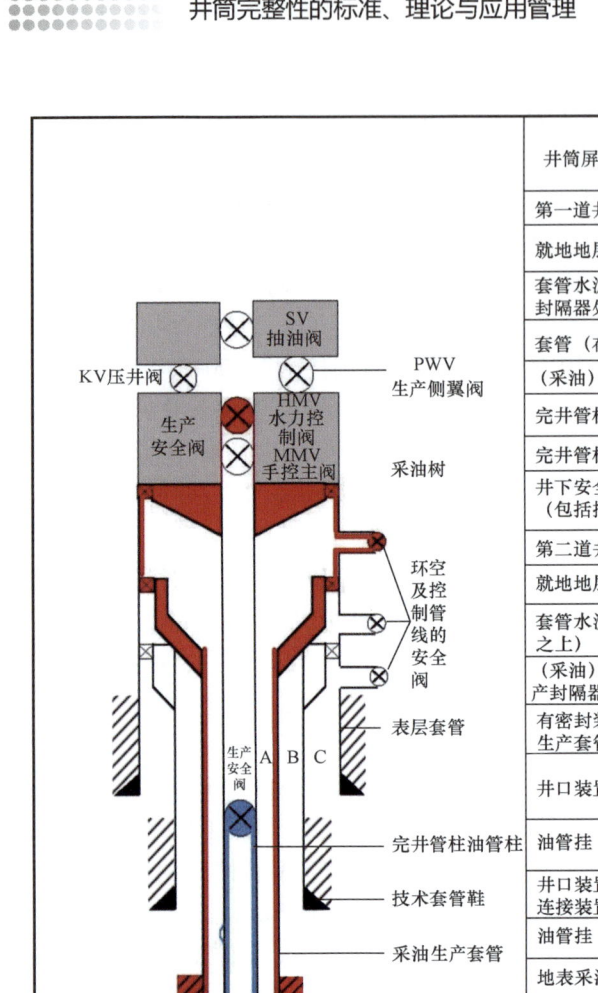

井筒屏障组件	EAC表号	检验/监管
第一道井筒屏障（蓝色）		
就地地层	表4.51	在第一次（初始）检验之后监管
套管水泥（套管鞋在生产封隔器处）	表4.22	在第一次（初始）检验之后监管
套管（在生产封隔器以下）	表4.2	在第一次（初始）检验之后监管
（采油）生产封隔器	表4.7	A环空的连续压力监测
完井管柱	表4.25	A环空的连续压力监测
完井管柱部件	表4.29	定期的测漏失压力测试
井下安全阀（DHSV）（包括控制管线）	表4.8	定期的测漏失压力测试；DHSV验收标准：××bar/××min
第二道井筒屏障（红色）		
就地地层	表4.51	在第一次（初始）检验之后监管
套管水泥（在生产封隔器之上）	表4.22	B环空每日监管/监测
（采油）生产套管（在生产封隔器之上）	表4.2	B环空每日监管/监测
有密封装置的（采油）生产套管挂	表4.5	B环空每日监管/监测，定期进行漏失测压
井口装置及环空阀	表4.12	环空阀定期进行漏失测压；验收标准：××bar/××min
油管挂（体部密封）	表4.10	定期进行漏失测压以及A环空连续进行压力监测
井口装置（含井口采油树连接装置）	表4.5	定期进行漏失测压
油管挂（颈部密封）	表4.10	定期进行漏失测压
地表采油树	表4.33	阀闸定期漏失测压；验收标准：××bar/××min

说明：
(1) 图1.35至图1.39，采油作业阶段井筒中已经没有钻井液、完井液了，也就是在第一道井筒屏障中不再有液柱屏障了。本图表的第一个井筒屏障是实物屏障共有7个组件。第二道井筒屏障也是实物屏障共9个组件。
(2) 本图例是一口海洋井，有表层套管（及水泥环）技术套管（及水泥环）、采油生产套管（及水泥环）、筛管（或尾管射孔及水泥环）。第一道屏障中的完井管柱或第二道屏障中的油管、套管共5层管柱、有A、B、C三个环空。图中的几层水泥环高度都较短，施工的水泥环要返回到上层套管鞋以上。
(3) 完井管柱（油管柱）内有3个生产安全阀，10个左右的专用阀件，还有采油树以确保井筒与井口安全。

图1.35　海洋平台采油井/注入井/观察井液体流动功能井筒屏障层系图解

第1章 井筒完整性的标准

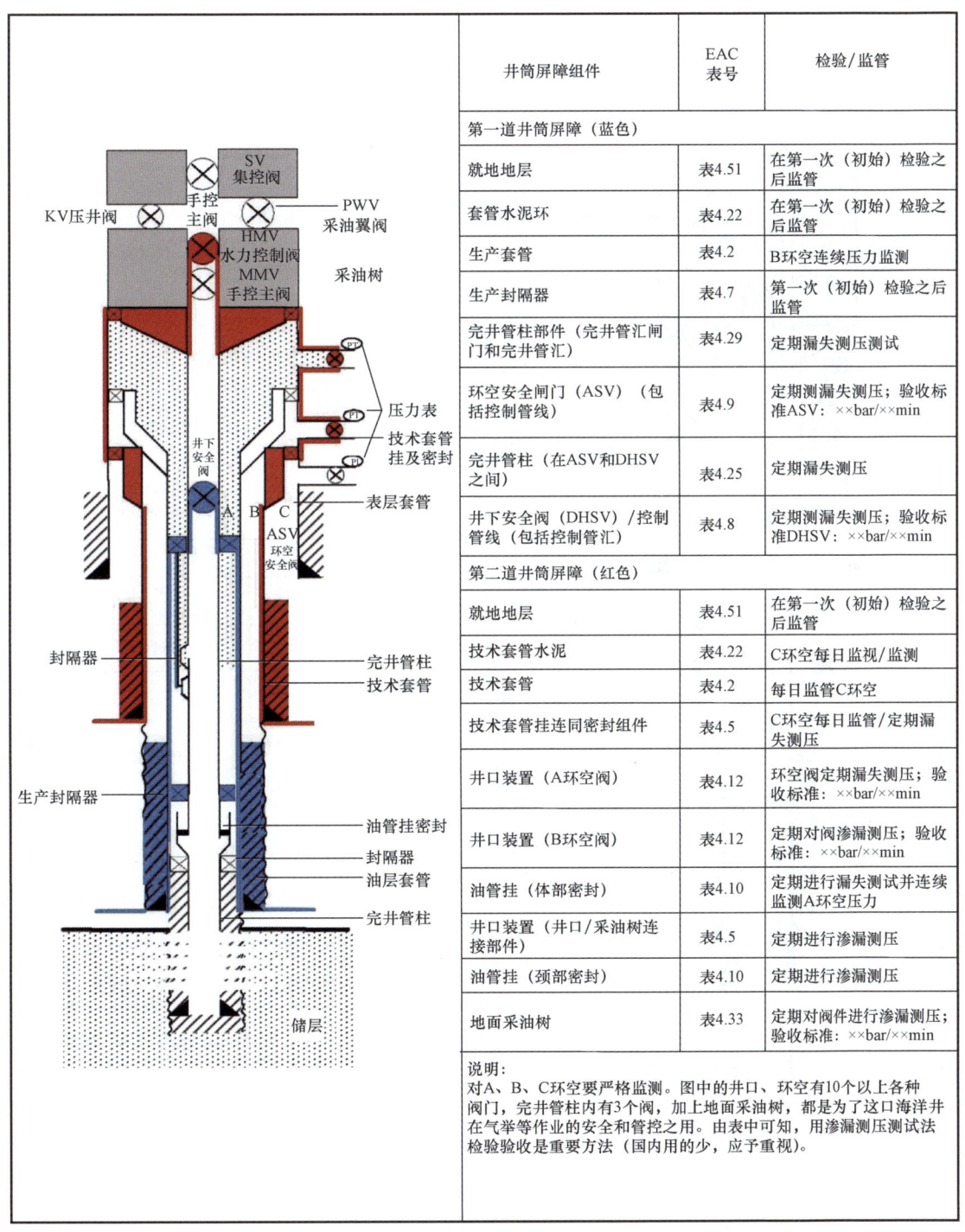

井筒屏障组件	EAC 表号	检验/监管
第一道井筒屏障（蓝色）		
就地地层	表4.51	在第一次（初始）检验之后监管
套管水泥环	表4.22	在第一次（初始）检验之后监管
生产套管	表4.2	B环空连续压力监测
生产封隔器	表4.7	第一次（初始）检验之后监管
完井管柱部件（完井管汇闸门和完井管汇）	表4.29	定期漏失测压测试
环空安全闸门（ASV）（包括控制管线）	表4.9	定期测漏失测压；验收标准ASV：××bar/××min
完井管柱（在ASV和DHSV之间）	表4.25	定期漏失测压
井下安全阀（DHSV）/控制管线（包括控制管汇）	表4.8	定期测漏失测压；验收标准DHSV：××bar/××min
第二道井筒屏障（红色）		
就地地层	表4.51	在第一次（初始）检验之后监管
技术套管水泥	表4.22	C环空每日监视/监测
技术套管	表4.2	每日监管C环空
技术套管挂连同密封组件	表4.5	C环空每日监管/定期漏失测压
井口装置（A环空阀）	表4.12	环空阀定期漏失测压；验收标准：××bar/××min
井口装置（B环空阀）	表4.12	定期对阀渗漏测压；验收标准：××bar/××min
油管挂（体部密封）	表4.10	定期进行漏失试验并连续监测A环空压力
井口装置（井口/采油树连接部件）	表4.5	定期进行渗漏测压
油管挂（颈部密封）	表4.10	定期进行渗漏测压
地面采油树	表4.33	定期对阀件进行渗漏测压；验收标准：××bar/××min
说明：对A、B、C环空要严格监测。图中的井口、环空有10个以上各种阀门，完井管柱内有3个阀，加上地面采油树，都是为了这口海洋井在气举等作业的安全和管控之用。由表中可知，用渗漏测压测试法检验验收是重要方法（国内用的少，应予重视）。		

图1.36 海洋平台采油井在气举时用环空安全阀井筒屏障层系图解（为了预防气举阀不合格）

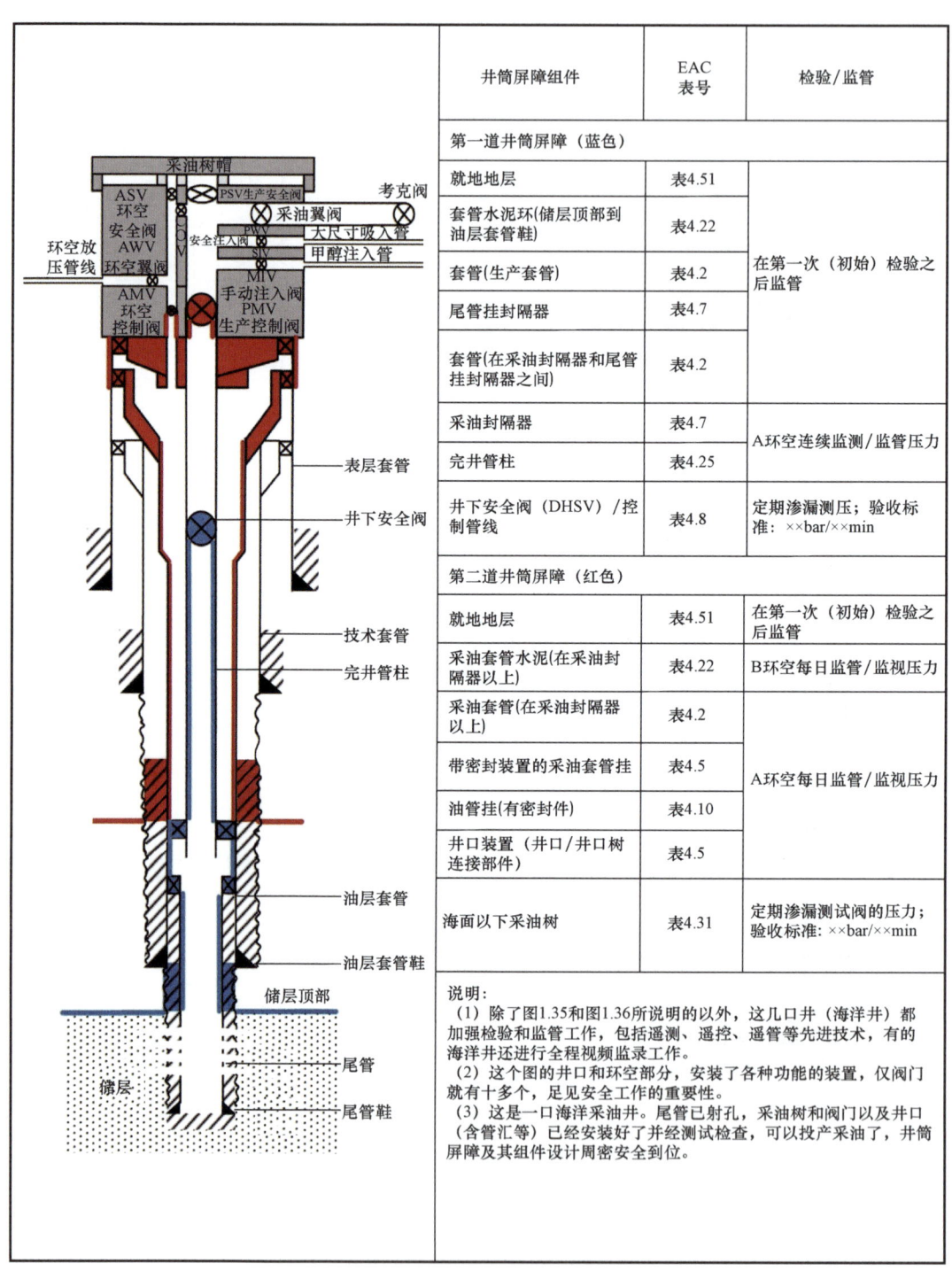

图 1.37 海面以下装有垂直采油树的采油井井筒屏障层系图解

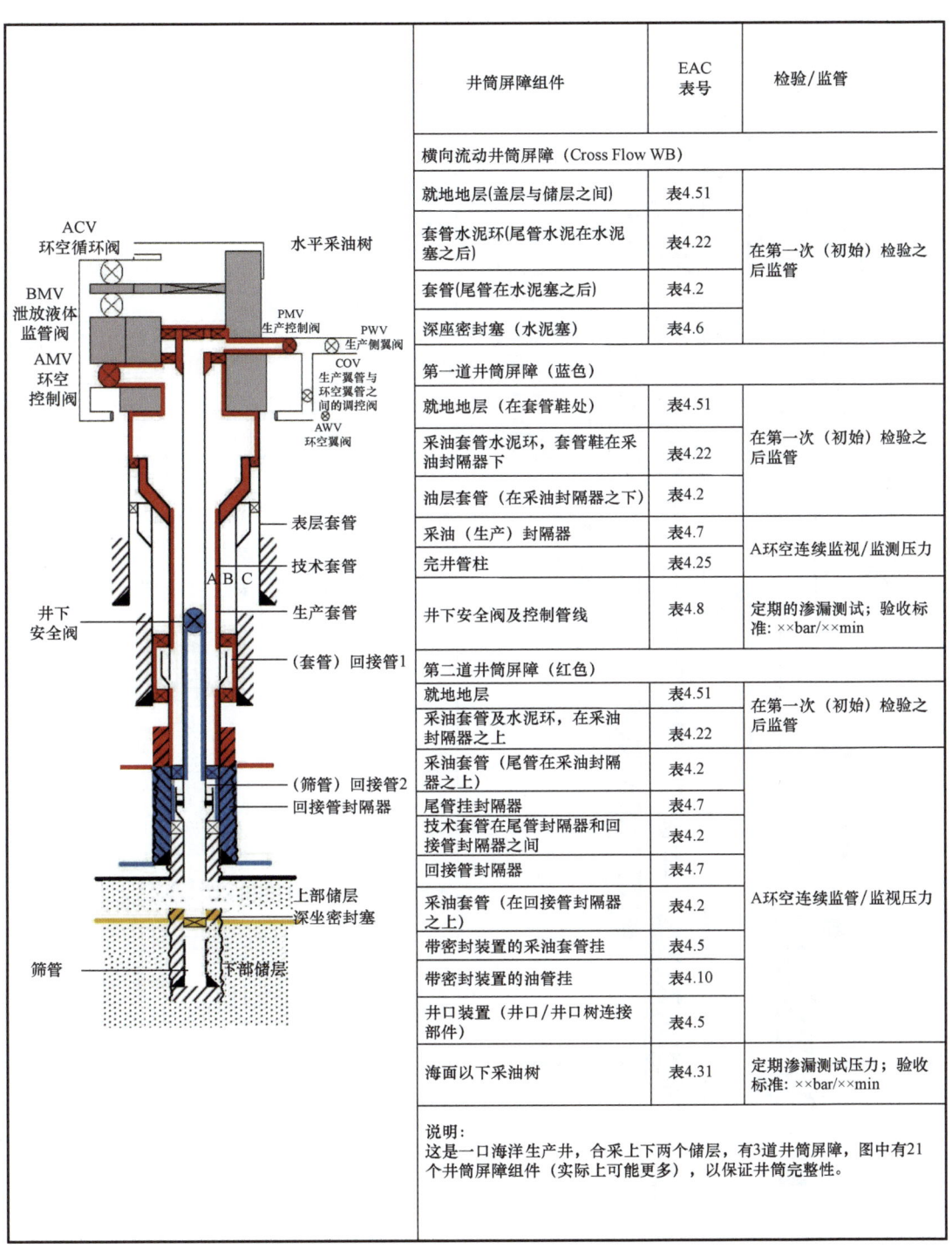

井筒屏障组件	EAC 表号	检验/监管
横向流动井筒屏障（Cross Flow WB）		
就地层（盖层与储层之间）	表4.51	在第一次（初始）检验之后监管
套管水泥环（尾管水泥在水泥塞之后）	表4.22	
套管（尾管在水泥塞之后）	表4.2	
深座密封塞（水泥塞）	表4.6	
第一道井筒屏障（蓝色）		
就地层（在套管鞋处）	表4.51	在第一次（初始）检验之后监管
采油套管水泥环，套管鞋在采油封隔器下	表4.22	
油层套管（在采油封隔器之下）	表4.2	
采油（生产）封隔器	表4.7	A环空连续监视/监测压力
完井管柱	表4.25	
井下安全阀及控制管线	表4.8	定期的渗漏测试；验收标准：××bar/××min
第二道井筒屏障（红色）		
就地地层	表4.51	在第一次（初始）检验之后监管
采油套管及水泥环，在采油封隔器之上	表4.22	
采油套管（尾管在采油封隔器之上）	表4.2	
尾管挂封隔器	表4.7	
技术套管在尾管封隔器和回接管封隔器之间	表4.2	
回接管封隔器	表4.7	
采油套管（在回接管封隔器之上）	表4.2	A环空连续监督/监视压力
带密封装置的采油套管挂	表4.5	
带密封装置的油管挂	表4.10	
井口装置（井口/井口树连接部件）	表4.5	
海面以下采油树	表4.31	定期渗漏测试压力；验收标准：××bar/××min

说明：
这是一口海洋生产井，合采上下两个储层，有3道井筒屏障，图中有21个井筒屏障组件（实际上可能更多），以保证井筒完整性。

图1.38 海洋生产井装有一个水平采油树和层间封隔组件井筒屏障层系图解

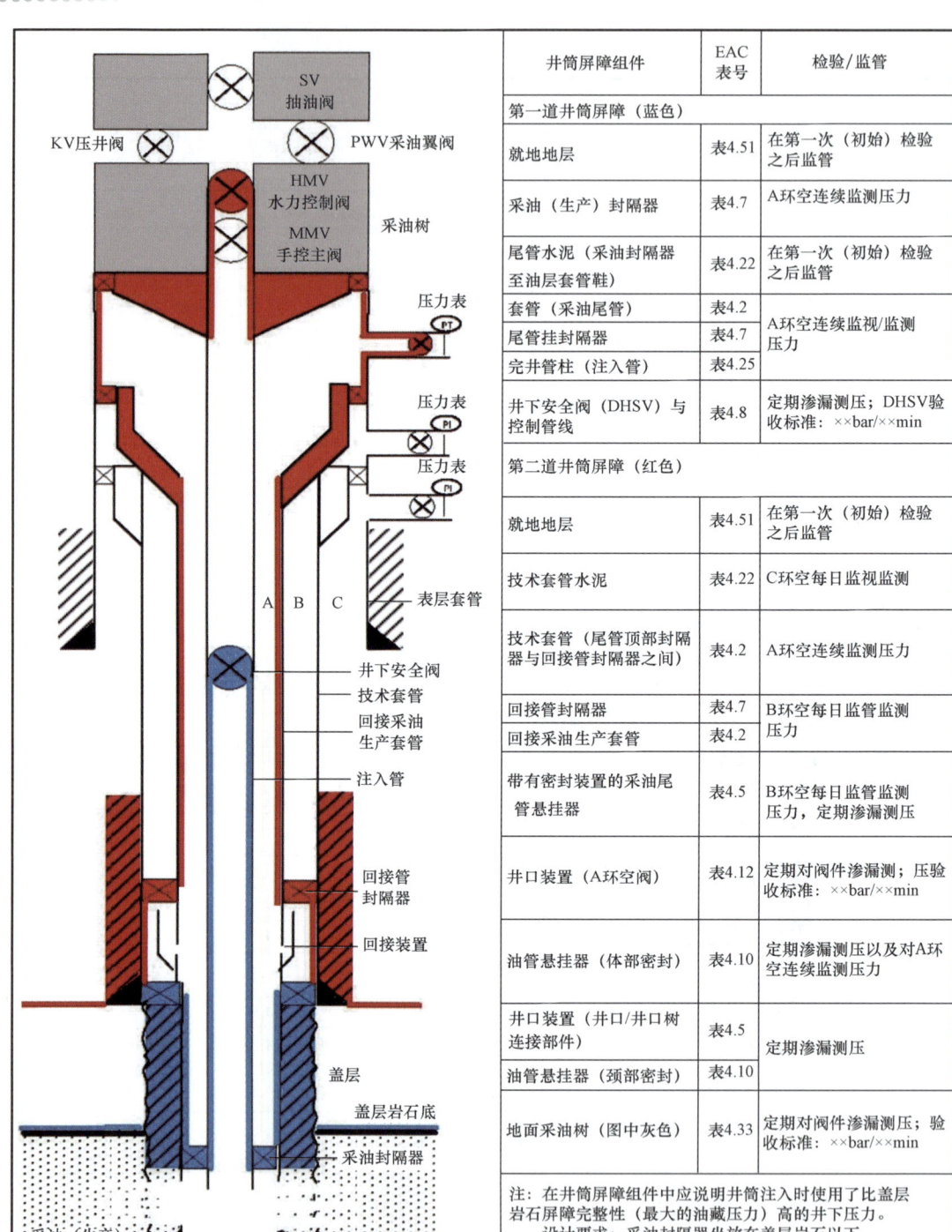

图 1.39　在水泥封固尾管中装备了采油封隔器的注入井井筒屏障层系图解

第1章 井筒完整性的标准

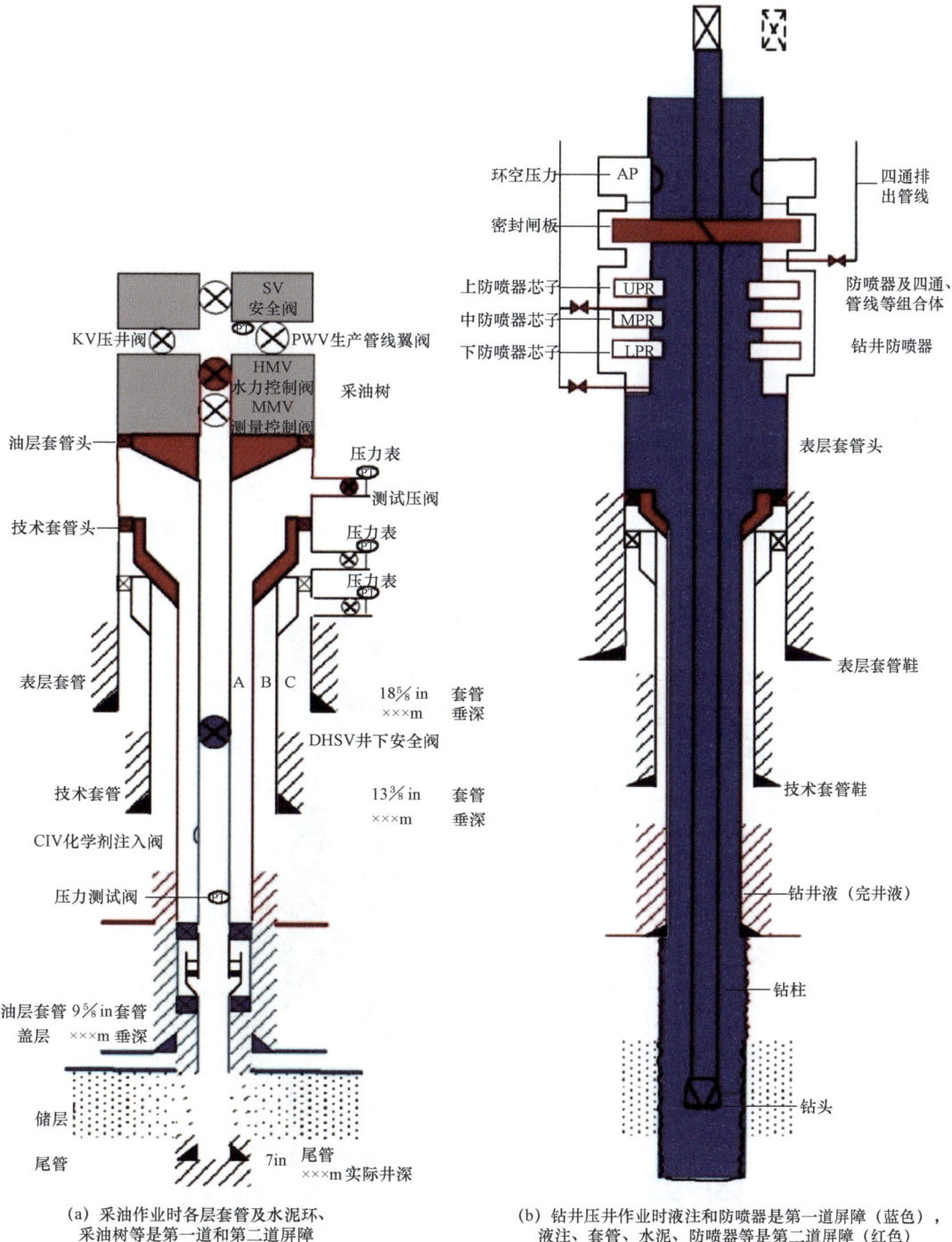

(a) 采油作业时各层套管及水泥环、采油树等是第一道和第二道屏障

(b) 钻井压井作业时液注和防喷器是第一道屏障（蓝色），液注、套管、水泥、防喷器等是第二道屏障（红色）

图1.40 在采油和钻井作业时的第一道和第二道井筒屏障图例

图 1.40 表示某井采油作业时和钻井压井作业时的第一道和第二道井筒屏障,该图说明钻井防喷器和采油树是第一道和第二道井筒屏障的必要组件,第二道屏障还有套管及水泥环等。在关键井、海洋井这些井筒屏障都配备有电的、电子的和(或)程控电子式的仪表和井下安全阀等。如果第一道屏障失效,第二道屏障要能够防止流体从井中喷出。如果第二道井筒屏障也失效,就要预先配置第三道屏障(图 1.40 未标出,图 1.38 标出了三道屏障)以能阻止碳氢化合物流体流动。图 1.38 和图 1.40 的重点是强调:井筒屏障的主要功能是防止流体意外失控地从井下流出以确保安全作业。

图 1.41 是彼如得湾(Prudhoe Bay)A22 井屏障组件失效导致爆炸失火事故的实例,图 1.41(a)表示该井已下过技术套管和油层套管,注过了水泥。封闭的环空原来压力为 13.6MPa(2000psi),因为环空内有油气并在环空上升,温度从 45°F 升至 115°F,压力增大到 52.4MPa(7700psi),没有及时监测和处理。表层套管在 5m(16ft)处损坏。高压流体上窜至导管—表层套管的环空并冲至钻台,平台地板的横木撞击掉一个环空针形阀。13.6MPa(2000psi)压力的气体冲入表层套管环空中,气体着火,爆炸冲击波损坏了一个操作台垫片。导致 A22 井因屏障组件损坏而失效,酿成爆炸失火事故。这是井筒屏障组件极不正常和人为造成的偶然性事故,应作为警示。图 1.41(b)是从该井拔出的破损套管实物。

图 1.6 是一口因表层套管失效和水泥环高度不够、套管破损等 7 个失效问题而导致事故的实例。

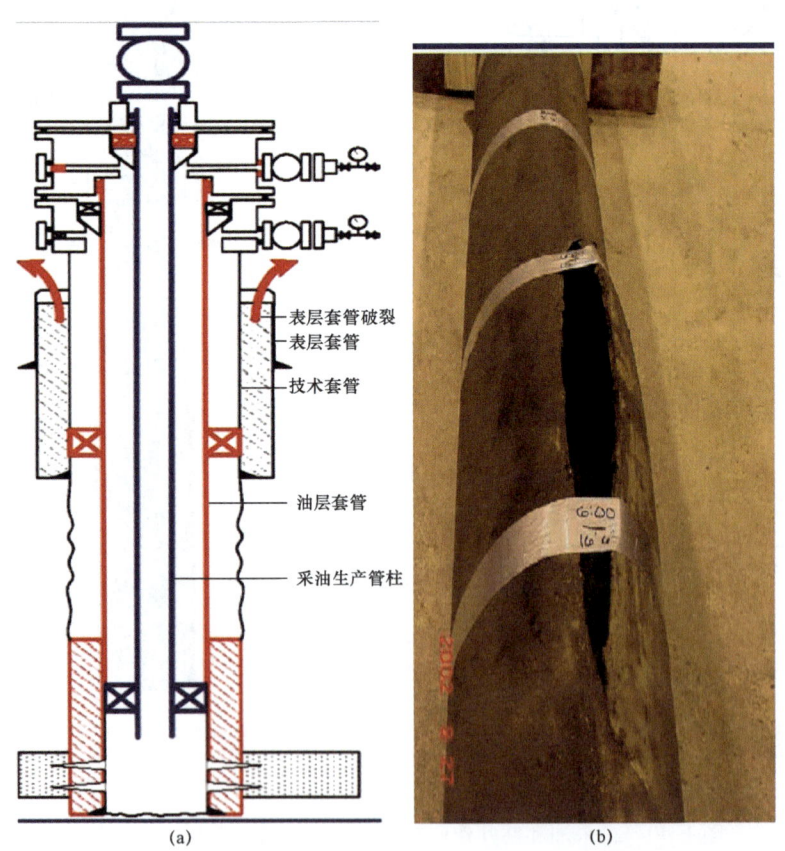

图 1.41 彼如得湾 A22 井屏障组件失效导致爆炸失火图例

1.5.2 采油作业井筒屏障及其组件的管理、监测和验收检查工作

1.5.2.1 采油作业井筒完整性的主要问题

油气井长期持续的生产过程中,井筒完整性和井筒屏障发生的主要问题有下列几方面:
(1)井身结构、完井管柱等设计得不合理,在采油作业中暴露出来了;
(2)持续的环空压力,特别是过高的环空压力;
(3)完井管柱渗漏;
(4)完井管柱变形、腐蚀;
(5)套管柱穿孔、破裂、腐蚀、磨损;
(6)水泥环高度不够、胶结不良、开裂、剥落;
(7)套管头发生移动;油管挂密封失效;
(8)采油树与套管头连接处密封不严;
(9)阀门渗漏;
(10)井下封隔器失效,井下阀门失效等。

本书第2章所述蓬莱油田的漏油并污染渤海海域是我国采油作业中最大的井筒完整性和井筒屏障失效的事故❶。

1.5.2.2 采油作业对井筒屏障的要求

采油井与油层相连通,井内有入流源,应该有两个独立的机械屏障;这也适用于因注水工程导致一些井发展为有潜在入流源的井。没有入流源的井应该至少有一个机械屏障。对于只有一个机械屏障的井,需要在预定层位进行入流测试,以确认该井没有入流。井筒完整性一旦失效使井筒功能丧失以致发生事故。所以井筒完整性管理十分重要。所有的井都应按井筒完整性分级(分类)。参照中国石油高温高压及高含硫井筒完整性管理规范制定的井筒完整性分级及管理措施(表1.13)。

表1.13 井筒完整性分级及管理措施

类别	分级原则	管理措施	管理原则
红色	第一道屏障失效,第二道屏障受损(或失效),风险评估确认为高风险,或已经发生泄漏至地面	红色井确定后,必须立即治理,行业管理部门应立即组织编制治理方案,生产单位立即采取应急预案,实施风险削减措施,防控风险;组织实施治理方案	油田公司领导批准治理方案,行业管理部门组织协调,监管部门进行事中、事后监管,生产部门组织实施
橙色	第一道屏障受损(或失效),第二屏障完好;或第一道屏障受损(或失效),第二屏障虽然受损,经过风险评估后,确认为中或低风险,尚可暂用,但应及时处理	首先制订应急预案,根据情况进行监控生产或采取风险削减措施,减少调产,尽量减少对环空实施泄压或补压;严密跟踪生产动态,发现问题及时评估并采取相应措施	行业管理部门组织技术支撑单位和生产部门共同制定监控措施;生产单位及其监管部门负责监管生产,若发生重大变化,上报行业管理部门,并组织技术支撑单位分析变化原因及影响,提出处置意见

---

❶ 蓬莱19-3油田溢油事故联合调查组关于事故调查处理报告,国家海洋局(2012.6.21)。

续表

类别	分级原则	管理措施	管理原则
黄色	第一道屏障完好,第二道屏障受损,经过风险评估后,确认为低风险	采取维护或风险削减措施,保持稳定生产,严密监控各环空压力的变化情况;尽量减少对环空采取泄压或补压措施	由生产单位自行监控生产,若发生重大变化,上报行业管理部门,并组织技术支撑单位分析变化原因及影响,提出处置意见
绿色	第一道及第二道屏障均处于完好状态	正常监控和维护	由生产单位常规地监控生产,若发生重大变化,上报行业管理部门,并组织技术支撑单位分析变化原因及影响,提出处置意见

表 1.13 中,中高风险井一般指橙色和红色井。中高风险井的风险削减措施至少包括但不限于以下几个方面:

(1)重新确定环空许可压力操作范围,认真履行监管制度,并设定报警值;
(2)配备必要的泄压或补压装置;
(3)制订开井、关井工况下的油套压力控制措施;
(4)制订相应的应急预案并定期演练;
(5)应对性的措施方案根据井的分级情况由行业管理部门组织资质专家与相关技术人员评审,行业管理部门或油田公司领导审批后方能实施。

规范地规定井筒完整性分级变更的管理。环空压力出现异常变化应及时上报行业管理部门,并由技术支撑单位开展持续环空压力的分析及风险评估,提出分级变更意见,由行业管理部门或油田公司领导审核确定。

采油作业期间井筒屏障及其组件的状况应该通过油管和环空的压力、温度、流速、流体成分和井筒屏障的压力测试及渗漏测试的测试结果来分析和了解。

应按标准建立与执行每一个井筒屏障组件的验收标准。除非直接测试渗漏速率的以外,对允许的渗漏速率还要换算为单位时间的压力单位;应该考虑整个作业时间内油气比及其成分波动变化效应等。如果某一口井的井筒屏障组件不能被全部全程监测和测试,就需要按 NORSOK D-010 的有关规定来使用这些井筒屏障组件。在渗漏测压测试时,对所有井筒屏障组件都要在允许的渗漏速率条件下,以至少 70bar 压差进行测试。

1.5.2.3 采油作业阶段井筒完整性管理职责和管理流程

生产阶段井筒完整性管理流程如图 1.42 所示(图中①~⑥是一般情况下的工作步骤)。
以下是采油作业阶段井筒完整性各级组织的管理职责。
油田公司职责:
(1)制订油田生产阶段井筒完整性管理策略、方针政策,承诺履行井筒完整性管理,提供资金、人员、设备等保障满足井筒完整性的要求;
(2)明确各部门关于井筒完整性的职责;
(3)井筒完整性管理程序的审批;
(4)风险等级为红色的井和重大隐患治理方案的审批。

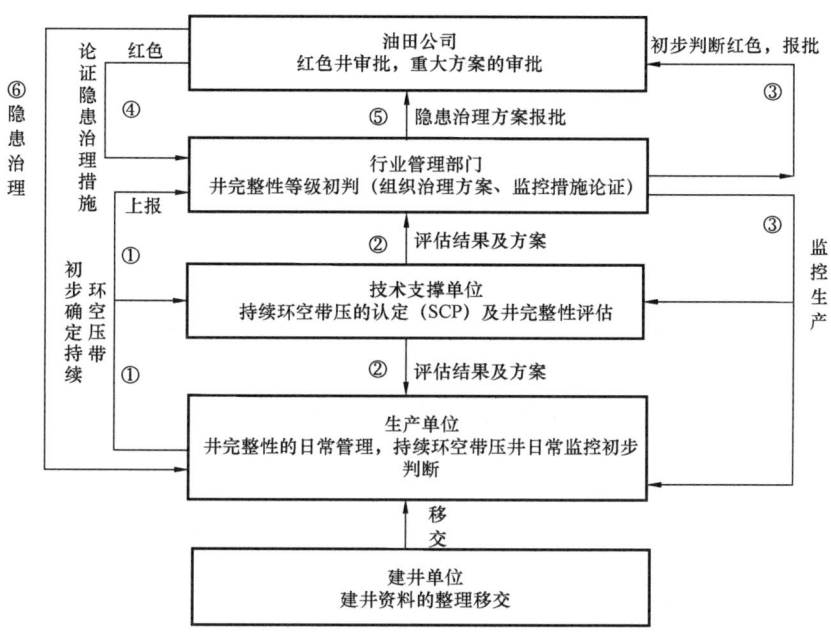

图1.42 采油作业阶段井筒完整性管理流程
资料来源:中国石油天然气集团公司高温高压及高含硫井井筒完整性系列标准

行业管理部门职责:
(1)负责组织制订油田井筒完整性管理策略;
(2)负责管理督促、检查考核各单位井筒完整性管理系统的运行状况,确保井筒完整性职责落实;
(3)负责组织隐患井的风险评估、应急措施、治理方案的专家论证和审查;
(4)重大隐患治理关键工序要求科级或处级以上技术主管领导到现场进行技术指导和现场指挥;
(5)负责组织井筒完整性技术、管理培训及技术交流;
(6)负责井筒完整性其他相关问题的协调解决。

技术支持单位职责:
(1)协助行业管理部门制定油田井筒完整性管理和技术策略;
(2)负责井筒屏障相关作业新技术新工艺的评估和确认工作;
(3)根据行业管理部门要求或生产部门需求,重大隐患治理关键工序由科级或二级工程师及以上技术主管领导到现场进行技术支持;
(4)负责油田井筒完整性数据库的维护及数据管理;
(5)负责持续环空带压、井口抬升等异常情况的判定、井筒完整性风险评估,制订风险削减和治理措施、失效井治理等相关方案和设计;
(6)协助开展井筒完整性技术相关培训;
(7)负责井筒完整性标准制修订和科研工作;
(8)负责编制油田井筒完整性评估报告,对现场井筒完整性管理提供技术支撑。

生产单位职责:

（1）负责所辖区域井的井筒完整性管理,提供必要的人力、物力资源确保所辖区域井筒完整性管理目标的实现;

（2）负责井筒完整性相关数据的收集整理和上报;

（3）负责环空带压、井口抬升等异常情况初步分析及上报;

（4）负责应急预案的编制、演练与实施,风险削减措施的实施;

（5）负责隐患治理方案的实施,重大隐患治理关键工序由科级或处级以上技术主管领导到现场进行技术指导;

（6）审核承包商的作业程序和作业标准,确保重要人员有相关资质;

（7）负责现场人员的井筒完整性生产管理培训。

1.5.3　采油作业中井控活动程序和钻井工作

采油作业需要建立不同构思的井控活动程序。应清楚地说明井筒屏障一旦失效,对本井和邻井安全作业的严重性。

压井的一般程序应该在所有时间都可以应用并依据需要的使用时间进行风险评估。应该保持钻救援井的可能性,井喷应急计划随时可用。

确认第一道和第二道井筒屏障失效后,应关井试压检查井筒屏障。这时应该只进行与重建井筒屏障有关的工作并使之尽快见效。在同一口井多个井筒屏障失效时,应该立刻向应急处理机构发出警报。

如果风险失控就极大地增加了关井的必要性,直到井筒屏障重建恢复正常之后才保持正常生产。能否继续生产应该依据下列风险评估来证明:

（1）如果继续生产能减小井筒屏障降级的可能性。

（2）其他的井筒屏障失效风险:要保持比关井时还小的风险;这时不能进行钻井修井工作。

1.5.4　油井交接文件

当井眼由钻井队向采油作业队移交时必须有文件(和通信系统)说明有关该井地质—工程情况、井眼安全和作业效率的所有井眼设计特性。

1.5.4.1　油井交接文件应包括的内容

（1）确认油井数目、井位等。

（2）井眼交接双方的组织(机构)名称(要有签名和日期)。

（3）井别(如:采油井、注气或注水井、废物处理井等)。

（4）包括阀门、压力和流体状况等的安装证明。

（5）井筒图幅:

① 井筒屏障组件(WBS);

② 完井图示;

③ 井口和采油树图示。

（6）井筒结构资料和井筒屏障测试记录卡:

① 套管、油管和完井部件的数据(深度、尺寸等);
② 注水泥资料;
③ 井口装置资料;
④ 采油树资料;
⑤ 射孔详细资料;
⑥ 装备资料名称数量及定期维修资料。
(7)作业极限,例如设计寿命、流量、压力、温度、流体性质。
(8)最小的和最大的作业环空压力。
(9)测试程序的文献(参考资料)、井筒开始程序和所有特别作业的资料。
(10)井筒鉴定和确实有证据的交接资料。
(11)井筒完整性分类(类别)。

当一口井在机构之间(例如在采油部门和修井部门之间)交接时应该有包括下列内容的文档:
(1)井筒鉴定次数;
(2)井筒直到交接的职责组织(机构)名称(具有签名和日期);
(3)交接人员名单;
(4)现在的油管压力和环空压力;
(5)现在的阀门状况(开/关),包括压力流体状况;
(6)与上一次井筒屏障组件测试有关的资料;
(7)现在的井筒屏障图示;
(8)自从上一次交接以后的所有结构的或作业的变化情况(如更换采油树阀后,目前的作业极限值等);
(9)井筒完整性分类等。

为了进一步说明以上20项内容,本书在下面引入了ISO和OGP更为详细的和权威性的资料,供读者研究与应用。

1.5.4.2 井筒交接要求的信息资料(ISO/OGP规定的标准的、规范的内容与格式)

在井筒交接时,任何偏离计划的井筒设计或作业极限的改变,应该作为它在井筒生命期期间可查询和可调节的井筒管理信息资料的一个组成部分。表 1.14 是 ISO/TS 16530-2:2013 和 OGP Draft 116530-2:2012 规定的井筒交接内容与格式,此表的内容比较全面,所以特意保留了英文并译成中文。

表 1.14 从井筒建井到生产的井筒交接信息资料

Item description 项目说明	Recommended/mandatory 推荐的/强制的、必须遵循的
1 Well Position 1 井筒位置	
Country 国别/国家	Recommended 推荐的
Lats /Longs, UTM Co-ords / UWI 经纬度,全球联系地图,合作者/全球工厂检查证书	Recommended 推荐的
License No/Permit No/Block No/Slot 许可证号码/批准号/区块号/地位	Recommended 推荐的

续表

Item description 项目说明	Recommended/mandatory 推荐的/强制的、必须遵循的
On/Offshore 陆地井/海洋井	Recommended 推荐的
RT Elev MSL/Water depth 转盘面－吊卡－测深/水深	Recommended 推荐的
TD(MD&TVD) 总深(测深和总垂深)	Recommended 推荐的
Drilled by, dates & rig 钻井队/日期/钻机	Recommended 推荐的
Handover date and signatures 交接日期和签名	Mandatory 强制的
State or Government notification details(if required) 国家或政府通告说明(如果需要)	Recommended 推荐的
2 Well type 2 井型	
Well designation(Exp/App/Dev) 井别(勘探井/评价井/开发井)	Recommended 推荐的
Well design type(production or injection) 井筒设计类别(采油井或油水井)	Recommended 推荐的
3 Well construction and flow assurance detail 3 井筒结构和液流流动保证详情	
Detailed casing schematic to include; Casing weight, sizes, Grades and Thread Types 详细的套管图解,包括:套管单重、尺寸、级别和螺纹类型	Recommended 推荐的
Cement(Cement types, tops, volume pumped/returned in each string), number and location of centralizers 水泥(水泥型号、水泥顶面/返高、每层套管的泵入量/回流量、扶正器数量和位置)	Mandatory 强制的
Detailed completion schematic complete with depths(TVD and MD) plus tubing details(tubing weights/sizes/threads/grades), cross over & component details(type/model/manufacturer & part numbers, pressure rating & thread types) 详细的完井示意图、完井深度(总垂深、测深)及油管详细说明(油管单重/尺寸/螺纹类型/级别)、接头、部件清单(型号/模式、制造厂和部件数量、额定压力、螺纹类型)	Mandatory 强制的
Christmas Tree and Wellhead schematic tp show key components(Valves + blocks) & include; manufacturer, valve sixe, type, PSL rating, valve serial number 采油树和井口装置示意图说明关键部件(阀件和分部部件)并包括:制造厂商、阀件、尺寸、类型、额定 PSL 压力密封值、阀件系列数目	Mandatory 强制的
manual/hydraulic, turns to open/close OR seconds to close for actuated valves, bore size, pressure rating, grease type and volume in each chamber, pressure test certificates 手动的/水力的、开/关圈数或/阀件关闭秒数、孔径尺寸、额定压力、每个腔室中润滑油类型和容量、压力测试证明书	Mandatory 强制的
SCSSSV data – Type, size, rating, valve serial number, bore size, hydraulic fluid type and volume SCSSV 地面控制的井下安全阀资料:型号、尺寸、额定值、阀件系列数目、孔径尺寸、水力液体类型和容积	Mandatory 强制的
SCSSSV data – valve signature curve 地面控制的井下安全阀/钢丝电缆井下自控安全阀资料－阀件特性曲线	Mandatory 强制的
Annulus fluids(details; type & volumes, inhibitors & scavengers)环空流体详情(类型和体积、抑制剂和净化剂)	Mandatory 强制的

第1章 井筒完整性的标准

续表

Item description 项目说明	Recommended/mandatory 推荐的/强制的、必须遵循的
MAASP(including the basis for calculation on each annulus) and maximum allowable tubing pressures MAASP(包括:计算每个环空和最大的允许油管压力的基础资料)	Mandatory 强制的
Well barrier envelope showing primary and secondary barriers their status identification of each well barrier element its depth and associated leak or function or pressure test verification of component parts. Any failed or impaifed well barrier element shall be clearly identified 井筒屏障组合体的说明(图解)、第一道和第二道屏障的状态、每个屏障组件的深度和相应的渗漏测试/功能测试/压力测试及各部件的质量证明任何失效的或维修的井筒屏障组件应清楚地识别	Mandatory 强制的
Deviation data(angle/MD/TVD, horizontal section number of junctions) 井斜数据(角度/测深/总量深、连接的水平段部数目)	Recommended 推荐的
Final Well Status at Handover(detail procedures or work that maybe required to start up a well – remove plugs, barriers) 交井时最后的井筒状态(详细的程序或可能要求开始一口井的工作并卸掉/移开封堵塞、屏障等)	Mandatory 强制的
Fish(Provide details of any fish aft in the well including depths and sizes) 打捞(准备详细的有关打捞留在井下物件的资料,包括深度和尺寸)	Recommended 推荐的
Final well status at abandonment(casing tops, cement plug details to include volumes, tops, pressure test details) 在报废时最后的井筒状态(套管顶面,水泥塞的体积/顶面位置、压力测试等详细资料)	Recommended 推荐的
Seabed and site survey(wet trees only) 湿式采油树的井,需要海底和井位测量资料	Recommended 推荐的
4.0 Well design considerations 4.0 井筒设计因素	
Designed well life 设计的井筒寿命	Mandatory 强制的
Design production /injection flowrates (G/O/W) 设计的采油/注入流速(气、油、水)	Recommended 推荐的
Well operating envelope complete with associated derogation or dispensation support documentation 井筒作业的整体包装,连同废除或处理支撑文件	Mandatory 强制的
Sufficient details to ensure that the well start up procedures(production or injection) that account for sand/wax/hydrates as well as pressure and temperature changes on the tubing and annulus or any of the component parts 考虑到砂、蜡、水合物对井筒保证开启程序(采油或注水)的详细资料以及在油管和环空或任何部件压力和温度的变化	Recommended 推荐的
5.0 Reservoir information 5.0 油藏信息资料	
Perforations(MD and TVD + shot density, phasing entry hole diameter, gun size, gun type) 射孔(测深和总垂深+孔密,相位,射入孔径,射孔枪尺寸、枪型)	Recommended 推荐的
Reservoir pressure/temperature & depth/datum 油藏压力/温度和深度/数据	Recommended 推荐的

续表

Item description 项目说明	Recommended/mandatory 推荐的/强制的、必须遵循的
Paraffin 石蜡	Recommended 推荐的
Asphaltenes 沥青	Recommended 推荐的
Hydrates 水合物	Recommended 推荐的
Gas gravity 气体相对密度	Recommended 推荐的
Oil Gravity 油相对密度	Recommended 推荐的
GOR 气油比	Recommended 推荐的
5.1 Produced Water(well test data if available) 5.1 生产(产出)水(井筒测试数据)	
Chlorides 氯气	Recommended 推荐的
Barium 钡	Recommended 推荐的
Calcium 钙	Recommended 推荐的
Bicarbonate 碳酸氢盐	Recommended 推荐的
Scale risk 结垢风险	Recommended 推荐的
NORM 规范、标准	Recommended 推荐的
5.2 Corrosion 5.2 腐蚀	
H_2S 硫化氢	Recommended 推荐的
CO_2 + partial pressure(if possible) 二氧化碳及分压	Recommended 推荐的
6.0 Well Intervention Monitoring 6.0 井筒介入监管	
PLT/CET/Caliper/Camera 生产测井/水泥评价测井/量规/照像、摄影、视频	Recommended 推荐的

Note, Whenever ANY changes are made, the drawing must be updated complete with; revision number, date, verified by and approved by details.

注：无论发生任何变化，绘图图件必须完整更新；并随同说明修订版的数目、日期、鉴定和批准等的详细资料。

1.5.5 采油作业的监管—检测/测试

所有的采油作业应该在井的服务类型(如采油井、注水井等)确定的安全作业极限之内和井的设计寿命之内进行监管—检测。

当要求确保井筒完整性时应该使用警报系统。警报等级应按安全作业极限设置，应该在需要自动关闭的情况下确定警报极限。对于注水井应该给出防止注入液超出注入层风险的特殊考虑。

应该在井开始生产之前把油井设计的下列部分安排计划好：

(1)用监管与测试程序和验收标准制订好井筒屏障组件维护工作计划；

(2)井眼开始生产和关井的程序；

(3)监管监测井筒完整性计划的安全作业范围，包括：

① 在油管中的压力和可评定的环空中的压力；
② 井筒及流体管线中的温度；
③ 采油速率/注入速率；
④ 采出流体和注入流体的成分；
⑤ 环空流体的成分；
⑥ 其他项目。

所有的流体应该与裸露的井筒材料和井筒中存在的流体成分相配伍。应该检测油管和可评定的环空的压力、流速和温度的异常。应该在任何时候都知道各个阀件的位置并保持在监测的位置。

1.5.5.1　采油作业井筒屏障组件的渗漏测试和功能测试

应在该井作业之前，测试紧急关闭阀（Emergency Shut-down，简称 ESD）的功能。阀件的程序性关停是必要的并应检查之。ESD 阀关闭时间的要求，应按各油田所安装的实况并依据风险和作业井的条件来确定。

属于第一道和第二道井筒屏障的所有阀件、实际试验用的密封件和管线都应该有维护计划并定期测试以检查它的功能和完整性。

最小的测试频率按标准规定的屏障组件验收表执行[1]，测试频率应依据：
（1）经验数据；
（2）井筒流体成分的变化增大了沉淀、结垢、磨损和高产速率、注入速率的风险。
在测试频率中适应于变化的历史性能和实际数据应该文件化。

如果某一个关键阀件或密封件失效，应及时修理或更换并防止再度失效。如果某一关键的安全阀型安装后失效率在 12 个月内超过 2%，就要经测试更换可靠的新阀型。

1.5.5.2　井流的监测

应定期监测和分析井流/注入流体以检查其变化可能对井筒屏障组件产生有负面影响的损伤，例如腐蚀、结垢和结蜡以及乳化等。

1.5.5.3　套管和油管环空

应确定所有能进入的环空的最大的和最小的作业的环空压力。该作业的环空压力范围应该处于确保设计极限值（载荷情况）以及不超过每个环空及井筒屏障组件的验收测试压力。对于裸露于地层的环空作业压力应不超过最小的地层应力，除非在井筒设计时有计划的应急情况（例如，B 环空水泥环高度不够或没有水泥塞的海洋井）。确定作业压力范围时应考虑下列情况：

（1）温度对环空压力变化的影响（如存在周围的井流），特别是在应急关井的情况；
（2）放压或者环空顶部放压的实际反应时间；
（3）在油管中和环空中流体密度波动；
（4）环空之间发生压力连通或者风险升高。

应该监测所有进得去的环空压力并维持在最小的和最大的压力极限范围之内。所有进得去的环空应保持为进行渗漏检查(Leak Detection)的正压力,同时在所有环空之间应保持压差。

如果可能的话,环空泄压系统应在所有时间都充满流体(液体)。当气体已从环空泄放掉之后,该环空泄压系统应用液体再充满之。

注:还涉及采油作业中出砂、结垢、沥青、结蜡、水合物及异常情况,详见1.5.7.4部分。

1.5.6 采油作业的井口装置

油气井在采油、注水、测试作业和生产过程中,都必须有一套安全可靠的井口装置(图1.44),才能够有控制、有计划地进行井内作业和生产。井口通过单独的套管悬挂器四通支撑各层套管柱,套管悬挂器四通上安装有用于监测压力的环空通道。采油树叠放在井口顶部(图1.43)。有几个阀门始终采用失效—安全关闭结构:液压主阀、采油翼阀、化学剂注入口阀件。采油树上安装的是法兰连接阀件。完井井口装置是装在地面用以吊悬和安放各种井内管柱及控制和导引井内油气流出或地面流体注入的井口设备。完井井口装置通常包括套管头、油管头和采油树三大主要部件。套管头用以密封各层套管环形空间、承受套管柱重量以及安装钻井防喷器。油管头是用来密封油管和油层套管环形空间、悬挂油管和安装采油树。采油树用来控制油气井的生产。

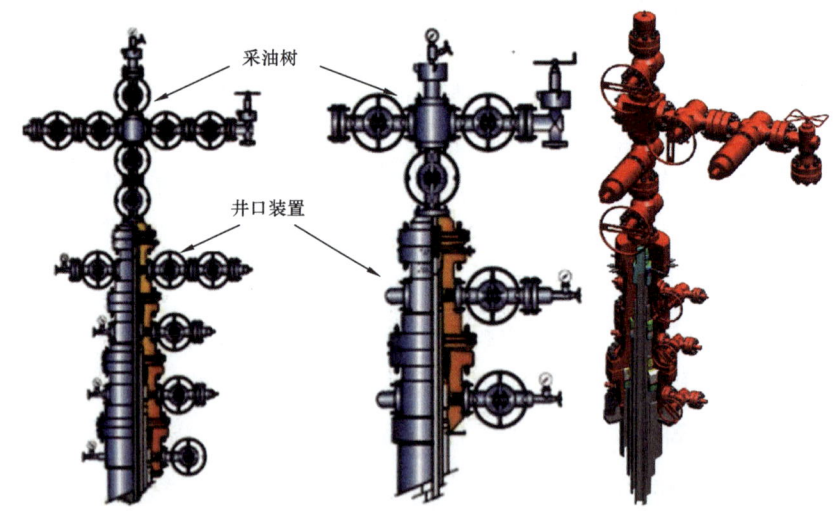

图1.43 采油树与井口装置结构图

钻井—完井井口装置类型的选择,应该根据油气层的特点和作业方式来确定。钻完井井口装置的验收标准可参见本书第4章。低压油气井的井口装置比较简单,一般只要将环形空间密封起来,装上油管头和采油树即可。对于高压油气井,则要求具有足够的强度和可靠的密封性,同时,还必须满足采油气工艺中安全生产、欠平衡作业、边喷边作业、强行起下管柱、测试、酸化、压裂和采油采气注水等作业的要求。对于含硫化氢的油气井,应该采用防硫井口装置。固井后要装上套管头,以密封两层套管间的环形空间,悬挂第二层套管柱并承受部分重量。

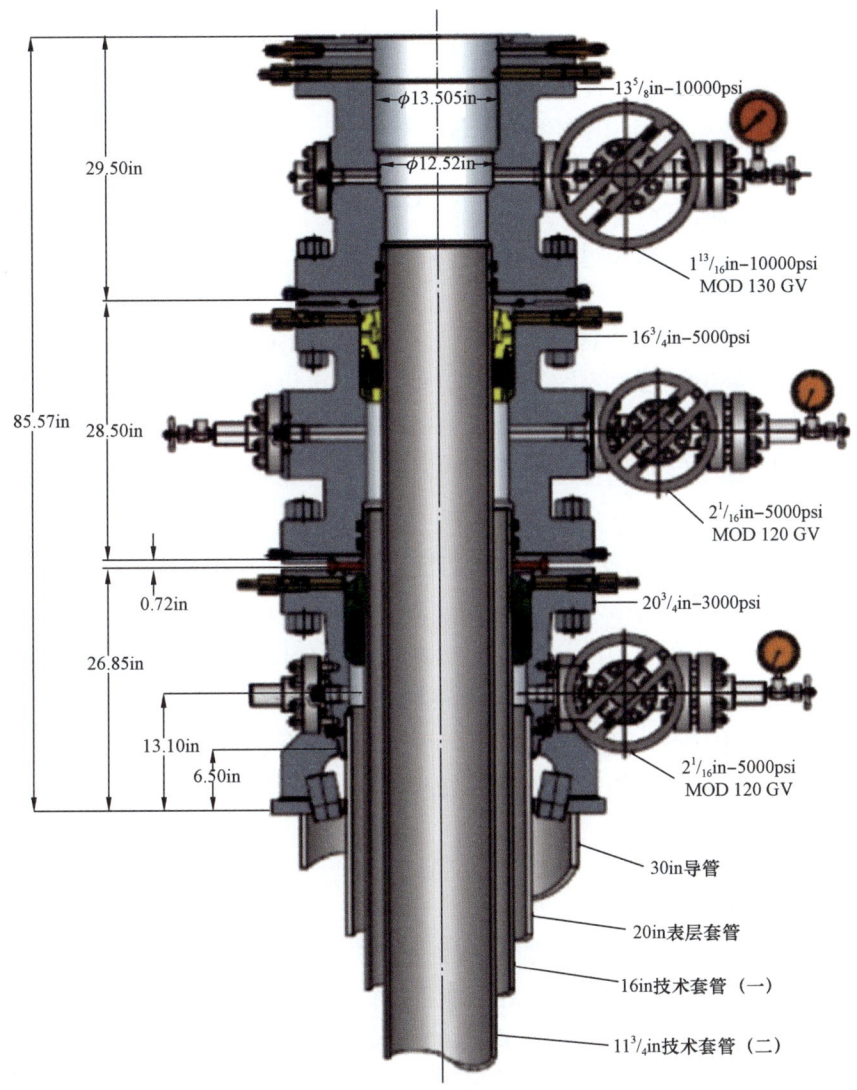

图1.44 采油作业地面井口系统图例

MOD—最大工作直径;GV—闸阀

注:在技术套管(二)以下还有油层套管等管柱,此图重点是表示井口系统(尺寸供参考)

1.5.7 采油作业及其监控

所有采油井应在安全作业范围之内进行作业,确定井筒服役类型(如采油、注水等)和井筒设计寿命。要求采用警告—警报系统,警报的等级应在安全作业极限之内。警报极限应对需要自动关井的情况进行评估。对注入井应该给出防止从注水层以外发生风险的专门措施。如果已确定了的井筒服务的类型或者建立的作业参数有改变的计划的话,应与该井的原设计进行核对,以保证现行的设计是能掌握新的情况和新的负荷的。在改变任意参数之前,应拟定一个改变管理的办法。在井重新开始生产之前,应建立下列的井筒计划的各个部分:

(1) 具有试验程序和验收标准的井筒屏障组件维修程序;
(2) 开井和关井程序;
(3) 安全作业范围和监管—监测井筒完整性参数,包括:
① 在油管中和可进入环空中的压力;
② 井筒、液流流动管线的温度;
③ 采油速率/注入速率;
④ 采出和注入流体(包括经过环空的任意采出/注入流体)的成分;
⑤ 环空流体的成分。

所有流体都应和裸露的井筒材料和现有流体的成分相配伍、兼容。应该知道油管和可进入的环空的压力、流速和温度的变化趋势和进行对比分析以检查任何可能发生的渗漏或异常情况。在任何时候都应知道各个阀件的位置,并保持在能够被监视、监管的位置。

1990 年,UNDP 项目在加拿大参观自动化气田一口井的照片,说明自动化生产大约在 1990 年左右。

1.5.7.1 井筒屏障组件的渗漏测试和功能测试

在井筒作业之前应该做应急处理的功能测试。要求给出阀件(复数)关闭的控制顺序并予以检查核对。对应急处理阀门的关闭时间的要求应该依据每个装置和油田的风险和作业井的条件进行评估和确认。所有阀门、在用的测试密封件和管线都是第一道和第二道井筒屏障的组件,应该有一个维护计划—维护程序并定期测试以按照标准检查它们的功能和完整性。

最小的测试频率按标准和依据以下情况处理:
(1) 经验数据;
(2) 井筒流动流体的成分的变化增大了沉淀、结垢、磨损、腐蚀和高采油速率、高注入速率的风险。

适用于测试频率变化的历史资料和现行数据应该入档做成文件。如果某个关键的安全阀或密封件失效的话,应该搞清楚其根本原因并在工作中及时修理或更换。应该履行预防性维修工作以减少类似的新失效事件。一般来说,如果某个关键的安全阀型,其使用后的失效率在 12 个月内超过 2% 的话,就应该考虑改进阀型的可靠性和是否更换质量更好的阀型。

1.5.7.2 井筒流体的监管

应对井筒流体/注入流体进行系统地监管和分析,以检查可以对井筒屏障组件产生负面影响的变化情况;诸如腐蚀、磨损、结垢和蜡沉淀及乳化等。

1.5.7.3 套管和油管环空

套管和油管环空应确定所有可进入的环空的最大的和最小的环空作业压力。该作业压力范围应确保设计极限负载情况下的安全,并检查测试压力不超过每个环空及裸露在该环空中的井筒屏障组件。对于裸露于地层的环空,应该不超过其最小地层应力,除非在井筒设计计划中的偶然意外(例如,未注水泥的 B 环空的海水面以下井筒)。在确定作业压力时应考虑下列因素:
(1) 温度变化(井筒内的段流及井筒周围的温度变化)对环空压力的影响,特别是在紧急

关井情况时;

(2)放压或环空顶部压力上升的有效响应时间;

(3)在油管中和环空中的流体密度的变动—波动;

(4)在环空之间发生的压力串通或者风险上升(如果这种压力串通发生的话)。

应该监测—测量所有流体进得去的环空压力并保持在最小和最大的压力极限范围之内。为渗漏检查所有流体进得去的环空应保持正压力并在所有环空中保持不同的压力。如果可能的话,环空放压系统应该在全部时间内充满液体。当气体已经从环空中放掉时,该环空放压系统应该用液体补充充满。

1.5.7.4 出砂、结垢、结蜡、沥青、水合物等异常情况

在砂岩油气藏应该考虑井筒可能出砂。对每口井的出砂及在频繁出砂井段应连续地监测。应确定最大允许的出砂门限值。流体流经油气藏的冲蚀—侵蚀损失和进入第一道分离器的冲蚀—侵蚀损失,应预估计或进行测量,并与最大的允许损失相比较。当发生出砂情况时,应力求降低砂子冲蚀的影响。

结垢—沥青—结蜡:在井筒中结垢—产生沥青和结蜡可能导致井筒屏障组件的失效。通过研究和化学分析应该知道注入水/产出水对采油—生产效果的影响。当作业条件在结垢地层限定之内时,应考虑注入溶解垢的溶剂和(或)采取抑制垢的方法。注入化学剂应对井筒所有部件材料和流体有认可的配伍性、兼容性。

水合物:应对在流动管路中形成水合物的趋势进行评估,特别是注意在井下安全阀、采油树阀、环空放压系统和其他可能影响井筒屏障组件之处,包括渗漏测试阀件和较长时间关井时,应该考虑使用防止水合物的方法,如注入抗凝固剂等。

1.5.8 异常情况

异常情况通常包括井筒屏障可能失去作用的事情、从正常的或预定的压力特性偏离的情况,或者可能给井筒屏障造成负面影响的流体成分的变化等,应该对异常情况进行评估以确定其原因和影响,为此需要考虑下列措施:

(1)适当准备两道井筒屏障的常用方法;

(2)经过井筒屏障的气体和(或)液体渗漏问题;

(3)维护井筒屏障质量的验收标准;

(4)应该考虑剩余的井筒屏障集合体失效而可能发生的井喷趋势;

(5)检查分析井筒设计以确保现在的设计能管理新的负荷情况;

(6)确保作业极限仍然有效。

所有进一步的恶化或附加的失效不应该明显地降低保持碳氢化合物压力的可能性,该井应保持正常化。如果井筒屏障状况或者监管能力发生变化的话,采油/注入作业应该仅能在风险评估和变化管理方法的支持下临时继续维持。当有腐蚀、磨损风险发生时,应进行壁厚损失的检测与计算。周期性系统的方法(例如下入测厚量规)就需要应用了。如果壁厚损失量超过了设计标准,应进行新的载荷计算和(或)作业极限的再评估。还可以参考挪威油气协会指南等资料。

1.5.9 采油作业的其他事项

(1)海洋井。

在海底面对套管或油管建立最大的压差时,在海底面的 A 环空压力应该不包括从海底到地面(海水面)的海水静水柱压力。

(2)气举井。

在地面管线和在 A 环空两者的大体积(Large Volume)量的带压碳氢化合物气体是对平台的很大风险。由于事故危害到井口树及井口装置或地面管线而应该释放碳氢化合物气体的量,剩余体积量应尽量减小。

所有的气举井应具备两个井筒屏障以防止 A 环空中气体体积量的释放(溢出)。气举平台的井应在 A 环空安装一个环空安全阀(ASV)。井筒的气举注入阀[如果具有井筒屏障组件(WBE)的功能级别的话]能够用作海洋井环空安全阀的替代之用。

应用下列措施:

① 如果井口装置和油层套管屏障组件失效的话,应该分析和评估释放碳氢化合物气体到外围(空气、水柱)的风险。对装备的整个风险评估应包括上述分析。

② 裸露在气举气体中的套管和油管应具备 ISO 13679 CAL IV(ISO 13679 4 级)级别的连接标准并具有正确的连接方法和测试。

③ 所有井的 B 环空应该用警报系统连续地监视/监管。对海洋井,B 环空应该设计得能承受热诱导压力(建立的环空压力 APB)效应。

(3)高温高压(HPHT)井。

应该建立在高温高压井中使用或安装的设备和流体(钻井液、完井液)的说明和质量标准,并特别强调:

① 金属对金属密封件的密封能力是井筒液体(液柱)、压力和温度的函数;

② 间隙和允许误差看作是裸露的温度和压差的结果;

③ 弹性密封件和部件的老化变质看作是温度和压力裸露于井筒液体裸露时间造成的结果;

④ 封隔器封隔液体的选择和设计并包括防止产生水合物;

⑤ 水泥强度退化;

⑥ 井口上抬;

⑦ 枯竭油藏的影响;

⑧ 炸药的稳定性和化学剂穿孔电荷的稳定性看作是温度、压力和裸露时间的函数。

(4)注入/处置废水的井筒。

注入/处置废水的井筒是设计和用于注入液体(水、盐水或钻井液等浆体或类似物)和(或)气体(包括水气交替/混合注入流体;下沉的水)注入指定地层。

这类井应该构建成为把注入物质容纳在目标地层中(或油气藏中)而不发生从注入地层中返出的风险。

在注入深度处注入压力大于裂缝闭合压力的注入井,应达到下列要求:

① 采油封隔器应安装在能确保注入深度或者在采油封隔器以下有套管渗漏而在使用最

大注入压力时不导致盖层岩石被压裂或者不导致渗漏到浅地层中去(图 1.45)。

② 套管/尾管水泥应进行测录井,证明从上部多个注入位置到储层顶部以上 30m 的测深处具有最小的可靠胶结性(指水泥胶结良好)。

③ 它应该有文档说明注入废水(废弃物)在储层中不发生压力超过盖层的岩石强度。

(5)多用途井筒。

一个多用途井筒的定义是:这个井筒能把介质传送到或者反过来从某一地层层段传送到 A 环空中也能传送到油管柱中。所有的多用途井应该有两个井筒屏障以防止 A 环空介质释放(外溢)。应使用下列要求和指南:

① 所有的海洋平台井眼应在 A 环空与碳

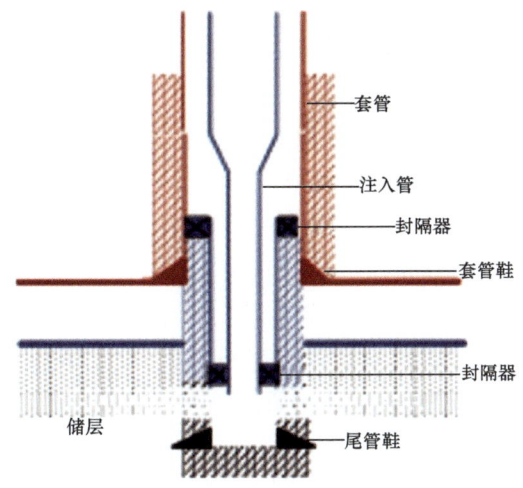

图 1.45　处置废水、废弃物的注入井[1]

氢化合物储层或有足够压力储层之间安装一个环空安全阀(ASV),使之能举升液体到地面或海底面(包括超级注入层,Supercharged Injection Formations)。

② 所有井应该在有警报系统的 B 环空进行连续监视(监管)。对海洋井的 B 环空应该设计得能承受热诱导压力效应(建立 B 环空压力 APB)。井筒结构的构建应使注入介质包藏在目标层(储层)中而没有从注入层外流的风险。

③ 生产套管应该设计得如同生产油管一样,为了在井筒生命周期期间计划到的井筒液体是裸露而不被封堵的。

④ 技术套管及套管水泥和地层能够承受生产套管不正常的渗漏情况。

1.5.10　总结

(1)采油作业(包括自喷、抽油、气举、注水、注气等以及分采—合采等采油方式)内容多,井筒全生命周期作业时间长,采油作业在钻井、测试、完井作业之后,由钻井部门向采油部门交接,采油作业服役期内可能要一次乃至多次修井(大小修和可能加深、侧钻等),采油作业之后不可避免要关停和(或)报废,所以采油作业特别需要运用和发挥井筒完整性理念,全程设计并运用好、监管好井筒屏障(这不是"一劳永逸"的工作)。

(2)采油作业使用的作业管柱、油管挂、井下阀门、井下仪表以及地面采油树、采油井口装置类别很多、规格型号更多;在采油作业期内,所服役的井筒屏障及其组件可能需要更换,油气藏(油气层)及油气井的压力、温度、流速速率等的动态变化以及出砂、结垢、结蜡、形成水合物等复杂情况;还有套管水泥环的损坏、采油作业管柱的腐蚀、磨损等难以完全避免的问题,所以采油作业特别要重视全程对每一个工作部件及屏障组件进行监管监测,按标准安全地、有效地进行检查测试及时及早发现风险、处理风险、建立应急处理和预警处理程序等,还要重视资料、信息、档案的建立与管理。

(3)建议各油气田建立采油作业中井筒完整性管理的组织及路线图并配备专兼结合人员;建议选择区块进行试点再推广。

1.6 关停井与报废井的井筒完整性标准

中华人民共和国发展和改革委员会(以下简称国家发改委)于2006年7月10日发布SY/T 6646—2006《废弃井及长停井处置指南》。指南中的废弃井(Well Abandonment)即报废井。长停井(Inactive Well)又分为关停井(Shut-in Well)和暂闭井(暂时报废井 Temporarily Well Abandonment)。"中国石油高温高压及高含硫井井筒完整性系列标准",简称"三高井标准",其中"井的暂闭/弃置作业"内涵为:井的暂闭指的是井的作业或生产的暂停,对于需要监控的暂闭井,没有最长暂闭时间要求;对于不需要监控的暂闭井,建议井的暂闭时间最长为3年。"三高井标准"中的弃置井即永久报废井,规定这类井至少设置两道永久的井筒屏障,并应具备以下功能:

(1)长期(永久)的完整性;
(2)非渗透性;
(3)无收缩性;
(4)能够承受机械载荷和冲击;
(5)能耐受所接触的化学物质(H_2S,CO_2和烃类);
(6)能与管材和地层胶结牢固;
(7)不会损坏所接触管材的完整性。

永久报废井的封堵材料一般为水泥。对于所有的打水泥塞作业,建议在水泥塞下方设置支撑(如桥塞或高黏液)防止水泥浆在下滑或凝固过程中发生气侵等。如果生产套管外的固井质量较差(检测未达标),推荐将水泥塞处的生产套管磨铣一段,再重新打入水泥塞并再次进行检测验收直到达标[1]。对于永久报废井,如果套管头和采油树等井口设备被拆卸搬走,则应在井口安置第三个井筒屏障(称为裸眼至地面的井筒屏障[1])。

NORSOK D-010专门讲述了"报废井活动(Abandonment Activities)",将报废井分为4种:

(1)暂停井(Suspension Well),暂停井筒的活动和作业,暂停井是长停井的一种,这类井停止作业但并未永久关停和报废;
(2)暂时报废井(Temporary Abandonment of Well),这类井可能"重入"(Re-enter)恢复作业或侧钻等;如果这些工作仍然失败就转为永久报废井;在内涵上与长停井(Inactive Well)相同;
(3)永久报废井(Permanent Abandonment of Wells),不再进行任何活动和作业;
(4)永久报废一个井段(Permanent Abandonment of a Section in a Well),报废原井的一个井段,同时在原井侧钻或下入割缝筛管等方法,在新的地质井靶建立一个新井筒,争取获得油气生产。

本书在下面的叙述中把内涵相同(相近)的井类进行合并,把暂停井和暂时报废井合并称为关停井(长停井),这两种情况的井并未永久报废,都是暂时停止作业;把永久报废井和永久报废一个井段合并称为永久报废井(报废井)。

上面讲了文献中我国及挪威的三种分类及内涵。世界各国对关停井(长停井)、报废井的分类法和含义不完全相同。美国加利福尼亚州油气管理局分为长停井、闲置井(Idle Well)、遗弃井(Orphan Well)和报废井,并进行立法管理[16]。闲置井是指因发生井下事故,既无法继续作业又处理不了事故就放在那里闲置,这是不负责任的。我国不允许有闲置井。美国各油区内都有上万口闲置井。遗弃井是由于原井无产能而被业主遗弃。无论是闲置井或遗弃井,特别是在长期(如5年、10年、15年至25年等)闲置的情况下又没有管理、测试、封堵等,就可能造成严重的油气资源流失、污染环境和地下水甚至发生H_2S等窜冒和井喷等问题。所以,美国加利福尼亚州议会对这些井进行了立法管理。鉴于我国及世界有关标准(法规)对关停井报废井、遗弃井等的名称、定义和管理不统一,本书建议予以统一(表1.15)。

表1.15 对关停井、报废井统一名称及含义的建议

本书使用的名称及含义 (建议世界及我国统一名称)	原来国家(公司)或标准使用的名称及含义 (建议修改的名称及内容)	备注
关停井(Shut-in Well),原井停止作业但并未报废的井	暂停井(Suspension Well),停止活动与作业,但并未报废的井	暂停也好,长停也好,关键是"停",改称关停井为好
	长停井(Inactive Well),有监管(动态管理)的不限时间,未监管的井限3年	
	暂时报废井(Temporary Abandonment of Wells),暂时停止活动与作业,可能"重入"恢复活动或侧钻或加深或改变完井方式采用强化求产措施,有希望"死井复活"的井	只要没有永久报废又可能"复活"的井,称之为关停井更切意
	暂闭井,暂时关闭停止活动与作业,但并未报废的井	建议称之为关停井并实行监管
	闲置井(Idle Well),原井停止活动,无产能被闲置缺乏管理	应管理并决定是边关停边处理还是报废,应作评估
报废井(Abandonment Well) (永久报废井,Permanent Abandonment of Well),原井停止活动与作业,经评估确认不再进行任何活动,不可能恢复生产作业的井,作为永久报废井(或永久报废一个井段)	全井报废,全井永久报废,不再进行任何活动和作业	全井永久报废要经评估和批准及立档
	井段报废[1]:永久报废一个原井段,并不再进行活动与作业,原井的另一部分用侧钻等方法建立新井筒,在新井筒进行活动和作业	井段报废应详细说明原井及报废井段状况,进行评估、批准、立档;对新井筒活动和作业做出安排(规划)
	废弃井[1],废弃主要在"废"而不在"弃",建议不用此名	建议为报废井
	弃置井[14],这个叫法不好,存在人为弃置之嫌,建议不用此名	建议正名为报废井
遗弃井(Orphan Well)	业主(基本是私人公司和老板)因原井无产能也不抱改善的希望而逃之夭夭把原井遗弃;这种井可能存在很大隐患,损害资源、地下水、污染环境(美国加利福尼亚州有这类井并有教训,加利福尼亚州政府已立法管理)	我国油气企业为国有企业,不允许也不存在遗弃井

本节的主要内容和目的是论述对关停井与报废井的井筒完整性和井筒屏障及其组件进行标准化规范化管理的必要性重要性、分类设计了有代表性的井筒屏障（并附有图例）。认为应有针对性地"量身定制"与选择屏障组件和必要的措施建立每道井筒屏障，以确保关停井与报废井的井筒完整性和关停、报废作业的负责性以及安全，保护油气资源、地下水和环境，专门指出要特别重视对渗透性地层、储层、入流源的封隔。

1.6.1　关停井、报废井井筒屏障的结构与图例

关停井与报废井的井筒屏障不同。暂时和永久的报废井，对封隔地层、流体和压力等的要求是相同的。设计与选择井筒屏障组件只是对关停、报废时间和重入该井的能力或者在关停和暂时报废之后恢复作业等方面有所不同。对每口井的活动和作业应配备井筒屏障组件，并应进行最后检查工作。本书分别对关停井（含暂时报废井）与（永久）报废井，列出了井筒屏障的结构与图解。

1.6.1.1　报废的设计基础

应该确定所有的入流源并记入档案。用于封隔井筒的所有井筒屏障组件应能承受在报废期间的载荷和环境条件。设计基础是：

（1）原来的和现在的井筒结构，包括：深度和关于入流、套管柱、水泥环、水泥塞、侧钻及其对应地层的说明。

（2）表明油藏和地层有关现在和将来生产（采油或注水）趋势及其油藏流体和压力（初始的、现在的和永久的）的每口报废井的地层层序（Stratigraphic Sequence）。

（3）注水泥作业的测井数据和资料。

（4）与相应的井筒屏障组件有关的地层特性（如强度、不渗透能力、裂缝和断层等）。

（5）井筒特别状况，如结垢、套管磨损、套管挤毁、H_2S、CO_2、水合物、苯或类似问题。

由水泥或专用—代用材料组成的井筒屏障组件应考虑下列有关不确定性问题：

① 井下安放技术；

② 为混合一种均匀浆体所需要的最小体积量；

③ 地面体积控制；

④ 流体的污染；

⑤ 水泥或者封隔材料的收缩率；

⑥ 套管居中情况及扶正措施；

⑦ 支撑加重浆体的能力；

⑧ 井筒屏障组件全服段期的寿命。

1.6.1.2　载荷情况

设计考虑：功能载荷与环境载荷相结合。对永久报废井，井筒液体相对密度要按最大值进行设计。

设计报废井应用的载荷情况见表1.16。

表1.16 载荷情况(关停井与报废井)

项目	对载荷的说明	附加要求
1	依据报废期内最高的预期的油藏压力和最低的预期流体比重,应考虑由于地层流体运移进入井筒而诱导产生的压力	对永久报废井应该考虑由于自然的压力恢复至原来的压力水平以及油田注水或储存气体等再开发油田的情况,并入档。在长久规划中涉及再补充地层压力,应进行检查并入档
2	套管、水泥塞的压力测试	按本书第4章井筒屏障验收表的标准
3	暂时报废封堵:地层流体向井筒流动诱发的内压力	确证在打水泥塞的深度处的诱发内压力小于套管的额定内压力(包括磨损)
4	由海底沉积物或油藏压缩产生的外挤载荷	应包括在海底沉积物以上的载荷或者与油藏相关的外挤载荷效应
5	由于压力测试产生对原来注水泥作业形成裂缝的危害等	载荷情况不包括由于压力测试对原来注水泥作业产生的危害

注:(1)设计系数:内压力1.10,外挤压力1.10,轴向载荷1.25,三轴向载荷1.25。
(2)进行切割套管、套管射孔、起出(回收)密封装置及永久报废井、关停井(暂时报废井)的再入等活动时,需要考虑采用井控等安全措施。

1.6.2 暂停

暂停的含义是描述井筒的一种状态,未移走井口及井控设备,在设备调整或维修等情况时井筒作业暂时(临时)停止。例如:钻机临时在另一口井做短期工作(例如,页岩气井工厂化作业时)、海洋平台的钻机平移(Strike)至另一口阻时工作、等待气候好转(海洋平台遇到台风时)、等待设备等。在暂停期间(包括意外情况期间),井筒屏障及其组件应具有足够的完整性。暂停井的井筒屏障组件图例如图1.46所示。

[实例] 中国石油报于2018年5月31日报道,塔里木轮古油田长停井的治理。因水淹"沉睡"5年的塔里木轮古701-4井经过注气调理重生,截至2018年5月20日,日产稳定在60t,已开井无水生产110天,累计产油3951t。碳酸盐岩缝洞型储层的非均质性极强,具有缝洞发育带大小悬殊、形态多样、分布复杂等特点,油井难脱初产高、衰竭快的魔咒。轮古油田作为塔里木油田碳酸盐岩"长子",走过30年的勘探开发历程,面临着整体含水量高、地层能量不足、单井产能低下、长停井多等系列难题。针对长停井多、开井率低的现状,科研人员以形成区域性、规律性认识为目标,落实全生命周期措施理念,充分考虑储量规模、经济效益等因素,优先实施效益好、易开展的措施井,有的放矢,精准扶停。轮古15-5井作为首口试验井,进行注水替油取得成功后,开始在轮古区域推广。随着开发的不断深入,油藏进入中高含水期,底水已经逼近井底,剩余油更加分散和隐蔽,注水开发等常规采油手段收效甚微。科研人员通过精细油藏描述和深化地质研究,边实践、边认识、边总结,精雕细琢出适合缝洞型油藏注气开发的6种典型剩余油模式,集成完善缝洞型油藏注气吞吐选井技术,达到延长油井寿命、提高油气采收率的目的。自2013年实施注气吞吐以来,轮古潜山单井注气吞吐连续年增油超过$1×10^4$t。每万立方米气换油达到10.36t,平均吨油成本1418元,远低于其他常规措施成本。轮古701井曾是轮古油田的"壮劳力",因暴性水淹后"卧床不起",后经注气吞吐试验"康复",

日产油37t,不含水。这口井重获新生,得益于长停井治理。救活一口井,激活一区块。长停井是潜在的资源,可实现抛砖引玉的目的。侧钻可以有效降低钻井成本,侧钻一口井比打一口新井节约钻井成本约1500万元,还可以积累宝贵的地层、流体资料;同时,侧钻如同微创手术,具有切口小、创伤小、恢复快等优势,也可有效降低地质、工程风险,动用相对较小的储集体。轮南30井于2004年2月投产,在生产391天后,因高含水被迫关井。7年后,轮南30井再次投产,经两次酸压,该井仍无产能,14天后再次关井,从此轮南30井区沦陷。2017年,科研人员充分吸收过去数口失利井的经验教训,坚持地质工程一体化,深化地质和油藏认识,对轮南30井实施侧钻。在钻井过程中,井下钻遇"厅堂洞"垂厚达42m。科研人员判断,洞内顶部储层发育,底部泥质充填严重。根据地质判断,科研人员优化设计采取反排出水,加深100m,落实油水界面和储层,后经两次优化轨迹,有效避开底水,最终获得高产,轮南30井区在"休克"13年后复苏。优先利用躺井,侧钻有利目标;上下一体化开发、深化各层系油气潜力;深化油源断裂解剖、深挖断溶体潜力;优化井型,设计斜度井多穿岩溶储层。目前,科研人员以"四个坚持"研究方法,着力破解轮古油田稳产难题,对73口长停井进行会诊,经过地质、油藏、工程"三堂会审",初步筛选出30口有潜力可挖的长停井,因井制宜、精准施策,使轮古油田在"而立"之年迈进"挺立"之际。

1.6.3 关停

1.6.3.1 概述

关停(暂时关停,Temporary)有两种含义:

(1)暂时关停而予监管/监视(监测)的关停井。

该井是处在关停(暂时停止作业)状态(NORSOK D-010:Temporary Abandonment 直译为暂时报废,宜理解为暂时关停),但该井的第一道和第二道井筒屏障仍被连续地监视监管或者进行遥测之中。监测中的暂时关停井没有最大的关停时间限制(意指:"暂时"的时间可长可短)。

(2)不进行监管/监视的关停井(暂时关停井):

该井是处在暂时关停状态,而该井的第一道和第二道井筒屏障没有全部被连续地遥测和监视监管;这种井的最长关停时间为3年(海洋井为1年)。

上述计划中的暂时关停期间井筒处在安全状态,暂时关停井可能进行再入等作业。

1.6.3.2 井筒屏障验收/检查标准

对监管监测和定期维修测试的暂时关停井应按本书第四章和(或)NORSOK 井筒屏障验收表,对每一个屏障组件进行监管、检查、评估、验收。

对不进行监管监测的暂时关停井,在计划报废期间内,其屏障组件的材质应有足够的完整性,在油气井设计时就要考虑到,这也是井筒完整性理念的优点之一。

1.6.3.3 关停井井筒屏障图例

图1.46至图1.55是关停井(暂时关停井)的10种井筒屏障系统的图例。

第1章 井筒完整性的标准

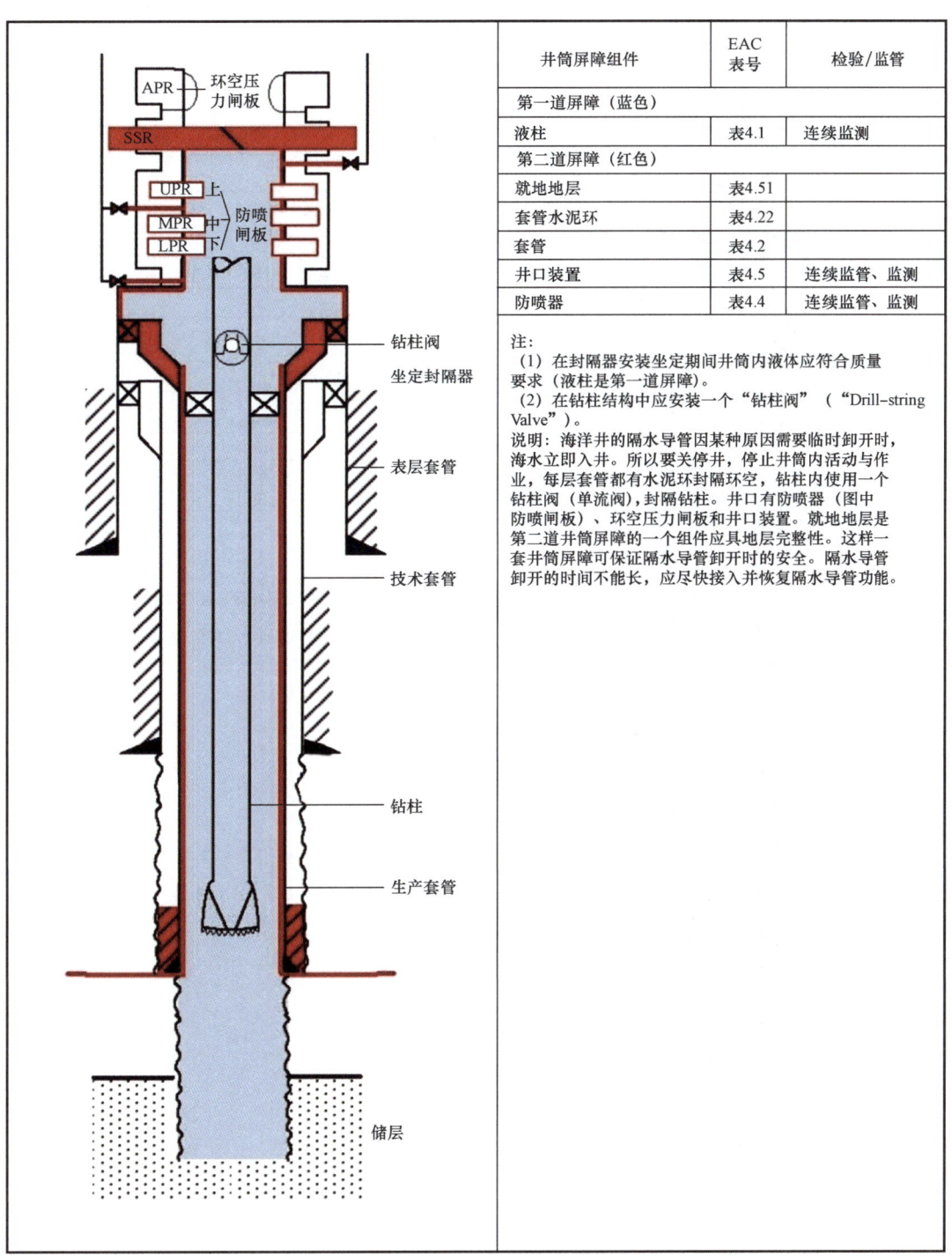

井筒屏障组件	EAC表号	检验/监管
第一道屏障（蓝色）		
液柱	表4.1	连续监测
第二道屏障（红色）		
就地地层	表4.51	
套管水泥环	表4.22	
套管	表4.2	
井口装置	表4.5	连续监管、监测
防喷器	表4.4	连续监管、监测

注：
(1) 在封隔器安装坐定期间井筒内液体应符合质量要求（液柱是第一道屏障）。
(2) 在钻柱结构中应安装一个"钻柱阀"（"Drill-string Valve"）。

说明：海洋井的隔水导管因某种原因需要临时卸开时，海水立即入井。所以要关停井，停止井筒内活动与作业，每层套管都有水泥环封隔环空，钻柱内使用一个钻柱阀（单流阀），封隔钻柱。井口有防喷器（图中防喷闸板）、环空压力闸板和井口装置。就地地层是第二道井筒屏障的一个组件应具地层完整性。这样一套井筒屏障可保证隔水导管卸开时的安全。隔水导管卸开的时间不能长，应尽快接入并恢复隔水导管功能。

图1.46 海洋井隔水导管卸开时关停井的井筒屏障图解

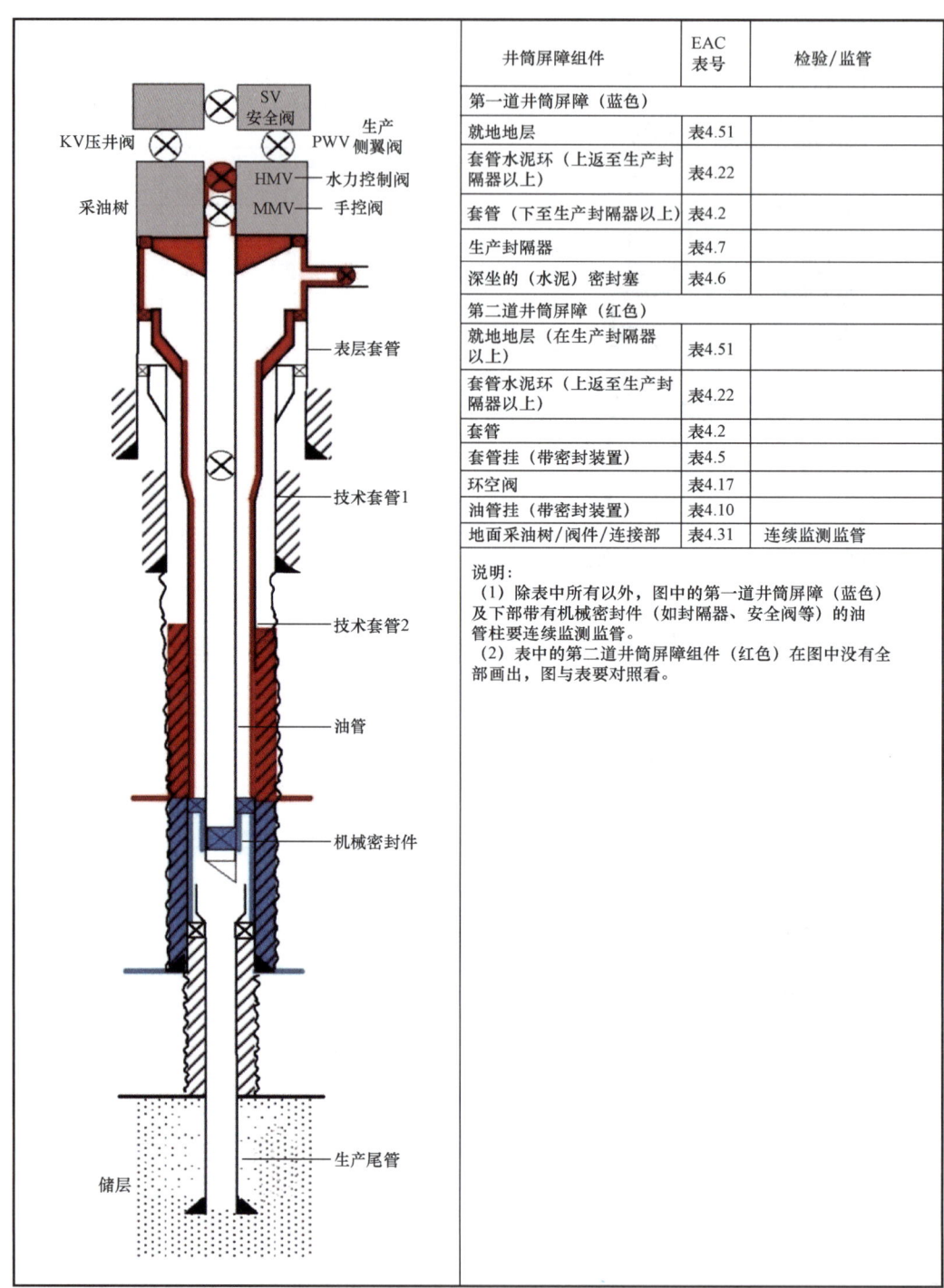

井筒屏障组件	EAC表号	检验/监管
第一道井筒屏障（蓝色）		
就地地层	表4.51	
套管水泥环（上返至生产封隔器以上）	表4.22	
套管（下至生产封隔器以上）	表4.2	
生产封隔器	表4.7	
深坐的（水泥）密封塞	表4.6	
第二道井筒屏障（红色）		
就地地层（在生产封隔器以上）	表4.51	
套管水泥环（上返至生产封隔器以上）	表4.22	
套管	表4.2	
套管挂（带密封装置）	表4.5	
环空阀	表4.17	
油管挂（带密封装置）	表4.10	
地面采油树/阀件/连接部	表4.31	连续监测监管

说明：
（1）除表中所有以外，图中的第一道井筒屏障（蓝色）及下部带有机械密封件（如封隔器、安全阀等）的油管柱要连续监测监管。
（2）表中的第二道井筒屏障组件（红色）在图中没有全部画出，图与表要对照看。

图1.47 在深部井段安装有机械密封件并连续监测/监管的生产井的井筒屏障图例

第1章 井筒完整性的标准

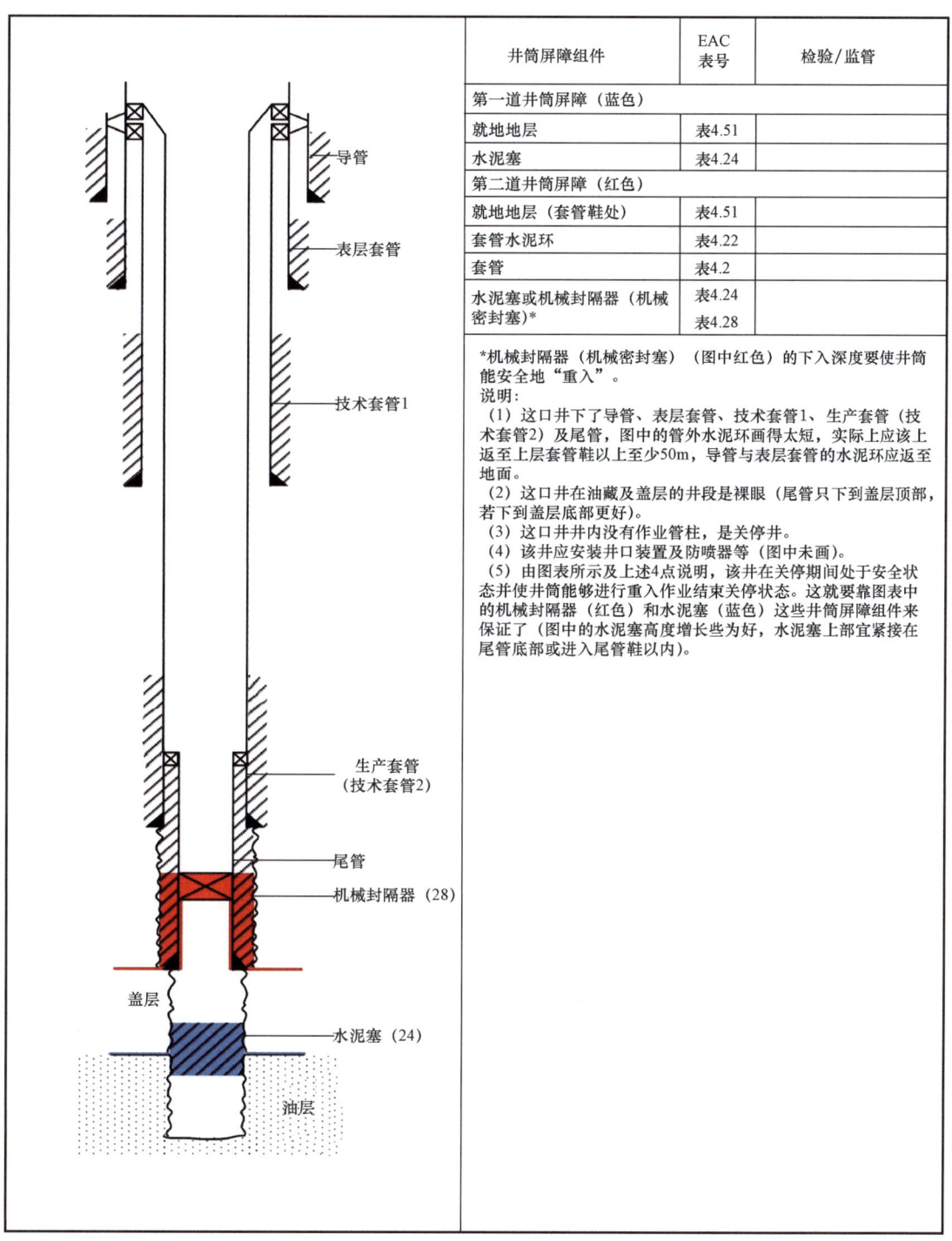

井筒屏障组件	EAC表号	检验/监管
第一道井筒屏障（蓝色）		
就地地层	表4.51	
水泥塞	表4.24	
第二道井筒屏障（红色）		
就地地层（套管鞋处）	表4.51	
套管水泥环	表4.22	
套管	表4.2	
水泥塞或机械封隔器（机械密封塞）*	表4.24 表4.28	

*机械封隔器（机械密封塞）（图中红色）的下入深度要使井筒能安全地"重入"。
说明：
(1) 这口井下了导管、表层套管、技术套管1、生产套管（技术套管2）及尾管，图中的管外水泥环画得太短，实际上应该上返至上层套管鞋以上至少50m，导管与表层套管的水泥环应返至地面。
(2) 这口井在油藏及盖层的井段是裸眼（尾管只下到盖层顶部，若下到盖层底部更好）。
(3) 这口井井内没有作业管柱，是关停井。
(4) 该井应安装井口装置及防喷器等（图中未画）。
(5) 由图表所示及上述4点说明，该井在关停期间处于安全状态并使井筒能够进行重入作业结束关停状态。这就要靠图表中的机械封隔器（红色）和水泥塞（蓝色）这些井筒屏障组件来保证了（图中的水泥塞高度增长些为好，水泥塞上部宜紧接在尾管底部或进入尾管鞋以内）。

图1.48 油藏裸露的下有尾管的关停井（暂时关停井）的井筒屏障及其组件图例

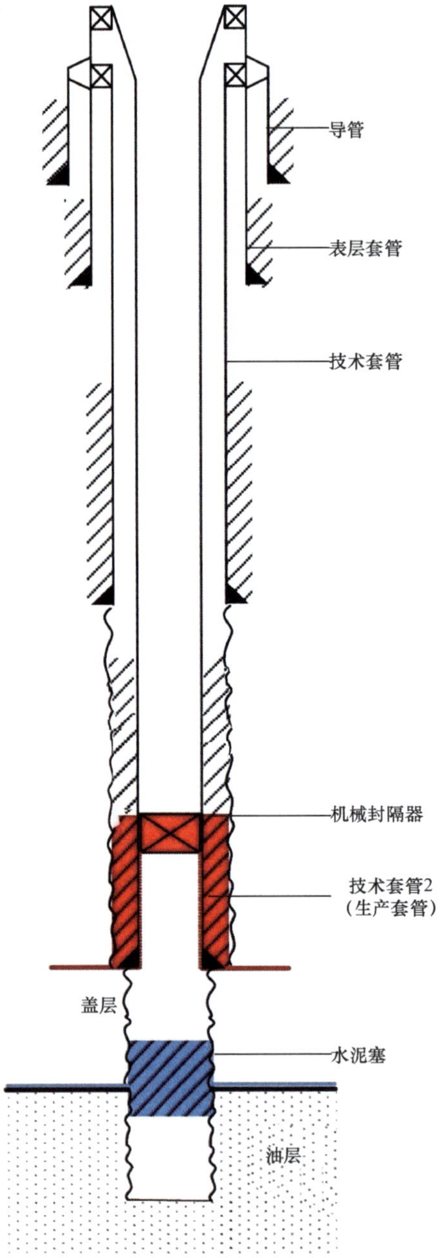

井筒屏障组件	EAC 表号	检验/监管
第一道井筒屏障（蓝色）		
就地地层	表4.51	
水泥塞	表4.24	
第二道井筒屏障（红色）		
就地地层（套管鞋处）	表4.51	
套管水泥环	表4.22	
套管	表4.2	
水泥塞或机械封隔器（机械密封塞）	表4.24 表4.28	

图 1.49　油藏裸露的下有套管的关停井（暂时关停井）的井筒屏障及其组件图例

第1章 井筒完整性的标准

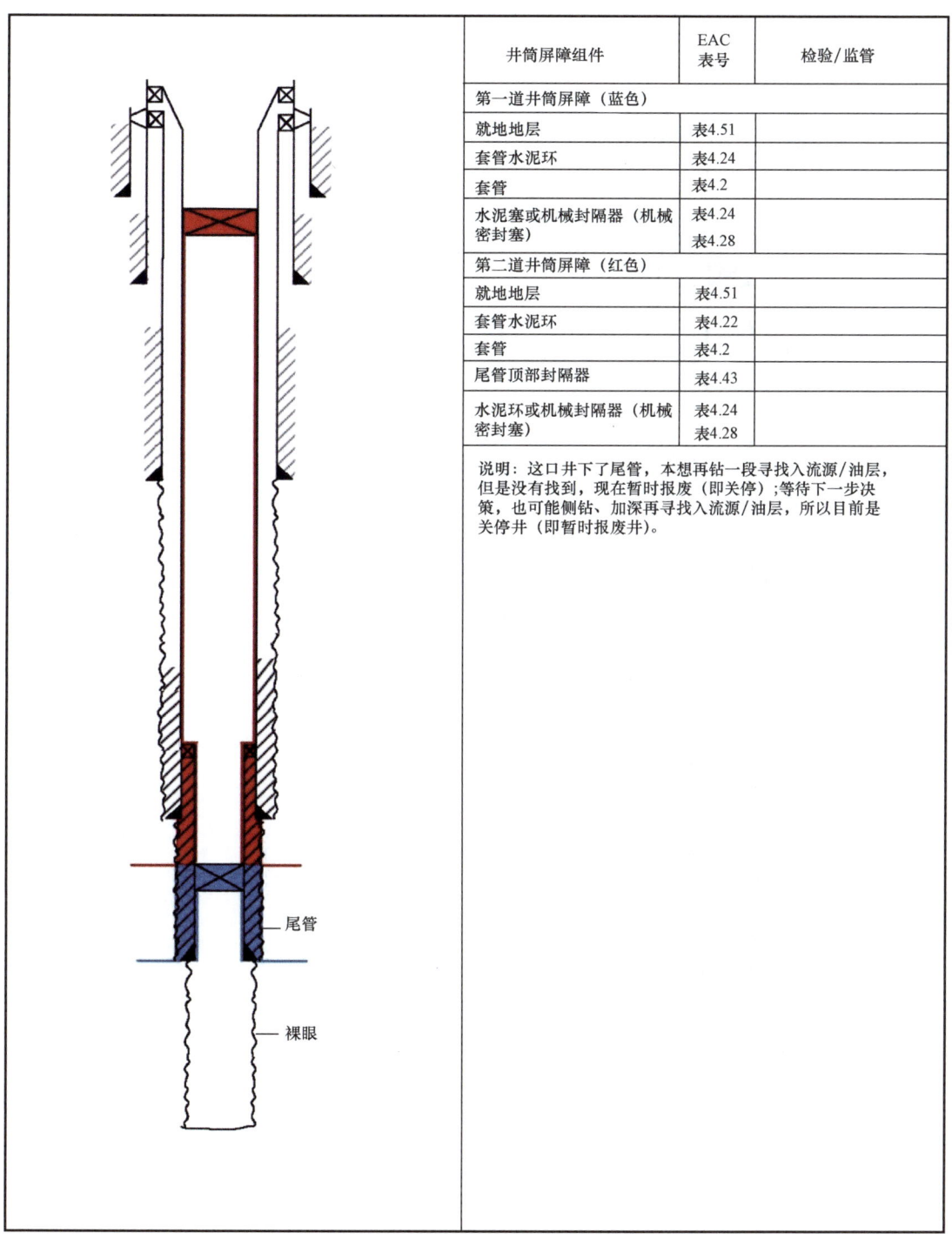

井筒屏障组件	EAC 表号	检验/监管
第一道井筒屏障（蓝色）		
就地地层	表4.51	
套管水泥环	表4.24	
套管	表4.2	
水泥塞或机械封隔器（机械密封塞）	表4.24 表4.28	
第二道井筒屏障（红色）		
就地地层	表4.51	
套管水泥环	表4.22	
套管	表4.2	
尾管顶部封隔器	表4.43	
水泥环或机械封隔器（机械密封塞）	表4.24 表4.28	

说明：这口井下了尾管，本想再钻一段寻找入流源/油层，但是没有找到，现在暂时报废（即关停）；等待下一步决策，也可能侧钻、加深再寻找入流源/油层，所以目前是关停井（即暂时报废井）。

图1.50 下了尾管且裸眼井段设有入流源的关停井（暂时关停井）的井筒屏障及其组件图例

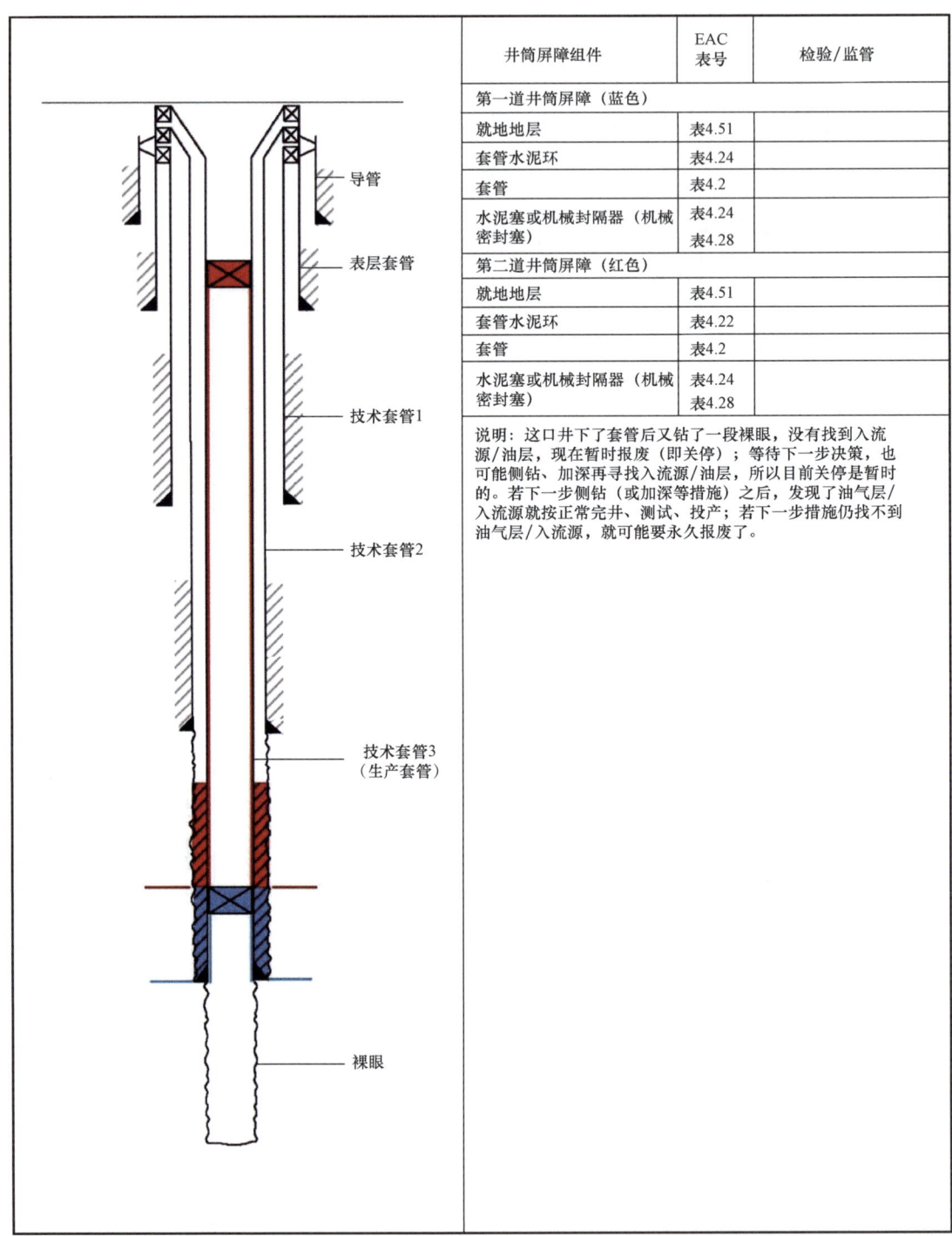

图 1.51　下了套管的井且裸眼段没有入流源的关停井(暂时关停)的井筒屏障及其组件图例

第1章 井筒完整性的标准

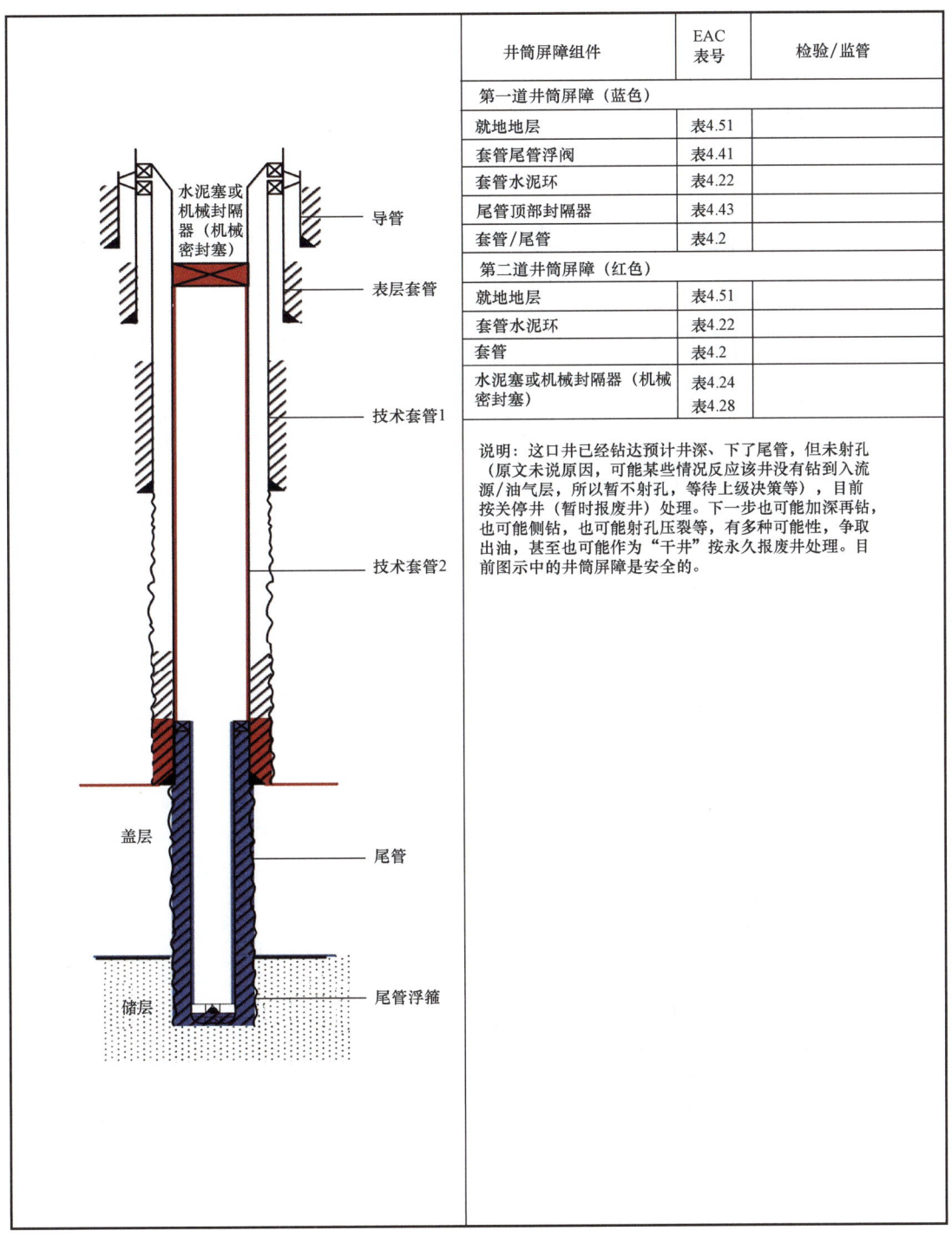

井筒屏障组件	EAC 表号	检验/监管
第一道井筒屏障（蓝色）		
就地地层	表4.51	
套管尾管浮阀	表4.41	
套管水泥环	表4.22	
尾管顶部封隔器	表4.43	
套管/尾管	表4.2	
第二道井筒屏障（红色）		
就地地层	表4.51	
套管水泥环	表4.22	
套管	表4.2	
水泥塞或机械封隔器（机械密封塞）	表4.24 表4.28	

说明：这口井已经钻达预计井深、下了尾管，但未射孔（原文未说原因，可能某些情况反应该井没有钻到入流源/油气层，所以暂不射孔，等待上级决策等），目前按关停井（暂时报废井）处理。下一步也可能加深再钻，也可能侧钻，也可能射孔压裂等，有多种可能性，争取出油，甚至也可能作为"干井"按永久报废井处理。目前图示中的井筒屏障是安全的。

图1.52 已经钻达预计井深度，下了尾管，但未射孔的关停井（暂时关停）的井筒屏障及其组件图例

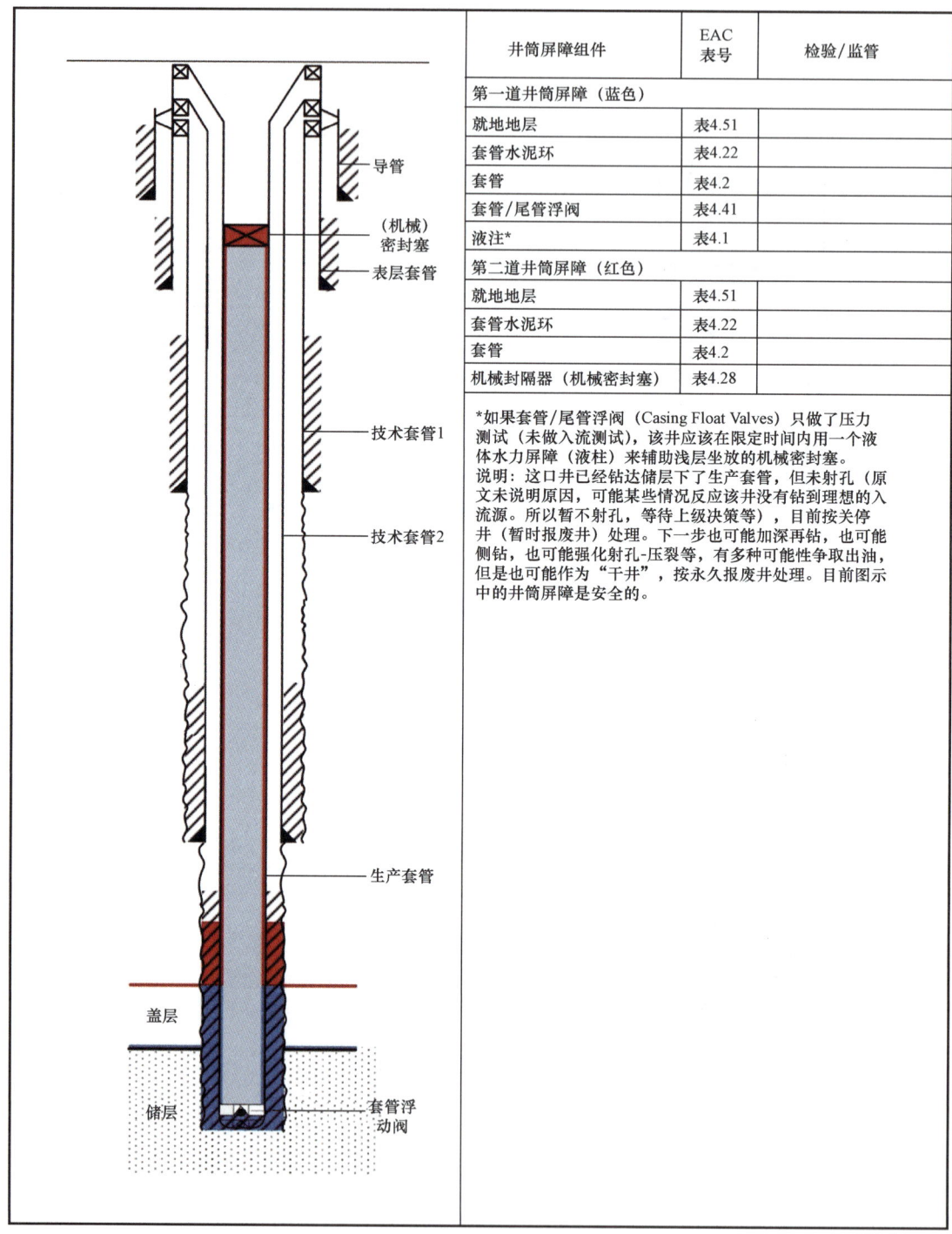

图1.53 已经钻达储层,下了生产套管,但未射孔的关停井(暂时关停)的井筒屏障及其组件图例

第1章 井筒完整性的标准

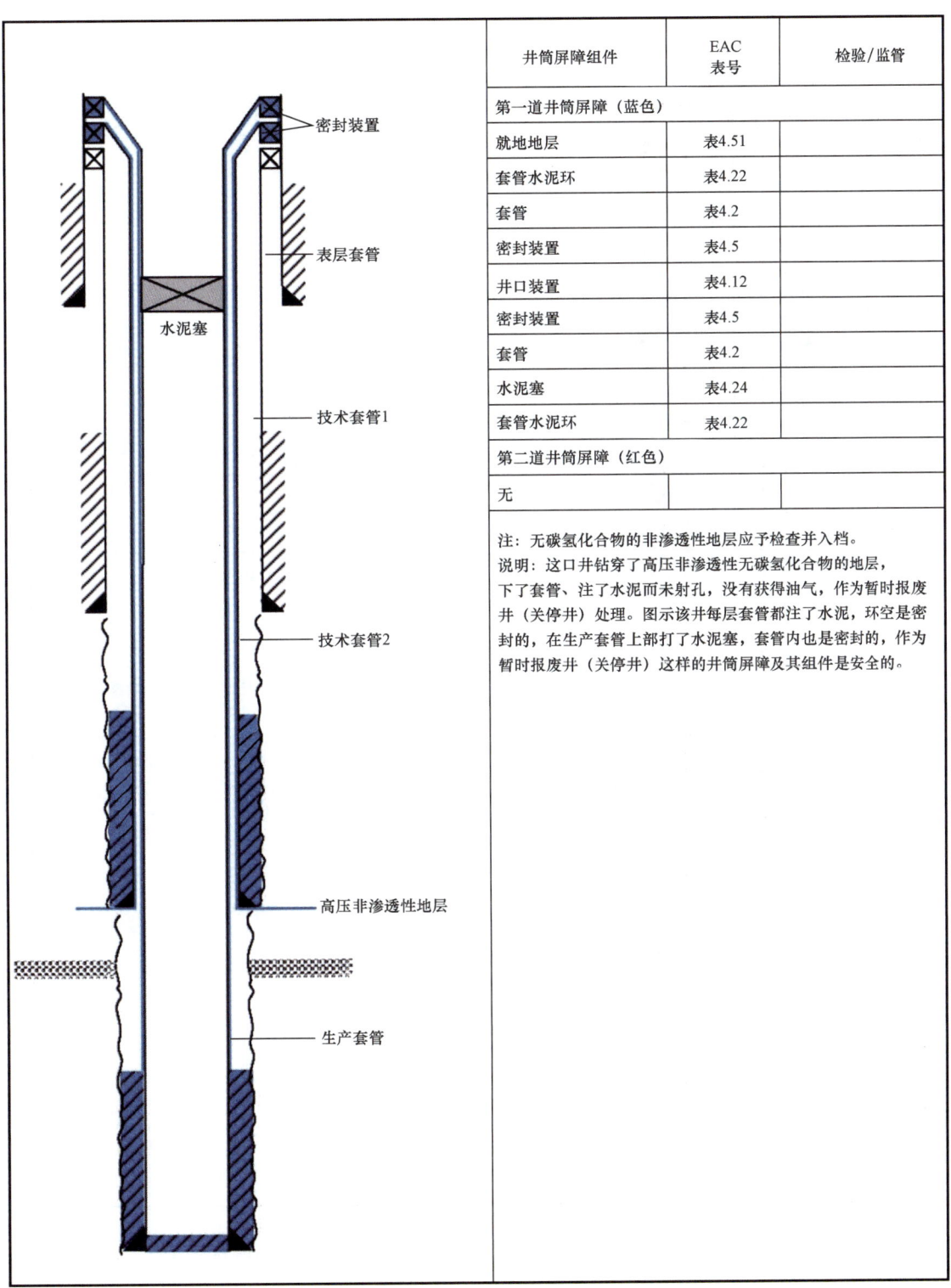

井筒屏障组件	EAC表号	检验/监管
第一道井筒屏障（蓝色）		
就地地层	表4.51	
套管水泥环	表4.22	
套管	表4.2	
密封装置	表4.5	
井口装置	表4.12	
密封装置	表4.5	
套管	表4.2	
水泥塞	表4.24	
套管水泥环	表4.22	
第二道井筒屏障（红色）		
无		

注：无碳氢化合物的非渗透性地层应予检查并入档。
说明：这口井钻穿了高压非渗透性无碳氢化合物的地层，下了套管、注了水泥而未射孔，没有获得油气，作为暂时报废井（关停井）处理。图示该井每层套管都注了水泥，环空是密封的，在生产套管上部打了水泥塞，套管内也是密封的，作为暂时报废井（关停井）这样的井筒屏障及其组件是安全的。

图1.54 有高压的非渗透性地层（无碳氢化合物）下了套管而未射孔的关停井（暂时关停）的井筒屏障及其组件图例

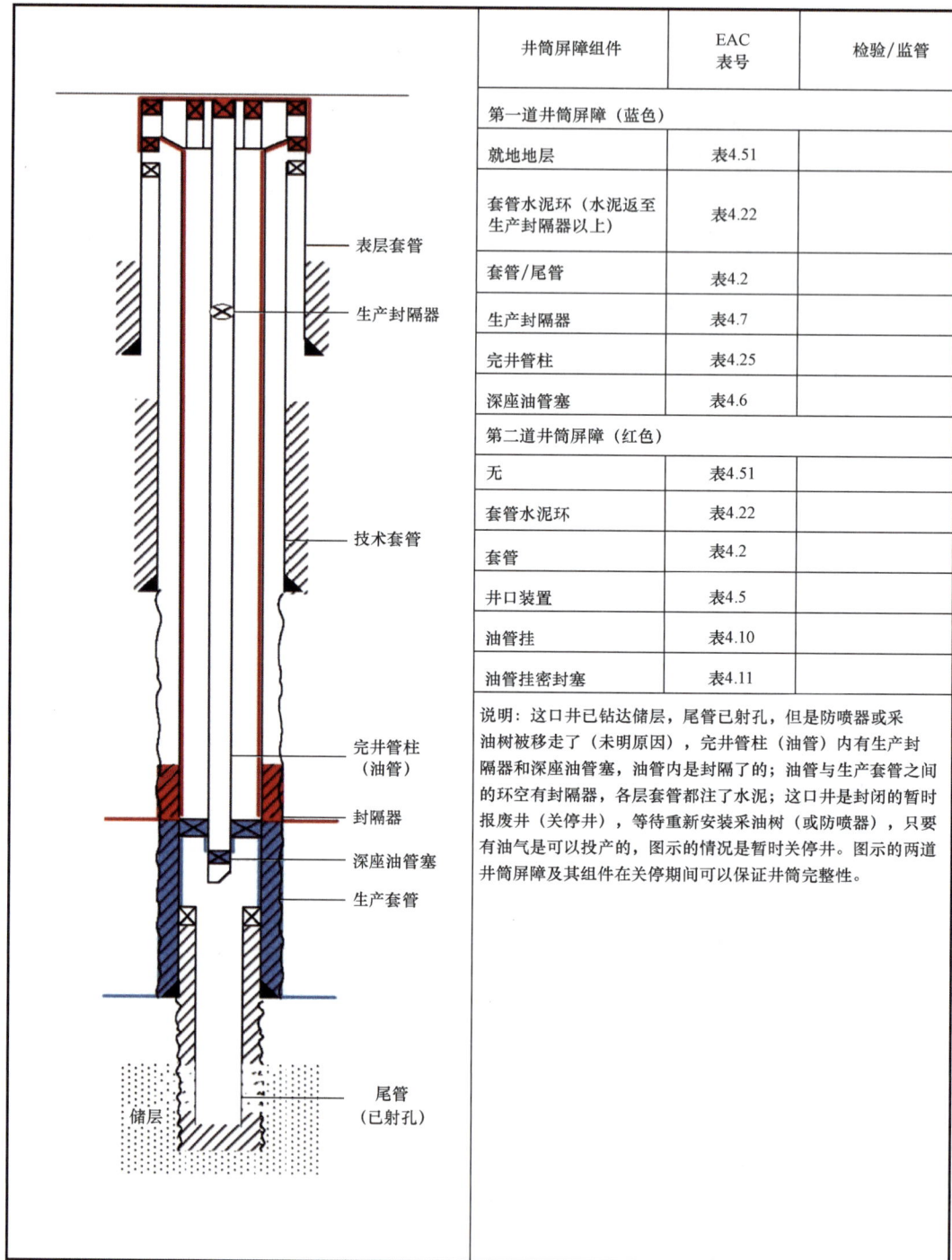

图 1.55 已射孔的井但是防喷器或采油树被移走的关停井（暂时关停）的井筒屏障及其组件图例

1.6.4 永久报废

永久报废的含义是:该井已永久报废并不再被使用或不再进行"重入"作业了。报废井必须进行永久性封堵,主要作业是在井筒适当层段注水泥塞以防止井筒中形成流体窜流通道。其目的在于保护淡水层和限制地下流体运移。标准的主要内容是:

(1)保护淡水层免受地层流体或地表水窜入的污染;
(2)隔离开注采井段与未开采井段;
(3)保护地表土壤和地面水不受地层流体污染;
(4)隔离处理污水的井段;
(5)将地面土地使用冲突降低到最小程度。

为达到上述目的,要求所有关键性层段之间都要相互隔离开。在设计封堵时,应搞清楚井内各地层的特性以正确选择打水泥塞(及安置机械桥塞)的位置及长度。在一般情况下打水泥塞的目的和主要位置是:

(1)隔离油气层和处理废水层段;
(2)需要打地表水泥塞;
(3)防止层间窜流,否则会干扰邻井开发,所以报废井的水泥塞不仅要保证隔离已确认为有生产能力的油气层或注水层,还要使井内所有注采井段都被隔离;
(4)封堵井内余留套管及管件;
(5)恢复地貌。

报废井封堵主要用水泥环和水泥塞。水泥塞封堵法有:

(1)打裸眼水泥塞;
(2)打套管内水泥塞;
(3)打悬空水泥塞;
(4)从套管炮眼挤注水泥或安置机械桥塞等;
(5)在隔离套管外水泥返高以上的油气层时,应进行二次固井等特殊作业;
(6)将套管壁磨铣开窗后再打水泥塞。

打水泥塞的施工方法主要有:

(1)管柱顶替法;
(2)用管柱加压挤注,或关闭井口挤注;
(3)用机械封隔工具(桥塞、水泥承留器、永久性机械封隔器)并在其上打一个水泥帽提供第二道密封;
(4)易钻桥塞法(如铸铁桥塞);
(5)倒灰法,用电缆送入倒灰筒在指定位置通过电缆打开灰筒启动施工。

必须检查水泥塞位置和质量,经常采用探水泥塞面和压差法。

1.6.4.1 永久报废井筒屏障验收标准

永久报废井应该永远封隔住任何可预见化学的和地质的处理效果的井筒层段。永久报废井的井筒屏障位置按表 1.17 考虑。

表 1.17 永久报废井井筒屏障位置

名称	功能	位置深度
第一道(初始)井筒屏障	封隔其有正常压力或超压的/不渗透层的入流源	井筒屏障应位于地层完整性大于潜在的压力层以下的深度位置
第二道井筒屏障	高于第一道井筒屏障以上,以阻止入流源	
防止对流/横向流井筒屏障(Cross Flow Well Barrier)	防止地层之间的流体流动。还可能具有像第一道井筒屏障那样对付油层(油藏)以下层位流体对流的功能	井筒屏障应位于地层完整性大于潜在的压力层以下的深度位置
裸眼至地表段的井筒屏障	在套管被切割和回接以及充填环保性有益流体之后,永久地封隔流体从裸露层位向地表流动。该裸露地层是现在没有发现入流源和碳氢化物的过压地层	对地层完整性的地层位置没有深度限制

过压地层包括深度浅的入流源(应按有关报废要求检查)。在同一压力极限范围之内的多个层位的油藏可视为一个油藏来安装第一道和第二道屏障(图 1.56)。

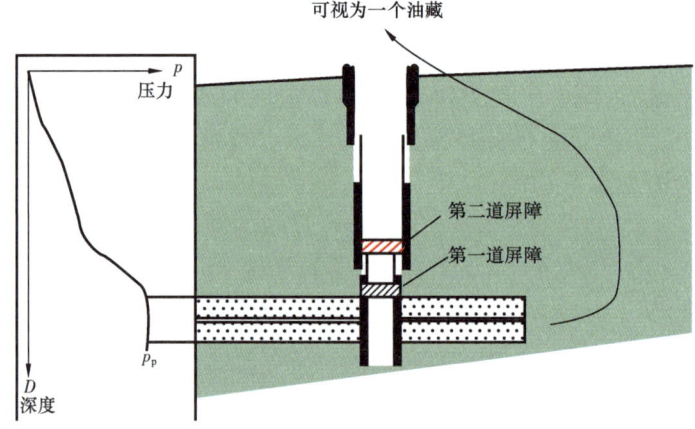

图 1.56 多层位油藏可视为一个油藏

一个井筒屏障能够作为多于一个井筒的共用井筒屏障(Shared Well Barrier)。永久的井筒屏障应该封住包括所有环空和需要封隔的垂直与水平的层位(图 1.57)。

该永久共用的井筒屏障应放置在一个具有足够地层完整性具有最大阻抗压力的不渗透地层处。需要起出(或移开)影响井筒完整性的井下装置。控制线路和缆线不一定再是报废井的永久性井筒屏障的组成部件。

一个永久性井筒屏障应具有以下性能:
(1)保证长期永久性的完整性;
(2)不渗透性;
(3)非收缩性;
(4)能承受机械载荷/冲击;
(5)阻抗化学物质(H_2S、CO_2和水合物)的侵入;

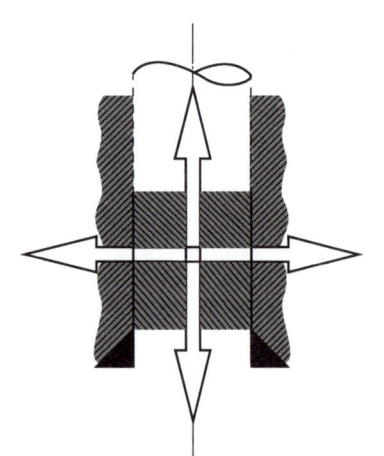

图 1.57 永久共用的井筒屏障

(6) 保证与金属部件的胶结；
(7) 不损坏钢质管件的完整性。

永久报废井的侧钻：在侧钻之前原来的井眼/井段应永久地报废。如果在侧钻时不能实现永久报废原井眼/井段的话，应配置井筒屏障。

表 1.18 是对井筒屏障验收表（EAC）附加的验收要求，这说明对永久报废井的井筒屏障的要求比对正常的要求更多并更加严格。绝对不能认为："反正已经报废了，简单（甚至草率）地处理吧"。按照井筒完整性的定义要永久负责。

表 1.18 报废井对井筒屏障组件的附加要求

EAC 表号	组件名称	附加的特性、要求和指南
表 4.2	套管	钢质管件的井筒屏障组件应由水泥或替代的封固材料支撑着
表 4.22	套管—水泥环	在尾管重叠部分（指尾管与上层套管重叠部分－尾管挂部分）或（和）在管子环空中的水泥环能够担当一个永久的井筒屏障组件，且尾管的重叠部分是居中的。在尾管重叠部分的水泥环应经过测井检查
表 4.51	就地地层	就地地层（例如：页岩、盐层）应该是不渗透的并有足够的地层完整性

当完井管件留在井中时以及井筒屏障组件安装在管中和环空中时，其安装位置和它们的完整性应该按下列要求检查：
(1) 用压力测试法检查套管和完井管柱之间的水泥环；
(2) 应探测管内的水泥塞面的位置并进行压力测试。

1.6.4.1.1 外部环空的井筒屏障组件

应检查外部环空的井筒屏障组件（如套管—水泥环）以确保垂直密封和水平密封。对外部的井筒屏障组件的要求是高度至少 50m，这至少 50m 井段的地层应具备地层完整性。如果用测井法检查套管—水泥环，至少有 30m 的井段长度具有符合验收标准的胶结强度以作为对永久的外部井筒屏障组件的要求。

套管—水泥环的测录井应该按关键注水泥作业和对永久报废井的要求，该处的套管—水泥环是第一道和第二道井筒屏障的一部分。如果观察到有持续的套管压力，应再重新检查套管—水泥环的密封性。

1.6.4.1.2 管内的井筒屏障组件

管内的井筒屏障组件（例如水泥塞）应该位于井筒屏障一个井段，该井段的基本条件是：检查过的外部井筒屏障组件和至少 50m 安置了机械密封塞/水泥环的井段，否则按照套管—水泥环验收表（表 4.24）检验。

1.6.4.1.3 移走海底上的设备（海洋井）

对于永久报废的海洋井，其井口与套管（上部）应移至海底面以下而没有露出海底面以上的部分，以确保将来不会被碰撞到。

要求足够的切割深度以防止与其他的海上活动冲突。应考虑由于海流造成对本井诸如土壤、海底冲刷等情况。对深水海洋井，它可以采取避开或超复该井的井口装置。对于移开海底套管/导管的工作，以机械切割或研磨切割为优先选用的方法。总之，对永久报废井，移走海底面以上的井口与设备装置要考虑各种具体情况。

1.6.4.2 永久报废井的井筒屏障组件实例

图 1.58 至图 1.63 是对永久报废井每一种井筒屏障结构的描述并说明其使用目的。

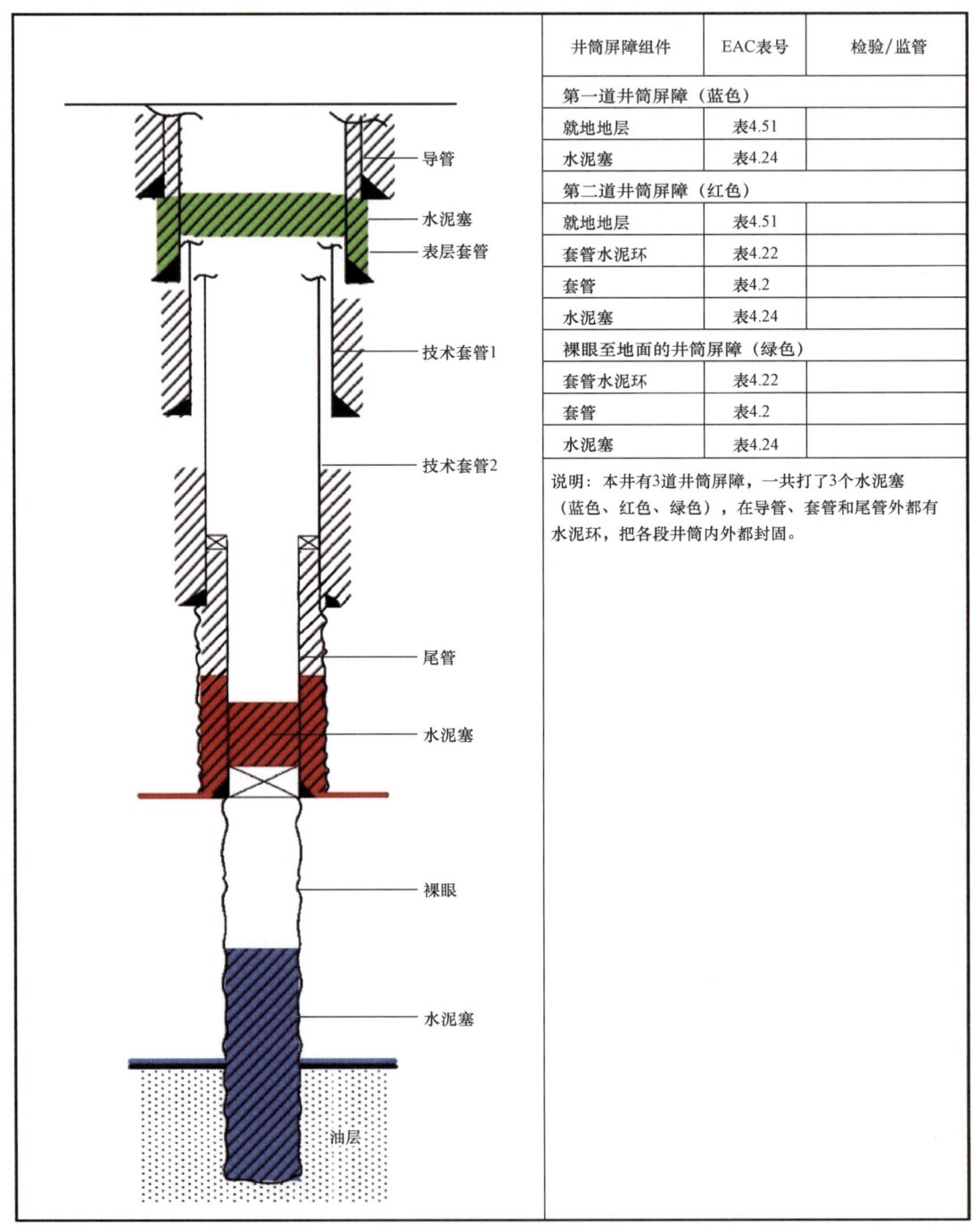

图 1.58 （永久）报废的裸眼井井筒屏障图解

第1章 井筒完整性的标准

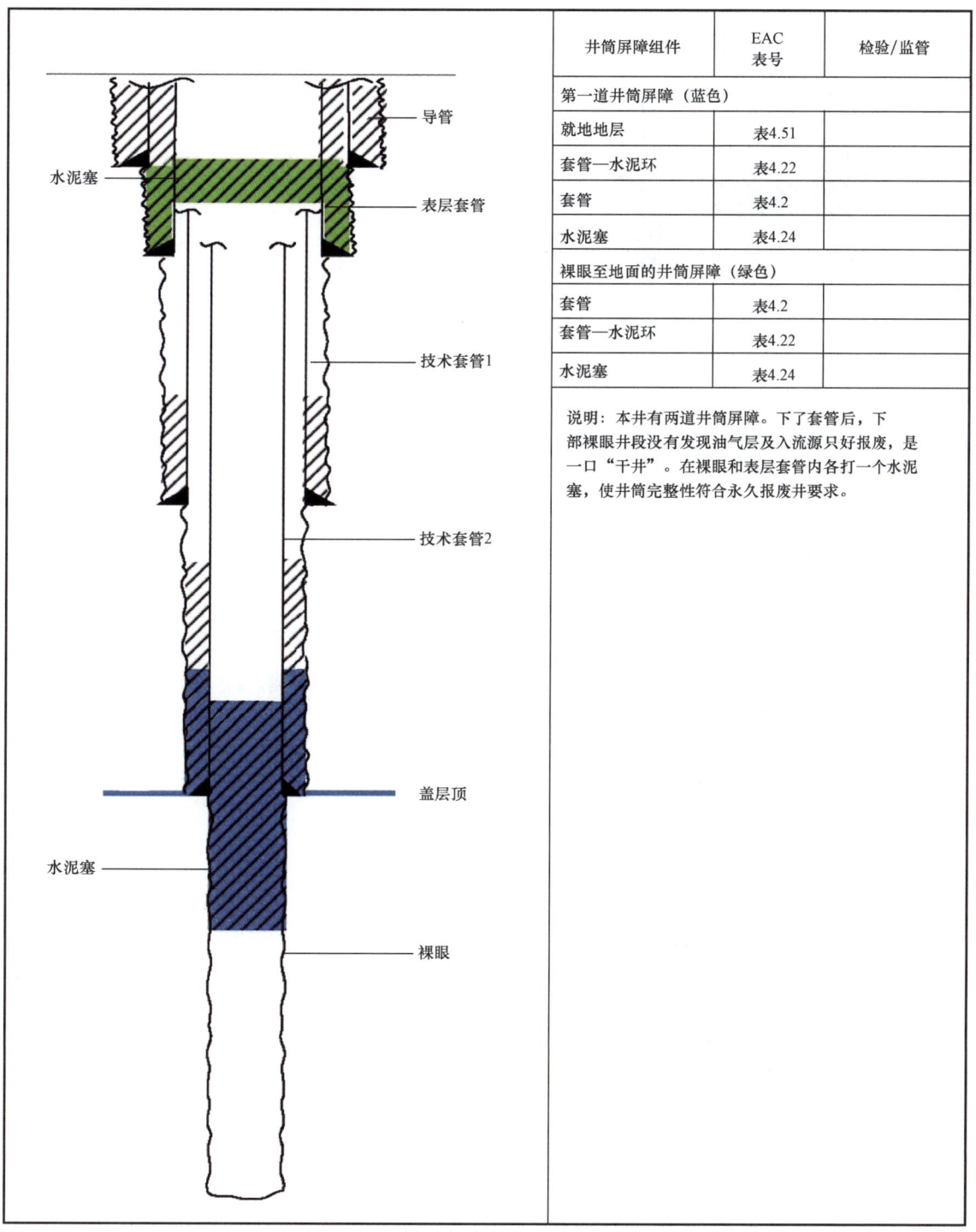

井筒屏障组件	EAC 表号	检验/监管
第一道井筒屏障（蓝色）		
就地地层	表4.51	
套管—水泥环	表4.22	
套管	表4.2	
水泥塞	表4.24	
裸眼至地面的井筒屏障（绿色）		
套管	表4.2	
套管—水泥环	表4.22	
水泥塞	表4.24	

说明：本井有两道井筒屏障。下了套管后，下部裸眼井段没有发现油气层及入流源只好报废，是一口"干井"。在裸眼和表层套管内各打一个水泥塞，使井筒完整性符合永久报废井要求。

图1.59 下了套管后无入流源的裸眼井段的(永久)报废井的井筒屏障图解

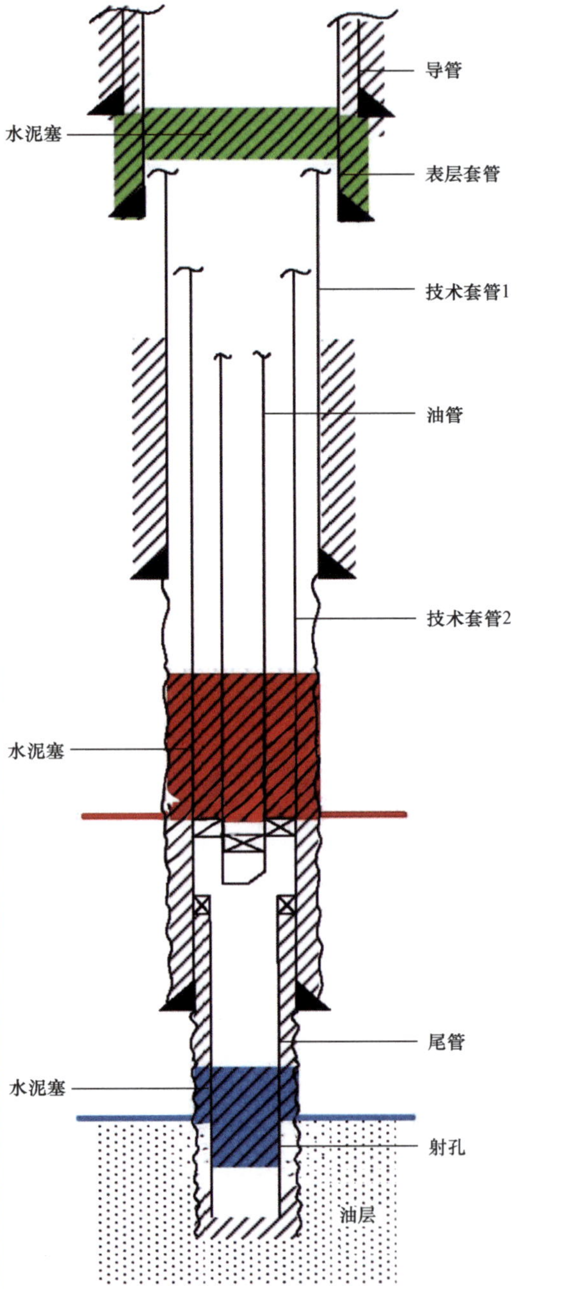

井筒完整性的标准、理论与应用管理

井筒屏障组件	EAC 表号	检验/监管
第一道井筒屏障（蓝色）		
就地地层	表4.51	
套管水泥环	表4.22	
套管	表4.2	
水泥塞	表4.24	
第二道井筒屏障（红色）		
就地地层	表4.51	
套管水泥环	表4.22	
套管水泥环（套管与油管之间）	表4.22	
水泥塞*	表4.24	
裸眼至地面的井筒屏障（绿色）		
套管水泥环	表4.22	
套管	表4.2	
水泥塞	表4.24	

*该水泥塞内有油管（如图示），是意外（事故）情况。
注：井内的油管是居中的。
说明：该井下了尾管已射孔的井，油管意外（事故）留在井下，油管是居中的。该井有3道井筒屏障，一共打了3个水泥塞，其中红色的水泥塞把油管扶正在中间居中，这口井属于永久报废井。图1.60的井筒屏障及其组件可作为这类井的图例。

图1.60 下了尾管已射孔的井、油管（意外）留在井下，（永久）报废井的井筒屏障图解

第1章 井筒完整性的标准

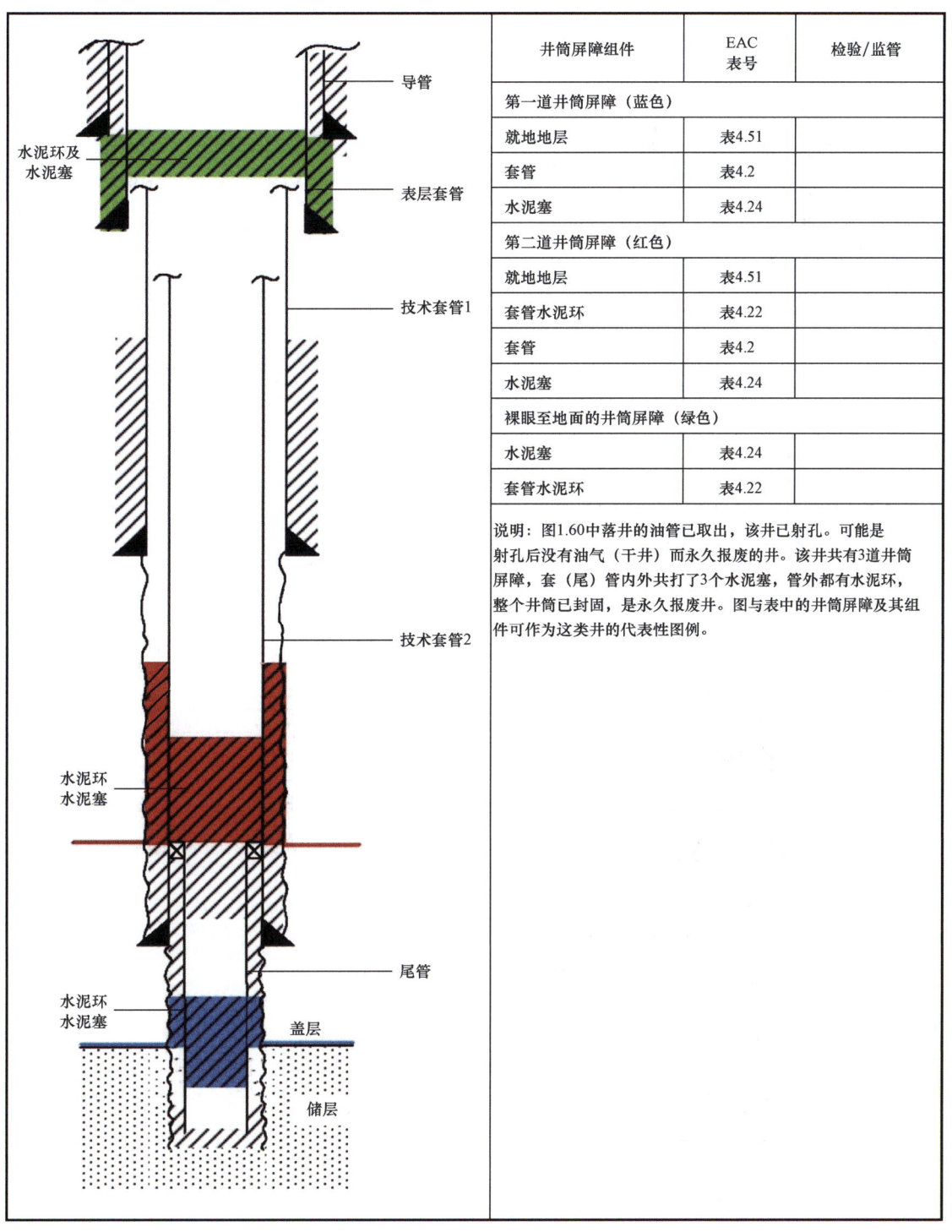

井筒屏障组件	EAC表号	检验/监管
第一道井筒屏障（蓝色）		
就地地层	表4.51	
套管	表4.2	
水泥塞	表4.24	
第二道井筒屏障（红色）		
就地地层	表4.51	
套管水泥环	表4.22	
套管	表4.2	
水泥塞	表4.24	
裸眼至地面的井筒屏障（绿色）		
水泥塞	表4.24	
套管水泥环	表4.22	

说明：图1.60中落井的油管已取出，该井已射孔。可能是射孔后没有油气（干井）而永久报废的井。该井共有3道井筒屏障，套（尾）管内外共打了3个水泥塞，管外都有水泥环，整个井筒已封固，是永久报废井。图与表中的井筒屏障及其组件可作为这类井的代表性图例。

图1.61 该井已射孔、落井的油管已取出的（永久）报废井的井筒屏障图解

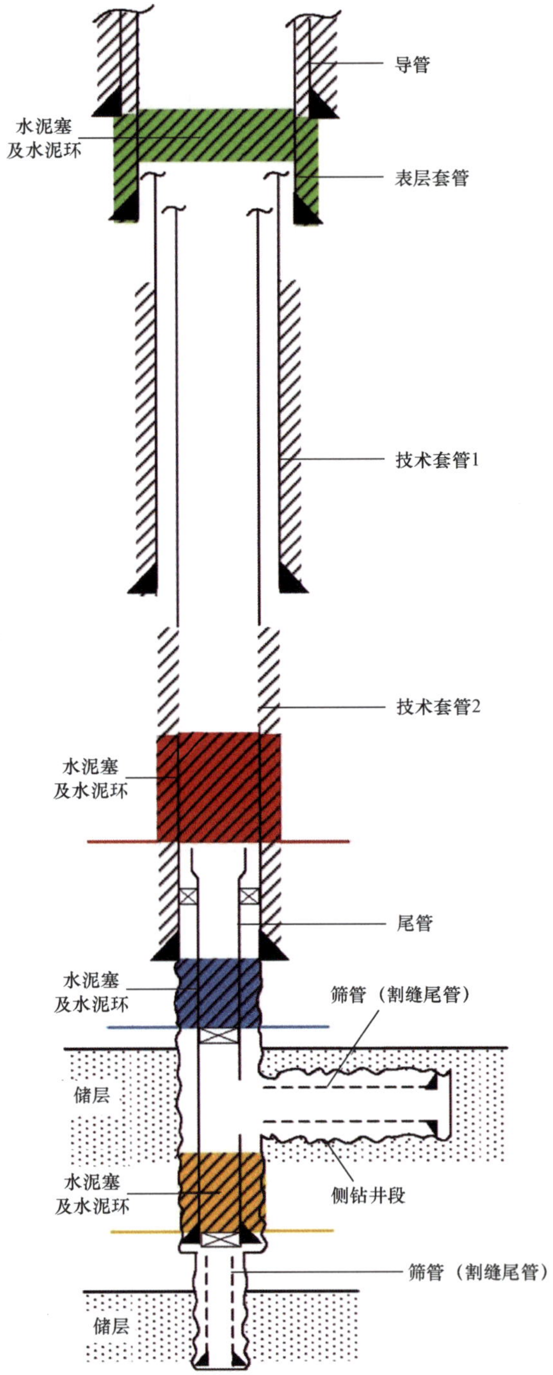

井筒屏障组件	EAC 表号	检验/监管
横向对流井筒屏障（橙黄色）		
就地地层	表4.51	
套管水泥环	表4.22	
套管	表4.2	
水泥塞	表4.24	
第一道井筒屏障（蓝色）		
就地地层	表4.51	
套管—水泥环	表4.22	
套管	表4.2	
水泥塞	表4.24	
第二道井筒屏障（红色）		
就地地层	表4.51	
套管水泥环	表4.22	
套管	表4.2	
水泥塞	表4.24	
裸眼至地面的井筒屏障（绿色）		
水泥塞	表4.24	
套管—水泥环	表4.22	

说明：该井从主眼侧钻了分支井，在主眼和分支井段的储层部位使用筛管（割缝尾管）或砂控筛管，但主分井眼均未见油气，确定为永久报废井。该井共有4道井筒屏障，主分井眼共下了6层（段）套（尾、筛）管。主眼每层套（尾）管都注了水泥，一共打了4个水泥塞；分支井段的筛管虽未注水泥，但有橙黄色、蓝色两个水泥环/水泥塞封隔了分支井段。该井上下两段储层和全井地层都封固了，作为（永久）报废井的4层井筒屏障及其组件是符合井筒完整性标准的代表性图例。

图1.62　下有筛管（割缝尾管）或砂控筛管的有侧钻分支井的（永久）报废井段的井筒屏障图解

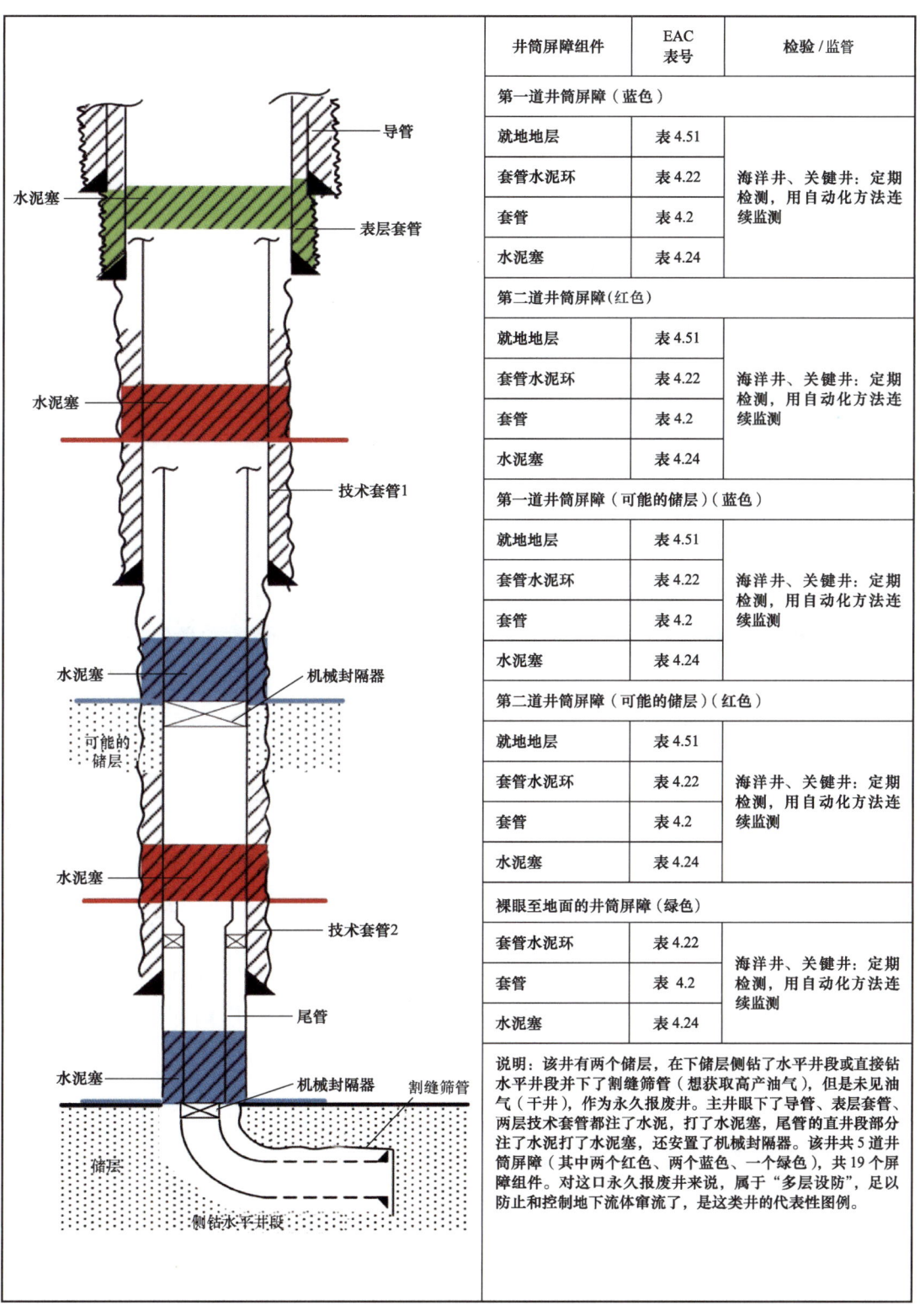

图1.63　在多油层中下了割缝筛管的(永久)报废井的井筒屏障图解

1.6.4.3 对各种永久报废井选用井筒屏障组件的例子

（1）裸眼段打了水泥塞的永久报废井。

如图 1.64 所示，井眼最下部裸眼段已永久报废。正对着储层和在储层之上打了一个至少高 100m 的第一段裸眼水泥塞，还在裸眼进入套管内的位置打了一个附加的至少高 100m 的第二段水泥塞。井筒完整性要求在套管井段和裸眼井段两个井筒屏障都具有足够的地层完整性。

（2）背靠背水泥塞和测过井（合格）的套管—水泥环。

如图 1.65 所示，井眼最下部裸眼段或者射了孔的套管/尾管，先对套管水泥环进行检查之后，再对准储层（或者尽量接近储层）打两个背靠背的水泥塞（提示：把一个跨两个地层的长水泥塞称为"背靠背水泥塞[1]"）。

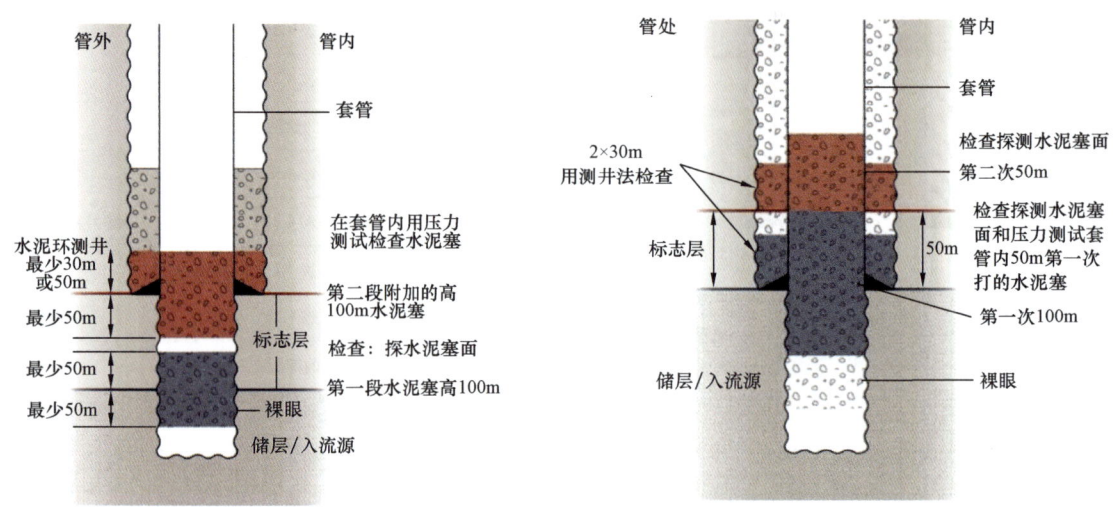

图 1.64　裸眼及其内部有套管-水泥塞的（永久）报废井的井筒屏障图例

图 1.65　打两个背靠背的水泥塞的（永久）报废井的井筒屏障图例

套管内水泥塞的高度超过在环空中测井井段的长度。

图示：套管内下部水泥塞（蓝色）高度至少为 100m，上部水泥塞（红色）高度至少为 50m，套管外的水泥环高度至少各为 30m；套管内的两个水泥塞是背靠背相接触的。图中还注明了对两段水泥塞的检查工作。

由图 1.65 和上述说明可以认为：这套井筒屏障及其组件以及施工、检查等是精心设计的，因为这是一口永久报废井，井筒完整性必须可靠和耐久。

（3）一个水泥塞与机械封隔塞相结合的永久报废井。

在尾管顶部安置一个机械封隔塞作为基础再用一个水泥塞能永久地为报废井提供永久的井筒屏障。管内水泥塞高度要超过在环空中测井证实的水泥环实际高度。

在套管外有两段水泥环（图中黄色与蓝色），共打了两次水泥（图中标注为第一次和第二次打水泥），套管内的水泥塞下部紧贴在机械封隔塞上部，套管内就有了"双保险"。管内外水泥用图示的不同方法测试、检查。

(4)留在井下的油管段。

该井已经钻到了储层/入流源下了尾管(已射孔),但因井下留有打捞不出来的油管段,只好作为永久报废井。在油藏以上(或尽量可能的接近油藏),打第一个水泥塞(图1.67中蓝色)并在油管和油管环空打第二个水泥塞(图1.67中橙黄色)。

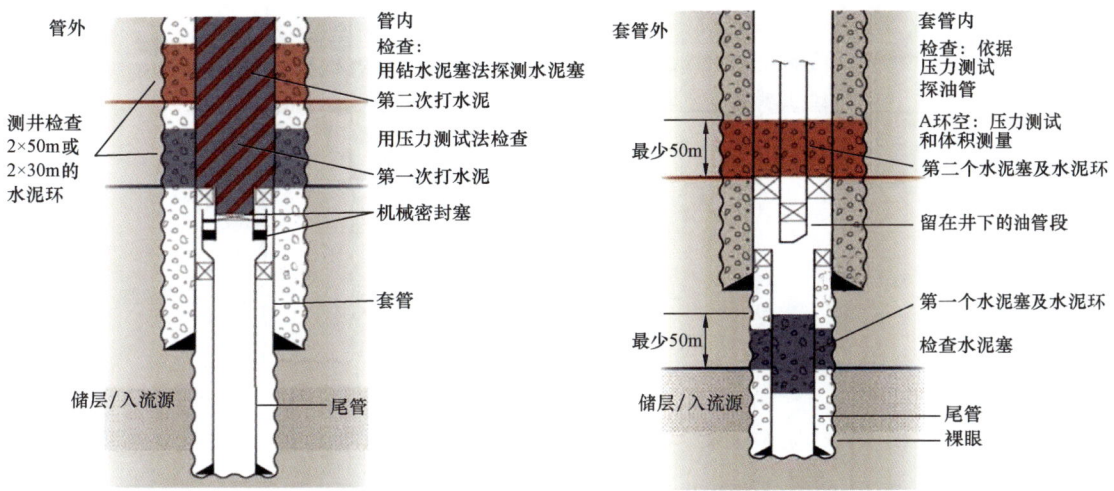

图1.66 在机械封隔塞的基础上,打一个水泥塞的(永久)报废井的井筒屏障图例

图1.67 留在井下的打捞不出来的油管段导致(永久)报废的井筒屏障图例

(5)对水泥塞质量不达标的井要磨铣套管后再重打水泥塞。

永久报废井的水泥塞质量必须达标。如果一般方法不能补救处理达标,就需要在该水泥塞位置处磨铣套管(图1.68)必要时还要扩眼钻掉劣质水泥环,然后再用顶替法重打水泥塞和水泥环,这项作业应有详细的设计(含图解)和作业流程并认真检查质量。图1.68说明对于报废井的水泥塞和水泥环必须保证其质量,若不达标要磨铣套管再重打水泥塞。

1.6.5 其他事项

1.6.5.1 风险

应该评估设计和作业的风险。典型的风险包括:

(1)不确定性的压力和地层完整性;

(2)时间的影响,例如油藏长期开发的压力变化;所用材料的老化;井液中加重材质的下沉等;

(3)油管内结垢;

(4)H_2S 或 CO_2;

(5)圈闭压力的释放;

(6)设备或材料的未知情况;

(7)环境的影响。

应该在风险评估和处理风险措施等方面按有关标准予以落实。

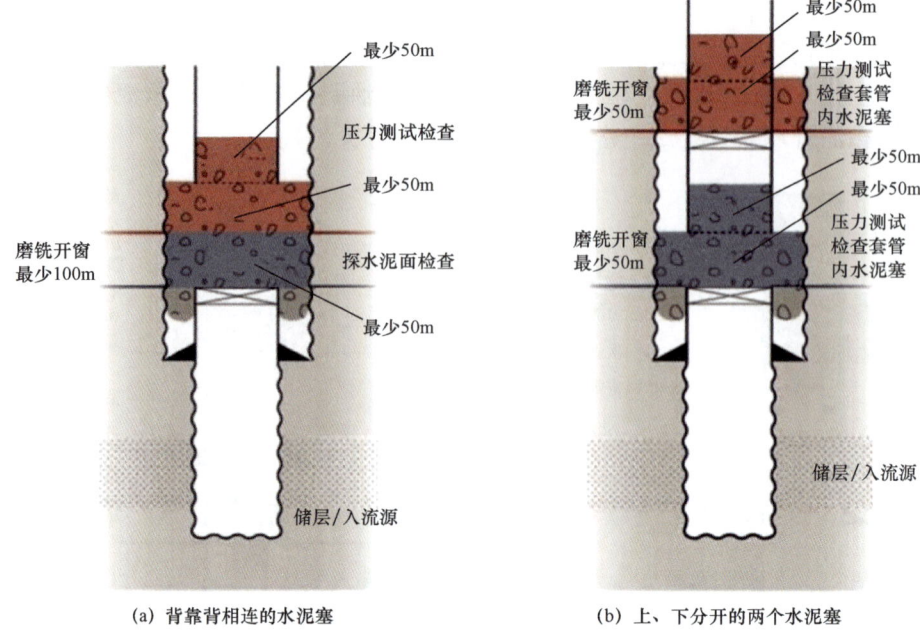

(a) 背靠背相连的水泥塞　　　　　　(b) 上、下分开的两个水泥塞

图 1.68　永久报废井磨铣部分井段在套管壁开窗后再打水泥塞

1.6.5.2　移走采油树

永久报废井要移走采油树去掉井口装置和割掉一定深度的表层套管及恢复地貌,使报废井与使用土地的矛盾最小化,并在井眼位置安装明显标志。为此提出需要的井筒屏障(表 1.19)。

表 1.19　移走采油树时需要的井筒屏障

井内流体	监测第一道井筒屏障	第一道井筒屏障	第二道井筒屏障	补偿方法
欠平衡作业的轻泥浆（流体）	有井下压力表或者油管与环空的通道（以及采集数据方法）监测第一道井筒屏障	深坐的机械桥塞	用入流测试井下安全阀（零渗漏为合格）和防落物保护装置;或用一个回压阀/油管挂密封塞;或用一个浅坐的机械桥塞	用井下压力表或环空压力表全时间的监测第一道井筒屏障的状况
	不能监测第一道井筒屏障	深坐的机械桥塞	用一个回压阀/油管挂密封塞,或者用一个浅坐的机械桥塞	因不能监测第一道屏障,用入流测试井下安全阀作为补偿方法
过平衡作业的重泥浆	能监测第一道井筒屏障（油管至环空通道）	深坐的机械桥塞和其上加盐水/泥浆或者从射孔孔眼（筛管）至地表用压井液压井	用入流测试井下安全阀（测试结果零渗漏为合格）和防落物保护装置；或者用一个回压阀/油管挂密封塞;或者用一个浅坐的机械桥塞	
	不能监测第一道井筒屏障	深坐的机械桥塞及其上的泥浆		
	不能监测第一道井筒屏障	从射孔孔眼（筛管）至地表用压井液压井	用一个回压阀/油管挂密封塞,或者用一个浅坐的机械桥塞	由于不能监测第一道井筒屏障,用入流测试井下安全阀作为补偿方法

1.6.6 总结

(1)井眼在井筒全生命周期的最后(及中间)迟早要关停和报废,在有关标准中把关停和报废视为一个服役的作业环节。目前,国内外对这类井的名称繁多而不统一,本节进行了分析和梳理,提出了对关停井、报废井统一名称及含义的建议。

(2)一口井关停或报废了,但是该油藏还在生产与作业。所以,关停井与报废井要永久保持井筒完整性,它的井筒屏障及其组件与作业井相比有其特殊性,在某些方面比作业井更复杂而且随着关停与报废的原因不同以及所在油气藏性质、地质条件、井况、井史不同而具有个性化特点,所以对关停井、报废井的井筒屏障要有针对性地进行"量身定制"并拟定有针对性的附加措施,建立多道(最少两道)井筒屏障,井筒屏障组件必须经久而耐用,经得起长时间由于油藏动态变化、环境变化等考验。所以,对井筒屏障组件的检查、测试很严格、应有标准规定。文章中列举的 21 个井筒屏障图例是有代表性的,可供参考。关停井、报废井全都要有多道套管水泥环封堵环空和多个水泥塞封堵管内,而且如果水泥塞质量不达标,要磨铣套管乃至扩眼磨铣套管内外,再重新打水泥塞并认真检查、测试直到合格切实封堵经久耐用为止。关停井、报废井还要重视所封堵井段的地层完整性,配合使用机械封堵密封装置,井下安全阀、套管浮箍、套管(尾管)单向阀以及井口装置,采油树等屏障组件(报废井可以简化、改装或拆除采油树)。

(3)从技术上、作业活动上和组织上采取有力措施,保护好关停井的井筒完整性,有助于采取措施缩短关停时间以及把关停井恢复正常作业。应尽量延缓报废时间,能够只报废一个井段就不要全井报废。关停井、报废井的服役期长,要制订与执行长期的检查、监管、监测(含永久监测、现代化信息化监管手段等)以及执行风险评估、处理的制度、标准、法规。我国目前发布的标准和法规还需在实践中加以充实完善。建议石油四大集团公司和油气企业组织产学研和第三方研究。

(4)挪威标准 NORSOK D-010 V4 对关停井、报废井的技术标准和管理方法比较全面,有的标准(如水泥塞结构与高度、压力测试和/或渗漏测压等试压方法与标准等)比国内标准更加合理和严格,对有的井进行长期监管监测与定期检测具有指导意见。建议结合我国生产实际借鉴采用。

1.7 欠平衡钻井/完井(UBD)和管控压力钻井/完井(MPD)作业的井筒完整性标准

本节包括在欠平衡钻井/完井(UBD)和管控压力钻井/完井(MPD)作业时,关于井筒完整性的要求和指南;作业使用可在地面旋转的(螺纹)连接管柱和下列系统:

(1)管控压力钻井/完井(MPD)系统。在地面使用调控静态欠平衡流体压力的方法来控制和管理井下环空压力。

(2)欠平衡钻井/完井(UBD)系统。在钻碳氢化合物地层时(即不是空气钻井),系统在地面使用控制和管理井下压力和地层入流速度。井筒压力小于碳氢化合物地层的压力。

本节的目的是说明:使用井筒屏障组件(WBEs)和附加要求及指南建立井筒屏障来实现

安全状态下的 UBD 和 MPD 作业。

本书所述的 MPD/UBD 作业要使用地面防喷器。

1.7.1 井筒屏障图解

一个井筒屏障图解(WBS)应该适用于该井的活动和作业。

1.7.2 井筒屏障验收标准

1.7.2.1 在欠平衡钻井和管控压力钻井时常用的井筒屏障验收标准

应用于下列情况：

(1)所有的井筒屏障组件(WBEs)应达到能够承受计划的作业模式(UBD 或 MPD)的最大压差,包括所预定的安全系数。

(2)应该做出可能发生的渗漏路径的完整说明及图表。

(3)应该做好风险评估以保护常用的井筒屏障组件(WBEs)。至少来说,关于井型(新井/重入井段)、状态、检验频率、可视的/机械力学的检查方法和检查可能性以及每个组件因而失效等都要考虑到位。

(4)在安装之前应该做好该系统/设备的检查计划。

1.7.2.2 欠平衡钻井的井筒屏障验收标准

欠平衡钻井时的第一道井筒屏障是由液柱来承担和保持的并进行压力控制。

应监测井底压力(BHP)和油藏影响并用地面闭环方法[包括旋转控制装置、液流管线、应急关闭阀(ESDV)、闸阀管汇和地面分散系统]进行控制：

(1)旋转控制装置(RCD)应安装在钻井防喷器之上。

(2)气体检测装置应安装在井口装置、高压隔水导管和防喷器的连接处,以检查可能从它们连接处的渗漏。

(3)应该使用专用的欠平衡钻井闸阀管汇(系统),以控制流速和井筒压力,并在进入分离装置之前降低地面压力达到可验收的水平。该闸阀管汇应有两个闸阀和一个流动通道的隔离阀。

(4)应选择地面分离系统并根据开关大小来掌控回流中的返出的液/固含量。地面设备的堵塞、腐蚀或冲刷应该不影响保持第一次井控的能力。地面分离系统应具有文件规定的功能并适于该地区使用。地面分离系统的附加特别说明(例如分离器、取样系统、燃烧系统)和支撑(辅助)系统不包括在 NORSOK 标准中,可参阅 API RP 92U 欠平衡钻井作业相关标准。

(5)如果关井或者流动的井口压力能减轻管柱重量,未使用(或未能达到设计功能)井下隔离阀(DIV)、可起下的封隔系统或者类似的关井装置。就可能使用强行不压井起下钻装置,或者在该井需要在起下管柱之前靠压井的加重液柱进行压井。

(6)如果入流的潜在趋势超过了地面设备的功能,那么第一道井筒屏障就不再像预定那样起作用了,因之该井应予救治。

(7)欠平衡钻井的液体系统常由基础液体(如海水、淡水、盐水、稠油或原油)构成,偶尔配合用气体注入。根据油藏压力和压力降低程度的要求使用加重材料。选用的欠平衡钻井液体应该适于其应用选择。

(8)在计划和设计阶段应该进行多相流模拟。该模拟结果和其他设计参数应用于设备选择和作业第一次开始之前的作业程序。在这些程序中,井底压力(BHP)作业配套措施应基于最佳的适用数据来考虑。在实际执行阶段,应该根据具体的特性模型和实际井况及油藏条件来确定最佳作业参数。还应该进行动态模拟。

在第二道井筒屏障中的组件与常规钻井中进行欠平衡钻井相同。

(9)欠平衡钻进时应该安装一个钻井防喷器。

(10)在钻台甲板上应准备必要时在管柱中使用插入式安全阀。

1.7.2.3　管控压力钻井的井筒屏障验收标准

在管控压力钻井/完井(MPD)作业中的第一道井筒屏障是由静态的欠平衡钻井液柱及所用的地面压力来承担的。井底压力(BHP)是由闭环地面压力和设备造成回压的方法来控制的。

(1)应在钻井防喷器之上安装旋转控制装置(RCD)。

(2)在进入分离设备或振动筛之前,应使用一个专用的管理控制压力钻井(MPP)闸阀管汇以控制井筒压力和在地面降低压力达到验收水平。不要使用手控的管理控制压力钻井(MPP)的闸阀系统作为第一道井筒屏障的一个组成部分。

(3)地面设备的堵塞、腐蚀或冲蚀不应影响保持井控作业的功能。

(4)应选择地面系统,其尺寸(大小)要根据反流的液体/固体包括地层流体来掌握;如果这种流入趋势存在的话,就要避用管控压力钻井(MPD)。

(5)在所有管柱质量轻的情况,应使用不压井强行起下钻装置。

(6)在任何起下钻作业中,其功能应该到位来测量既是正回压(若安装了旋转控制装置RCD)又要在没有安装旋转控制装置时环空中的液体达到检验水平。

(7)井底压力(BHP)应保持在能够防止地层流体连续地进入井筒中。井底压力高于认可的最大孔隙压力/油藏压力(包括考虑井底压力预期波动的安全极限)。

该压力能够通过压力测量或者从井筒信息的解释中来确认。

管控压力钻井的第二道井筒屏障与常规钻井相同。

(8)所用的管柱插入式安全阀应在钻台甲板上准备备用。

(9)管控压力钻井应安装钻井防喷器。

(10)管控压力钻井的管汇和流动路线应该独立于钻机闸阀管汇,这样钻机闸阀管汇就能在井控作业时经常可用。

为了保证井筒压力不超过地层完整性,应遵循下列各项:

(1)最小的压井允差值窗口(Tolerance)。根据 MPD 系统公认的最小入流量和最小入流体积(总量)能力,所确定的压井允差值窗口要小于常规作业的值。

(2)裸眼的井筒压力范围"钻进窗口(Drilling Window)",应该小至 MPD 系统被证明在计划作业和根据临界的发生频率选择的作业二者的窗口都能进行作业。至于钻机功率的最小损失,要考虑闸阀堵塞、旋转控制装置元件的更换,以及在 MPD 和井控模式之间的转换等。

(3)应该制订中止标准(因缺乏压力极限)和(或)超出作业范围的(条款)规定。应该制订应急计划以及包括如果发生应急情况的活动工作。

(4)如果在该井段最小地层应力小于最大的预计孔隙压力,就要制订检查地层被压裂的风险文件,并做好可能要处理应急计划的工作。

1.7.3 井筒屏障组件(WBEs)的验收标准(WB – EAC 表)

按本书第 4 章的表格执行,一般情况下无附加要求。

1.7.4 井控活动程序及其钻井

1.7.4.1 井控活动程序

应该能识别主要的作业风险并做好应急程序,涉及实际应用的设备和该井的应说明数据相关资料。

表 1.20 说明 UBD 和 MPD 作业井控活动程序中易发生问题的情况。

表 1.20 UBD 和 MPD 作业井控活动程序中易发生问题的情况

项目	说明	注释
1	应检测井底压力或地面压力和(或)流速;因为它可能导致旋转控制装置(RCE)的静态/动态的压力极限或者超过地面分离设备的功能	
2	止回转阀(NRV)失效,导致在正作业的井筒(Live Well)中连接管柱或起下管柱时入流进入工作管柱	
3	在常用的井筒屏障组件中套管水泥环失效	
4	在常用的井筒屏障组件中失效,如套管水泥	
5	在常用的井筒屏障组件中,井口、高压隔水导管和防喷器失效	
6	在钻进、顶替过平衡流体以及用管柱循环液体出井筒的同时发生的情况	只在压力管控作业时发生
7	闸阀的磨蚀、腐蚀或冲蚀	考虑具体情况或隔开该处进行维修或该闸阀不能再用
8	在地面渗漏	旋转控制装置、管线、总管线等
9	在地面堵塞	闸阀、流量计等
10	工作管柱失效、冲蚀或扭断脱扣	考虑到管柱轻重的情况及钻柱中附加的止回转阀。评估关于井筒有狗腿而产生的管柱失效
11	应急关井	仅在欠平衡时
12	应急压井和强行挤注	包括关井的标准
13	在井底和循环出井的循环漏失	
14	井中有 H_2S	
15	钻机功率损失(损耗)	
16	增产作业压井和发生漏失情况	
17	卡钻	
18	在连接管柱时控制动态回压的方法失效	
19	移动钻机	
20	钻机/平台发出警铃时	

1.7.4.2 井控活动钻井

井控活动钻井见表1.21。

表1.21　UBD/MPD作业井控活动钻井

类型	频率	目标	注释
超过了旋转控制装置的压力额定值	每个井队在工作时一旦发生(注:只要有一次就要处理)	责任培训	在UBD/MPD作业开始之前,钻出上一层套管前
地面分离设备超过其功能	每个井队在工作时一旦发生(注:只要有一次就要处理)	责任培训	在UBD作业开始之前,钻出上一层套管前
止回转阀(NRV)渗漏在作业井中上扣或起下时入流进入工作管柱	每个井队在工作时一旦发生(注:只要有一次就要处理)	责任培训	在UBD/MPD作业开始之前,钻出上一层套管前
旋转控制装置发生渗漏,包括起下钻以可换组件	每个井队在工作时一旦发生(注:只要有一次就要处理)	责任培训	在UBD/MPD作业开始之前,钻出上一层套管前
在旋转控制装置的下游设备渗漏	每个井队在工作时一旦发生(注:只要有一次就要处理)	责任培训	在UBD/MPD作业开始之前,钻出上一层套管前
在钻井防喷器下部连接部位渗漏	每个井队在工作时一旦发生(注:只要有一次就要处理)	责任培训	在UBD/MPD作业开始之前,钻出上一层套管前
(压力)闸阀钻井(Choke drill)	井队在工作时,一旦在UBD/MPD作业开始之前	在作业实践中,该压力闸阀在井中带压	在UBD/MPD作业开始之前,钻出上一层套管前
未控制位的工作管柱称出井筒	每口井井队在工作时一旦发生	责任培训	在UBD/MPD作业开始之前,钻出上一层套管前
H_2S钻井	在钻入可能含H_2S层/油藏之前	实践练习使用防毒面具等设备	如果知道H_2S存在,所有有关人员要进行必要培训
交替(转换)使用井控设备和UBD/MPD设备	每个井队在工作时,一旦在UBD/MPD作业开始之前	实践练习从UBD/MPD模式改变为标准的井控模式(例如压井情况)	在UBD/MPD作业开始之前,钻出上一层套管前

1.7.5　井控模型(Matrix)

应制订井控模型(骨架)。终止作业的标准以及观察(图中黄色区)和包括第一次发生的井控事故等都应包括在模型中。井控模型应细致说明并基于实用设备的设计极限。

表1.22和表1.23分别为MPD作业和UBD作业的井控模型。

表 1.22 MPD 作业的井控模型

MPD 井控模型		地面压力指示			
		在设计的钻进回压	在设计的上下扣的回压	大于设计的回压,并且小于回压极限值	不小于回压极限值
注入指示器(注入指示值)	没有注入(No influx)	继续钻进	继续钻进作业	继续钻进,调整系统以降低 WHP	使井筒安全,评估(做出)下一步设计的活动
	作业极限	继续钻进,调整系统以增大 BHP	继续作业,调整系统以增大 BHP	继续作业,调整系统以降低 WHP 和增大 BHP	使井筒安全,评估(做出)下一步设计的活动
	小于设计极限	中止钻进。调整系统以增大 BHP	调整系统以增大 BHP	使井筒安全,评估(做出)下一步设计的活动	使井筒安全,评估(做出)下一步设计的活动
	不小于设计极限	使井筒安全,评估下一步设计活动	使井筒安全,评估下一步设计活动	使井筒安全,评估下一步设计活动	使井筒安全,评估下一步设计活动

注:作业极限指一个井筒标明的极限,在钻进能够继续进行时;不小于设计极限指一个井筒标明的极限,这时 MPD 要中止并转为井控作业。

如果设计(预计)的潜在的地层流体能通过 MPD 设备,应检查风险,使之能通过钻机的井控系统。
(1)在井控情况下不必增大风险(与常规井控相比),就可以由 MPD 模式转为正常模式。
(2)泵注作业液量较大或者是未预计到的容量时,应在作业之前预先准备好。
(3)如果使用 MPD 控制系统,地层流体计划循环到井外的话,在循环出井时的实时压力数据应该可利用。

表 1.23 UBD 作业的井控模型

UBD 井控模型		井口流动压力		
		范围 1($p_1 - p_2$)	范围 2($p_2 - p_3$)	$> p_3$
地面流动速度	范围 1($Q - Q_1$)	继续钻进	继续钻进。调整系统以降低 WHP	使井筒安全,评估(做出)下一步设计的活动
	范围 2($Q_1 - Q_2$)	继续钻进。调整系统以增大 BHP	中止钻进。起钻,隔开。调整系统以增大 BHP 和降低 WHP	使井筒安全,评估(做出)下一步设计的活动
	$> Q_2$	使井筒安全,评估(做出)下一步设计的活动	使井筒安全,评估(做出)下一步设计的活动	使井筒安全,评估(做出)下一步设计的活动

注:p_1—最小的分离器压力以保证有效的倾卸液体;p_2—设计的工作压力;p_3—作业的压力极限 Q_1—设计的作业流速;Q_2—作业的流速极限。

1.7.6 其他项目

1.7.6.1 程序

应建立 MPD/UBD 作业的井筒专用程序。程序应该依据于风险分析,MPD 应用下列作业要求:

(1)应该用动态流动检测代替标准(常规)的检测。动态流动检测应该在停止钻进和掌握常用地面压力的条件下进行,同时,通过闭环 MPD 系统监测液量盈余或损失。
(2)如果计划到未预计的地层流体通过 MPD 设备,则应采用井控程序。
(3)应该建立井筒/作业的特定极限,例如:最大和最小的井底压力(BHP)、压井速度、最大的起下管柱速度等。

研发作业程序以用于:

(1)开始的欠平衡/未加负荷(Unloading)的井筒(只指 UBD);
(2)连接螺纹;
(3)工作井筒的起下;
(4)监测腐蚀、磨蚀;
(5)设备中的分离器压力;
(6)通信界面;
(7)旋转控制装置(RCD)的轴承与构件的更换,拆除。

1.7.6.2　人员培训

在 UBD 和 MPD 作业中的有关人员应该是有能力的。人员在成为有能力的过程中,应该经具有相应资质人员的培训、指导。

下列人员应完成基本的 MPD/UBD 课程:
(1)副司钻;
(2)司钻;
(3)井队长;
(4)钻井监督;
(5)MPD/UBD 监督;
(6)MPD/UBD 作业者;
(7)钻井工程师;
(8)钻井负责人(钻井主管);
(9)钻机(井队)经理;
(10)平台/井场经理。

上述人员(平台/井场经理除外)应完成一套特定的课程并每 2 年再学习该课程。有关的海洋钻井人员在开始 MPD/UBD 作业之前进行现场实地培训,其中包括设计的作业和意外事故。应做好计划以保证将承担工作的井队已经过足够训练。

上述所有培训工作应制订文件。

MPD/UBD 监督人员应具有国际组织:如国际井控组织(WCF)或国际钻井承包商协会(IADC)认可颁发的有效井控证书。

1.7.6.3　资料数据的收集

相关的实时数据应收集并在网络屏幕上连续公布,包括:
(1)环空/闸阀压力;
(2)立管压力;
(3)实际的地面系统液量;
(4)钻井液泵的泵速;
(5)气体回流的速率;
(6)液体回流的速率;
(7)气体注入速率(如果有的话);
(8)地面设备的压力;
(9)地面温度;

(10) 在钻柱下部组合(BHA)中应包括井下压力和温度,并予记录。

1.7.6.4 释放井(Relief Well)

附加的应急要求:有效的释放井策略的评估应该包括在使用 MPD/UBD 钻进的钻井程序中。它应该包括释放井是否需用 UBD/MPD 进行钻进。如果需用 UBD/MPD 钻释放井,就要使用适合于 UBD/MPD 钻井使用的适当设备。

1.7.7 井筒屏障图解(WBS)实例

如图 1.69 至图 1.70 所示为两个 UBD/MPD 作业井屏障图解的例子。

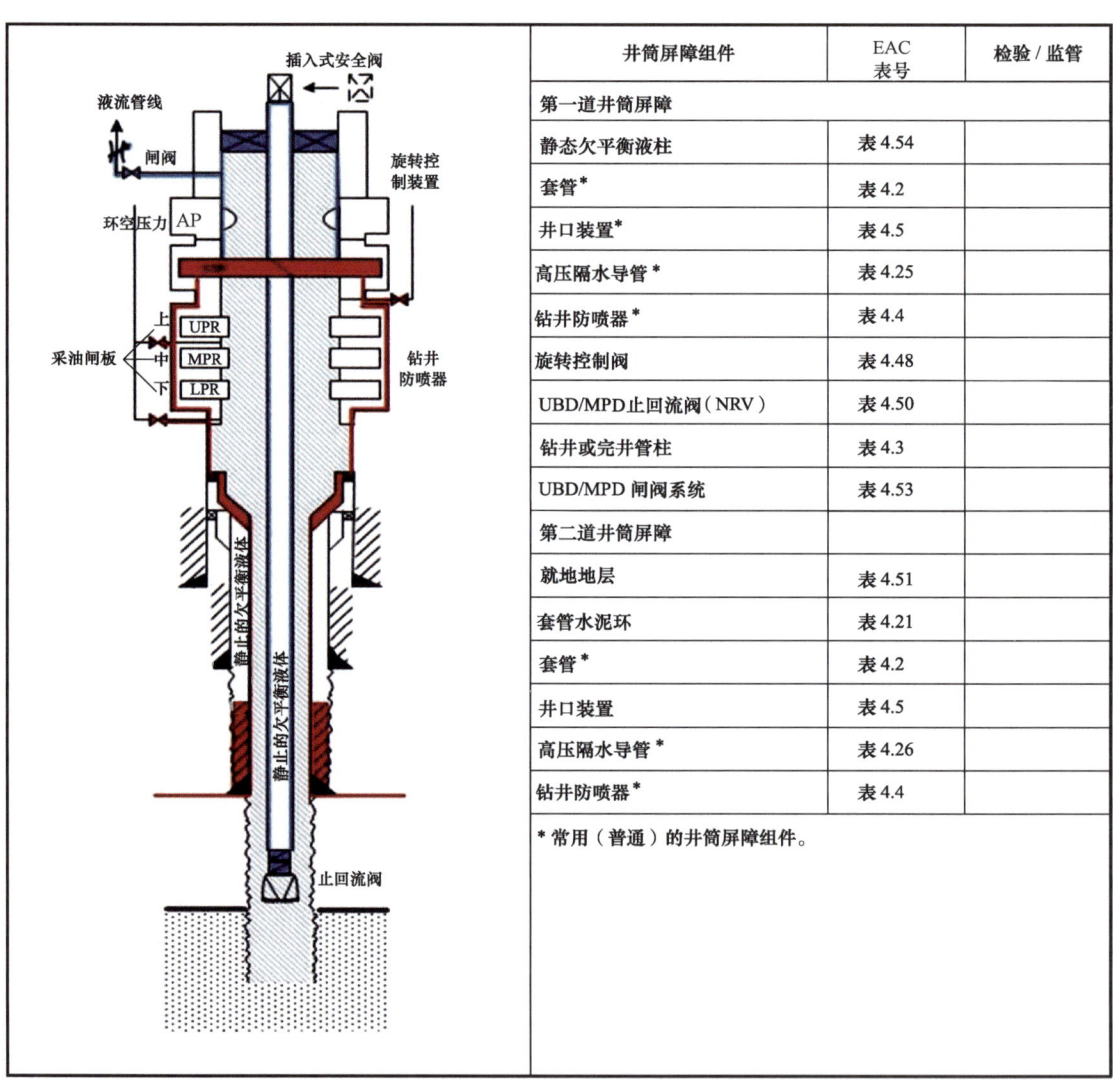

井筒屏障组件	EAC 表号	检验/监管
第一道井筒屏障		
静态欠平衡液柱	表4.54	
套管*	表4.2	
井口装置*	表4.5	
高压隔水导管*	表4.25	
钻井防喷器*	表4.4	
旋转控制阀	表4.48	
UBD/MPD 止回流阀(NRV)	表4.50	
钻井或完井管柱	表4.3	
UBD/MPD 闸阀系统	表4.53	
第二道井筒屏障		
就地地层	表4.51	
套管水泥环	表4.21	
套管*	表4.2	
井口装置*	表4.5	
高压隔水导管*	表4.26	
钻井防喷器*	表4.4	
*常用(普通)的井筒屏障组件。		

图 1.69 在欠平衡液体钻进和起下管柱井筒屏障层系图解

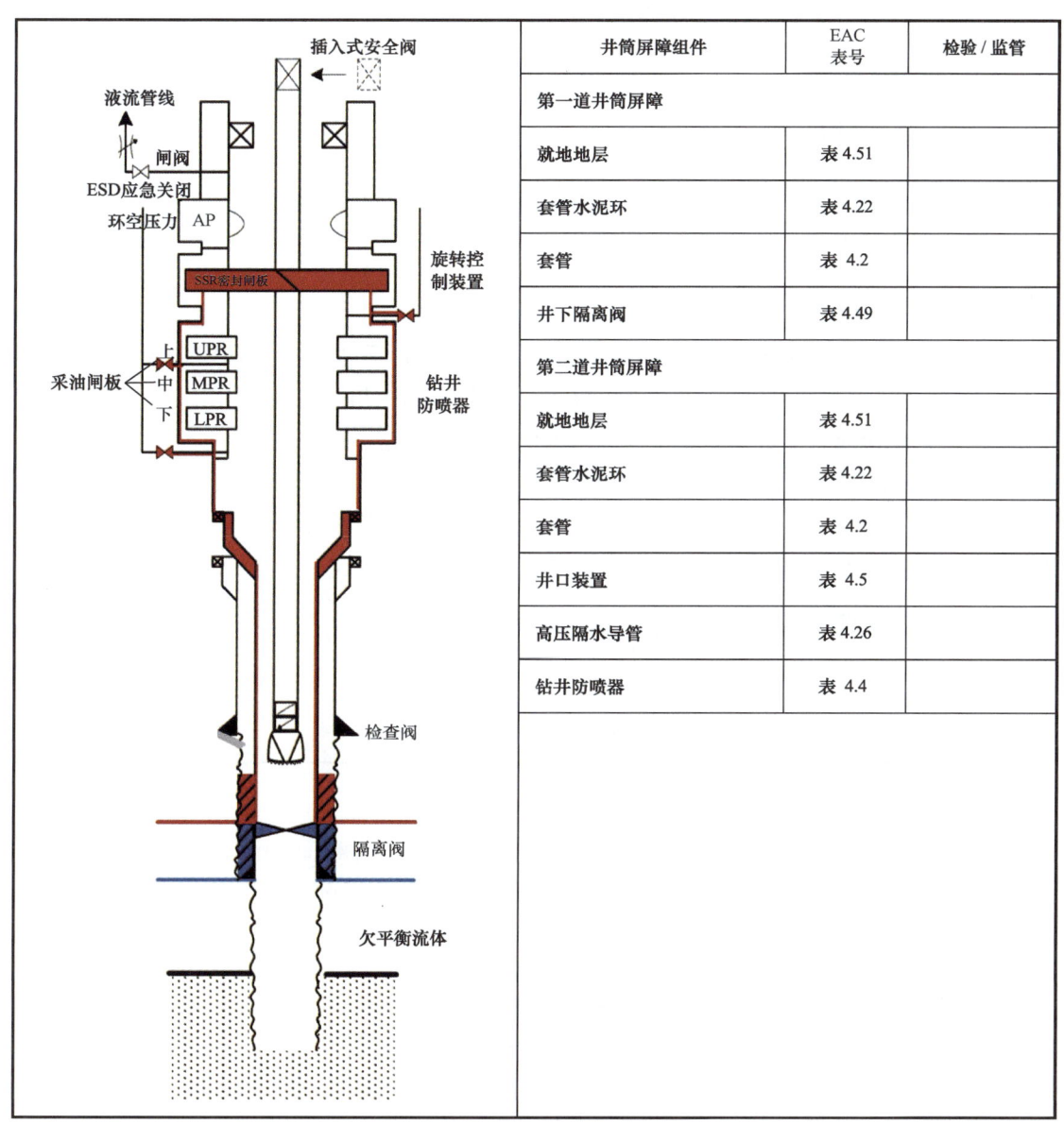

图1.70 用井下隔离阀(DIV)起下工作管柱井筒屏障层系图解

1.8 泵注作业的井筒完整性标准

本节包括在一口井中通过油管(管柱)向环空(专门)泵注(Pumping, Injection)入(工作)流体。该泵注作业的时间可能较短——进行增产、处理腐蚀、处理结垢、处理溢流清洗井筒、挤注(压回地层压井法，Bullheading)、压井或回注岩屑或废弃物作业的时间都可能较短。

为了提高采收率和油藏压力而连续注入水或气体或其他流体到油藏中的正常泵注作业已在采油作业部分阐述了。注水泥和测试注入作业也不包括在本节中。

本节的目的是说明使用井筒屏障组件和附加要求及作业指南来建立井筒屏障以实现这些活动处于安全状态。

1.8.1 井筒屏障图解(WBS)

对每一项井筒活动和作业都应准备好井筒屏障图解(WBS)。

选择了一些情况的井筒屏障图解的例子。

1.8.2 井筒屏障验收标准

如果最大泵压超过了采油树的额定工作压力,或者(若)采油树压力额定值因腐蚀或磨损而降低,采油树应该隔离开(用一个采油树隔离工具把采油树与泵压隔开)。

当有下列情况时,注入(Injection)流体不能进入任何地层:

(1)传播—扩大垂直裂缝到海底。

(2)除非在油管管柱中安装有一个井下安全阀(DHSV)或者在注入作业时在特定的环空中有一个环空安全阀(ASV),或者(若)注入液柱的静水压力超过了孔隙压力。

1.8.3 井筒屏障组件(WBE)验收标准(WB-EAC)

按 WB-EAC 检验每个 WBE(表 1.24)。

表 1.24 EAC 附加的要求

EAC 表号	组件名称	附加的特性、要求和指南
表 4.22	套管水泥环	环空或管柱内孔在注入高度以下时,应该注水泥和(或)封隔以防止注入不该注入的油藏中去
表 4.33	地面采油树	遥控的采油树阀门在泵注作业时应该从易疏忽关闭处进行隔离

1.8.4 井控活动程序和(井控条件下)钻井

1.8.4.1 井控活动程序

表 1.25 说明井控活动程序应该启用的易于发生的情况。

表 1.25 井控活动程序应启用的易于发生的情况

项目	说明	注释
1	在泵注作业时,采油树隔离工具的渗漏	
2	在地面分支管线中的渗漏	如何关闭隔离的采油树阀门

1.8.4.2 井控活动的钻井

有关的井控活动钻井事项应在作业开始之前,由每个作业班完成并在事后每周由每班进行检查(意指:随时做好井控作业的准备工作以应急用)。

1.8.5 井筒设计

1.8.5.1 总则

按照钻井作业和完井作业等的井筒设计。

1.8.5.2 设计依据、假定和假设

应该确认所有井筒设备和地面装置能承受由泵注作业产生的预计载荷。该井的历史作业数据应该重温和分析；再有，设备压力额定值的降级应该根据实测值或预计的由于腐蚀、磨损和其他影响设备完整性的因素所造成的材料损失量进行评定。

1.8.5.3 载荷情况

当设计内崩、挤毁和轴向载荷时，表1.26所列的载荷情况应作为最低考虑。

表1.26 载荷情况（泵注作业）

项目	说明	注释
1	材料兼容性配伍性的审核	用将要注入的各种化学物质和这些化学物质的混合物质进行材料配伍性检查
2	最大允许泵速	用所有泵注流体及其含有的砂、砾石等各种情况及在事故条件下形成的压力波动（压力激动）所造成的磨损、腐蚀进行评估以确定最大允许泵速
3	最大压差	在泵注时的最大压差
4	温度影响（包括温度冲击、管材冷却和环空压力回升等情况）	在泵注时期以及直到恢复平衡为止

1.8.5.4 最小的设计系数

按本书3.1节"维护井筒完整性及井筒屏障应采取的措施"中"设计系数"处理。

1.8.6 其他项目

1.8.6.1 通过采油管柱泵注

通过采油管柱的应用项目：

（1）泵应安装压力释放阀以保护过载。该释放阀应安置在无危险的位置。泵应有一个过压限制系统，以能在过载发生之前自动停泵。

（2）在泵注作业中，井下安全阀（DHSV）和水力控制阀（HMV）应从易于疏忽的盲板处隔离开。

（3）应监视邻近的环空和(或)管柱从泵注处隔离开并处于正常的升压状况，任何压力增大的原因（温度、管子膨胀或渗漏）应予以检查。

（4）泵注之后，应该按规则监测/监管所有的环空（能监测到的环空），直到温度达到平衡为止。

1.8.6.2 膨胀的（增能的，Energized）流体的管理操作（Handling）和泵注

当操作和(或)泵注液化气体或含气液体时应注意下列各项：

(1) 待泵注的液化气体和特殊气体的低压一侧使用的所有地面容器和管线应该适合于液化气体使用的质量要求。

(2) 应该有可能泄放掉地面容器和管线的最低点的压力以减小形成冰块的危险。

(3) 用于储存和(或)泵注的液化气体的全部设备应该放在一个有边界保护的区域(如设有围墙和防护网罩处)。

(4) 边界的面积应该：

① 准备好能收集和保存事故发生时产生的液化气体；

② 准备热绝缘(隔热)的甲板和装备；

③ 装备有必要救火时使用小喷嘴的水房(水罐)。

(5) 释放管线应该有一端装有检验阀(Check Valve)和压力释放功能。

(6) 不应使用橡胶容器作为高压释放管线的组件。

(7) 泵注泵应精密配装一个压力限制开关(Presume Limit Switch)，它的压力应配置为最大允许泵注压力的1.1倍。

1.8.6.3 临时安装的地面释放管路

在连接泵注作业时，当使用临时安装的地面释放管路(在泵与井筒屏障组件的第一个永久性阀门之间)的时候，应注意下列各项：

(1) 应采取适当措施，防止撞击(抖动，Whip)、弹跳(Bouncing)或过度振动，如果可能要发生破裂的话就要设法限制所有管柱。

(2) 防止从起重机、滑车、滑动系统等处坠落物体。

(3) 它们的额定工作压力(RWP)应等于或大于最大的泵注压力。

(4) 应进行渗漏试验(事先或事后)。

(5) 它们应具有足够的内径以防止泵注作业的冲蚀。

(6) 在每条释放管线上都要安装检查阀。

(7) 应在泵上安装压力释放阀并测试。

1.8.6.4 硬管释放管线

按照标准执行，也可参照1.8.6.3部分执行。

1.8.6.5 柔性水龙带释放管线

柔性水龙带应该注意的要点：

(1) 柔性水龙带的强度应能承受所有泵注流体压力(包括复合作用的复合力)。

(2) 水龙带的内压安全系数为 $4 \times RWP$(4倍的额定工作压力)。

(3) 水龙带端部防脱。

(4) 防止从外部对其磨损。

1.8.6.6 井筒屏障图解(WBS)实例

图1.71至图1.76所示为泵注作业井筒屏障图解。

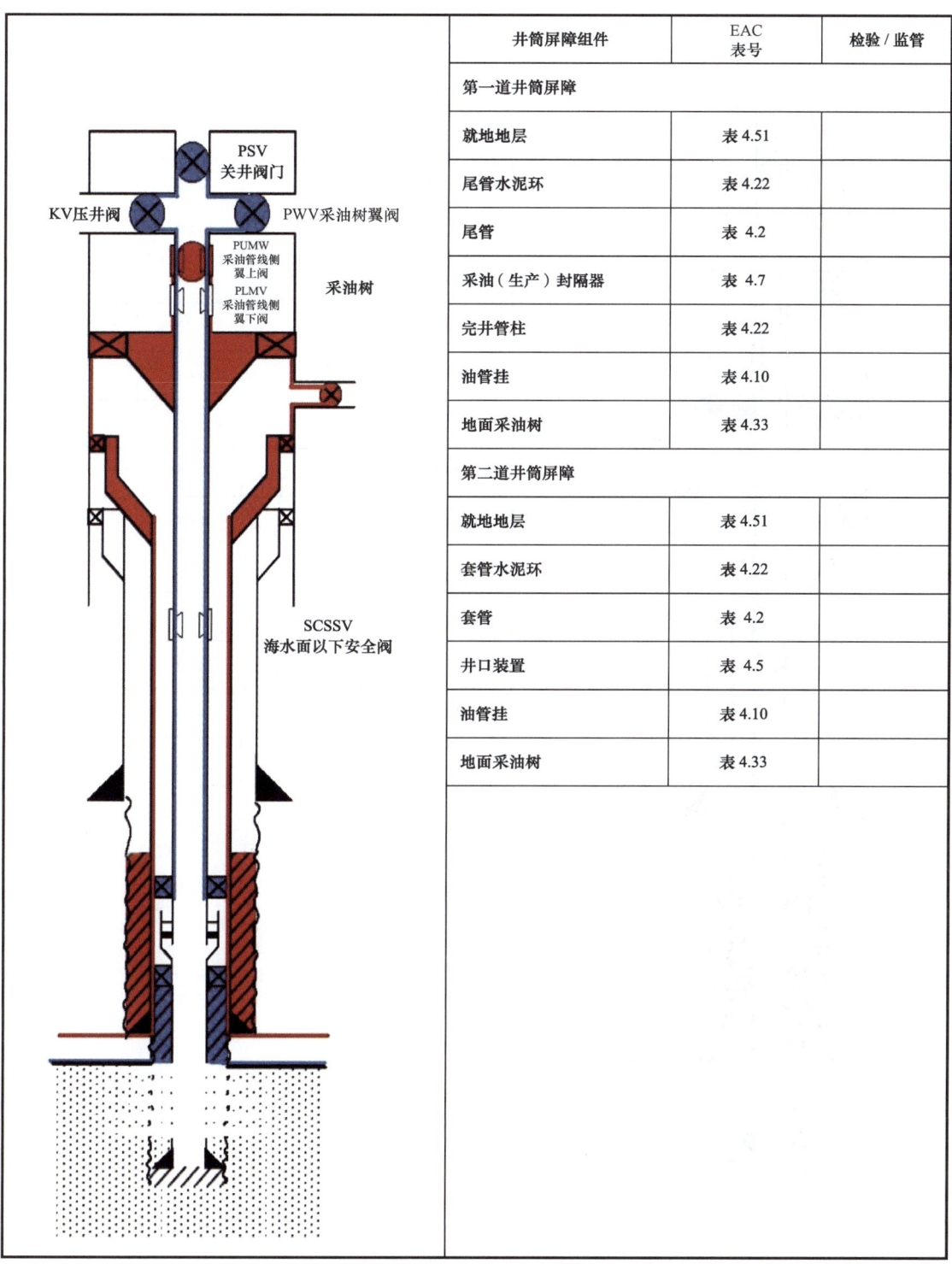

井筒屏障组件	EAC 表号	检验/监管
第一道井筒屏障		
就地地层	表 4.51	
尾管水泥环	表 4.22	
尾管	表 4.2	
采油（生产）封隔器	表 4.7	
完井管柱	表 4.22	
油管挂	表 4.10	
地面采油树	表 4.33	
第二道井筒屏障		
就地地层	表 4.51	
套管水泥环	表 4.22	
套管	表 4.2	
井口装置	表 4.5	
油管挂	表 4.10	
地面采油树	表 4.33	

图 1.71 过油管泵注—井下安全阀隔离井筒屏障层系图解

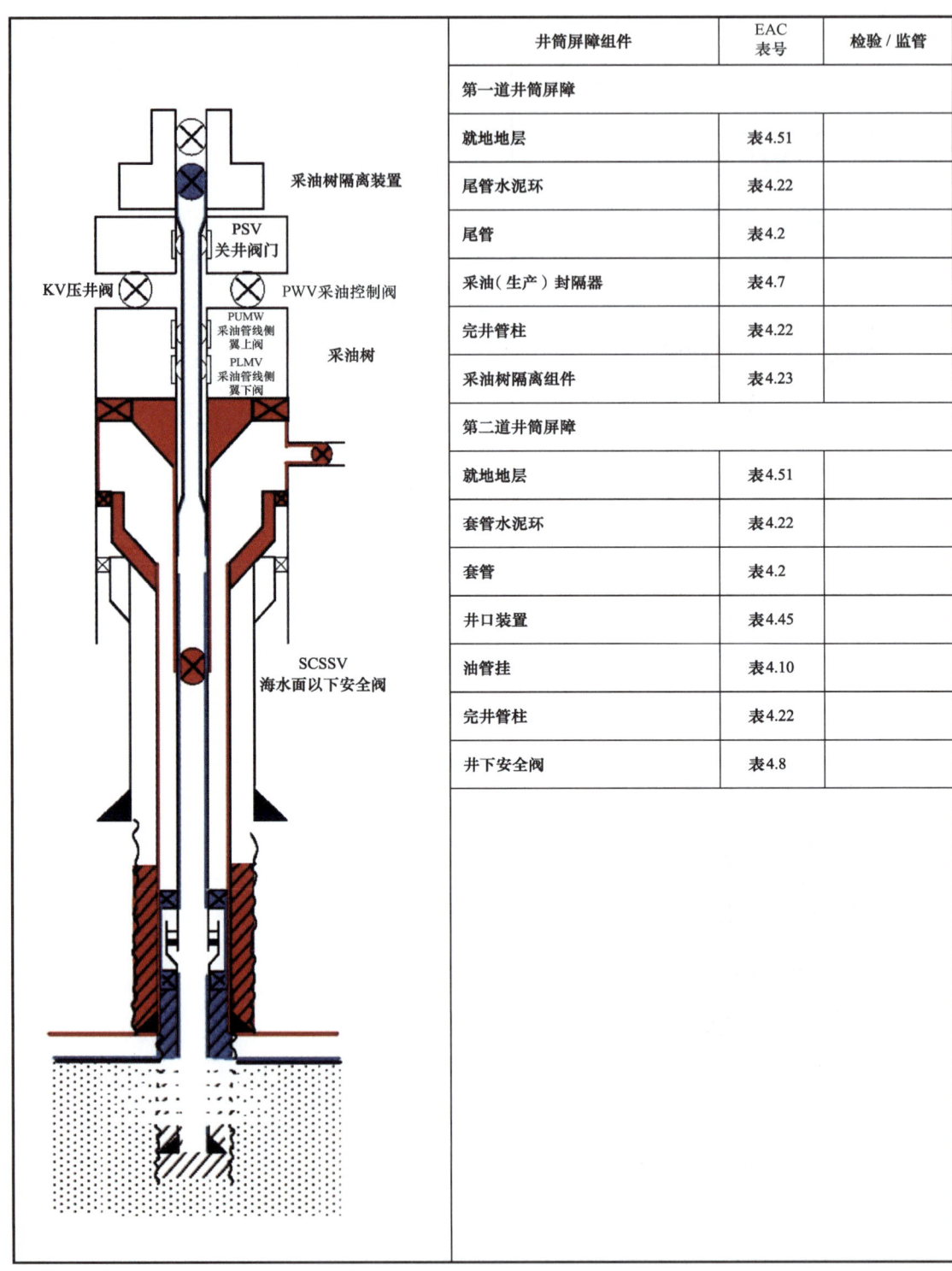

井筒屏障组件	EAC 表号	检验/监管
第一道井筒屏障		
就地地层	表4.51	
尾管水泥环	表4.22	
尾管	表4.2	
采油（生产）封隔器	表4.7	
完井管柱	表4.22	
采油树隔离组件	表4.23	
第二道井筒屏障		
就地地层	表4.51	
套管水泥环	表4.22	
套管	表4.2	
井口装置	表4.45	
油管挂	表4.10	
完井管柱	表4.22	
井下安全阀	表4.8	

图1.72 过油管泵注—装有采油树隔离装置井筒屏障层系图解

第1章 井筒完整性的标准

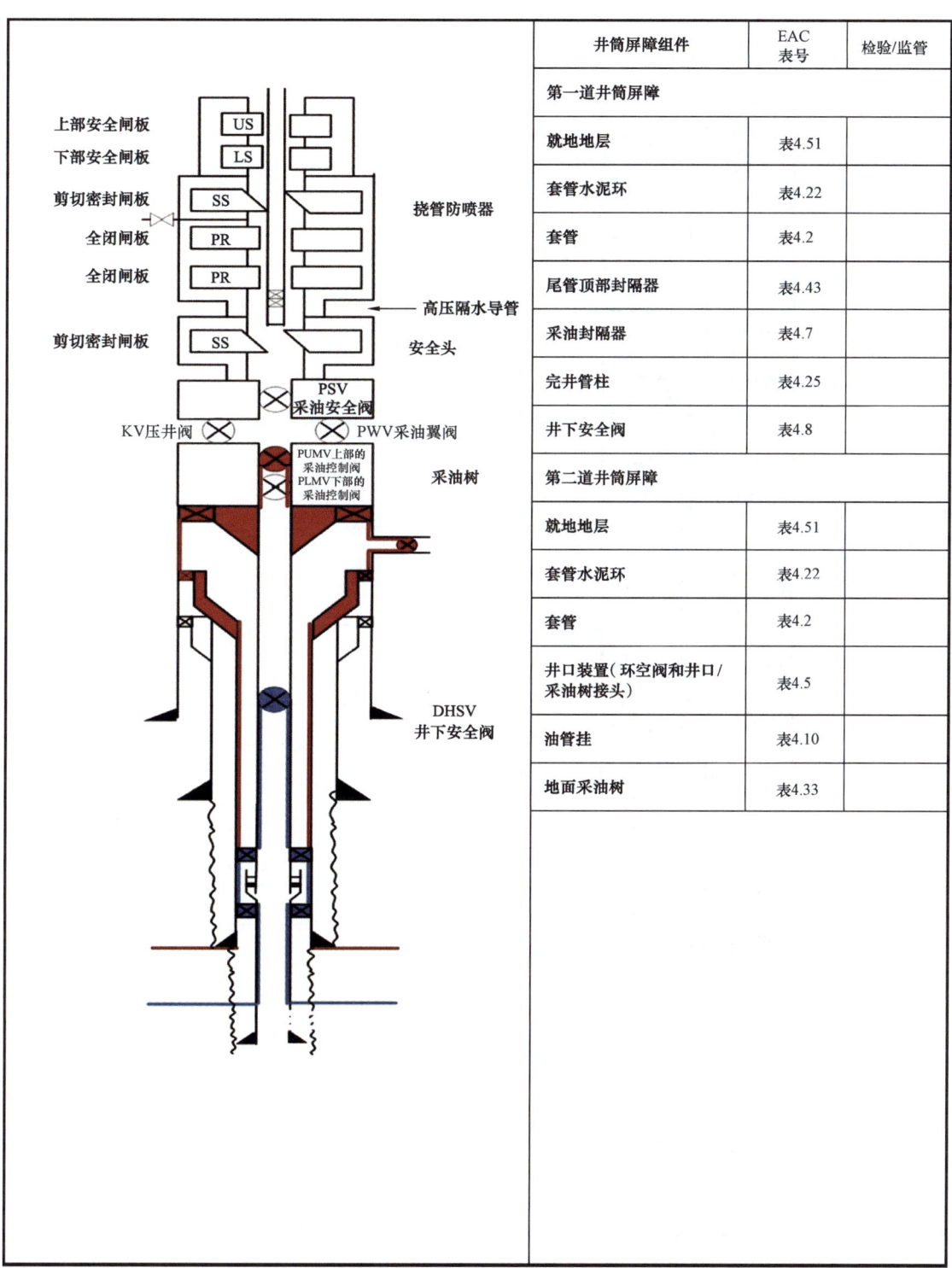

井筒屏障组件	EAC 表号	检验/监管
第一道井筒屏障		
就地地层	表4.51	
套管水泥环	表4.22	
套管	表4.2	
尾管顶部封隔器	表4.43	
采油封隔器	表4.7	
完井管柱	表4.25	
井下安全阀	表4.8	
第二道井筒屏障		
就地地层	表4.51	
套管水泥环	表4.22	
套管	表4.2	
井口装置（环空阀和井口/采油树接头）	表4.5	
油管挂	表4.10	
地面采油树	表4.33	

图1.73　从采油树以上下入CT设备井筒屏障层系图解

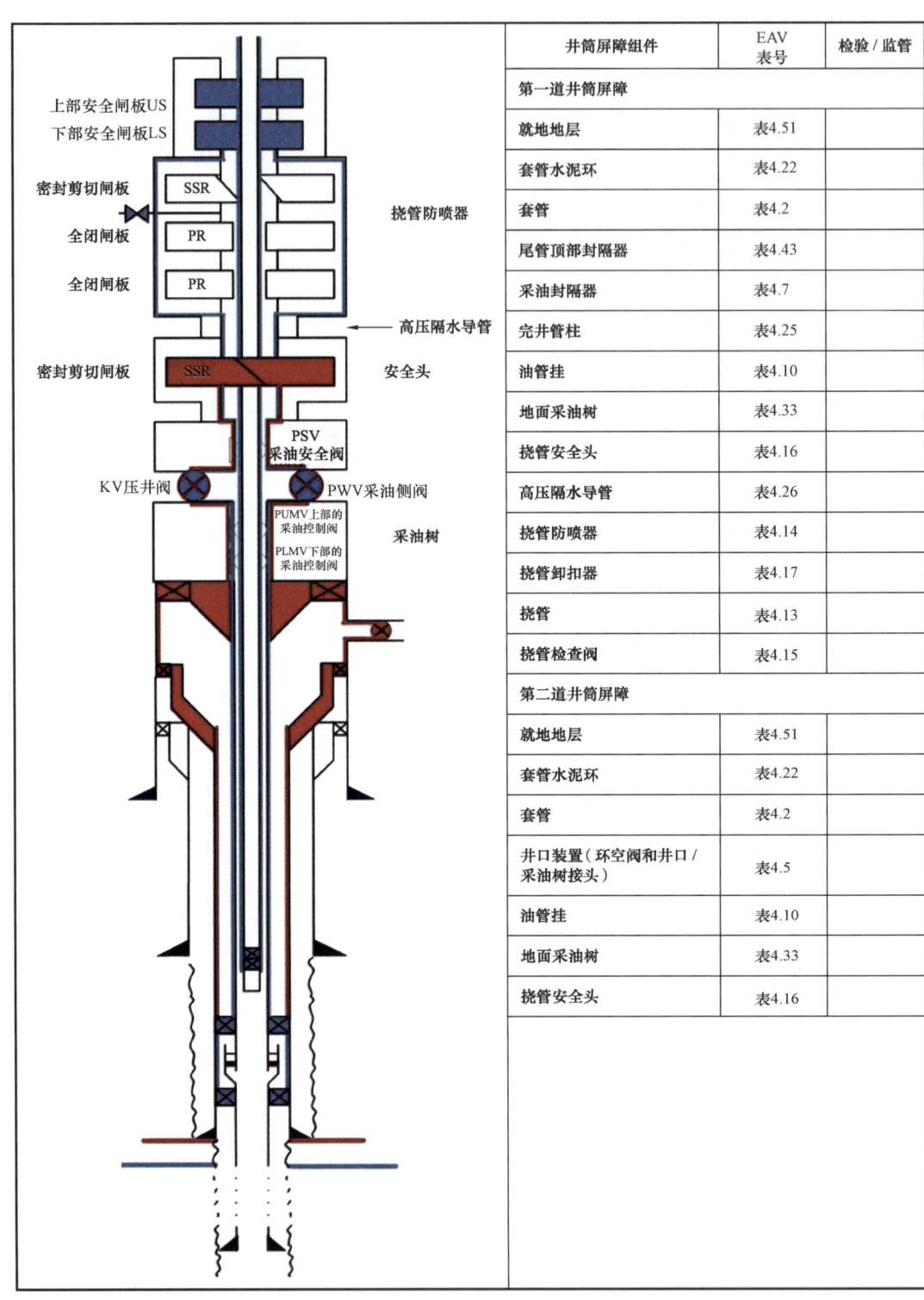

井筒屏障组件	EAV 表号	检验/监管
第一道井筒屏障		
就地地层	表4.51	
套管水泥环	表4.22	
套管	表4.2	
尾管顶部封隔器	表4.43	
采油封隔器	表4.7	
完井管柱	表4.25	
油管挂	表4.10	
地面采油树	表4.33	
挠管安全头	表4.16	
高压隔水导管	表4.26	
挠管防喷器	表4.14	
挠管卸扣器	表4.17	
挠管	表4.13	
挠管检查阀	表4.15	
第二道井筒屏障		
就地地层	表4.51	
套管水泥环	表4.22	
套管	表4.2	
井口装置（环空阀和井口/采油树接头）	表4.5	
油管挂	表4.10	
地面采油树	表4.33	
挠管安全头	表4.16	

图1.74 通过地面采油树下入CT设备井筒屏障层系图解

第1章 井筒完整性的标准

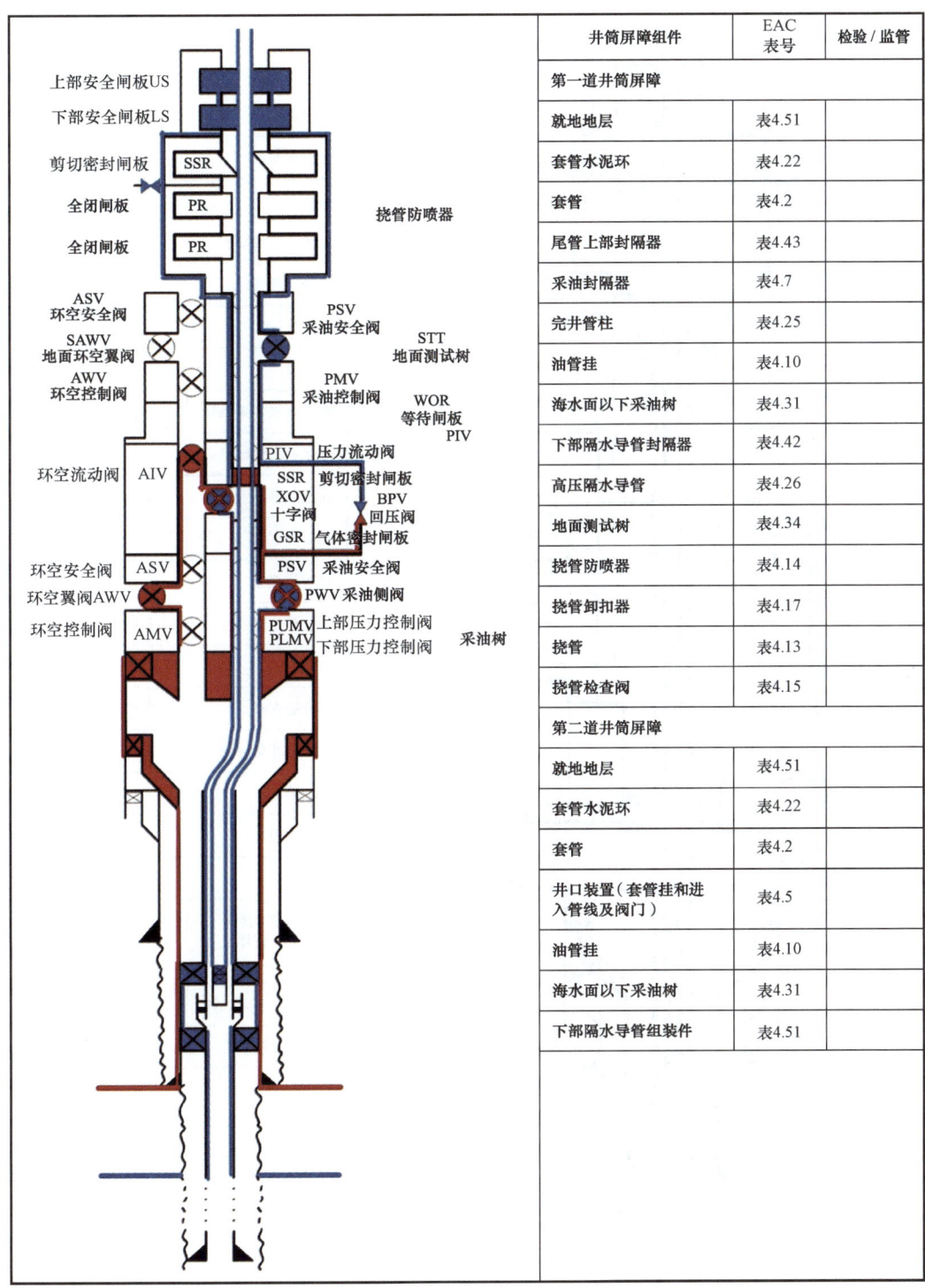

井筒屏障组件	EAC 表号	检验/监管
第一道井筒屏障		
就地地层	表4.51	
套管水泥环	表4.22	
套管	表4.2	
尾管上部封隔器	表4.43	
采油封隔器	表4.7	
完井管柱	表4.25	
油管挂	表4.10	
海水面以下采油树	表4.31	
下部隔水导管封隔器	表4.42	
高压隔水导管	表4.26	
地面测试树	表4.34	
挠管防喷器	表4.14	
挠管卸扣器	表4.17	
挠管	表4.13	
挠管检查阀	表4.15	
第二道井筒屏障		
就地地层	表4.51	
套管水泥环	表4.22	
套管	表4.2	
井口装置（套管挂和进入管线及阀门）	表4.5	
油管挂	表4.10	
海水面以下采油树	表4.31	
下部隔水导管组装件	表4.51	

图1.75　通过垂直的海水面以下采油树及下部隔水导管组合下入CT管井筒屏障层系图解

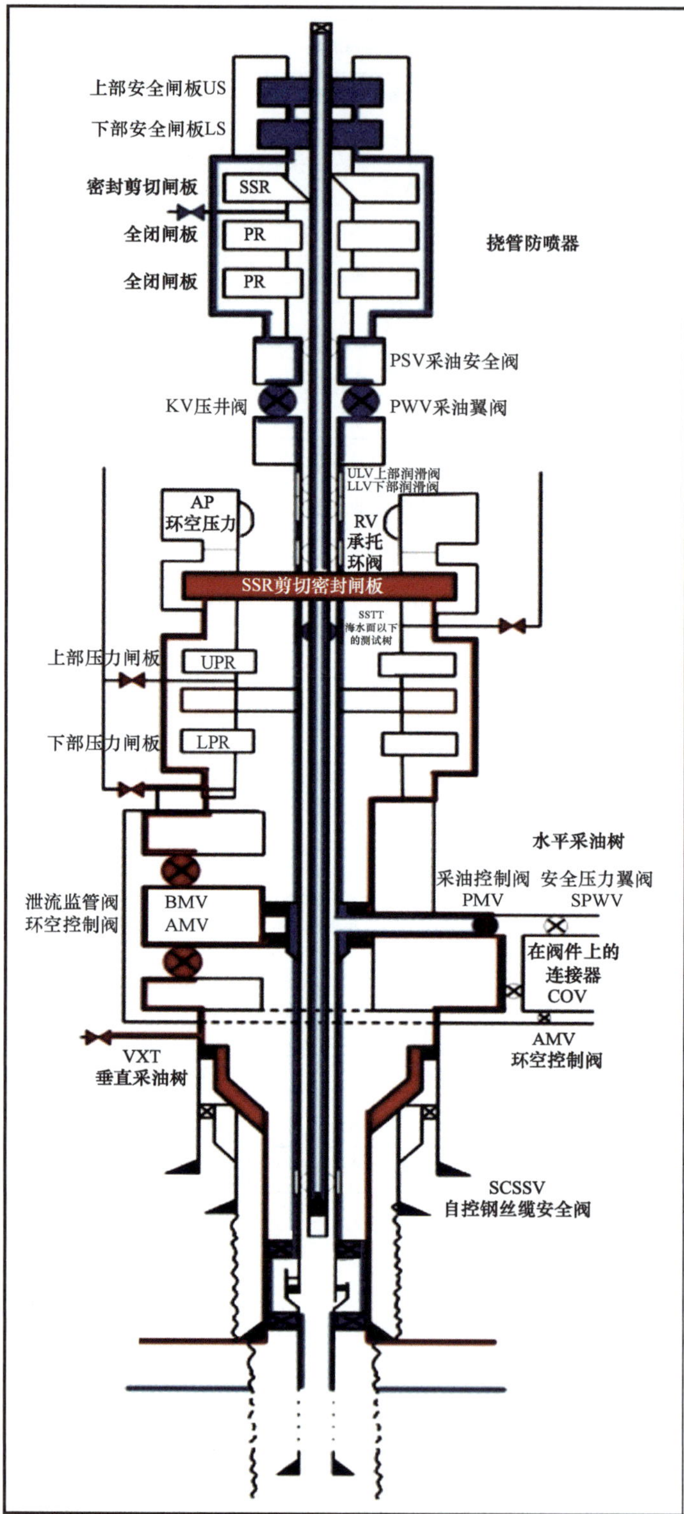

井筒屏障组件	EAC 表号	检验/监管
第一道井筒屏障		
就地地层	表4.51	
套管水泥环	表4.22	
套管	表4.2	
尾管上部封隔器	表4.43	
采油封隔器	表4.7	
完井管柱	表4.25	
油管挂	表4.10	
海水面以下采油树	表4.31	
海洋井测试树	表4.32	
高压隔水导管	表4.26	
地面测试树	表4.34	
挠管防喷器	表4.14	
挠管卸扣器	表4.17	
挠管	表4.13	
挠管检查阀	表4.15	
第二道井筒屏障		
就地地层	表4.51	
套管水泥环	表4.22	
套管	表4.2	
井口装置（套管挂和进入管线及阀门）	表4.5	
海水面以下采油树	表4.31	
钻井防喷器	表4.4	

图 1.76　通过水平的海水面以下采油树及钻井防喷器和海水面以下的测试树下入 CT 管井筒屏障层系图解

1.9 连续管(挠管)作业的井筒完整性标准

本节包括在连续管(挠管,Coiled Tube,简称 CT)作业时,关于井筒完整性的要求和应用指南。CT 作业是为了推广使用各类工具(测录井工具、钻井工具、封隔器等)和作为管柱一样的为了在井中循环流体或放置流体(绝大部分是液体)的一项技术。

CT 能够用于有压力的井或者死井。

本节的目的是讲述用 CT 建立与使用井筒屏障组件的井筒屏障和执行这项作业的安全所需的附加要求及工作指南。

1.9.1 井筒屏障图解

对每口井的工作、活动和作业都应准备好井筒屏障图解选用的 WBS 的例子(图 1.73 至图 1.76)[1]。

1.9.2 井筒屏障验收标准

下面所列说明 CT 作业对 WB 的专门要求和指南。

(1)对 CT 作业在一个已完成井的地面井控设备:

① 2×CT 拆卸器(Stripper);

② CT 防喷器;

③ 高压隔水导管(海洋井);

④ CT 安全头(Safegy Head)。

(2)从采油树(XT)到 CT 防喷器顶部的所有连接部件应该是法兰或卡箍(Clamp)连接并有金属—金属密封件。在用于预定目标(海洋隔水导管等)的特殊要求作业时,可使用替换的连接部件。

(3)在地面控制的 CT 钻机的阀门出口和入口应该用双重的法兰或卡箍连接件。在井筒内部的阀门应该用双向的金属—金属密封件。这两个阀门之一应该是遥控操作的。在入口处可替换的遥控阀可以用手控阀或检查阀来代替。

(4)额定压力管线应连接到地面控制装备的压井出口管线处。

(5)如果井下安全阀有渗漏的话,应安装一个 CT 安全头并在 CT 钻机起出 CT 井控设备之前进行渗漏测试。

(6)对过平衡的 CT 作业,对用地面钻井液池监管的方法和保持井中液面,应该在一个井口打开的井筒中替换掉长的井底钻具组合装置(BHA)。监管系统应该能够有方法监测 BHA 的替换工作。

(7)在替换长的 BHA 时不能用切割方法,要用一个变通接头(专用接头 Contingency Joint)和(或)一个专用系统来把 BHA 下入井中(这些工具和工作应及早到位)。

(8)在下部隔水导管组合(LRP)上的开启与关闭的左右移动密封闸板(剪切/密封闸板)是在海水面以下井筒(SSWs)中下入 CT 管时第二道 WB 的上部关闭装置。所以,作为用在固定装置上的安全头(LRP)剪切/密封闸板有同样的要求。

(9)在海洋钻井防喷器中的开启与关闭的左右移动的密封闸板(剪切/密封闸板)(Shear/

Seal Ram)被规定是海洋钻井防喷器安装了在海水面以下井筒(SSWs)中下入 CT 管时的第二道 WB 的上部关闭装置作为与用在固定装置上的安全头有同样的要求。

（10）如果 CT 是卸扣器以上的一个组成部分(或破损的组成部分)的话,仍应安装两道 WB;它要被确认:

① 在 CT 管中没有井筒流体的入流;

② 检查阀没有渗漏。

1.9.3 WBE 验收标准

在 WBE 验收标准要求的基础上有附加的要求和指南,见表 1.27。

表 1.27 附加的 EAC 要求(CT 作业)

表号	组件名称	附加的特性、要求和指南
4.16	CT 安全头 (Safety Head)	如果其他阀件在安全头以下的话,按照 NORSOK D-002 的要求,它们能代替 CT 安全头
4.32	海水面以下测试树组装(Subsea Test Tree Assembly,SSTT)	SSTT 的功能是密封住测试管柱或者在使用或没有使用 CT 时密封住在隔水导管以上的测试管柱。在 SSTT 下部的阀件应能关住一个 CT 管柱,包括任何电缆、电导线或内部的线路(毛)细管线(Capillary Line)。(SSTT)上部的阀件应该能进行和保持压力密封。SSTT 阀件是第一道 WB 中的 SSTT 阀件的辅助性(如上扣)组件替用的组件。(即:在第一道 WB 中当未使用井下安全阀时或不起作用而被拆卸掉时,SSTT 阀件将能代替上部关闭装置)。当连接有隔水导管时,SSTT 阀件的组合和海水面以下钻井防喷器的管柱防喷闸板是第二道 WB 的备用(替用)组件,即连到海水面以下的钻井防喷器。当连接了水导管,SSTT 阀件组合和水下钻井防喷器管柱闸板是第二道 WB 的辅助性组件(Back-up Element 备用、替用组件)即:达到水下钻井防喷器的(剪切)开启与关闭的左右移动的密封闸板(剪切、密封闸板)的作用

1.9.4 井控工作程序和井控钻井

1.9.4.1 井控工作程序

表 1.28 说明井控工作程序易发生问题的情况,它应予考虑。该表不是为了强调和可能包括在计划工作中的附加情况。

表 1.28 CT 作业井控工作程序易发生问题的情况

项目	说明	注释
1	动力装置、注入头,管柱滚筒或控制系统失效	固定和浮动装置
2	井筒流体回流系统失效	固定和浮动装置
3	循环系统或泵失效	固定和浮动装置
4	CT 管柱走位(离位,Run Away)	固定和浮动装置
5	CT 管柱渗漏	固定和浮动装置
6	挤压(挤扁)CT 管柱	固定和浮动装置
7	CT 管柱阻卡	固定和浮动装置
8	在 CT 上部卸扣器(Stripper)渗漏	固定和浮动装置
9	在 CT 防喷器管子闸板中渗漏	固定和浮动装置

续表

项目	说明	注释
10	在 CT 防喷器的剪切/密封闸板处渗漏	固定和浮动装置
11	在隔水导管下面的安全头外部渗漏	固定装置
12	在隔水导管上面的安全头外部渗漏	固定装置
13	在水力主控阀同时润滑 BHA 的防控抽吸阀渗漏	固定装置
14	进入一口死井中润滑长 BHA	固定和浮动装置
15	在润滑阀同时润滑 BHA 的防控润滑阀	浮动装置
16	在测试管柱下面的 SSTT 渗漏	浮动装置
17	在下入管柱(Landing String)外部渗漏	浮动装置
18	在隔水导管上部或下部的下部隔水导管组合(LRP)外部渗漏	浮动装置
19	控制件卸开连接件	浮动装置
20	应急卸开连接件	浮动装置
21	在钻台、平台的应急情况	固定和浮动装置
22	下入非剪切的工具通过 CT 安全头	固定和浮动装置

1.9.4.2　井控活动钻井

井控活动钻井应该既在作业变更前又在作业前后每周一次的变更之前完成。

1.9.5　井筒设计

关于挠管作业,井筒设计没有特别要求和指南;按钻井、采油作业等进行井筒设计。

1.9.6　其他项目

1.9.6.1　防止水合物

存在形成水合物风险时,应该使用水合物抑制剂来防止/防治水合物。

1.9.6.2　浮动的特别作业和安全要求

因为在 CT 滚筒和鹅颈管之间有移动(浮动),应该作为防止由于错误识别为滚筒破坏的工作。如果滚筒破坏是在失去水力压力时自动地发生的话,那么这项功能应该占首要的优势地位。

1.10　不压井(强行)起下管柱作业的井筒完整性标准

这节内容包括在不压井(强行)起下管柱作业时,有关适用于井筒完整性的要求与指南。不压井起下管柱作业是使用有接头的管柱和作为在井中进行循环或(注入)放置某种流体(工作液)的扩展应用的工具和设备的技术。不压井起下管柱能够应用于有压力的井或死井中。

本节的目的是说明用 WBEs 和附加的方法建立井筒屏障以在安全状态执行这些作业的工作。

（请随同阅读本书 1.7 节"欠平衡钻井/完井和管控压力钻井/完井作业井筒完整性的标准"关于在压力井中使用钻井防喷器 BOP 和旋转控制装置 RCD 等，本节不再复述）。

1.10.1 井筒屏障图解

对每口井的工作、活动和作业都应准备好井筒屏障图解。选用的 WBS 的例子如图 1.77 和图 1.78 所示[1]。

从图 1.77 和图 1.78 可知，在有压力（甚至是高压）流量的生产/工作井中，尤其是海洋井，进行不压井起下管柱等作业，井口装置（包括不压井作业的防喷器、环状橡胶心子的防喷器、一套环空密封闸板、剪切密封闸板、压井阀、安全头、地面采油树、不压井起下的安全阀等）的安全性非常重要。图 1.77 和图 1.78 的井筒屏障比较复杂，但未加说明，相信读者在仔细阅读后能理解。

1.10.2 井筒屏障验收标准

下列要求和指南用于：

（1）不压井起下作业的地面井控设备由上至下的组成结构应该是：

① 防喷器环状橡胶心子锥形（碗状）壳或可工作的环状橡胶心子防喷器整体；

② 环状橡胶心子双闸板（双环）；

③ 不压井起下作业防喷器和（海洋井）高压隔水导管；

④ 安全头（有剪切密封闸板）。

（2）应安装一条高压高流速的管线连接到井控设备的压井出口处。

（3）应安装一个安全头并在安装到井控设备之前进行渗漏测试。

（4）对超压（过压）的不压井起下作业，为监管/监视顶替量的方法和保持井中液面的方法应该到位，特别是在敞开（敞口）井中应用加长钻具组合（Deploying Long BHA）时应该做好上述工作。

（5）在扩展（延伸、加长）一个不能分割拆卸的长 BHA 时，要把应急接头和/或一个应急系统到位以用于防止该 BHA 落井之用。

（6）安全头不能被卸开的所有井下工具或部件应该加以确认，第二道井筒屏障的工作程序应说明不可剪切的工具或部件通过安全头并到位的工作。

（7）一个电测的传送桥塞（Conveyed Bridge Plug）在座放于进行不压井起下作业的管柱内部的工作应该说明其操作。

（8）对程序中每个"N"接头剖面尺寸中两个剖面尺寸的最小的泵入塞子（堵塞，Plugs）应说明到位。用开泵（循环通过）注泵入塞件组合体（Plug Assembly）的工作应该有一个内部金属—金属密封件。

（9）BHA 应配装两个位于 BHA 的下部位置的检查阀。

（10）在工作箱（工作筐，Workbasket）中应该使用一个内装 BOP（Inside BOP）或不压井起下作业阀件。

（11）确定润滑长度时要按 WBE 的正常限制来确定从抽汲阀到防喷器环状心子上部闸板的长度距离。（NORSOK D-010 V4 原文要求同时参阅 NORSOK D-002 的技术要求[1]）。

第1章 井筒完整性的标准

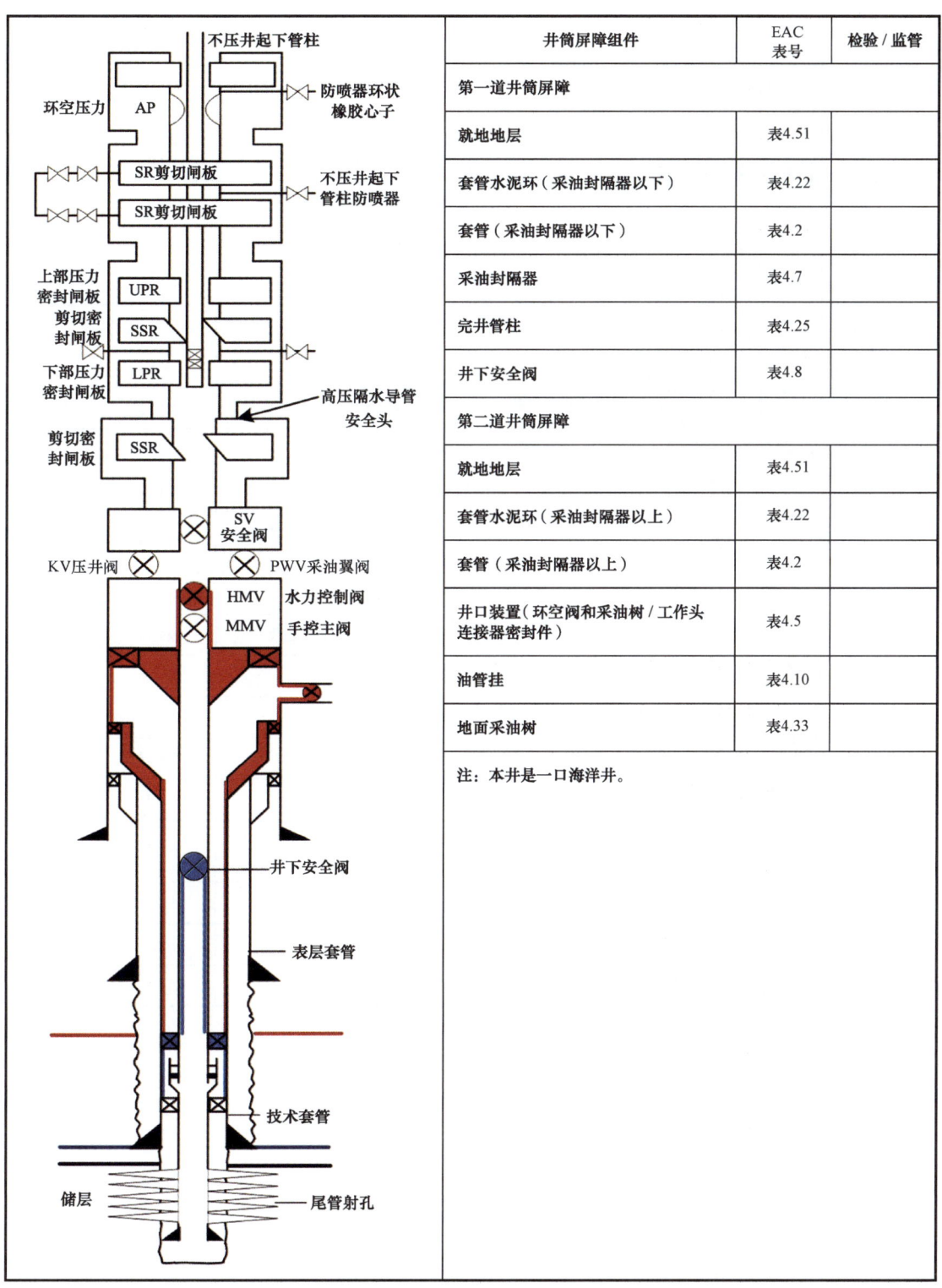

井筒屏障组件	EAC 表号	检验/监管
第一道井筒屏障		
就地地层	表4.51	
套管水泥环（采油封隔器以下）	表4.22	
套管（采油封隔器以下）	表4.2	
采油封隔器	表4.7	
完井管柱	表4.25	
井下安全阀	表4.8	
第二道井筒屏障		
就地地层	表4.51	
套管水泥环（采油封隔器以上）	表4.22	
套管（采油封隔器以上）	表4.2	
井口装置（环空阀和采油树/工作头连接器密封件）	表4.5	
油管挂	表4.10	
地面采油树	表4.33	

注：本井是一口海洋井。

图1.77　在采油树之上下入不压井起下管柱设备井筒屏障层系图解

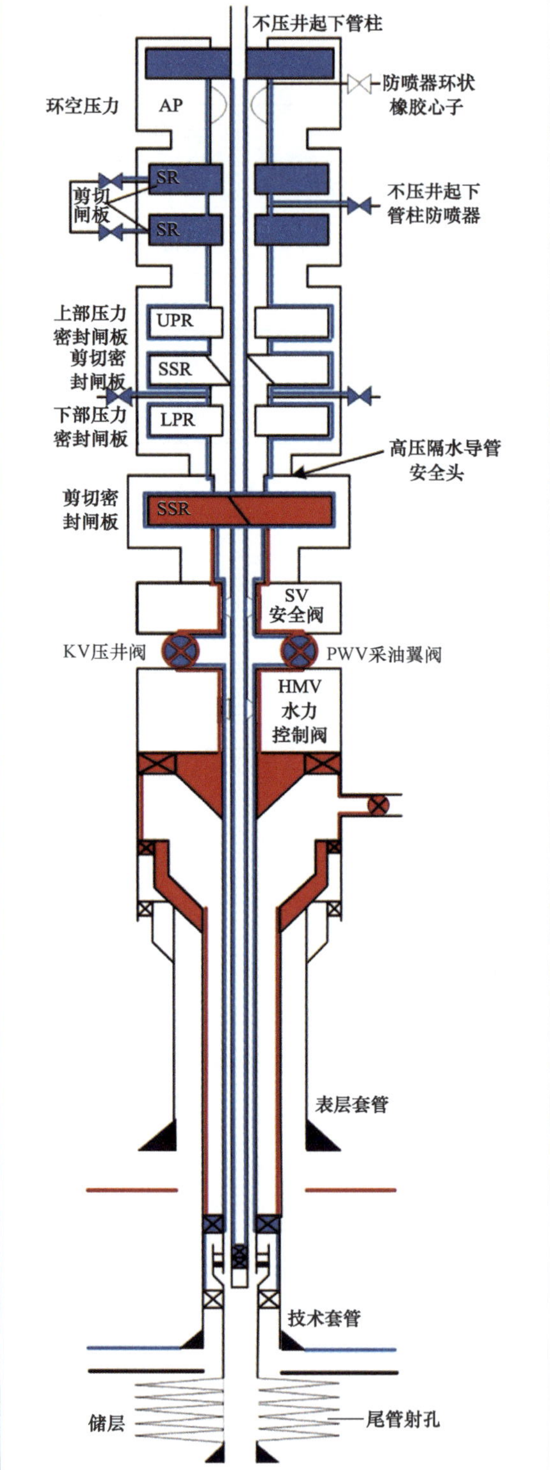

井筒屏障组件	EAC 表号	检验/监管
第一道井筒屏障		
就地地层	表4.51	
套管水泥环（采油封隔器以下）	表4.22	
套管（采油封隔器以下）	表4.2	
采油封隔器	表4.7	
完井管柱	表4.25	
油管挂（体部）	表4.10	
地面采油树	表4.33	
不压井起下的安全头	表4.21	
高压隔水导管	表4.26	
不压井起下的防喷器	表4.19	
不压井起下的防喷器环状橡胶心子	表4.20	
不压井起下管柱	表4.30	
不压井起下的检查阀（复数）	表4.18	
第二道井筒屏障		
就地地层	表4.51	
套管水泥环（采油封隔器以上）	表4.22	
套管（采油封隔器以上）	表4.2	
井口装置（环空阀和采油树/工作头连接器密封件）	表4.5	
油管挂	表4.10	
地面采油树	表4.33	
不压井起下的安全头	表4.21	

图 1.78　下入工作管柱到生命井（指有压力、流量的生产/工作井）中，剪切闸板能开关（剪切/动作）井筒屏障层系图解

1.10.3 井筒屏障组件的验收标准

按本书第4章"井筒屏障组件验收表"执行,没有其他附加要求。

1.10.4 井控工作程序和钻井

不压井起下作业与井控工作密切相关,有些工作除可参阅本书1.2节和1.7节及3.2节以外,本节着重讲述了不压井起下作业时的井控工作程序及其钻井工作。

1.10.4.1 井控工作程序

表1.29说明可用的井控工作程序的情况。

表1.29 不压井强行起下管柱作业井控工作程序

项目	说明	注释
1	主钻机和辅助系统的非有意的关闭	固定安装
2	动力系统损坏(失效)和不能进行主要的水力循环	固定安装
3	泵阀碗(Slip Bowl)损坏(失效)	固定安装
4	防喷器环状橡胶心子损坏(失效)	固定安装
5	环空防喷器渗漏	固定安装
6	防喷器环状橡胶心子的防喷器闸板渗漏	固定安装
7	在上部的管子闸板渗漏	固定安装
8	在下部的管子闸板渗漏	固定安装
9	在剪切/全闭闸板渗漏	固定安装
10	因防喷器组合体不能控制而渗漏	固定安装
11	井控系统 • 非有意的关闭剪切/全闭闸板或小于规定尺寸的闸板 • 在井下安全阀可用时的上部工作管柱的安全头的外部渗漏 • 在井下安全阀以下的工作管柱渗漏 • 在安全头以下的外部渗漏 • 在电测电缆经过不压井起下装置的同时发生外部渗漏 • 在电测电缆经过不压井起下管柱的同时发生内部渗漏 • 十字阀系统损坏(失效)	固定安装
12	工作管柱 • 内部井喷 • 工作管柱有意掉落 • 工作管柱无意掉落 • 工作管柱有意剪切 • 工作管柱断裂 • 工作管柱弯曲	固定安装

续表

项目	说明	注释
13	筛子的润滑 ・筛子的手动单元(MU)或液力装置(LD)开关同时失效 ・井下安全阀失效 ・井下安全阀失效——在没有回转点以上 ・筛子无意掉落	固定安装
14	枪的润滑 ・井下安全阀渗漏 ・无意的掉落枪件 ・动力单元失效 ・下入枪件——地面扩展(延伸)系统	固定安装
15	在钻机/平台上的应急(紧急)情况 ・控制警报常用结构 ・从主要警报(系统)报废(放弃)警报开展工作 ・没有主要警报(系统)报废(放弃)警报	固定安装

1.10.4.2 井控工作钻井

关于井控工作钻井应既在双作业班换班时,又在随后的每周一次双作业班换班时执行(完成)。

1.10.5 井筒设计

关于井筒设计没有特别的要求和指南。

1.10.6 其他项目

1.10.6.1 防止水合物

在有形成水合物风险时应使用水合物抑制剂来防止/防治水合物。

1.10.6.2 不压井起下作业的重负荷力(Heavy Force)极限

安装用于地面不压井起下作业设备,涉及扭矩、拉力和推力(不压井起下作业和重力极限)的负荷应该依据工作管柱和BHA的机械特性和结构来确定其负荷力极限值。

上述负荷的平衡点应予确定并制订文件。

1.11 电测作业的井筒完整性标准

本节内容包括在电测作业中有关适用于WI的要求与指南。电测作业是在电缆上、网线缆或钢丝缆中使用各种电的或机械的井下工具:测录井工具、堵塞封隔工具、封隔器、射孔枪、井轨变位工具、造斜定向工具、提拉工具等的技术。

本节的目的是说明：用 WBEs 构成电测作业的 WB 来说明附加的要求与指南为了在安全状态来执行这项工作。这项作业是在有压力的井或死井中进行的。

1.11.1 井筒屏障图解

对每口井的工作都应准备与谋划好井筒屏障图解。本节图例有图 1.79 至图 1.85 共 7 个图，是 NORSOK D-010 V4 及本书各作业项目中图例数目较多的，因为电测作业时的井筒屏障比较特殊，许多屏障组件是电测作业专用的。

测井井筒屏障图解（图 1.79 至图 1.85）有几个缩写词在 NORSOK D-010 V4 的缩写词中没有包括。主要是测井（防喷器）专用的闸板等组件，特补充如下：

BLR	Braided (cable) Lubricator Ram	网缆润滑器闸板
COV	Connector on Valves	在阀件上连接的阀件
DRS	Dual Rams Sealing	双闸板密封
GIH	Grease Injection Head	润滑脂（黄油）注入头
GSR	Grease Seal Ram	润滑脂密封闸板
LLS	Lower Lubricator section	润滑器下部部件
PCH	Pressure Control Head	压力控制头
SLR	Slick line Lubricator Ram	钢丝电缆润滑器闸板
SSR	Shear-able Seal Ram	剪切密封闸板
SB	Stuffing Box	填料盒子
SH	Safe Head	安全头
SPWV	Safety Pressure Wing Valve	安全压力翼阀
SCSSV	Self-Control Slick-line Safe Valve	钢丝电缆自控安全阀
ULS	Upper Lubricator section	润滑器上部部件
VIV/LIV	Upper/Lower Isolate Valve	上部/下部隔离阀
WR	Wire-line Ram	电测缆线闸板
WCP	Well Control Package	井控组合装置
WOV	Well Open Valve	打开井筒阀

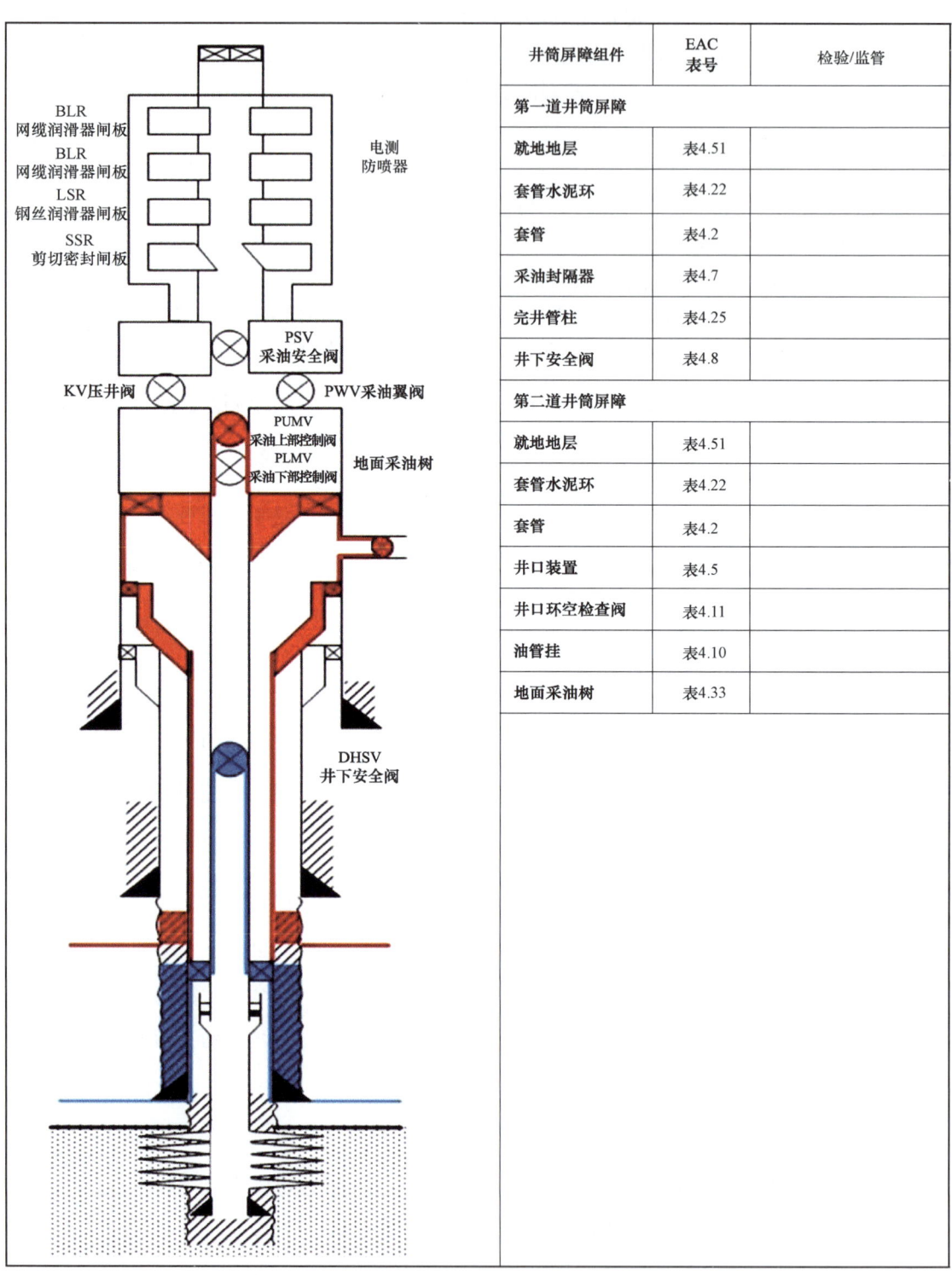

图 1.79　在地面采油树上方的起下电测设备井筒屏障层系图解

第1章 井筒完整性的标准

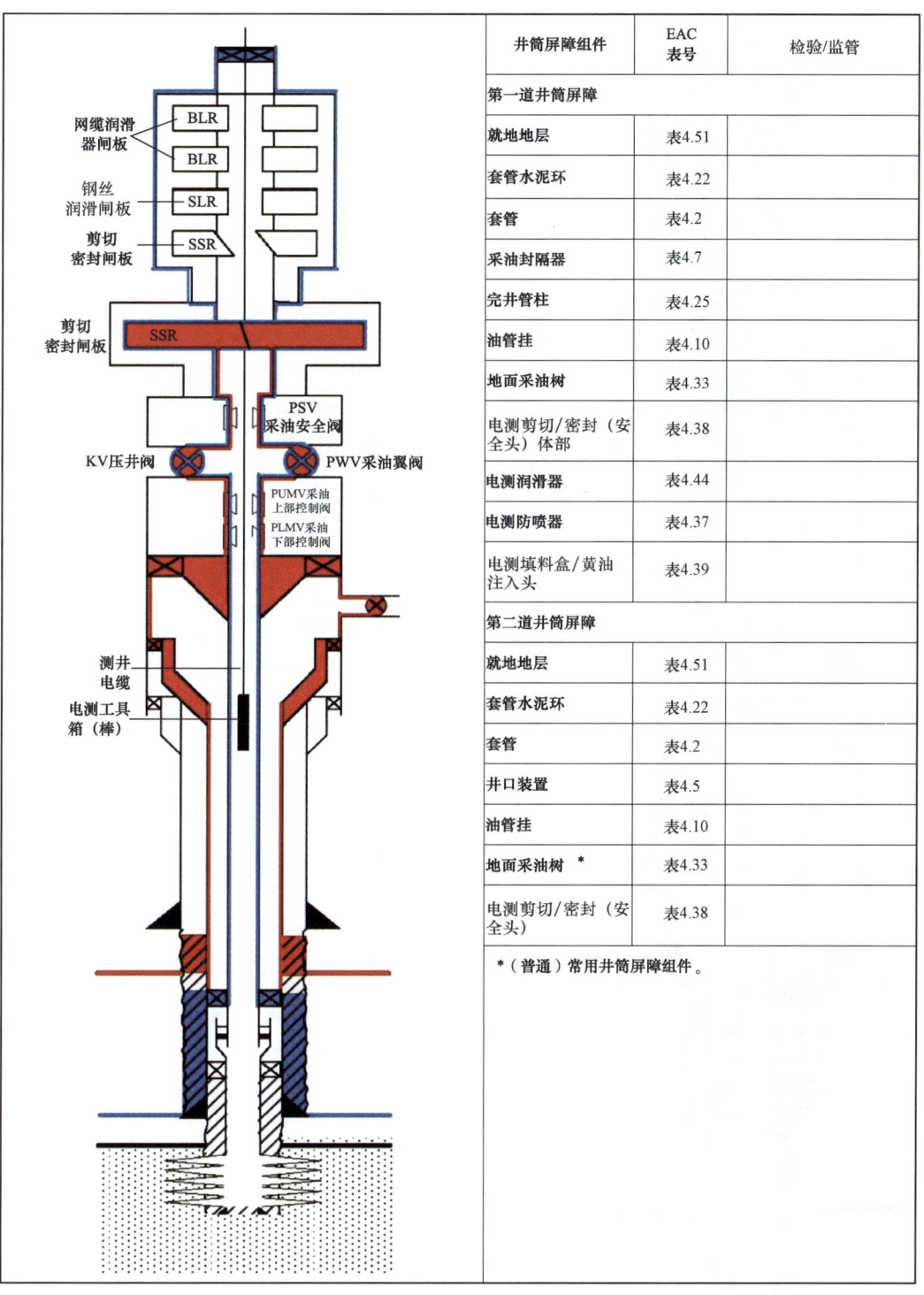

井筒屏障组件	EAC 表号	检验/监管
第一道井筒屏障		
就地地层	表4.51	
套管水泥环	表4.22	
套管	表4.2	
采油封隔器	表4.7	
完井管柱	表4.25	
油管挂	表4.10	
地面采油树	表4.33	
电测剪切/密封（安全头）体部	表4.38	
电测润滑器	表4.44	
电测防喷器	表4.37	
电测填料盒/黄油注入头	表4.39	
第二道井筒屏障		
就地地层	表4.51	
套管水泥环	表4.22	
套管	表4.2	
井口装置	表4.5	
油管挂	表4.10	
地面采油树*	表4.33	
电测剪切/密封（安全头）	表4.38	
*（普通）常用井筒屏障组件。		

图1.80 通过地面采油树下入测井电缆井筒屏障层系图解

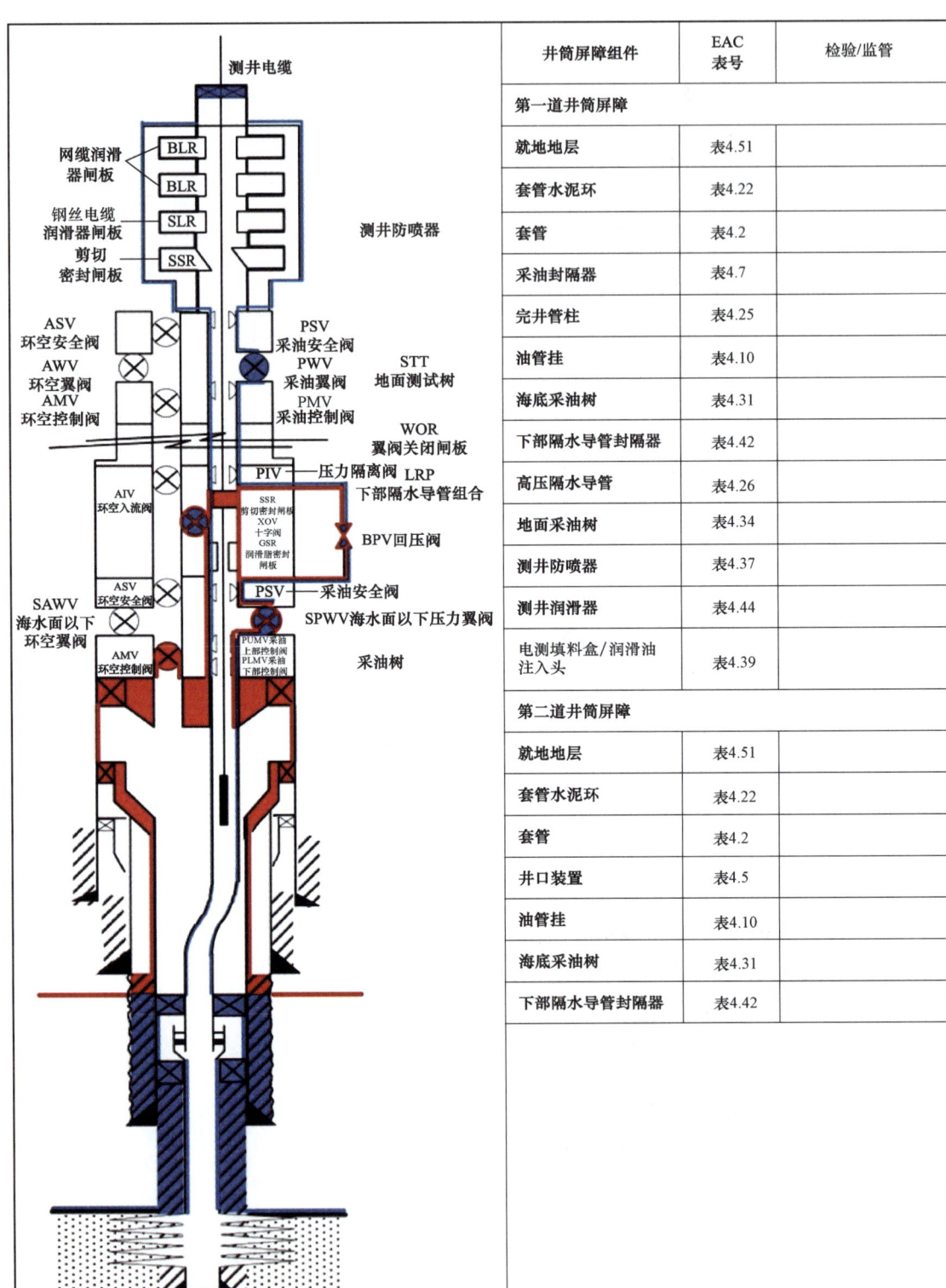

图 1.81 通过带有下部隔水导管组合的海底垂直采油树下入测井电缆井筒屏障层系图解

第1章 井筒完整性的标准

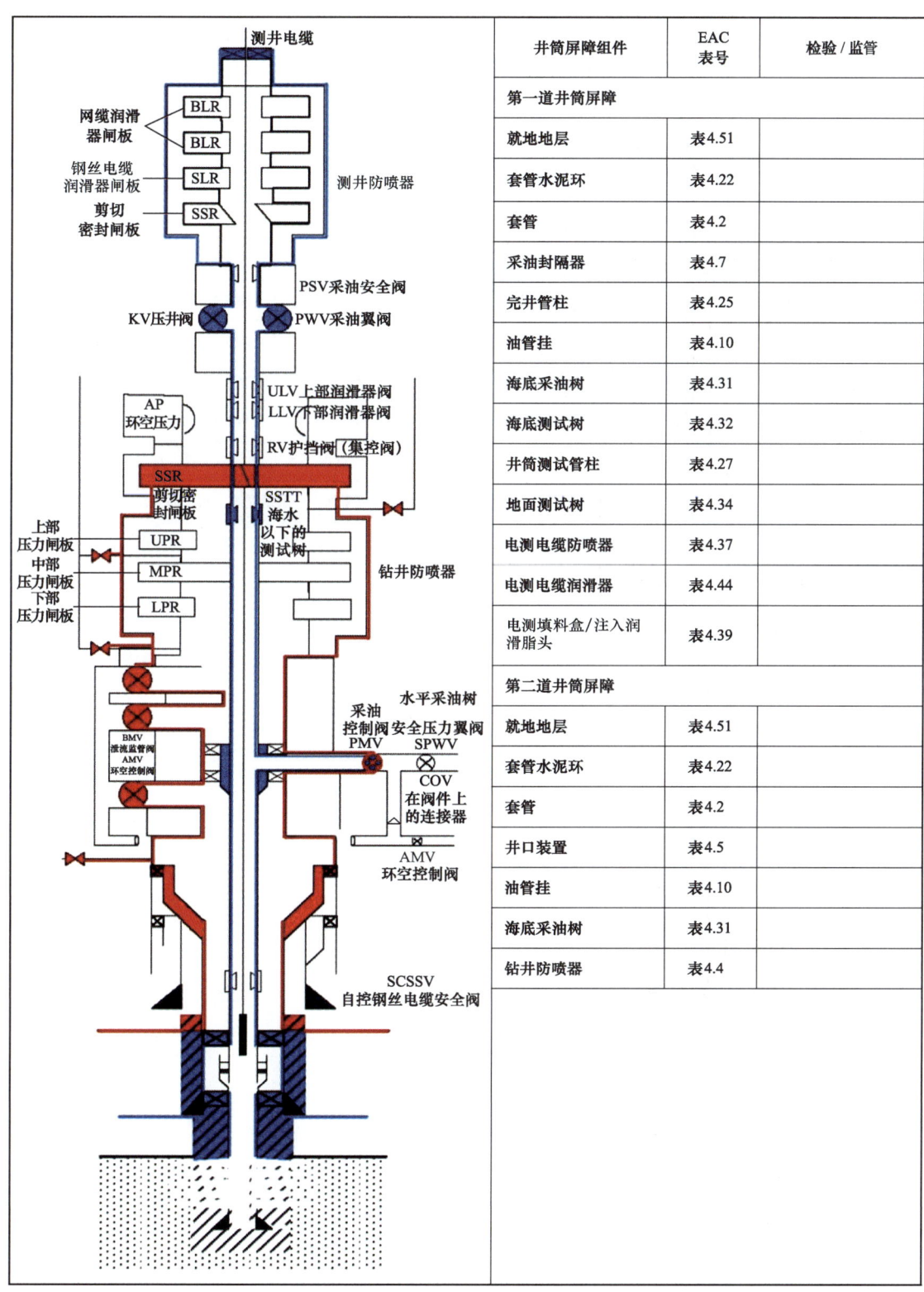

图 1.82　海底水平采油树带钻井防喷器和海水面以下的测试装置井筒屏障层系图解

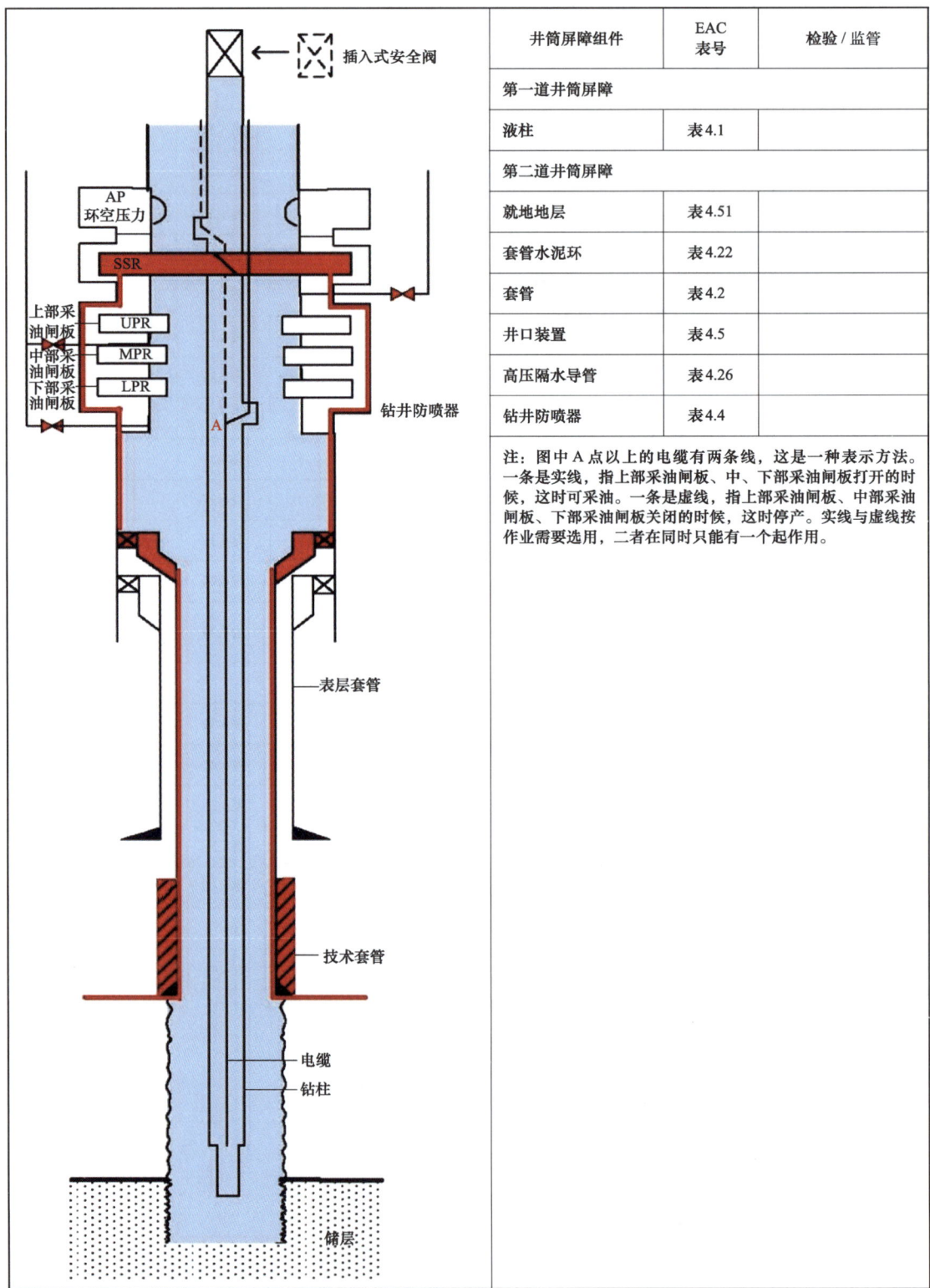

井筒屏障组件	EAC表号	检验/监管
第一道井筒屏障		
液柱	表4.1	
第二道井筒屏障		
就地地层	表4.51	
套管水泥环	表4.22	
套管	表4.2	
井口装置	表4.5	
高压隔水导管	表4.26	
钻井防喷器	表4.4	

注：图中 A 点以上的电缆有两条线，这是一种表示方法。一条是实线，指上部采油闸板、中、下部采油闸板打开的时候，这时可采油。一条是虚线，指上部采油闸板、中部采油闸板、下部采油闸板关闭的时候，这时停产。实线与虚线按作业需要选用，二者在同时只能有一个起作用。

图1.83 在钻杆（钻柱）中进行电缆录井/测井井筒屏障层系图解

第1章 井筒完整性的标准

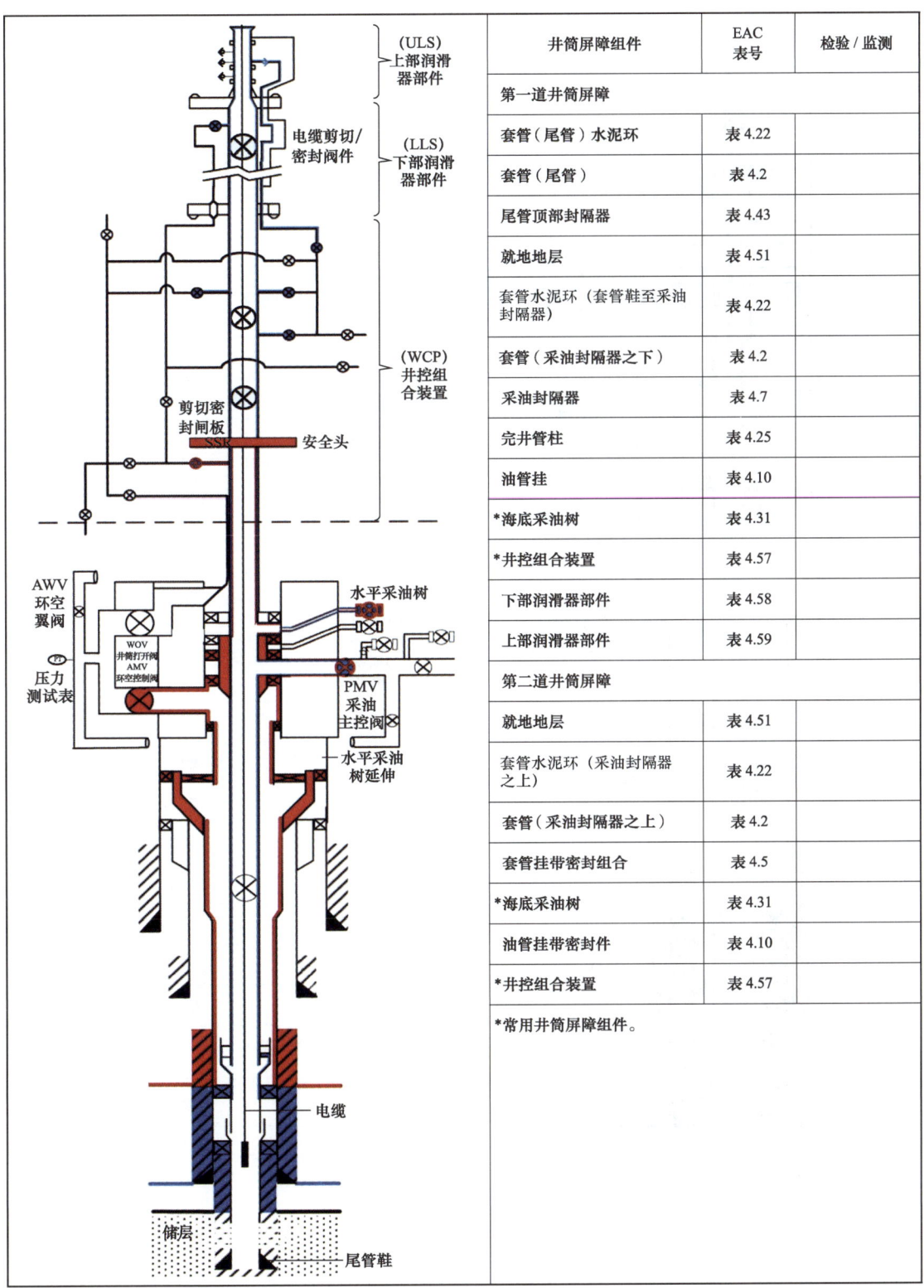

井筒屏障组件	EAC 表号	检验/监测
第一道井筒屏障		
套管（尾管）水泥环	表4.22	
套管（尾管）	表4.2	
尾管顶部封隔器	表4.43	
就地地层	表4.51	
套管水泥环（套管鞋至采油封隔器）	表4.22	
套管（采油封隔器之下）	表4.2	
采油封隔器	表4.7	
完井管柱	表4.25	
油管挂	表4.10	
*海底采油树	表4.31	
*井控组合装置	表4.57	
下部润滑器部件	表4.58	
上部润滑器部件	表4.59	
第二道井筒屏障		
就地地层	表4.51	
套管水泥环（采油封隔器之上）	表4.22	
套管（采油封隔器之上）	表4.2	
套管挂带密封组合	表4.5	
*海底采油树	表4.31	
油管挂带密封件	表4.10	
*井控组合装置	表4.57	
*常用井筒屏障组件。		

图1.84 在水平采油树下入电测电缆进行轻型井筒维修工作井筒屏障层系图解

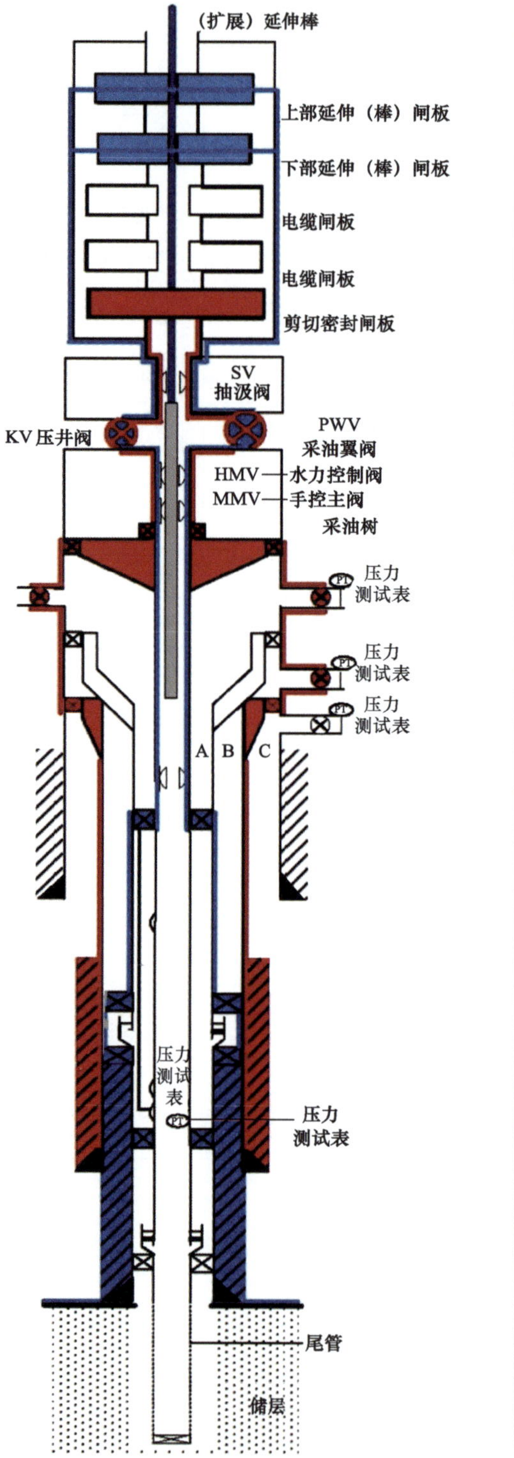

井筒屏障组件	EAC 表号	检验/监测
第一道井筒屏障		
就地地层	表4.51	
尾管水泥环	表4.22	
尾管	表4.2	
尾管挂封隔器	表4.43	
套管（在回接封隔器和尾管挂封隔器之间）	表4.2	
回接封隔器	表4.43	
回接套管	表4.2	
采油封隔器	表4.7	
完井管柱	表4.25	
完井管柱部件（化学剂注入阀）	表4.29	
环空安全阀	表4.9	
*地面采油树	表4.33	
电测防喷器（延伸棒和闸板）	表4.36	
第二道井筒屏障		
就地地层	表4.51	
套管水泥环	表4.22	
套管	表4.2	
套管挂带密封组合	表4.5	
井口（A—环空阀）	表4.12	
井口（B—环空阀）	表4.12	
油管挂带密封件	表4.10	
井口装置（井筒水平采油树连接件）	表4.5	
*地面采油树	表4.33	
电缆防喷器（剪切密封闸板）	表4.36 表4.37	
*常用井筒屏障组件。		

图1.85 下入扩展延伸棒井筒屏障层系图解

1.11.2 井筒屏障验收标准

下面说明电测作业专用(特别)的井筒屏障要求与指南。

1.11.2.1 电测作业的井控设备结构

电测作业使用电缆,因为电缆表面是不光滑的,在进行井控等作业时达不到密封井口等要求,所以要使用润滑密封系统,包括在注入管和电缆之间注入润滑油等,来保证电测等作业时的井控安全。应该使用下列基本的井控设备结构。同时,对附加的组件(如:附加的闸板功能)应能依据各种测井作业的风险分析来考虑。

对于在陆地井完成井中的作业:

(1)压力控制头(PCH)——包括一套在电缆损坏和从井中喷出流体事件中自动地密封井筒的装置(指电测专用的几种装置,在图中用了与之有关的几个缩写词;如 SB,GIH,WR 等。在下面的相应位置都加了缩写词的全文和中文用词)。

① 对钢丝缆——用一个填料盒子 Stuffing Box（SB）;

② 对网状缆或电缆——用一个润滑脂(黄油)注入头(Grease Injection Head,简称 GIH);

(2)电测专用润滑器(Lubricator)。

(3)电测缆线闸板(Wire – ling Rams,简称 WR)。

① 对钢线缆——用一个钢丝润滑闸板;

② 对网状缆或电缆——用双闸板密封相对方向,同时用黄油注入两个闸板之间。

(4)剪切/密封功能(安全头)。

(5)需要用隔水导管和交义转换器(复数)。

对于在海洋完成井中使用隔水导管和较少的润滑系统的作业:

(1)压力控制头(流动管线/填料盒子)。

(2)双密封装置组合。

(3)工具稳定(制动)装置(或工具挡板)。

(4)关闭/密封闸板或对电测作业的密封阀。

(5)润滑器。

(6)上部和下部的隔离阀。

(7)安全头(剪切/密封闸板)。

(8)连接器(复数)。

1.11.2.2 工具串柱的使用

在实用的地面润滑系统中使用附加的长电测工具串柱:

(1)可展开棒和可展开的闸板(参见图 1.79 至图 1.85)。

注:扩展棒,指可变直径与长度的测井仪表筒,根据井筒直径确定测井仪表筒直径,同时,按测井需要的测井参数选择不同的测井仪表,例如 γ、中子……从而其长度需要变化,是可变可选的。

① 双部件(单元)原理(如使用两个分开的闸板)应用于密封可展开棒的周围;

② 剪切/密封功能应保证质量地剪切和密封可展开棒(加入标准电测剪切/密封功能中)。

(2)在井下安全阀(DHSV)之上使用一个井下润滑器阀(球形)。

① 在润滑器阀以上的油管内应该换成一种惰性流体（Inert Fluid）。
② 应该关闭井下安全阀并在流体流动方向测试。
③ 应该关闭润滑器阀并按"关闭的井口压力 +70bar"以上压力进行测试。
（3）对 DHSV 使用一种滴入保护功能（Drop Protection Function）的方法来使用 DHSV。
① 在 DHSV 以上的油管内应该换成一种惰性流体；
② 十字头循环取道于释放罐（Trip Tank），应该按位置监管/监视在井下安全阀以上的油管中的流量体积量；
③ 井下安全阀应该关闭，并在流体流动方向测试；
④ BHA 应该按快速释放滴入或注入润滑油脂（测井专用语）操作表格（Quick Release Drop Table GRDT/GRD）的要求来掌握并允许在任何时候都能在电测树以下滴入或注入润滑脂。

1.11.2.3 电测作业

对电测作业来说，安全头被认为是作为有质量保证的剪切/密封关闭装置，在地面井控设备结构中紧接于井筒，它是第二道井筒屏障的上部关闭装置。

（1）如果水力控制阀（HMV）有文件说明对工作管柱有关闭（Cutting，切割）和密封功能的话，那么从井筒屏障定义的目的来说，它应该被设计作为安全头。在采油树之上的井控装置组件中经常具有剪切/密封功能。

（2）隔水导管和润滑器连接接头的数目及其在地面采油树和安全头之间的相隔距离是关键问题，应保持最小距离。为此，有时在该处不把水力控制阀（HMV）设计在安全头中。

（3）安全头的所有工具或部件，不能被省略排除，应该在作业开始前确定之。应急程序和补偿措施应该到位，包括它在上述工具或部件要穿过安全头位置时如何操作（见 1.11.3.1 部分和 1.11.3.2 部分）。

（4）在第一道井筒屏障（井下安全阀 DHSV）已经失效的地方，下部控制主阀（LMV）和水力控制主阀（HMV）两者应该在安装上井筒之前就关闭住并进行测试。剪切/密封功能应安装在紧靠采油树的位置，同时，在继续安装其余的电测井控设备之前要先进行测试。

（5）在安装部件中应包括双阀门压井接口（接头）。本身不要求安装压井管线。内阀（Inner Valve）应是法兰（连接）。采油树的翼阀可作为内阀使用。两种阀都应在流体流动方向进行渗漏测试。

（6）在已完成的海洋井中，下入电测缆线时，在下部的隔水导管组装体中的剪切/密封闸板被确定作为第二道 WB 中的上部关闭装置（图 1.82 和图 1.84）。所以，用于下部隔水导管组装体中的剪切/密封闸板作为电测缆线安全头时，有同样的最低要求。

（7）在下入电测缆线到海洋井中时，在海洋钻井防喷器中的剪切/密封闸板被确定作为第二道 WB 中的上部关闭装置。所以，对用于钻井防喷器剪切/密封闸板作为电测缆线安全头时有同样的最低要求。

注：特请注意，NORSOK 标准中对电测作业中的安全问题非常重视，除了说明很多专用装置仪表、阀件和操作使用之外，把如何安装都点到位了。因为在有压力的井中进行电测作业时安全问题是第一位的。

1.11.3 WB 组件验收标准

1.11.3.1 协调 WBE 的第一种方法

协调(平衡)WBE 的趋势(可能性)的第一种方法——减少风险可能性方法(Probability Reducing Risk Measures)。

某些电测作业具有高于一般作业时发生卡阻的可能性,由于在用非剪切的组件通过井筒屏障各种组件或者在采油树阀件以下近地面处,具有增大切割电缆但未失效的风险,例如,下入和回接外径尺寸大、井筒/管柱与电缆之间空隙小(紧窗口余量)的塞件和阀件时(Valves)(例如:电缆回收式嵌入安全阀,Wire-line Retrievable Insert Safety Valves),磨铣垢沉淀一直磨铣到地面等工作。

对这些类型的电测作业应该特别注意作业风险分析和特别说明在井筒的关键井段或(和)地面井控系统中发生卡阻时应采取减小风险可能性的措施。对某些可能应用的方法和情况应评估以下几方面:

(1)在直径余量小的电测工具组合体下入和回接之前,在下入/回接的井深处应下入通径规和(或)量规对全部井控组合体和井筒的内直径进行实质性检查。

(2)下入任何直径余量小(Close Tolerance)的组合体的最大直径的组件时应进行实际的检查。

(3)回接任何直径余量小的组合体之前,对所有直径、长度、台肩等,应该按技术文件规定的方法识别和检查。比原来的设计增大外径的任何可能趋势(例如由于变形或膨胀)应予识别、得到认可和纳入作业的风险分析中。

(4)当回接(或下入)直径余量小的组合体时,出现了任何不希望的阻力(Drag Force)时,应该立刻在井筒/钻机上提电缆的关键部位进入之前从风险明晰度方面进行评估。

(5)应评估工具(复数)卡阻井筒的趋势(可能性)和随之协调压井作业的工作。

1.11.3.2 协调 WBE 的第二种方法

协调(平衡)WBE 的趋势(可能性)的第二种方法——降低结果的方法(Consequence Reducing Measure),在剩余风险仍然被认为是不能接受的高难度作业的井段,应该执行对井下情况演变的卡阻工具串卡阻结果的缓和方法。缓和方法应做如下评估:

(1)在设置了程控松脱功能的工具串时,能够在发生阻卡情况时将 WBE 卸扣松脱或上扣连接(卸扣或上扣)。

(2)在工具串的有计划的策略位置,设置或检查可剪切的部位(Shearable Sections),即可用闸板剪切开关的部位。

(3)在井控结构中设置了附加的关闭装置(如在结构的较高位置安放附加的剪切/密封闸板)。

(4)在安全头以下用法兰连接。例如,在切割损伤了的电缆但是还可能不致于掉落到采油树阀以下的地方提供强化的机械完整性(注:NORSOK D-010V4 原文只说了 Enhanced Integrity,实指机械完整性)。

(5)可使用压井设备和压井材料和(或)使用设备快速安装方法。

1.11.4 井控工作程序和钻井

1.11.4.1 井控工作程序

测井作业应做好井控工作。表 1.29 说明易发生问题时应该采用的井控工作程序。

表 1.29 测井作业易发生问题时的井控工作程序

项目	说明	注释
1	在作业时动力、气体/供电中断	固定和浮动安装
2	绞车动力中断或机械(失效)损坏	固定和浮动安装
3	在润滑器/工具拆卸器有外部渗漏	固定和浮动安装
4	在电测防喷器体部有外部渗漏	固定和浮动安装
5	在电测防喷器剪切/密封部件以下有外部渗漏	固定和浮动安装
6	电缆破损乃至喷出井筒	固定和浮动安装
7	在填料盒/注润滑油(黄油)头处渗漏	固定和浮动安装
8	在防喷器电缆闸板(复数)处渗漏	固定和浮动安装
9	在剪切/密封闸板处渗漏	固定和浮动安装
10	在地面采油树水力控制阀渗漏,同时在润滑的对应抽汲阀处渗漏	固定安装
11	在润滑器阀渗漏的同时在润滑器(阀)处渗漏	浮动安装
12	在海水面以下－地面测试树以下的测试管柱渗漏	浮动安装
13	在联顶(Landing,异径短节)管柱的外部渗漏	浮动安装
14	在隔水导管上部或下部隔水导管组装体的外部渗漏	浮动安装
15	控制的卸扣	浮动安装
16	应急的卸扣	浮动安装
17	在钻机/平台上的紧急情况	固定和浮动安装
18	在电缆录井时(流体)侵入井筒	在固定和浮动安装的录井时没有压力控制设备
19	在钻井防喷器以上使用侧入短节在电缆管传输录井时(流体)侵入井筒	在固定和浮动安装的录井时没有压力控制设备
20	在钻井防喷器以下使用侧入短节,在电缆传输录井时(流体)侵入井筒	在固定和浮动安装的录井时没有压力控制设备
21	在工作区域的 H_2S 气体	固定和浮动安装

1.11.4.2 井控工作钻井

关于包括井控工作的钻井作业应在作业开始用两个轮换班(Both Shifts)和以后每周一次的两个轮换班之前进行并完成。

1.11.4.3 三级注脂技术的研究与应用

下井电缆高压动密封是生产测井带压作业和分簇带压射孔、带压穿孔作业的关键技术,关系到作业的安全和井场环保。电缆高压动密封的有效办法是往阻流管与电缆间隙以及电缆钢丝间隙中泵注密封脂,以在间隙中形成间隙高压来阻止井口压力泄漏。国内目前使用的限于"一级注脂"。最近,在川渝页岩气区块等电测和分簇带压射孔等作业中"一级注脂"不能满足要求,为此研究与应用了"三级注脂"创新技术。典型的三级注脂动密封控制系统包括三级密封,即:电缆由上至下穿过注脂头的防喷盒、5根上阻流管、3根下阻流管;每根下阻流管对应每一级注脂。注脂头以下依次与抓卡器、防喷管、捕集器、试注短节、闸板防喷器、井口装置连接。用泵注入密封脂,通过注脂管线和注脂头在上、下阻流管之间以一定的压力和排量注入密封脂,在阻流管内形成"高压带"来平衡井口压力。三级注脂动密封技术的关键在于,针对不断变化的井口压力,能够快速设定各级注脂压力来实现可靠动密封。为此要建立三级注脂系统的注脂压力与排量的数学关系,通过求解对比,选出最优方案。密封脂属于非牛顿流体中的宾汉流体,因此,密封脂在注入管内的压降和回油管内的压降可根据宾汉流体圆管层流压降公式计算。由于阻流管内壁要磨损,电缆会偏心而增大密封脂消耗量,所以要根据宾汉流体偏心圆环层流压降公式计算。目前,该技术已在长宁—威远、焦石坝等页岩气分簇带压射孔作业现场应用近百井次,效果很好。现场应用表明,实际注脂压力需要考虑起下电缆和电缆粗细不均的影响,在理论计算值的基础上提高2%~10%,能够提高密封效果。"三级注脂"创新技术已经和正在推广应用。

1.11.5 其他项目

在有形成水合物风险的时候,应使用水合物抑制剂来防止/防治水合物。

第 2 章　井筒完整性及其失效的理论研究

2.1　概述

井筒屏障是保证和实现井筒完整性的关键。井筒屏障由若干组件组装而成(又称井筒屏障集成体,英文用 Envelop)。每个组件都要按标准进行验收和监测,在 NORSOK 标准中列出了 58 个 WB – EAC,简称 EAC 表,本书在第 4 章全部采用。

井筒屏障的用途是防止泄漏,降低钻井、生产和修井活动的相关风险。通常使用两道井筒屏障。

由一个或几个井筒屏障组件组成的井筒屏障集成体(集合体、包装体),防止流体从地层意外流入井眼内或流入其他地层或流入外界环境。

井筒屏障的主要目的是:

(1)在正常生产作业期间,防止发生使油气从井内流到外界环境中的(大型)油气泄漏事件;

(2)在紧急关井情况下,直接根据紧急命令关井,防止油气从井内流出。

一道井筒屏障包括一个或多个屏障元件。有些井屏障元件,本身并不能防止流动,但是与其他井筒屏障元件结合起来就能形成井筒屏障。

有些井筒屏障包括数个屏障元件,这些屏障元件组合在一起确保井筒屏障能够行使其预定职能。

需要井筒屏障行使其功能的事件或情况叫作需求。需求可以是即时性的,也可以是连续性的。一个即时性需求的例子是:从平台位置发出一个紧急关井指令,要求井筒屏障做出响应。连续性需求的例子是连续性高压(井筒屏障必须能够承受住高压)。

一般来说,油气从井筒泄漏到外部环境中主要有以下 4 类通道:

(1)通过井下完井生产管柱,包括管柱连接的接头—螺纹以及管柱的所有部件(如阀门、封隔器等)。

(2)通过井下完井管柱环空。

(3)通过环空之间的水泥环及水泥塞。

(4)井口装置、防喷器、采油树及井下套管系统的外侧和周边。

为此,提出对井筒屏障性能的主要要求是:

(1)功能性。井筒屏障要在预定的作业时间内执行功能。

(2)可靠性(或可用性)。从可用性的角度讲,是指井筒屏障在规定的作业条件下、在规定的时间内执行所要求功能的能力。

(3)耐受性。指井筒屏障在规定的使用环境下承受应力负荷的能力。

相关管理部门在其管理条例中对井筒屏障提出了总体要求,而且在相关指导方针和公认

的国内和国际标准中也提出了更加详细的要求。例如,挪威石油安全署使用的是下列层级的管理文件:

(1)管理条例;

(2)指导方针(与此类管理条例对应);

(3)指导方针中参照的国内和国际化标准,如挪威石油标准化组织(NORSOK)标准、国际标准化组织(ISO)标准、国际油气生产者协会(OGP)标准、美国石油工程师协会标准和国际电工委员会标准。

可以对应用的井筒屏障要求和应用于特定情况的井筒屏障要求加以区分。相关的指导方针能提供更详细的信息,并能为国内或国际化标准的特定内容提供参考。

(1)作为一项准则,至少要有两道相互独立且经过验证的井筒屏障,井筒屏障要处于可用状态,防止在钻井和其他作业期间,井内流体不受控制地流动。

(2)井筒屏障在设计上要考虑能够迅速恢复遭破坏的屏障。

(3)专项测试和监管监测应及时准确地发现问题并及时研究处理。在井筒屏障失效时,应立即采取措施使其维持适当的安全等级,直到至少恢复了两个相互独立的井筒屏障为止。这段时间在井内不得从事任何与恢复两道井筒屏障无关的其他活动。

(4)应深刻认识井筒屏障的定义、失效的定义,并确定井筒屏障及井筒屏障组件质量验收标准。

(5)在任何时候,都应能掌握井筒屏障及其组件的位置与状态。

(6)应能够对井筒屏障进行验证,并确定试验方法,包括模拟方法和试验时间间隔。井筒屏障试验,应尽可能顺着流体流动的方向进行;特殊情况下要按流动方向的正、反方向做双向流动试验。

2.2 挑战与机遇—井筒完整性失效的后果与启示(从井筒完整性失效事故中吸取教训)

失效与事故给作业者在井筒全生命周期内的各作业环节提出了严峻挑战;作业者在井筒全生命周期内的各作业环节预先地、适时地谋划好、设计好每一道井筒屏障并正确选择好井筒屏障组件,按照本书第4章的 WB-EAC 表的标准监管—监测—检查—维护—验收各个井筒屏障组件,始终保持井筒完整性,这就是作业者的最佳机遇。

自1859年美国人德瑞克钻成世界上近代石油工业的第一口油井至今已经150多年了,在这100多年中,石油、天然气工业有了许多里程碑的发展;同时,也付出了人员伤亡、井筒事故、设备损坏、资源破坏和环境污染等代价。应该从井筒完整性失效事故中吸取教训。失效与事故给作业者在井筒全生命周期内的各个作业环节提出了严峻挑战;作业者按本书第1章讲述的内容,在井筒全生命周期内的各个作业环节预期地、适时地谋划好每一道井筒屏障,正确选择好用好井筒屏障组件,按第4章的 WB-EAC 表的标准监管—检查—维护—验收各个井筒屏障组件,就可以始终保持井筒完整性达标,这就是作业者的最佳机遇,少走弯路,不走错路,顺利成功。

2.2.1 世界井筒完整性失效的重大案例

(1)2010年4月深夜,在美国墨西哥马扎多海上BP公司Macondo平台发生失火爆炸。

(2)2015年在阿里索峡谷(Aliso Canyon),美国南加利福尼亚煤气公司SS-25天然气藏注气井发生井喷、燃烧和天然气泄漏。

(3)1997年,加拿大帝国公司在冷湖地区的稠油油藏注蒸汽井固井质量差,井筒完整性失效导致事故。

(4)美国Prudhoe Bay A-22井,环空压力增大,表层套管在5m处损坏,井筒屏障失效,高压流体上窜至导管—表层套管的环空并冲至钻台,导致着火爆炸。

(5)2008年,挪威国家石油公司浅海Tordis油田,由于层间封隔完整性失效,导致海底原油泄漏。

(6)2011年,雪佛龙公司负责的浅海油气藏佛雷德项目,由于层间封隔完整性失效,导致海底原油泄漏。

(7)2011年,雪佛龙公司负责的密尔韦日落稠油油藏,因蒸汽吞吐后的稠油和水通过上覆岩层裂缝向地表渗漏形成局部塌陷坑,导致层间封隔失效造成事故。

(8)2001年,康菲公司负责的埃科菲斯克浅海油田,因断裂的上覆岩层孔隙压力升高诱发地震,导致层间封隔完整性失效。

(9)2009年,加拿大自然资源公司负责的普里姆罗斯区域稠油油藏,加热的沥青通过上覆岩层裂缝向地表泄漏,导致层间封隔失效造成事故。

(10)2006年,道达尔公司负责的乔斯林克里克稠油油藏,因蒸汽室上面的盖层爆破,导致层间封隔完整性失效酿成事故。

据挪威石油安全局在2006年开展了一项井筒完整性方面的先导性研究,研究基础是来源于7家公司对海上406口具有不同开发年限和生产类别的油气井和12座海上平台设施近海事故进行井筒完整性的调查。研究结果表明,调查范围内有18%存在井筒完整性方面失效和测量、监测的问题,7%因为井筒完整性损坏而被迫关井,而且对环境和经济造成了重大损失。随后的研究表明,1/5的生产井和1/3的注入井受到井筒完整性的困扰。值得研究的是,老井的井筒完整性问题比较少,而绝大多数井筒完整性问题都发生在井龄为5~14年的井。为什么呢?这是普遍规律还是只限于调查范围内,国际上认为需要继续研究。

2.2.2 全世界井筒完整性与井筒屏障发生的主要问题

(1)井身结构设计不合理或者未能考虑到由于地层性质复杂与岩性变化等原因而导致不适应。

(2)水泥返高不够或者水泥环质量差,没有把复杂地层封固住。

(3)预计的地层压力不准确,导致持续的过高环空压力。

(4)注水泥固井质量问题,"两界面"胶结不达标,又未精确测试检查。

(5)完井管柱发生变形、磨损、腐蚀、渗漏、穿孔等。

(6)防喷器或采油树与套管头连接处密封不达标。

(7)井下封隔器、安全阀等失效,又未监测。

(8)井下和地面的阀门渗漏。

美国加利福尼亚州在1950—1990年,在调查的101578口油气井中有139口井喷事故(占0.137%),其中:

(1)有52口井在钻井时发生(占井喷事故的37.4%);
(2)有16口井在完井时发生(占井喷事故的11.5%);
(3)有10口井在弃井和封井时发生(占井喷事故的7.2%);
(4)有24口井在注蒸汽作业时发生(占井喷事故的17.3%);
(5)有37口井在其他邻井作业时发生(占井喷事故的26.7%)。

进一步分析井喷事故原因是:

(1)钻井液相对密度小了,占42%;
(2)钻进技术参数与操作不当,占14%;
(3)未装防喷器,占12%;
(4)防喷器失效,占4%;
(5)蒸汽注入作业不当或注入压力过大,占17%;
(6)其他原因,占11%。

图2.1是BP公司对墨西哥湾马孔多油田"深水地平线"钻井平台爆炸事故中井筒屏障破坏失效分析的"瑞士奶酪"模型,可见马孔多油田钻井有8道屏障,但是这些屏障如同"瑞士奶酪"一样,并非牢不可破,每个屏障都可能有漏洞。如果公司的监管人员未能有效监管,就可以通过这些漏洞而造成严重事故。

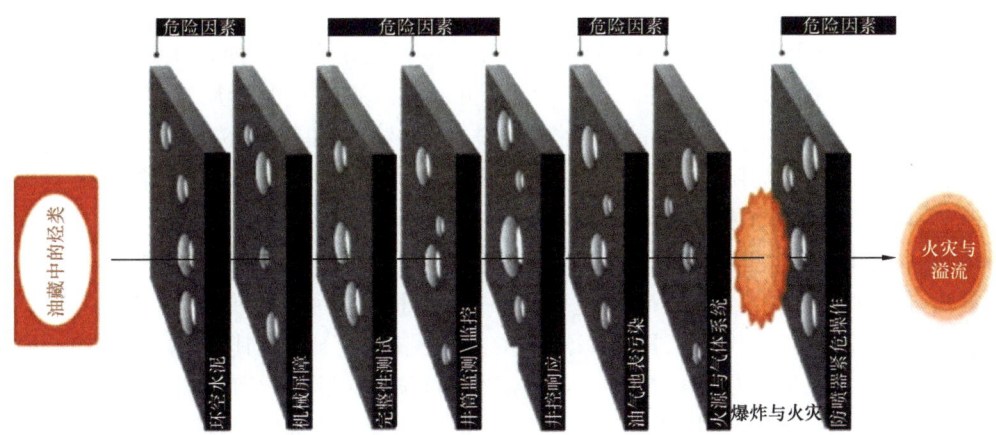

图2.1 马孔多油田井筒屏障破坏失效——"瑞士奶酪"模型(据BP公司报告)

对图2.1的说明(按自左向右的顺序):

(1)油藏中的高压烃类是内在因素。
(2)环空水泥环是重要的井筒屏障组件,但是该事故中环空水泥环有3次压力测试都不合格,表明环空水泥环失效,监管人员没有对质量把关。
(3)机械屏障:尾管固井浮箍管鞋及封隔器失效以及套管扶正器过少等,也就是说井筒机械屏障不完整或者说机械完整性失效。
(4)完整性测试:固井后的尾管水泥环负压力测试3次不合格,表明屏障失效。

(5)井筒监测监控不到位(负压力测试不合格又未做胶结测井等)监管人员失责;监管不到位使应急处理不及时而且未能履行应急处理。

(6)井控响应:井控失效,油气未被控制住而从套管水泥环处冲出,防喷器也未能控制住油气,油气在深水范围点燃。

(7)爆炸与失火:火源与气体系统(Fire & Gas System)的存在是隐患,防喷器紧危操作失效,最终导致失火爆炸。

2.2.3 我国近年在渤海海域发生的蓬莱19-3油田溢油事故教训

2011年6月4日和17日,蓬莱19-3油田先后发生两起溢油事故。

(1)蓬莱19-3油田基本情况。

蓬莱19-3油田位于渤海海域中南部的11/05合同区、渤南凸起带中段的东北端的郯庐断裂带,东经120°01′~120°08′,北纬38°17′~38°27′,油田范围内平均水深27~33m。油田分两期开发,一期A平台于2002年12月投产,二期B平台、C平台、D平台、E平台、F平台、M平台于2007年7月至2011年4月相继投产,其中B平台于2008年5月投产、C平台于2007年7月投产。油田现有生产井193口、注水井53口、岩屑回注井6口,2010年石油产量778×10^4t,2011年5月日产原油2.3×10^4t。

按照合同约定,该油田以对外合作方式由中国海洋石油总公司(以下简称中国海油)与康菲石油中国有限公司(以下简称康菲公司)合作勘探开发,中国海油拥有51%的权益,康菲公司拥有49%的权益。双方组成联合管理委员会,审查批准该油田开发中的重要事项。

(2)事故发生过程与应急处置。

2011年6月4日19时许,国家海洋局北海分局接到蓬莱19-3油田作业者康菲公司电话报告,在该油田B平台东北方向海面发现少量不明来源油膜。北海分局立即要求康菲公司快速处置并开展自查,同时启动溢油情况应急监测。6月12日油指纹鉴定结果显示,溢油来自蓬莱19-3油田,北海分局随即启动应急响应。康菲公司对B平台采取关闭注水井、实施回流泄压等措施,6月19日基本控制溢油。

2011年6月17日11时,中国海监22船在蓬莱19-3油田进行应急巡视时,发现C平台及其附近海域有大量溢油,经核实确认蓬莱19-3油田C平台C20井发生井涌事故,导致原油和油基钻井液溢出入海。当日,国家海洋局紧急约见康菲公司及其合作方中国海油主要负责人,要求康菲公司采取一切有效措施,尽快控制溢油源,抓紧回收海面溢油。康菲公司紧急对C20井实施水泥封井,同时组织大量应急处置人员和设备全面实施溢油回收清理,6月21日基本控制溢油。至6月22日,除B平台和C平台附近海域外,其他海域海面漂油基本得到清理。

鉴于溢油事态并未得到完全控制,溢油源排查和封堵工作进展缓慢,7月13日,国家海洋局决定停止B平台和C平台油气生产作业。7月20日,责成康菲公司在8月31日前完成"彻底排查溢油风险点、彻底封堵溢油源"("两个彻底")。8月18日,牵头成立联合调查组。截至8月31日,康菲公司未能按照主管部门的要求完成"两个彻底",同时,鉴于该油田"带病"生产作业可能会继续造成新的地层破坏和溢油风险,根据联合调查组的意见,9月2日,责令蓬莱19-3全油田实施"三停"(停注、停钻、停产)、"三继续"(继续排查溢油风险点、继续封堵溢油源、继续清理油污)、"两调整"(调整油田总体开发方案、调整海洋环境影响报告书)。

(3)溢油事故调查处理工作概况。

溢油事故发生后,党中央、国务院高度重视,温家宝总理、李克强副总理、回良玉副总理、张德江副总理、马凯国务委员等领导同志分别多次做出重要批示。温家宝总理和李克强副总理分别主持召开国务院常务会议及专题会议,专门研究部署溢油处理工作。

2011年8月18日成立了由国家海洋局牵头,国土资源部、环境保护部、交通运输部、农业部、安监总局、能源局参加的蓬莱19-3油田溢油事故联合调查组,主要负责彻底查明溢油污染事故发生的原因、性质、责任以及污染损害等情况。同时,邀请国内相关科研院所和大型企业的地质、油藏、钻井、环境、生态、渔业等方面的15名权威专家组成专家咨询组参与工作。

联合调查组以高度负责的态度,依法依规、实事求是、同心协力,先后召开12次全体会议,研究重大问题,两次赶赴溢油海域和平台,实地查看事故现场,多次听取康菲公司和中国海油的汇报,调取查阅大量原始记录和相关文件,查清了溢油事故的原因、性质、责任和损害情况。

(4)溢油事故原因、性质和责任。

① 事故直接原因。

关于B平台附近溢油的直接原因:

一是,6月2日B23井出现注水量明显上升和注水压力明显下降的异常情况时,康菲公司没有及时采取停止注水并查找原因等措施;二是继续维持压力注水,导致一些注水油层产生高压、断层开裂,沿断层形成向上窜流,直至海底溢油。

关于C平台溢油。C25井回注岩屑违反总体开发方案规定,未向上级及相关部门报告并进行风险提示,数次擅自上调回注岩屑层至接近油层,造成回注岩屑层临近油层底部并产生超高压,致使C20井钻井时遇到超高压,出现井涌。

溢油井由于井筒表层套管鞋附近井段承压不足(表层套管及注水泥设计与施工都未能预计到后来会发生如此严重的事故)产生泄漏,继而导致表层套管鞋附近地层破裂,发生海底溢油事故。

② 事故间接原因。

关于B平台附近溢油的间接原因:

一是违反总体开发方案,B23井长期笼统注水,未实施分层注水。未考虑多套油层注水压力存在差异,只考虑欠压层的压力补给,从而存在个别油层因注水而产生高压的风险。二是注水井井口压力监控系统制度不完善,管理不到位,没有制订安全的注水井口压力上限。三是对油田存在的多条断层没有进行稳定性测压试验,特别是对接触多套油层的502通天断层(断层向上延至海床)没有进行风险提示,也未开展该断层承压开裂极限数值分析标定,更没有采取措施。

关于C平台溢油。一是C20井钻遇高压层后应急处置不当。钻井过程中出现异常情况,未及时分析研究提高应急能力、采取下放技术套管等必要措施。钻至L100层遇到C25井回注岩屑层形成的超高压,至发生井涌,应急措施无力,导致井中压力不断增高,发生泄漏,造成海底溢油。二是C20井钻井设计部门没有执行环评报告书,按照表层套管深度进行设计,降低了应急处置事故能力。

③ 溢油事故性质。经联合调查组调查认定,康菲公司在作业过程中违反了油田总体开发方案,在制度和管理上存在缺失,对应当预见到的风险没有采取必要的防范措施,最终导致溢

油。蓬莱19-3油田溢油事故是造成重大海洋溢油污染的责任事故,按照签订的对外合作合同,康菲公司作为该油田的作业者承担溢油事故的全部责任。

④溢油事故行政处罚。按照相关法律和职责,国家海洋局所属中国海监北海总队于2011年6月14日对溢油事故涉嫌行政违法的行为进行立案,随即开展调查取证工作。经查实,康菲公司在蓬莱19-3油田勘探开发作业过程中,违反了《海洋环境保护法》第五十条第二款的规定。根据《海洋环境保护法》第八十五条的规定,2011年9月1日国家海洋局对康菲公司做出罚款20万元的行政处罚(处罚较轻)。康菲公司接受并于9月9日缴纳罚款。

(5)海洋生态环境损害评估及评估结果。

国家海洋局组织直属及环渤海地方海洋监测机构开展了全方位立体海洋环境监视监测,通过船舶巡航、飞机监视、卫星遥感监测、溢油雷达监视、水下机器人探测、浮标监测、岸滩巡视等手段,充分掌握了此次溢油事故的发生发展过程和对海洋生态环境的影响,最终形成了蓬莱19-3油田溢油事故海洋生态损害评估结果。

①海水环境。溢油事故造成蓬莱19-3油田周边及其西北部面积约6200km² 的海域海水污染(超第一类海水水质标准),其中870km² 海水受到严重污染(超第四类海水水质标准)。海水中石油类最高(站位)浓度出现在6月13日,超背景值53倍。2011年6月下旬,污染面积达到3750km²;7月,海水污染面积达到4900km²;8月,海水污染面积下降为1350km²;9月,蓬莱19-3油田周边海域海水石油类污染面积明显减小;至12月底,蓬莱19-3油田海域海面仍有零星油膜(图2.2)。

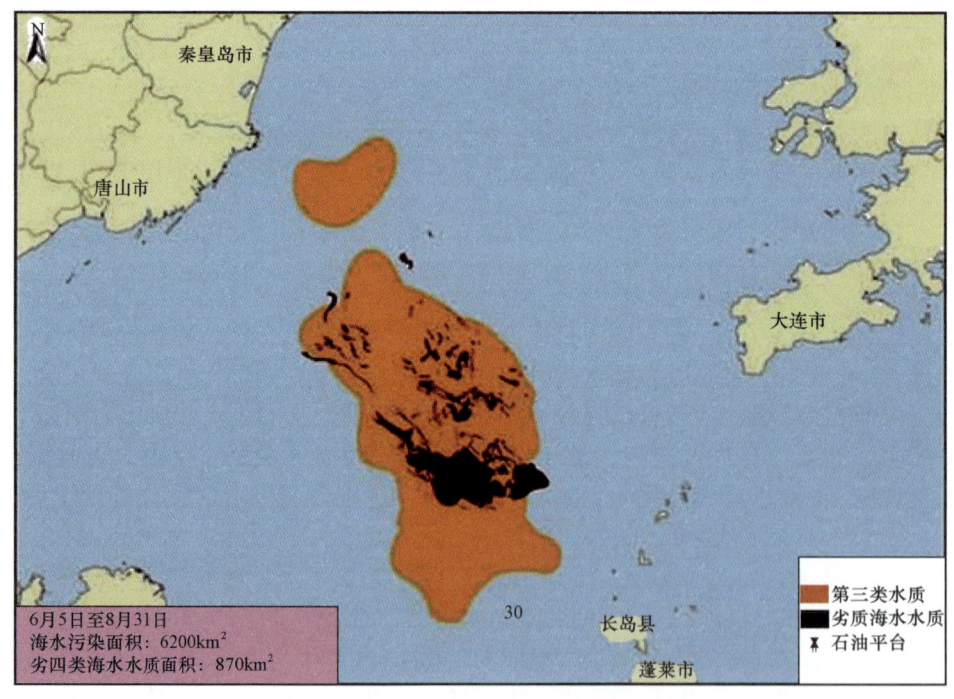

图2.2 污染海域图示意图

溢油事故造成蓬莱19-3油田周边海域中、底层海水石油类浓度(航次平均浓度),在2011年10月底之前始终高于表层,主要原因是由于海底沉积物中石油类的缓慢释放,使海水中、底层的石油类影响持续时间较长。

② 沉积物。溢油事故造成蓬莱19-3油口周边及其西北部海底沉积物受到污染。2011年6月下旬至7月底,沉积物污染面积为1600km²(超第一类海洋沉积物质量标准),其中严重污染面积为20km²(超第三类海洋沉积物质量标准);至8月底仍有1200km²沉积物受到污染(超第一类海洋沉积物质量标准),其中11km²受到严重污染(超第三类海洋沉积物质量标准)。期间,沉积物中石油类含量最大值为7.10×10^{-3},超背景值71倍。截至2011年12月底,陈蓬莱19-3油田C平台周边海域仍有约0.153km²的海底沉积物被明显油污覆盖外,蓬莱19-3油田周边海域沉积物石油类含量达到第一类海洋沉积物质量标准,但仍有超背景值的站位,最大值超背景值3.0倍。

③ 岸滩。2011年7月中下旬,在辽宁绥中东戴河岸滩发现油污,呈不均匀带状分布,带长约4km,宽度约0.5m;在河北唐山浅水湾岸滩发现油污,呈带状分布,高潮线附近油污带宽1~1.5m,带长约500m,低潮线附近油污带宽1.5~2m,带长约300m;在河北秦皇岛昌黎黄金海岸岸滩发现油污,在高潮线附近零星分布,长度约1.2km。在以上区域采集的油样经油指纹分析鉴定,均与蓬莱19-3油田溢油油指纹一致。

④ 海洋生物。溢油事故致使蓬莱19-3油田周边及其西北部受污染海域的海洋浮游生物种类和多样性明显降低,生物群落结构受到影响。浮游幼虫幼体密度在溢油后一个月内下降了69%,对浮游幼虫幼体的发育、成活与生长造成了严重损害。此次溢油造成污染海域鱼卵和仔(稚)鱼的种类及密度均较背景值大幅度下降,2011年6月、7月鱼卵平均密度较背景值分别下降了83%和45%,7月鱼卵畸形率达到92%;6月、7月仔(稚)鱼平均密度较背景值分别减少84%和90%。

溢油致使沉积物污染范围内底栖生物体内石油烃含量明显升高,其中口虾蛄体内石油烃平均含量超背景值4.4倍,最高值超15.5倍。2011年7月所采集的30%底栖生物样品体内石油烃含量超过背景值;至8月,95%底栖生物样品体内石油烃含量超过背景值。12月,仍有54%样品生物体内石油烃含量超过背景值。此次溢油使蓬莱19-3油田C平台溢油点周边海域底栖生物被油污沾污或覆盖,生物栖息环境被破坏,底栖生物受到损害;在海底油污清理过程中,清理区域内的底栖生物遭受损害。

(6)溢油事故损害索赔。

溢油事故发生后,农业部、国家海洋局依据职责分别开展养殖渔业损失、天然渔业资源损害和海洋生态损害索赔工作。

① 海洋生态损害索赔。评估结果表明,此溢油事故造成的海洋生态损害价值总计16.83亿元人民币,主要包括海洋环境容量损失、海洋生态服务功能损失、海洋生境修复、海洋生物种群恢复费用等。2012年4月,国家海洋局北海分局、康菲公司、中国海油共同签订了海洋生态损害赔偿补偿协议。康菲公司和中国海油总计支付16.83亿元人民币。

② 养殖渔业、天然渔业资源损害索赔。为解决蓬莱19-3油口溢油事故渔业索赔问题,农业部全力推进渔业索赔行政调解工作。经过行政调解,农业部、中国海油、康菲公司以及有关省人民政府就解决蓬莱19-3油田溢油事故渔业损失赔偿和补偿问题,达成一致意见。康菲公司出资10亿元人民币,用于解决河北省和辽宁省部分区县养殖生物和渤海天然渔业资源损害赔偿补偿问题;康菲公司、中国海油分别从海洋环境与生态保护基金中列支1亿元和2.5

亿元人民币,用于天然渔业资源修复和养护等方面工作。

(7) 小结。

石油企业应从蓬莱事故中充分吸取教训,运用井筒完整性理念,加强海洋(及陆地)石油勘探开发井筒屏障的设计与应用,加强安全环保管理,提高风险防范意识和安全环保管理水平。同时,相关主管部门将按照职责继续加强海洋石油勘探开发和沿海涉H_2S油气企业安全监管,修改完善相关法规制度,强化功能区划调控,健全联防联控机制,加强风险防控能力建设,及时排查消除隐患,主动接受社会监督,切实保护好海洋生态环境,促进海洋油气开发健康稳定发展,保障海洋经济健康可持续发展。

2.2.4 在钻完井和开发阶段井筒完整性损坏的主要部位

2.2.4.1 钻完井阶段

(1) 井口装置是井筒的总开关。例如,如果防喷器型号规格等级选用不当以及存在损坏和关不严等问题,则可能导致井喷和失火。例如,2015年BP公司在墨西哥湾的恶性井喷而关不住井口导致着火燃烧和大面积污染海域事故。

(2) 在裸眼井段钻井、固井、完井时,裸眼井筒的稳定性是一个专门的研究项目,钻油气层井段时防止伤害储层又是一个特别重要的课题。我国在"七五"以来,成功地采用屏蔽暂堵等技术保护储层和复杂层,井下配有屏蔽暂堵剂及其复配剂的钻井液称之为液体套管(Fluid Casing),可以说液体套管是钻完井阶段裸眼井筒完整的重要组成部分。在钻井阶段要保持以井筒稳定和保护储层为主的井筒完整性,特别是在不同孔隙的砂泥岩、页岩和裂缝性地层的裸眼井段(尤其是水平井、分支井、侧钻井、超深井、海洋井的裸眼井段)钻进以及在非常规油气藏如煤层气、页岩油气井钻进时,保护油气层和防止漏、喷、塌、卡、井眼缩径掉块等复杂性问题的发生和保持井壁稳定是很多油田、区块的钻井—完井难题。孙金声等以油田化学理论为基础,在水基钻井液中加入一定量的零滤失井眼稳定剂,配制成超低渗透钻井液,它可以提高地层承压能力及提供防漏堵漏等效果。它在不同孔隙的砂岩、泥岩、岩心和裂缝性地层有很好的封堵能力,可实现近零滤失。零滤失井眼稳定剂通过在井壁表面形成一层致密的超低(近于零)的渗透膜(外滤饼)及增强井壁内滤饼封堵强度的方法,能够大幅度提高岩心/岩层承压能力,能自适应封堵岩层表面孔喉,形成封堵薄层,起着液体套管的作用。这层液体套管完成预定的任务之后,很容易被清除掉,不会永久贴靠井壁,也不会永久堵塞。经实验室试验后,在大港油田和辽河油田多口井的应用中表明,在长裸眼多层系或压力衰竭地层应用,很好地防止了漏失、卡钻、坍塌等的发生。被封堵层的承压能力提高,提高漏失压力梯度和破裂压力梯度,相当于扩大了安全密度窗口。在裸眼井段钻井时,对钻进窗口密度小地层的井筒稳定性与安全性能起很好的作用,可以认为是钻进低压地层裸眼井筒完整性的一项创新技术。页岩气勘探开发是石油工业一个新而重要的工作。钻进水平井的水平段本来就是一个需要特别关注的课题,钻页岩气水平井时,由于页岩易于水化膨胀而经常发生井壁坍塌等井下复杂情况,就更加需要予以关注。最近,在云南昭通108区块钻水平井,龙马溪组页岩层段井壁失稳造成井下复杂,严重影响水平井段的安全钻进。孙金声等研究并解决了这个难题。首先实验分析了龙马溪页岩的组分,它是以伊利石为主且不含蒙脱石及伊/蒙混层的页岩,通过实验知道了表面水化是这类井井壁失稳的主要原因。基于热力学第二定律,利用降低页岩表面自由能以抑制其水化的原理,建立了通过多碳醇吸附作用降低页岩润湿性降低其表面自由能的办法能够抑制表面水化,是一个抑制龙马溪组页岩水化膨胀和分散以稳定井壁的新方法,为页岩气水平井钻井的井筒稳定找到了有效措施。从上面的研究成果来看,裸眼井段钻进的井筒稳定性乃至井筒完整性主要依靠油田化学理论与方法。

(3)套管磨损、腐蚀、折断等破损井。

套管和水泥环是井筒与地层隔离—封隔的重要屏蔽物(屏蔽层带)。先讲述套管破损,它是破坏井筒完整性的主要因素之一。以长庆油田为例,从1981年起,长庆油区套管破损逐年剧增。套管破损位置主要发生在管外未固水泥井段,系因洛河水层对金属的腐蚀所引起。套管破损井在陇东、宁夏和陕北均有广泛分布,特别是陇东地区,从1995年以来,以每年35~40口井的速度递增。安塞油田套管破损井以每年10口井左右的速度上升;陇东和安塞地区的套管破损平均周期分别为7年和5年9个月。截至2005年7月底,累计套管破损油水井1000多口,约占总井数的9%。

以长庆油田为例分析套管腐蚀机理并介绍长庆油田治理措施。长庆油田油水井套管腐蚀破损,是井筒完整性损坏的重点问题之一,也是严重困扰油田正常生产的技术难题之一。40多年来经历"认识—提高—再认识—再提高"和理论与实践相结合的历程,取得了比较可贵的经验。

20世纪70年代马岭油田开发初期,油水井套管外水泥仅封固至油层段以上300m。1978年2月发现第一口典型腐蚀井——岭1井,之后出现岭-321井等一大批腐蚀井,对岭1井和岭321井进行了拔出套管腐蚀研究(图2.3和图2.4)。

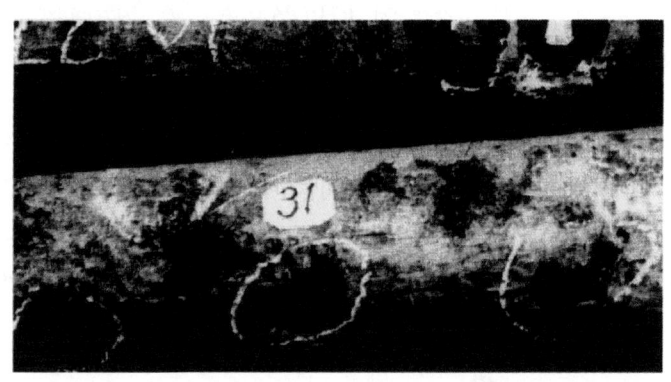

图2.3 岭1井第70根拔出套管(对应洛河层)

图2.3和图2.4两个图显示套管外壁遭受严重的不均匀腐蚀,表面腐蚀层疏松、明显分层、将腐蚀层剥落后出现新鲜的钢铁表面,腐蚀形态有沟槽状、蜂窝状、不均匀块状和丁状鼓包,一些套管接箍被腐蚀掉后露出套管螺纹。通过拔出近10口套管破损井的套管发现,外腐蚀大段穿孔,内壁腐蚀相对轻微。统计第二采油厂430口套管破损井,分析表明陇东套管破损井的平均寿命为7~8年,是长庆油田第一次套管破损腐蚀井高峰期。研究认为,长庆油田开发初期,由于完井固井作业水泥返高不够,未能封闭上部水层,因此防腐措施采取提高水泥上返高度,封固洛河水层。20世纪80年代早期,分析认为白垩系的多段含水层水量大、渗透率高、具有流动性、水层承压能力差,一次性上返不能完全封固,导致套管外腐蚀较严重的问题,

图 2.4　岭 321 井拔出的腐蚀套管外观图

是第二次套管损坏井高峰,提出采用低密度水泥浆体系固井,套管腐蚀破损井数量有所下降。20 世纪 90 年代中期后,又出现第三次套管腐蚀破损井高峰。特别是 1995 年以后,陇东地区每年有套管腐蚀破损井 40 口左右,套管腐蚀破损井寿命为 2~3 年的井增多,而且主要以水泥上返封堵水层后的井为主。于是,开展了套管腐蚀机理的研究。1994 年,建立了室内模拟装置,研究发现在水层不能完全封固的情况下,封固层与未封固层产生电偶腐蚀,加速套管腐蚀破损。同时,固井质量调查发现,有大量的新井,低密度水泥渗透率高,无法抵御地层水的侵入,而水泥浆的密度高时又因漏失严重影响封固效果。所以,仅仅从水泥浆返高和水泥封固技术考虑仍然不能保证大段高渗水层完全封固,所以经常造成套管防腐措施失效。长庆油田储层自下而上存在洛河组、宜君组、华池组、环河组腐蚀性水层,部分地区还存在罗汉洞组和泾川组,其中以洛河组和宜君组为主要腐蚀水层,水泥不能完全封固。80 年代以后对长庆地层水及注入水水质研究,主要通过拔出马玲油田、安塞油田和吴旗油田近 20 口井的套管实物,并采用德国 D8X 射线衍射仪进行腐蚀产物分析,表明洛河组以上浅层主要存在 O_2 腐蚀,洛河组中部为含硫酸盐还原菌(SRB)腐蚀、底部为 CO_2 腐蚀,外腐蚀普遍存在。2000 年,在陇东老油田开展 40 多口油井的内腐蚀挂片试验,发现内腐蚀主要发生在开采侏罗系储层的部分井,呈现局部高腐蚀速率,平均腐蚀率 0.8~3mm/a,并以点蚀为主,孔蚀系数 10 以上(图 2.5)。

(a) 里8井　　　　　　　　　　　　(b) 中249井

图 2.5　陇东地区油田腐蚀挂片实物

2002—2003 年,在安塞油田进行侧钻时拔出 5 口套管破损井的套管,其中 2 口井的套管直接穿孔,通过腐蚀产物分析,并结合开发过程中的水质变化分析,表明安塞油田套管主要存在外腐蚀,少量油井存在内腐蚀。套管破损主要发生在延安组及上部浅层,部分套管在延安组穿孔。延安组高矿化度水、CO_2 及浅层水 O_2 是主要腐蚀因素。安塞油田套管破损主要是由于水泥上返低,未封固延安组。20 世纪 90 年代,随着油田高含水期到来,在开发侏罗系的油田中,由于内腐蚀导致的套管损坏也逐渐增多。根据 90 年代中后期大面积的内腐蚀挂片腐蚀普查统计,在开采的侏罗系高含水老油田中,动液面以下约 38% 的井存在严重内腐蚀,内腐蚀的主要原因是部分井区含硫酸盐还原菌和 CO_2 气体。

2.2.4.2 油气田开发阶段

(1) 随着油气田开发时间的延长,到一定时候,井下油管、套管、水泥环损伤是比较普遍的问题,特别是在含 H_2S 和 CO_2 等强腐蚀性物质时,发生 H_2S 应力腐蚀破裂和 H_2S—CO_2—H_2O 腐蚀;例如长庆油田下属一个油田截至 2005 年 7 月底累计套管破损油水井 1000 多口,约占总井数的 9%,破损时间最短的只有一年(如吴 295-3 井),小于 3 年的占 12.9%,大于 4 年小于 6 年的占 27.4%,大于 7 年小于 10 年的占 19.4%,大于 10 年的占 40.3%[13]。所以需要及时检测、及时发现、及时处理,并在开发阶段建立定期监测与检测制度和方法。

(2) 开发阶段监测不到位,导致开发时层间串流或者从水泥环两个界面的任一处或者从套管鞋等处漏油漏气,例如蓬莱油田漏油严重污染大面积海域事故。

(3) 老油田正在开采的层位和未开采层位的继续开发—开采:开采了较长时间(几十年)的老油田,已开采层位的采收率不高,有继续提高的潜力。例如长庆油田于 1960 年 7 月钻马探 2 井,在长 8、长 10 试油,日初产 0.6t,含油层系为三叠系延长组埋深 742~870m,含油层厚度 130m。1966 年在马探 5 井首次采用压裂获日产 6.7m³ 自喷油流,含油层系为三叠系延长组埋深 742~870m,含油层厚度 130m。马家滩油田共钻井 94 口、取心井 43 口,投入开发井 73 口,经历了上产、稳产、递减三个开发阶段,主产层为长 8、长 10-1、长 10-2,长 9 为小型气藏。长 8、长 10 含油面积 3.7km²,地质储量 225×10⁴t。1997 年开井数减至 11 口,年产油 26.6t。1998 年 1 月 1 日油田关停。采出程度只有 11.82%。马家滩油田虽然小,但是不应该就此放弃剩余油资源。如能采用新的开发思路和方法再开发,有可能提高采收率。中国这样的例子还有。特别要提问,关停后的马家滩油田是否以及如何对所有油井的井筒完整性进行了监管,是否进行了定期监测,存在一些什么问题?都希望研究并有结果。

2.3 井筒屏障的谋划和图解与设计

2.3.1 井筒屏障的谋划

在识别井筒屏障时,重要的是要了解井筒全生命周期内要进行哪些作业及井筒屏障失效的可能方式,据以谋划井筒屏障。谋划井筒屏障时首先要考虑使用几道井筒屏障。谋划是方案性的研究,谋划好之后才能够进行井筒屏障的工程技术设计。

为了进行井筒屏障的谋划与工程技术设计,挪威 NORSOK D-010 对第一道井筒屏障和第二道井筒屏障的功能进行了区分。第一道井筒屏障是指与高压油气最接近的屏障。如果第一道井筒屏障能发挥其预定的功能,就能够将高压油气控制好。如果第一道井筒屏障失效(如发生泄漏或某个阀门无法关闭),则第二道井筒屏障应能防止油气从井内流出。如果第二道井筒屏障也失效,那么就可能要求(也可能不需要)设置为阻止油气流动的第三道乃至多道井筒屏障。

[**实例**] 在某口已压完井的井上进行作业时,可以将静液压力的液柱当成第一道井筒屏障,而井顶部的设备(通常是防喷器)作为第二道井筒屏障的一个组成部分并与固完井的套管和足够的套管鞋地层强度共同构成第二道井筒屏障(图2.6)。

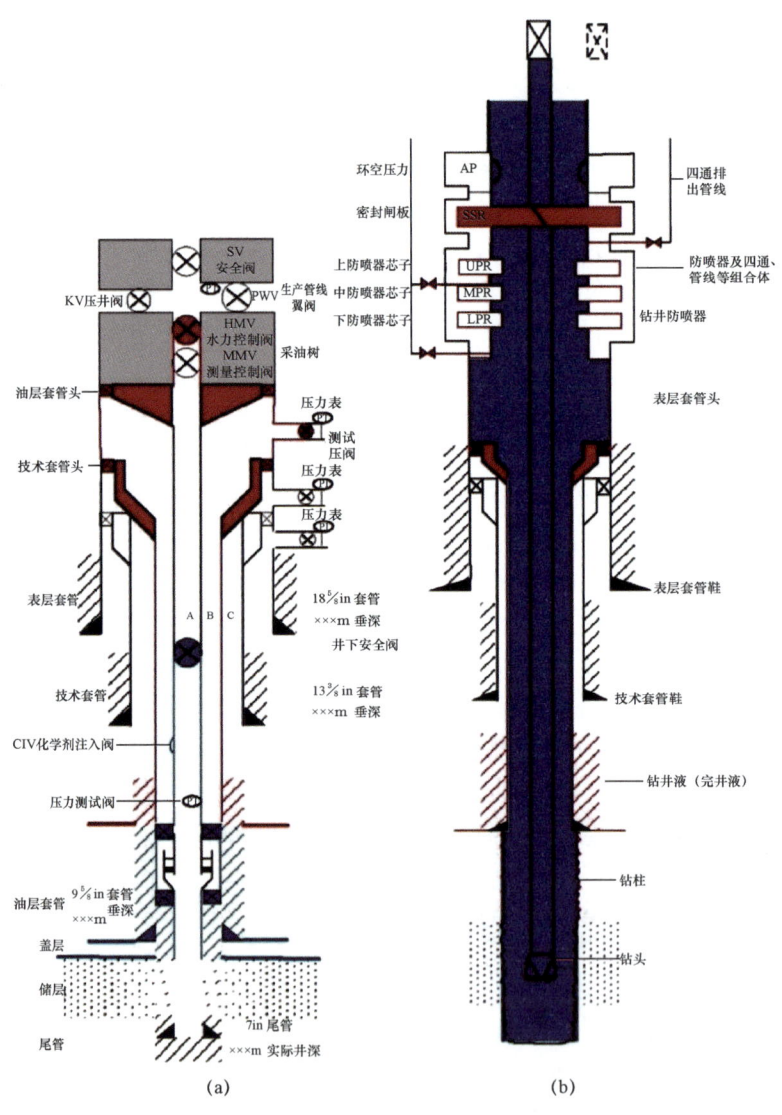

图2.6 在生产和钻井模式下的第一道和第二道井屏障
(a)采油作业时各层套管及水泥环、采油树等是第一道和第二道屏障;
(b)钻井压井作业时液柱和防喷器是第一道屏障(蓝色),套管水泥防喷器等是第二道屏障(红色)

在谋划、设计井筒屏障时,应重视使用新概念和创新性屏障组件,例如涉及电力、电子和(或)可编程电子技术的屏障组件被称为是具有安全仪表功能的屏障组件。井下安全阀可通过传感器信号或手动按钮激活。电子式井下安全仪表功能是通过某个含有三个主要子系统的安全仪表系统实现的,这三个子系统是:

(1)输入组件。传感器(用于自动激活)或按钮(用于手动激活)。

(2)逻辑解码器。为某种电子或非电子装置,能对输入元件传来的信号进行处理,然后向相关的终极元件发送信号。

(3)终极组件。与井发生相互作用的物理元件,例如阀门,可通过此构件阻止或避免封堵失效;或者是末道/最后一个包装构件/组件/元件(Final Elements)。

在同一套安全仪表系统中可以嵌入多种安全仪表功能。例如,同一套逻辑解码器可以用来激活数个隔离阀。不过,也有一些重要的设计考虑:对同一个事件(例如井涌或油嘴损坏)做出响应的功能不应该共享组成元件。这表明,如果第一道井筒屏障和第二道井筒屏障都具有安全仪表功能,则应设两套不同的(且独立的)安全仪表系统,以避免出现一个逻辑解码器失效,造成第一道井筒屏障和第二道井筒屏障同时失效的情况。在同一个石油和天然气设施中会安装多种安全仪表系统:紧急关断系统、流程关断系统、火灾及气体探测系统等。

图 2.6 表示某井采油作业时(左图)和钻井压井作业时(右图)的第一道、第二道井筒屏障,该图说明钻井防喷器和采油树是第一道、第二道井筒屏障的必要组件,第二道屏障还有套管及水泥环等。在关键井与海洋井这些井筒屏障都配备有电的、电子的和(或)程控电子式的仪表和井下安全阀等。如果第一道屏障失效,第二道屏障要能够防止流体从井中喷出。如果第二道井筒屏障失效,就要预先配置第三道屏障(图中未表示)以能阻止碳氢化合物流体流动。这个图的重点是强调:井筒屏障的主要功能是确保安全作业。

2.3.2 井筒屏障示意图与图解

可以用多种方式对井筒屏障及其防止井内流体泄漏的功能进行说明。可以按下列两种方式进行区分。从理论上严格地讲下列两个名词有近似但也有所不同的含义(但为了简化往往混用这两个名词):

(1)井筒屏障示意图;

(2)井筒屏障图解。

在寿命周期内服役的井筒,对各作业阶段的可靠性和风险进行评估时,井筒屏障示意图和井筒屏障图解是重要的评估工具——对于井筒完整性评估更是如此。

2.3.2.1 井筒屏障示意图

井筒屏障示意图(Well Barrier Schematics,简称 WBS)是显示井及井上主要屏障元件的静态示意图,该图用不同的颜色分别代表第一道井筒屏障和第二道井筒屏障。在图 2.6 中是一口标准的生产井的井筒屏障示意图。这口井中设有 6 个第一道井筒屏障元件:

(1)地层/油气藏顶部的盖层;

(2)套管水泥环;

(3)套管;

(4)生产封隔器;

（5）完井管柱（井下安全阀以下的完井管柱）；
（6）地面控制的井下安全阀。

第二道井筒屏障有7个屏障组件：

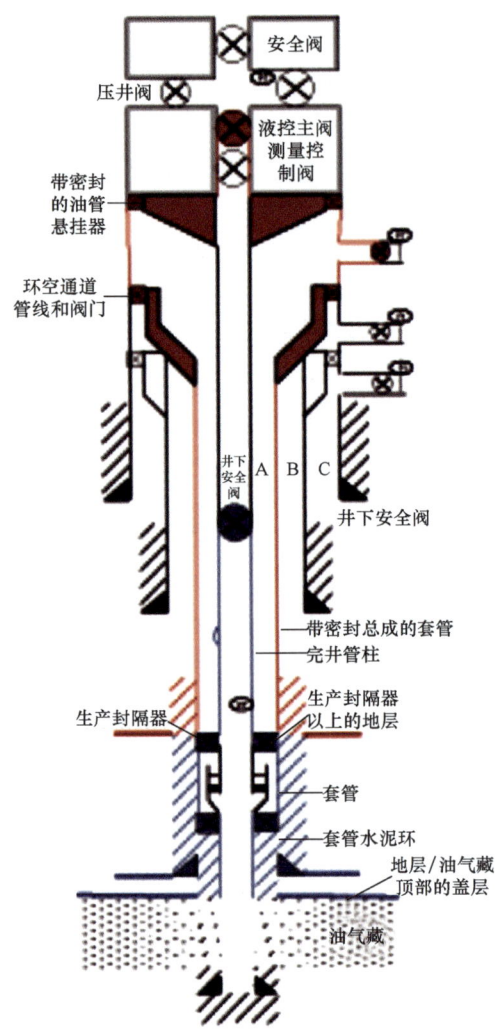

图2.7 标准生产井的井筒屏障示意图

（1）生产封隔器以上的地层；
（2）套管水泥环；
（3）带密封总成的套管；
（4）井口装置；
（5）带密封的油管悬挂器；
（6）环空通道管线和阀门；
（7）带采油树连接部件的生产采油树。

NORSOK D-010设立并评估了能在大范围内反映井况的井筒屏障示意图实例（图2.7）。图2.7中标注了两道井筒屏障（蓝色和黄色）及重要的屏障组件。有表层套管、技术套管、油层套管及各层水泥环。图中的完井管柱就是采油生产时的油管柱；在油管柱/完井管柱与油层套管之间有两个生产封隔器，密封住了A环空，油气只能从油管柱上升，在油管柱内有井下安全阀和液控主阀、测量控制阀；井口有压井阀和安全阀。图中没有绘出上部的采油树。图中的B环空、C环空有套管—水泥环及带密封的油管悬挂器和环空通道管线和阀门等组件控制。这里不必过多讲述，读者仔细阅读分析，能够认识这一套标准生产井的井筒屏障是完全能够保证井筒完整性、能够安全生产的。以图2.7为例，说明井筒屏障示意图的功用和重要性。图2.8是对图2.7的井筒屏障图解。把图2.7和图2.8结合起来阅读、分析就更加清楚了。这就是井筒屏障示意图和井筒屏障图解的作用及其配合关系的作用。本书有近百个井筒屏障示意图/图解，不能每一个都如此详细讲述。而对这个图详细讲述是为了作为示范。

2.3.2.2 井筒屏障图解

井筒屏障可以进一步通过井筒屏障图解（Well Barrier Diagrams，简称WBD）的方式予以说明。井筒屏障图解是一种用来说明从油气藏到周围环境中可能泄漏途径的网络工作。周围环境的含义取决于具体的情况，可能是指外部环境（例如，水下井的周围环境就是海洋；平台采油树的周围环境就是平台甲板），也可能是指系统的某些组成部分（例如，从水下井进入出油管线）。图2.7所示井筒屏障示意图可以进一步用图2.8的井筒屏障图解表示。

第2章 井筒完整性及其失效的理论研究

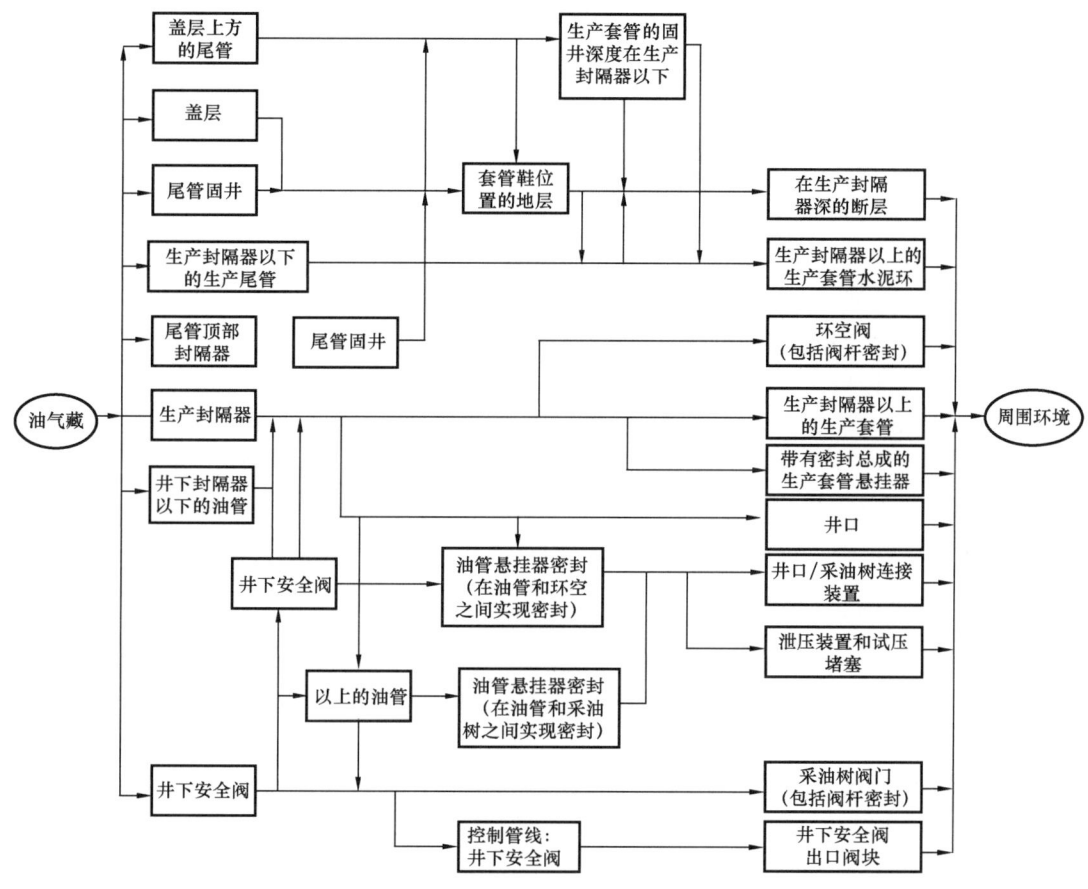

图2.8 对图2.7所示生产井的井筒屏障示意图的图解

图2.8展示了从油气藏到周围环境中的所有泄漏途径。例如，如果井下安全阀和采油树阀门（包括阀杆密封）都发生了致命失效（即阀门关不上或关不紧），就会发生从油气藏到周围环境的泄漏。井筒屏障图解可以有许多种画法，其中一种可选画法是按垂直方向画图，将油气藏画在底部，将周围环境画在顶部。不过，在所有的画法中，图解的逻辑性都应该是一致的。

井况比较复杂时，由于有多个可能的泄漏途径，井筒屏障图解可能会相当复杂。井筒屏障图解最好要与井的静态状况相匹配，也就是处于生产状态的井。在对不同的井筒屏障布置及井筒屏障的可靠性进行分析时，可通过井筒屏障图解掌握了解与分析整体情况。

2.4 可靠性和故障树分析

2.4.1 可靠性分析

可靠性可反映出无故障运行及设备的可靠性。可靠性是指在给定的环境和运行条件下，系统能够在某个规定的时期内行使其预定功能的能力（国际电工技术委员会IEC600050－191的定义）。对系统的这种能力要进行定性研究，例如，要查找出可能导致系统失效的元件失效组合情况,或者是通过计算系统失效的概率或频率,对系统失效进行定量研究。

2.4.1.1 井筒屏障的可靠性分析

在识别和评估井筒屏障元件失效影响时使用的可靠性分析方法可用于:
(1)将不同的完井方案与井喷概率进行对比;
(2)评估某种特定井配置情况下的井喷风险;
(3)识别出在特定完井方式下潜在的井筒屏障问题;
(4)对不同的降低风险措施的效果进行评估;
(5)识别出在修井作业期间的潜在井筒屏障问题。

在发生了许多起与井筒完整性有关的事件和事故之后,业界开始重视井筒屏障性评估问题。本书的目的是为了对某些可用于对井筒完整性实施定性及定量分析的方法进行评估。为了能对井筒完整性进行定量分析,必须要具备一定的系统可靠性理论背景。因此,定量分析部分就局限于在可用的井筒性能数据的基础上,给出少量的实例。至于如何对系统可靠性理论有一个全面的认识基础。可以参考 Rausand(2004),也可以参考可靠性理论方面的其他文献。

2.4.1.2 井筒屏障分析步骤

井筒屏障分析应条理清晰,分析过程应包括下列步骤:
(1)定义并熟悉该系统,该步骤包括对运行情况作出定义、对井筒结构示意图进行评审、构建井筒屏障图解,并列出井筒屏障名称及其屏障功能。
(2)识别出失效模式和失效原因。失效识别的主要方式是失效模式、影响和危害程度分析(Failure Modes,Effects and Criticality Analysis,简称 FMECA),该项分析的目的是为了找出所有的失效模式、失效原因和井筒屏障系统中每种屏障组件的影响效果。
(3)构建井筒屏障系统可靠性模型。有数种候选模型可供使用,选择何种模型主要取决于想要研究的系统状态和获取相关数据,以支持此类模型的途径。建议采用故障树分析方式,因为这种方式比较直观,而且对于没有系统可靠性理论背景的人也容易理解(至少在定量研究部分容易理解)。故障树分析方式是一种绘图模型,该模型可以说明所有能够造成系统失效(即井内流体泄漏入周围环境中)的失效事件的总体情况。利用井筒屏障图解可以很容易地创建故障树。
(4)进行故障树定性分析。利用故障树最小交集(Minimal Cut Sets,最小分割集),可以得出系统失效原因的信息汇总。最小交集是能导致系统失效事件的最小的失效组合。当最小交集的各种失效情况同时出现时,就会发生系统失效;而且,带有少数几个失效事件的最小交集,要比带有许多失效事件的最小交集更为重要。可以用算术运算法则进行最小交集识别。在最小交集的基础上,可以对诸如关键组成元件及常见失效原因的弱点进行探讨。此类信息在制订井筒运行计划、井筒屏障维护和人员培训时,也能发挥一定的作用。
(5)进行故障树定量分析。通过将可靠性理论与带有故障树的可靠性数据相结合,可以得出许多重要的可靠性参数,例如第一道井筒屏障失效的可能性、第一道和第二道井筒屏障失效的速率、第一道井筒屏障失效和(或)第二道井筒屏障失效的时间等参数。

系统可靠性分析是建立在统计模型和方法的基础之上的,也就是说由于受模型假设、数据充分性及可能的结果分布情况的影响,例如类似系统和元件的时间——失效分布记录,得出的分析结果具有一定的不确定性。

(6)报告结果。将所有的结果(包括制订的假设和限制条件)编制成文档是一项重要工作。建议开展更进一步的后续研究工作,考虑是否有必要退回到重新设计阶段,或对计划、运行、维护程序进行升级。建议应始终有指定相应的责任人或责任部门。

2.4.1.3 井筒屏障功能识别

为了知道系统是如何失效的,首先必须要对系统的功能进行识别。一个井筒屏障系统可以有数种功能,功能通常划分为基本功能、信息功能和保护性功能。

(1)井筒屏障的基本功能大体上都是显而易见的。基本功能是与井筒屏障的主要用途相互对应的,也就是说,为什么要安装这种井筒屏障的原因。可以说任何井筒屏障都具有使井内流体与周围环境相隔离的基本功能。如果丧失了这种功能,就会产生使井内流体泄漏到环境中的潜在泄漏通道。

(2)信息功能可提供有关井筒屏障的状态方面的信息。例如,该信息可能是采油树上某个闸阀的位置,阀门上的阀位指示器可提供这方面的信息。不同的传感器可以提供诸如温度、压力、流量等方面的信息。井筒屏障信息功能丧失后,就不能向操作人员提供关于井筒屏障主要功能减退的信息,也就无法及时采取必要的维护措施,或者是缺乏对异常情况及时进行管理所需要的信息。

(3)仪表化井筒屏障常常涉及电力、电子或可编程电子技术,井筒屏障带有保护功能,可避免电弧打火引燃油气。保护功能丧失可能会在钻井装置上产生新的危害和危险事件,即使井筒完整性可能还没有受到影响,也会产生新的危害和危险事件。应该注意的是,某些井筒屏障,诸如修井作业时未设计成安全故障防护模式。失去电力(例如在大修密闭环境中的超压损耗造成电力中断)会导致向所有密闭环境中电力设备的供电中断,包括操作隔水导管组装体下部的阀门和闸板的可编程电子控制器失去电力。仪表化井筒屏障可通过硬件(例如阀门、电磁阀)和软件执行其功能。而硬件功能通常可以更直接地对井筒屏障是否符合要求进行测试,软件功能则更加复杂,而且难以发现不适宜的软件指示造成的不良副作用。在这种情况下,即使硬件中包含有软件(例如可编程电子控制器),也应具有相应的安全证书。仪表化井筒屏障在安装之前,需要具备合适资质的人员进行检查、指导、指挥,而且在使用中还应准备一套变更管理系统。这一要求也适用于在钻井装置上进行某种特定活动(例如修井)时临时地使用系统。

2.4.2 故障树分析

可以利用故障树对系统可靠性[1]进行定性分析和定量分析。故障树的主要用途是解释系统为什么会发生失效。系统失效可能是井内流体在特定的运行环境下"泄漏到环境中"。在故障树术语中,系统失效被称作故障树的顶层事件。顶层事件的起因将通过逻辑门进行识别和整合。

---

[1] 除构建故障树外,还可使用可靠性框图。在可靠性框图中,采用相同的方法,寻找出能确保成功发挥其效能的事件和条件。

故障树结构是一种演绎法。在规定的系统失效的基础上,可以反复地询问是何种事件(部件失效、人为过失等)造成了系统失效。一个故障树包含下列主要组成部分:

(1)顶层事件。顶层事件是对系统失效的精确描述,并且应该解释是什么样的系统失效(例如漏失到环境中)、是在什么地方发生或观测到失效的(例如在井口位置)以及失效可能发生在什么时候(也就是正在考虑的运动环境)。顶层事件可能是"在正常生产期间,井内流体通过井口泄漏到外部环境中"。

(2)逻辑门。故障树采用两种主要的逻辑门类型:或和与(表2.1),大多数故障树采用这两种逻辑就足够了,但在用于某些具体用途时,还需要使用其他几种。

表 2.1 "或和与"解释

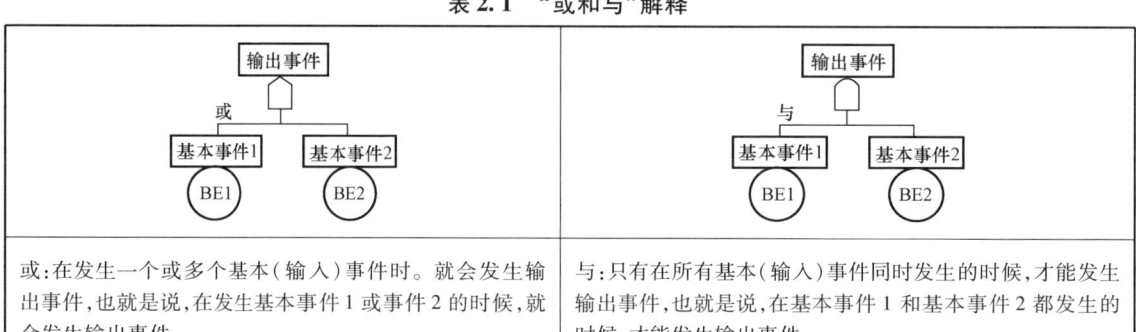

或:在发生一个或多个基本(输入)事件时,就会发生输出事件,也就是说,在发生基本事件1或事件2的时候,就会发生输出事件	与:只有在所有基本(输入)事件同时发生的时候,才能发生输出事件,也就是说,在基本事件1和基本事件2都发生的时候,才能发生输出事件

(3)基本事件。基本事件能决定故障树的发展情况,并代表了启动系统失效的最低等级(模式化的)事件(部件失效、人为过失、外部事件)。还没有具体的准则来为基本事件下定义。例如,可以将井下安全阀失效定义为一个基本事件,也可以将这种项目拆分为子项目(例如密封件失效、活瓣失效和执行器失效),并将子项目定义为基本事件。解决方案的层次往往与支持定量分析的可靠性数据的可用性有关(例如失效频率)。如果无法获得子元件的数据,要不是将井下安全阀视为一个整体,则最可行的做法就是将井下安全阀失效定义为一个基本事件。

注意:将"井下安全阀失效"定义为一个基本事件时,对于会导致井内流全泄漏到环境中的井下安全阀失效事件,指出了相关的失效模式,即,安全阀未能关闭(FTC)和安全阀在关闭位置上存在泄漏(LCP)是最相关的失效模式。

关于故障树(和系统可靠性基本原理)的其他相关信息,请参阅 Rausand 和 Hoyland(2004)相关著述。

2.4.2.1 故障树程序

实际系统的故障树通常会复杂很多,因此,使用一种专业化故障树程序是一种有益的做法。业界已经在故障树构建和分析方面开发出了数种程序。在挪威,最常使用的是下列这两种程序:

(1)计算机辅助复苏算法(CARA)故障树,此程序可从 ExproSoft(www.exprosoft.com/products/Cara.aspx)网站获取;

(2)风险谱程序,此程序可从 Seandpower(www.riskspectrum.com)网站获取,在(www.Ntnu.edu/ross/info/software)网站上可以获取其他多种与故障树构建和分析有关的程序。

2.4.2.2 故障树构建

在故障树中的事件是用矩形框描述的。对于基本事件,可以在矩形下方画一个圈,然后在此圈中输入特有的基本事件识别项。此识别项为一组字母数字编码,字符的最大长度由所使用的计算机程序决定。比较明智的做法是选择一组能为基本事件提供一定参考意义的字符数字代码。

在构建故障树时,屏障图解是一种比较好的起始点,而且从屏障图解到故障树的转换也非常简单。我们将使用图 2.9 中的井筒屏障图解对此过程进行演示说明。

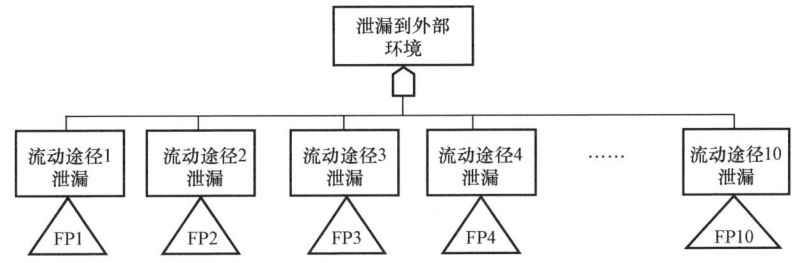

图 2.9 "泄漏到外部环境"故障树的顶部结构

(1)我们始终从顶层事件开始,该事例中的顶层事件就是"井内流体泄漏到周围环境中"。在图 2.9 的井筒屏障图解中,这种情况是用节点"周围环境"代表的,此节点也是本图解终端节点。

(2)从图 2.9 有 10 个不同的箭头(代表流动途径),这些箭头都指向终端节点。为简单起见,用流动途径 1、流动途径 2 等来表示此类流动途径,在图中,流动途径用编号 1~10 表示。

(3)如果至少有一个流动途径发生了泄漏,井内流体就会泄漏到外部环境中。这表明,它们之间有一种"或"关系:如果"流动途径 1 泄漏"或"流动途径 2 泄漏"等,油气就会进入"外部环境"中,正如图 2.10 的故障树顶段内容所描述的那样。

描述事件的矩形下方的三角形表明此故障树不完整,需要在下一页继续对事件进行评估。

(4)在图 2.9 的 10 个事件中,针对每一个事件,都需为其单独构建一个故障树。现在,以流动途径 6 为例进行说明。要通过此流动途径发生泄漏事件,井口必须要发生泄漏,且必须要有流体(即高压油气)流动到井口。因此,此故障树的开始部分如图 2.10 所示。

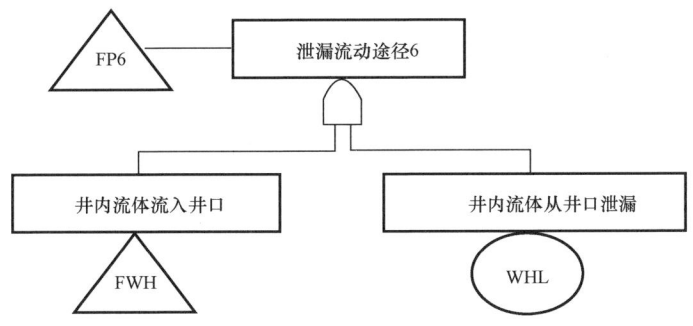

图 2.10 "泄漏流动途径 6"故障树(顶部结构)

图 2.10 顶部的三角形表明,在此处故障树应被输入(附加)到图 2.9 的故障树顶部结构中。在图左侧的事件"井内流体流入井口"还需要更进一步的发展,因此我们用三角形做了标记。在此处,将事件"井内流体从井口泄漏"视为一个基本事件,因此,要用一个圆圈做出标记,并在其中填入字母—数字代码 WHL(即"井口泄漏"的缩写)。也可以使此事件进一步发展,例如,区分出发生泄漏的井口密封。

事件"井内流体流入井口"必须要有进一步的发展。从图 2.11 的井筒屏障图解中可注意到,生产封隔器或井下安全阀下方的油管或井下安全阀上方的油管发生泄漏后,才会有"井内流体流入井口"。这种情况可以另外再画一张故障树表示,或者是对图 2.10 的故障进行扩充。在此选择了后一种做法,于是得到了图 2.11 所示的故障树。

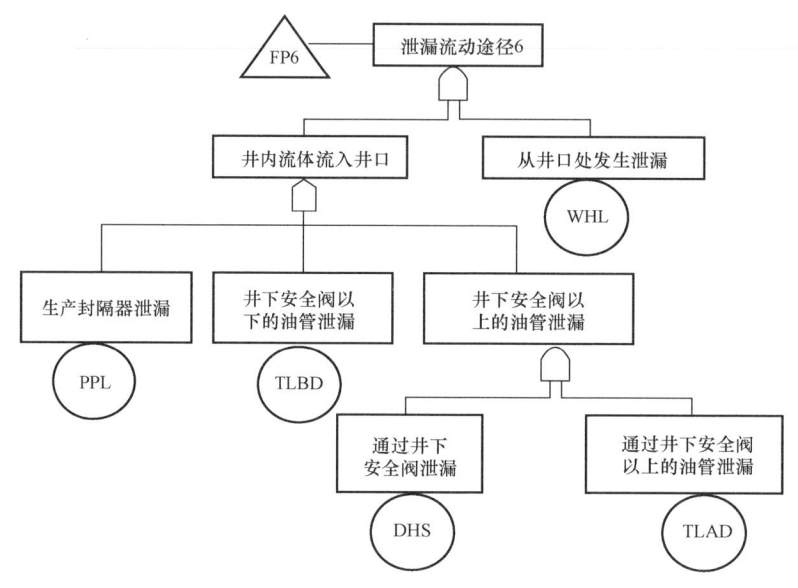

图 2.11　完整的"泄漏流动途径 6"故障树

现在将所有事件都考虑为基本事件,因此,故障树是完整的,而且也没有必要使故障树进一步发展了。注意:所有基本事件都赋予了相应的代码。这些代码可用于对故障树进行分析。

也可以使用相同的方法,构建其他 9 个流动途径的故障树。总的故障树会相当大,因此需要使用专用的故障树程序,例如计算机辅助复苏算法(CARA)故障树。

2.4.2.3　故障树的优缺点

故障树可以直接构建而成,也可以在井筒屏障图解的基础上进行构建。故障树总是从我们想要调查的顶层事件开始。就井筒完整性研究而言,顶层事件通常是"井内流体泄漏到外部环境中"。故障树从顶事件开始,通过反复询问"此事件是怎么发生的",将故障树一步一步地深化发展下去。可通过确定泄漏物能漏出的所有位置,即,10 个泄漏途径来寻求顶层事件发生的原因。然后,可以研究每一条泄漏途径,并再次询问"此事件是怎么发生的"等问题。构建故障树时,所遵循的程序非常简单,因此构建故障树也适合于在自由讨论课上由那些未接受过故障树构建培训的人员参与完成。

这种做法的不利之处在于,所构建而成的故障树往往很大,要使用很多页纸才能画出一个完整的故障树。因此,这种做法也容易出现疏忽。然而,要记住故障树是一种逻辑结构,因此在故障树的许多位置出现相同的事件是完全可以的。在以后的分析中,这种情况会被故障树的逻辑性所抵消。

我们可能会问到,既然井筒屏障图解是一种更加紧凑,也更加容易看出泄漏途径的方法,为什么还要使用故障树分析,而不是满足于使用井筒屏障图解。使用故障树的主要原因,在于其直观逻辑性,而且故障树也能够从定性分析和定量分析两种途径上解决问题。

2.4.2.4 故障树的定性分析

一个完整的故障树可以反映出所有失效组合情况或导致某种特定失效或危险情况的原因。可以针对顶层事件或某个中间事件(例如"流动途径6泄漏")对此类失效组合进行调查。大多数故障树分析计算机程序都可列出所有此类组合情况,此类组合被称为交集❶。有些交集会包含多余的基本事件,将这些多余的基本事件从交集中剔除之后,所得到的集合仍然是一个交集。在剔除所有多余的基本事件后,所得到的交集被称作最小交集。对于大型故障树而言,人工识别出所有的最小交集是一个艰巨的任务。

在图2.11中与事件"流动途径6泄漏"有关的最小交集为{WHL,PPL},即井口发生泄漏与生产封隔器泄漏,{WHL,TLBD}即井口发生泄漏与井下安全阀以下的油管泄漏,{WHL,DHSV,TLAD}即井口发生泄漏与井下安全阀泄漏(或不能关闭)与井下安全阀以上的油管泄漏。

仅当最小交集的所有基本事件都发生时,最小交集才会失效。这表明,如果至少有一个基本事件没有发生,那么最小交集就不会失效。如果至少有一个最小交集失效,则顶层事件会自动发生。显而易见,具有较少事件的最小交集要比具有许多个事件的最小交集更为重要。仅包含有一个基本事件的最小交集意味着在油气藏和所研究的事件之间只有一个井筒屏障。含有两个基本事件的最小交集意味着在两个井筒屏障都失效的情况下,才会出现所研究的事件。

2.4.2.5 失效率、平均初次失效时间和生存概率

术语失效率已经提过许多次了,但却并没有给出合适的定义或解释。失效率是一个相当复杂的概念,但在此处的含义却相当简单。本书中,某个项目的失效率用 λ 表示每在用单位时间内的失效次数。所给定的时间单位通常为 10^6h。某个失效率,例如 $\lambda = 5.5 \times 10^{-6} \text{h}^{-1}$,表示在每 100×10^4h 的在用时间内,预计会发生的平均失效次数是5.5次。

与之相关的概念是平均初次失效时间(MTTF),此概念是指从启动某项目,直到此项目发生第一次失效的预计(或平均)时间。平均初次失效时间可通过式(2.1)得出:

$$MTTF = \frac{1}{\lambda} \tag{2.1}$$

也可以将其写成失效率:$\lambda = 1/MTTF$。这样,就可以通过平均初次失效时间确定失效率。

---

❶ 交集:故障树中的交集是指一组基本事件,在此类事件(同时)发生的情况下,就会发生顶层事件。最小交集:不能被简化的交集(Rausand 和 Hoyland,2004)。

这表明,某个平均寿命周期为半年的项目,其失效率为一年两次。

对于某个失效率为 $\lambda = 5.5 \times 10^{-6} h^{-1}$ 的项目,可得出其平均初次失效时间为:

$$MTTF = \frac{1}{\lambda} = \frac{1}{5.5 \times 10^{-6}} = 181818h \qquad (2.2)$$

也就是说,可连续使用将近 21 年。这表明,此项目平均无失效连续使用时间为 21 年。

另外一个重要概念是生存概率 $R(t)$,此概念是指某项目在经过一段特定时间长度 t 后,没有发生失效的概率。生存概率可通过以下公式得出:

$$R(t) = e^{-\lambda t} \qquad (2.3)$$

某个失效率 $\lambda = 5.5 \times 10^{-6} h$ 的项目,其 5 年(即 43800h)的生存概率为:

$$R(t) + e^{-55 \times 10^{-6} \cdot 43800} = 0.786$$

这表明,在使用 5 年之后,此项目能正常发挥作用的概率为 78.6%,且在 5 年之内发生失效的概率为 21.4%。

2.4.2.6 井筒屏障(性能)可靠性数据

在得不到相关可靠性数据(如技术元器件的失效率和平均初次失效时间,以及人为过失概率等数据)的情况下,就不可能对井筒完整性进行定量分析。因此,采集井筒屏障组件失效频率和失效原因方面的信息,就很有必要性。

井设备可靠性数据的主要来源是 Well – Master 数据库,此数据库由 Expro – Soft 公司运行(http://www.exprosoft.com)。此数据库可提供:

(1)每种具体部件的失效原因和失效模式;
(2)每种失效模式的平均初次失效时间;
(3)每种失效模式的失效率估算值;
(4)生存概率,即对一定时间 t 之后的生存概率进行描述的函数。

对于采油树元器件和下游设备而言,另外一个有价值的可靠性数据来源是 OREDA 数据库(http://www.oreda.com),它并不提供井设备的可靠性数据,所以这两个数据库可相互补充。OREDA 数据库中的数据是在维护记录的基础上得出的,而且可以提供和 Well – Master 类型一致的数据。然而,其表示格式有所不同。

对于安全仪表系统(如果有关)而言,最好的可靠性数据来源是 PDS 数据手册(http://www.sintef.no/Projectweb/PDS – Main – Page/PDS – Handbooks/PDS – Data – Handbook/)。

对于普通机械设备的可靠性数据,可通过 MechRel 数据库进行查询(http://www.mechrel.com/)。

可通过网页 http://www.ntnu.edu/rdu/ross/info/data,对可用的可靠性数据来源进行查询。

2.4.2.7 故障树的定量分析

定量化故障树分析要求在系统可靠性理论方面具有一定的基础知识。本部分的目的并不是传授这种知识,而是展示怎样对可靠性测量进行计算,以及为了支持此类计算,需要提供何种类型的输入数据(详细信息可参阅 Rausand 和 Hoyland(2004)相关著述)。

下文中给出的公式是以某种假设为基础的,即所有的基本事件都是统计学独立事件。这一假设暗示了如果发生了一种基本事件,其他事件的发生概率并不会因此受到影响。这种假设并非总是具有现实意义,因为相同的应力或相同的事件可能会对井筒屏障系统中的多个项目造成影响。例如,如果因为形成了水合物,而使生产翼阀无法关闭,则生产主阀门也很有可能面临着同样的问题。在这种情况下,形成水合物是一个共同的原因,而且如果两个阀门都为此而失效,那么就有了一个共同的失效原因。对共同的失效原因进行分析,是井筒屏障系统可靠性的一个重要方面,但此分析不在本书的讨论范围之内。

用 TOP 表示故障树的顶层事件。在时间 t 内发生顶层事件的概率用 $Q_0(t)$ 表示。更进一步说,用 $q_i(t)$ 表示在时间 t 内发生的基本事件 i。既然只有在某个最小交集的所有基本事件同时发生时,此最小交集才会失效,则可以用下列公式得出在时间 t 内,最小交集 j 发生失效的概率:

$$Q_j(t) = \prod_{i \in C_j} q_i(t) \tag{2.4}$$

式(2.4)看起来可能比较难,但在实质上却相当简单。此公式仅仅表明需要将最小交集 j 的所有基本事件的概率相乘。

在至少一个最小交集失效时,就会发生顶层事件。顶层事件发生的概率 $Q_0(t)$ 可写成:

$$Q_0(t) \leq 1 - \prod_{j=1}^{k}[1 - Q_j(t)] \tag{2.5}$$

式(2.5)被称作"上限近似解"方程,此方程式的演化非常复杂,在此不做解释。然而,此方程式的使用非常简单,基本上所有的故障树分析计算机程序中都使用了此方程式。

如果能查找出所有基本事件($i = 1, 2, \cdots, k$)的概率 $q_i(t)$,就能够利用式(2.4)和式(2.5)确定顶层事件的概率。

现在的问题在于,如何才能找出基本事件的概率。这取决于基本事件的类型,可将基本事件分为下列类型:

(1)不可修复型。此种事件类型表明,我们认为某个项目在发生失效时,就已经不可修复了(除了进行完整的大修作业以外)。在这种情况下,基本事件的概率为:

$$Q_i(t) = 1 - e^{-\lambda_i t} \approx \lambda_i t \tag{2.6}$$

(2)可修复型。此种事件类型表明,我们认为某个项目在发生失效时,是可以修复的。若此类失效被立即检测到,则此项目的平均误工时间为平均修复时间(*MTTR*)。在这种情况下,基本事件的概率为:

$$q_i \approx \frac{MTTR_i}{MTTF_i + MTTR_i} \approx \lambda_i MTTR_i \tag{2.7}$$

MTTF 为平均初次失效时间,见式(2.1)。

(3)定期测试。许多井筒屏障元件都是被动项目,这种情况下,只有通过验证试验才能监测出危险性失效(例如,井下安全阀或采油树闸阀的失效模式"未能关闭")。当两次相邻验证试验之间的时间间隔为 t(如 6 个月)时,此类基本事件的概率为:

$$q_i \frac{\lambda_i t}{2} \tag{2.8}$$

(4)要求模式。某些基本事件被称为要求事件,这表明某个特定事件是在某种特定环境下发生的。此事件可能是某个人为过失、某种环境条件或某个特定的井筒事件。此类事件的概率通常用固定的概率 q_i 表示。这方面的例子包括:司钻未能启动某个具体的按钮。

在使用计算机辅助复苏算法(CARA)构建故障树时,可以双击某个基本事件符号,以输入所要求的数据。程序系统首先会询问所选择的事件类型,然后会提示输入所要求的数据。输完所有要求的数据之后,就可以点击按钮,对顶层事件概率进行计算。计算机辅助复苏算法(CARA)故障树和其他故障树程序也可用于进行许多其他的可靠性测量,例如:

① 直到发生顶层事件前的平均时间;
② 不同基本事件对顶层事件概率的重要性;
③ 基于输入数据不确定性的顶层事件概率不确定性。

2.4.3 井筒屏障(性能)可靠性数据

在得不到相关可靠性数据(如技术元器件的失效率和平均初次失效时间,以及人为过失概率等数据)的情况下,就不可能对井筒完整性进行定量分析。因此,采集井筒屏障元件失效频率和失效原因方面的信息,就很有必要性。

井设备可靠性数据的主要来源是 WellMaster 数据库,此数据库由 ExproSoft 公司运行(http://www.exprosoft.com)。此数据库可提供:

(1)每种具体部件的失效原因和失效模式;
(2)每种失效模式的平均初次失效时间;
(3)每种失效模式的失效率估算值;
(4)生存概率,即对一定时间 t 之后的生存概率进行描述的函数。

对于采油树元器件和下游设备而言,另外一个有价值的可靠性数据来源是 OREDA 数据库(http://www.oreda.com),它并不提供井设备的可靠性数据,所以这两个数据库可相互补充。OREDA 数据库中的数据是在维护记录的基础上得出的,而且可以提供和 WellMaster 类型一致的数据。然而,其表示格式有所不同。

对于安全仪表系统(如果有关)而言,最好的可靠性数据来源是 PDS 数据手册(http://www.sintef.no/Projectweb/PDS-Main-Page/PDS-Handbooks/PDS-Data-Handbook/)。

对于普通机械设备的可靠性数据,可通过 MechRel 数据库进行查询(http://www.mechrel.com/)。

可通过网页 http://www.ntnu.edu/rdu/ross/info/data,对可用的可靠性数据来源进行查询。

2.5 井筒屏障及其失效等的理论研究

2.5.1 关键术语和定义

所有的井筒屏障元件都是安装后用来执行一种或多种功能的。功能通常应符合相关性能标准。例如，对于阀门而言，此类标准与阀门的关闭时间和最大许用漏失率有关。在井筒屏障元件达不到某个功能标准时，称之为失效。

(1) 失效：某项目实施其预定功能的能力已终止（国际电工委员会 IEC 60050-191 的定义）。失效之后使用"损坏(故障)状态"(a Fault State)一词。故障、损坏比失效更为严重。国内外文献通常使用失效而淡化故障、损坏。严格地说应该区别二者。

因此，失效是在某个特定时间内发生的事件。在发生失效之后，该项目不再具有实施其特定功能的能力，不包括因为维护作业或其他计划活动，或因为失去外部资源而暂时不起作用的情况（国际电工委员会 IEC 60050-191）。

一种故障可以通过许多种方式表现出来。失效模式(Failure Mode)一词描述的是故障及如何对故障进行观测。在石油行业中，失效模式是一种常用术语，但是从故障和失效的定义来看，损坏、故障模式(Fault Mode)是一种更为精确的术语。

(2) 失效模式：在失效项目上观测到的失效（或损坏、故障）影响效果（国际电工委员会 IEC 60050-191）。

某些失效是由自然老化造成的，且很难避免，而其他失效则是由于设计、建造、安装或运行和维护不到位造成的。这方面的一个例子就是：在维修和小规模重建期间，由于对涉及的系统认识不足或缺乏已升级而且更正确的系统文件，出现了某些新的失效。为了认识了解为什么会发生失效及如何才能避免失效，很重要的一点就是要了解失效原因。

(3) 失效原因：在设计、制造和使用期间，是何种情况造成了失效（国际电工委员会 IEC 60050-191）。

失效原因可以划分为两种不同层次：失效机理和根本原因。国际电工委员会 IEC 60050-191 对失效机理的定义为：失效机理是指某种导致失效的物理、化学或其他过程，这种定义也是对失效所做的最直接的解释。失效机理的例子是腐蚀、侵蚀和疲劳等。为了立即对失效的项目进行修理或恢复，应查明项目的失效机理。

(4) 纠正失效在失效机理的基础上纠正失效，其本身并不能防止类似的失效再次发生。为了对失效采取长期性和永久型防护措施，重要的一点就是，要查找出潜在的和根本性的失效原因，该原因也常常被称为根本原因(Root Causes)。可以使用多种方法来实现这一目的，例如根本原因分析法。

2.5.2 失效模式分类

取决于失效模式的危险程度和广泛程度，可以用许多种不同的方式对失效模式进行分级。Rausand 和 Hoyland(2004)年对失效模式做了如下划分：

（1）间歇性失效。此类失效能在非常短的时间内使系统失去功能。某些间歇性失效通常会"消失"，然后项目自己又恢复到可完全运行状态。这种类别的失效在编程功能中很常见，在钻井、井控和关井系统中，常常以关联性失效模式出现。

（2）长期失效。这种失效模式会使系统失去部分或全部功能，而且在失效部件被修复或更换前，失效会始终继续。长期失效又分为：完全失效和部分失效。

失效模式也可以划分为突然失效和渐进式失效。渐进式失效可能是个让人产生困惑的术语（因为一般是要么失效，要么没有失效）但是这个概念可用来描述某种已经偏离正常值和预计值的系统状态。传感器信号发生偏差或腐蚀开始随着时间增长而扩大，都是渐进式失效（模式）的实例。

完整的长期失效可以有两种影响效果：在个别项目层次（局部）的影响效果和系统层次（钻井装置或平台）的影响效果。可将其划分为[海上设备可靠性数据库(OREDA),2009]：

（1）危及失效。该失效是指某项目立即并完全失去其提供输出量的能力。这方面的一个例子就是，某个阀门在需要关闭时却未能关闭。

（2）退化型失效。该失效并不属于致命性失效，但却能妨碍设备输出规范规定的输出值。这方面的一个例子就是，某个关闭阀的关闭时间比规定关闭时间略长。

（3）初始失效。指某种并不具有致命性，但如果没有发现这种失效，则会在拖延不久以后导致关键失效或退化型失效。

安全仪表型系统的设计和运行标准（例如国际电工委员会 IEC 61508 和 IEC 61511）采用了下列安全和危险失效分类：

（1）安全失效。某个能在执行安全功能方面发挥作用的元件和（或）子系统和（或）系统失效：

① 导致受保护系统（例如，施工井、某作业井）进入安全状态或维持在安全状态的安全功能产生不合逻辑的（乱真的）假运行（Spurious Operation，虚假运行）；

② 导致使受保护系统（例如，施工井）进入安全状态或维持在安全状态的安全功能产生不合逻辑的（乱真的）假运行的概率增大。

（2）危险失效。某个能在执行安全功能方面发挥作用的元件失效和（或）子系统失效和（或）系统失效：

① 在得到指令时（命令模式），阻碍安全功能投入运行，或使安全功能失效（连续模式），以使受保护系统（例如，施工井）进入危险状态或潜在的危险状态；

② 降低在得到指令时安全功能可以正确运行的功率。

安全失效和危险失效还可以进一步划分为已检测失效（Dangerous and Detected，简称 DD）和未检测失效（Dangerous Undetected，简称 DU）。已探测失效是指明显的（在无指令情况下）失效，或者是可以用在线诊断手段检测到的失效。可以假定已检测失效是在发生失效之后不久就被检测出来的失效。未检测失效是一种在无指令情况下处于隐藏状态的失效，这种失效只能通过验证试验或在对指令做出响应时才能发现。某种既具有危险性又没有被检测到的失效，则被称为危险性未探测失效。具有危险性的已检测失效称为危险性已检测失效。类似的概念也适用于安全失效[安全未检测失效（SU）和安全已检测失效（SD）]。

[**实例**]井下安全阀的失效模式可划分为:
(1)未能按指令关闭(FTC)。危险性未检测失效(DU)。
(2)在关闭位置发生泄漏。危险性未检测失效(DU)。
(3)未能开启(FTO)。安全未检测失效(SU)。
(4)虚假(过早)关闭(Spurious/Premature Closure)。安全未检测失效(SU)。

我们关注的主要是与保持井筒完整性有关的危险性未检测失效和危险性已检测失效。危险性未检测失效和危险性已检测失效的存在降低了系统的安全性能,使系统实施或维持井筒完整性的能力降低。如果在较短的时间内对危险性已检测失效并进行整改,则危险性已检测失效对系统安全的不利影响会有所降低。在这种情况下,危险性未检测失效成为我们在安全性能方面的主要关注对象。

2.5.3 失效模式、影响和临界状态分析程序

失效模式、影响和临界状态分析程序(Failure Modes, Effects, and Criticality Analysis,简称 FMECA)是一个广泛用于系统可靠性评估的方法。

2.5.3.1 失效模式、影响和临界状态分析程序介绍

在对系统可靠性进行评估时,失效模式、影响和临界状态分析程序(FMECA)是工业界一种广泛使用的方式。该方法提供了一种直观且条理分明的失效分析方法,因此失效模式、影响和临界状态分析程序方法在很多业界领域内都得到了应用。失效模式、影响和临界状态分析程序可用于回答下列问题:
(1)系统部件会以何种方式在什么情况下失效?
(2)导致失效的突出潜在原因是什么?
(3)如何对失效进行检测?
(4)失效会对破坏的组成元件和系统造成哪些影响?
(5)从对人类、环境或物资财产造成损害的角度看,失效影响的严重性如何?

某个没有考虑到上述问题(5)的 FMECA,有些时候也被称为失效模式和影响分析(FMEA)。实际上,FMECA 和 FMEA 可以互换使用,不会在分析范围内产生任何差异。

失效模式、影响和临界状态分析程序(FMECA)的核心是 FMECA 工作表(表 2.2 至表 2.5),该工作表是相关人员集中在一起举行 FMECA 分析会议时填写的。FMECA 工作表还没有一种特定的广为认可的格式,因此在许多公司、标准和教科书中都出现了不同版本的 FMECA 工作表。不过,在所有版本中,其主要部件是相同的。在有些情况下,关注的重点内容是归类为危险性未检测失效和危险性已检测失效之类的失效。在这种情况下,可对失效影响做出相应的分类。

表 2.2 失效模式、影响和临界状态分析程序(FMECA)工作表

项目描述			失效描述			失效影响		失效率	严重程度等级	风险降低措施	备注
参照号	功能	运行模式	失效模式	失效原因或机理	失效探测	对子系统的影响	对系统整体的影响				

表 2.3　失效模式、影响和临界状态分析程序(FMECA)解释说明

项目	说明
参照号	该参照号为待分析项目提供了一个独特的参照编号。如果该系统已经采用了标签编号系统,则参照号就是标签数字,但也可能是参照特定图纸的标签
功能	按照选择的项目,确定是整体功能还是子功能
运行模式	相关的运行模式可以是正常生产、修井作业等运行模式。每一种运行模式(如正常运行模式)也可以细分为不同的子模式,例如井筒完整性维护、井筒完整性退化和井筒完整性丧失等
失效模式	失效模式与计划分析的项目有关。例如,某个阀失效模式可能是阀门未能关闭、阀门未能打开、虚假关闭、在关闭位置发生泄漏、泄漏到环境中等类型
失效原因或机理	失效原因可能是物理原因(例如腐蚀、侵蚀、疲劳)或人为过失
失效探测	探测可定义为未检测到或已检测到,换句话说,也就是隐性失效和显示性失效
失效对子系统(项目)的影响	失效可划分为安全失效(不会导致出现不安全状态)或危险失效(会导致出现不安全状态,例如,因为项目未能发挥其功能,而造成危险)。取决于所要分析的项目类型,也可以采用其他分类方式
对系统整体影响	与子系统的分类相似,但是该影响是对整个功能的影响,或者是对整个装置或钻机的影响
失效率	失效率可通过相关数据来源或按照表2.5确定
严重程度等级	严重程度等级可按照表2.5确定
风险降低措施	风险降低措施可以定义为能够防止失效,或使失效影响的严重程度降低的措施

表 2.4　失效率和影响严重程度(FMECA)分类

失效率		严重程度(或失效影响效果)	
极其罕见	千年一遇或更长时间才能出现一次(根本就不可能出现)	灾难性的	此类失效将直接导致人员死伤,或使所进行的项目无法进行
少见	百年一遇(可能在井筒生命周期内发生一次)	严重	此类失效会使系统退化到无法接受的范围内,所以如果不进一步采取措施,就可能造成人员死伤(假定还有时间采取措施)
偶发事件	十年一遇(在井筒生命周期内可能会遇到几次)	较大	此类失效会使系统退化到无法接受的范围内,但是如果采取足够的应对措施,是能够对可能出现的失效不利效果进行控制的
可能出现	一年一次	较小	此类失效不会使系统退化到无法接受的范围内,或者会使系统自动转换成安全状态
频繁	一月一次或更频繁	小	有时这类失效较频繁,但只要及时发现和处理就不会进一步发展

表 2.5　井下安全阀失效模式、影响和临界状态分析程序(FMECA)工作表

描述项目:井下安全阀			失效影响描述			失效影响		失效率	严重程度等级	风险降低措施	备注
参照号	功能	运行模式	失效模式	失效原因或机理	失效检测	对子系统的影响	对系统整体的影响				
1	立即停止	阀门处于开启位置	未能关闭	密封件黏卡,堵住回流的液压油	否(未检测)否(未检测)	有(D)	有(D)①	偶发事件	灾难性	定期检查、校准,按照计划程序定期测试	
			未能开启	不相关(在此运行模式下)							

续表

描述项目：井下安全阀		失效影响描述			失效影响		失效率	严重程度等级	风险降低措施	备注
参照号	功能	运行模式	失效模式	失效原因或机理	失效检测	对子系统的影响	对系统整体的影响				
1	立即停止	阀门处于开启位置	在关闭位置泄漏	密封件破损	否（未探测）	有（D）	有（D）①	可能事件	严重	定期检查阀座，使用一定的操作次数之后，进行更换	
			虚假关闭	液压油虚假漏失	否（未探测）	有（D）	有（D）①	可能事件	较小	在液压油供应的液压监测方面添加一定的冗余度	

① 在生产主阀或生产翼阀提供一定的冗余度（Redundancy）后，风险严重程度有所降低。但是，对于高等级紧急关断系统（最严重的情况）而言，还是要求关闭井下安全阀。

注意：某些失效模式、影响和临界状态分析程序工作表可能会带有一个风险栏，通过表示风险轻重缓急的风险优先指数（Risk Priority Number，简称RPN）或风险矩阵（Risk Matrix）来表示风险情况。在井筒完整性的文章中会涉及事故风险（Accidental Risk）。该风险分类法有助于确定设计改进的优先等级以使系统处于安全状态。

2.5.3.2 失效模式、影响和临界状态分析程序（FMECA）实施主要步骤

FMECA比较容易实施，而且不需要使用任何先进的分析技术也能比较容易地理解。如果不是由具有资质的人员来实施或引导实施FMECA的话，可能无法体会到这种方法的使用简易性。FMECA不能个人独立完成，而是需要对系统全面了解、对单个设备构造详细了解、FMECA主席共同参与。

能主持和推进FMECA会议进程的人要在失效概念和分析方面有一定的基础知识，包括对下列主要项目的了解：

（1）失效模式；
（2）失效机理；
（3）根本原因；
（4）该行业中最常使用的失效分类策略；
（5）运行模式。

下面说明失效模式、影响和临界状态分析程序的主要步骤。可以假设已经确定一位FMECA主持人，由此人负责活动的准备、执行和分析结果编录成文件等工作。

（1）准备工作。
① 确定参加失效模式、影响和临界状态分析程序会议的相关人员（按照人员的资格）。
② 确定要进行分析的系统相关文件。
③ 确定辅助信息，例如报道的类似系统失效情况、从其他FMECA会议获得的经验体会。
④ 如果有必要，召集FMECA会议的部分与会人员预先开会，对收集的相关信息进行验证。
⑤ 选择带有合适栏目的FMECA工作表。
⑥ 决定是否有必要召开FMECA会议的预备会议，以实施（2）中的步骤①~⑤，预备会议

的结果会成为更加详细的 FMECA 会议材料。

⑦ 向与会人发出邀请,包括文件编录的精选,及会议目的的明确说明。

(2)实施失效模式、影响和临界状态分析程序会议。

① 定义该系统及其边界:该步骤涉及识别 FMECA 所包括在内(及要排除)的组成元件。该步骤并不是一项简单的任务,因为绝大多数系统都不是独立存在,而是要与其他系统相互作用的。在实施此步骤时,应注意不要排除掉某些能对系统性能起决定性作用的组成元件。例如,可能与动力供应(液力、电力等)有关的组成元件。被排除掉的组成元件应在研究项目的假设和局限性内容列表中做出注解。

② 定义该系统的主要功能(或任务):本步骤与对系统任务的整体描述相关。该功能可以用动词加上名词的方法进行描述,例如,激活剪切闸板。添加入某些能够成功地对该功能的性能进行描述的标准,也会起到有益的作用,例如,在接到司钻(手动发出)指令 10s 内启动剪切闸板。

③ 描述运行模式,包括运行和环境应力:

a. 在不同的运行模式下,失效的原因和影响效果可能各不相同。每种运行模式可能会受到不同的运行和环境应力。例如,防喷器闸板实施隔离的能力在很大程度上取决于是何种管柱组成部件正在通过防喷器。

b. 在有些情况下,某个运行模式可以分解成数个子模式。在得到指令的情况下(要求关闭剪切闸板),子模式可能有:打开、移动(朝关闭位置移动)和关闭。

④ 将此系统分解成子系统,并准备一张完整的组成部件列表:可以在 FMECA 图表中填写整体系统功能。不过,在很多情况下,要求对各种系统组成元件进行更详细的分析。因此要在不同的 FMECA 工作表中,对某个包含有多个屏障组件的井筒屏障展开研究。该步骤的目的是为了识别出此类系统组件。

⑤ 确定不同子系统(和子功能)之间的相互关系,例如,可使用功能分系统图解(Functional Block Diagram,功能饼图)进行此项工作:本步骤对于使详细评估结果(如每个分系统的 FMECA 结果)与系统的整体性能产生关联方面,具有重要意义。

⑥ 填写 FMECA 工作表:参考某个 FMECA 工作表设置实例。

⑦ 结果评审:本步骤的目的是为了根据分析会议的主要目标,对分析结果进行评审。所有相关局限性均应在文档中充分反映出来。

⑧ 针对识别的设计不足和重要测试标准等达成一致。

2.5.4 渗透速率和最大允许的(可用的)环空地面压力(MAASP)计算

2.5.4.1 气举阀渗漏测试之例

在井场气举阀的精确严格的入流测试或渗漏测试与使用 API 标准的渗漏速率($15ft^3/min$)相比较要困难以及耗用时间,这是由于:

(1)这种很低的渗漏速率($15ft^3/min$)与大量的气体充满生产环空空间容积相比,要难、要耗时;

(2)为观察压力变化导致对温度的影响所需要的时间可能较长,要耗费时间和增加难度;

(3)为了检查阀能够防止液体反流(Reverse Flow)的出现,要耗费时间和增大难度;

(4)复杂的管汇和阀件布置,难以确定何处是开始渗漏之处。

如果需要进行这种精确严格的测试的话,下面给出了例子所用方法的提纲。然而,这个方法只适用于气体渗漏进入气举阀。这个方法不能用水来测试渗漏。所以在测试开始时需要谨慎小心地保证任何液体都要被封隔阻挡住,液体要被驱赶出测试区域。这也是一件难事。

(1)为完成气举阀的入流测试,油管压力需要超过环空压力。为实现这一条,油管要用气体顶替以及环空压力要被泄放掉;这也是为了保证气体通过气举阀(至少是在测试开始时)。在考克阀和(或)液流流动翼阀处关闭井筒。

(2)允许油管压力升压到××bar(见下文)。也要考虑封隔阻挡住气体进入油管。

(3)关闭和隔离气举阀以及维持压力稳定。

(4)环空放压至小于 SIWHP 的 50% 压力。

(5)观察环空压力并从压力上升计算气举阀的复合渗漏速率(Combined Leak Rate)。

如图 2.12 所示,油管压力越高,被推(挤)进入地层的液体越多。

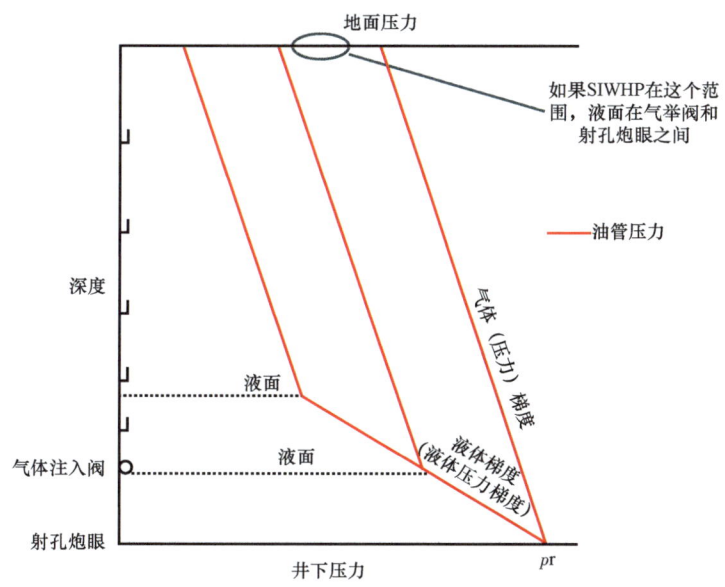

图 2.12　气举阀的入流测试

理想地说,在气体注入阀和上部射孔孔眼之间的液体应该是关闭的油管压力。虽然过量置换的气体进入了油藏,但不会造成任何问题。为了完成测试,要用最大的油管压力,以及如果在气举阀(复数)中有一个发生渗漏的话,这就能确定渗漏的是气体而不是液体。这能计算出正确的渗漏速率。如果液体通过气举阀或封隔器渗漏进入充满气体的环空的话,它们将不会被注意到,除非渗漏量很大。试图在油管中保持一个恒定(固定)的气体压力以确保液面维持在气举阀以下。

这个方法要求掌握或了解油藏压力。

这种气举阀渗漏测试数据解释的困难是环空体积的大容量。例如,对一个 $4\frac{1}{2}$in × $9\frac{5}{8}$in 环空,有 30L/m 的容量,环空的大小能够容易地在 $50\sim75m^3$ 的范围。15ft^3/min 气体渗漏速率进入60m³环空,它要用3h来达到100kPa(1bar)增压的结果。在6℃的环空中平均气体温度的增大导致相似的压力增大。所以,要能精确地确定渗漏速率,重要的是在测试期间气体温度的稳定,或者温度能够用地面和井下仪表(温度计)精确地监测,这样才能够校正温度变化。

2.5.4.2 渗漏速率的计算技术

国际石油和天然气生产者协会(International Association of Oil and Gas Producers,简称OGP)。它是ISO认定的过渡性国际组织,其文件具国际性。下面是ISO和OGP提出的渗漏速率的计算方法。

(1) 水进入或流出充水穴室。

水渗入或渗出充水穴室的渗漏速率Q,用m³/min(ft³/min)单位表示,用式(2.9)计算。

$$Q = C_w \cdot V \cdot dp/t \tag{2.9}$$

其中

$$C_w = -\frac{1}{V} \cdot \frac{dV}{dp}$$

式中 C_w——水的压缩系数,等于$4.5 \times 10^{-4} \text{MPa}^{-1}$(或$3.1 \times 10^{-6} \text{psi}^{-1}$);

V——腔层的容积,m³或ft³;

dV——渗漏量的大小,m³或ft³;

dp——压力变化,MPa或lbf/in²;

t——测试时间,min。

[例] 用水对采油树腔体进行压力测试。

测试条件:采油树和测试管线的容积为0.008m³(或0.283ft³);测试时间为15min;测试开始时的压力为34.5MPa(5000psi);测试结束时的压力为26.2MPa(3800psi)。

$$dV = C_W V dp = 29 \times 10^{-6} \text{m}^3 \text{per} 15\text{min} = (1019 \times 10^{-6} \text{ft}^3/15\text{min})$$

$$Q = 2.0 \times 10^{-6} \text{m}^3/\text{min} = (68 \times 10^{-6} \text{ft}^3/\text{min})$$

注1:对V和dV,任何(更实用的)单位都可用。

注2:C_w的值不是固定的,但随压力和温度而变化,在本例中所用数值,渗漏速率的误差在10%以内。对其他液体,计算方法相似,但是要用液体压缩性的修正值。

要注意:油和CO的压缩性(从PVT分析得到)要比C_w大5倍。

注3:在相同压力条件下,水在$4 \times 10^{-6} \text{m}^3/\text{min}$的渗漏速率增大到油在$20 \times 10^{-6} \text{m}^3/\text{min}$的渗漏速率。

注4:在相同渗漏速率时,压力的增加,水比油大5倍。

(2)气体渗(漏)入或从充满气体的腔室中渗(漏)出。

气体渗漏速率q,用每分钟标准立方米(或每分钟立方英尺)表示,$q = 2\text{m}^3/\text{min}$可由式(2.10)计算(用SI单位时)或由式(2.11)计算(用USC单位时)。

其中:

第2章 井筒完整性及其失效的理论研究

$$q = 2.84 \times 10^3 \left(\Delta \frac{p}{Z}\right) \frac{1}{t} \frac{V}{T} \qquad (2.10)$$

$$q = 35.37 \times \left(\Delta \frac{p}{Z}\right) \frac{1}{t} \frac{V}{T} \qquad (2.11)$$

$$\Delta(p/Z) = \frac{p_f}{Z_f} - \frac{p_i}{Z_i}$$

式中 p_i, p_f——初始压力和最终压力；

Z_i, Z_f——气体压缩系数 Z 的初值和最终值；

p——压力，用 MPa 或 lbf/ft² 表示；

Z——气体压缩系数；

t——测试时间，min；

V——隔离的观察体积，m³ 或 ft³；

T——在观察体积中的气体绝对温度，℃ 或 °F。

注：假设在测试期间温度没有明显的变化。

[例1] 4 in 下部控制阀(Lower Master Valve)的入流测试。

测试条件：隔离的采油树容量为 0.008m³（或 0.28ft³）；测试时间为 5min；测试开始时的压力为 1.00MPa(145psi)；测试结束时的压力为 3.00MPa(435psi)；温度为 27℃(81°F)；$Z_i = 0.98; Z_f = 0.93$。

因此，得到：

$$q = 0.033\text{m}^3/\text{min} = 1.17\text{ft}^3/\text{min}$$

[例2] 5 in 钢丝电缆自控安全阀(SCSSV)在 200m 井深处的入流测试。

测试条件：隔离的油管和采油树的容积为 2.0m³（70.7ft³）；测试时间为 30min；测试开始时的压力为 4.00MPa(580psi)；测试结束时的压力为 4.50MPa(653psi)；温度为 15℃(59°F)；$Z_i = 0.88; Z_f = 0.87$。

得出：

$$q = 0.41\text{m}^3/\text{min} = 14.6\text{ft}^3/\text{min}$$

2.5.4.3 计算最大允许的(可用的)环空地面压力(MAASP)

本节给出与各个环空有关的每一个关键点允许环空压力(MAASP)的详细计算。这些计算可扩展为普通井筒结构类型的计算指南。要求严格地/精确地分析每个井筒的结构类型，以保证所有的关键点都能够被识别到，从而导出合理的计算结果。这些计算值用于防止管材因内崩和挤毁压力而失效损坏，应依据 ISO/TR 10400 或 API TR 5C3 第 7 版三轴向计算方法；并用于由服役条件和井筒作业者评估的磨损、腐蚀和冲蚀使管材降级的情况。

注意：上述条款假定，在环空或管柱中充满的是一种钻井液和基本工作液的密度的单独液体。然而，在环空或管柱中含有几种液体或相态时，这些计算应该通过调整来计算这些密度变化的液体。

用该 MAASP 值来选择作业所用液体,是从各种计算中得到的最低压力值。

表 2.6 给出了在公式中的符号和缩写词。

表 2.6　在 MAASP 计算中使用的符号

参数	符号 下标	缩写词	说明
D_{TVD}/D		kPa	真实垂直深度(TVD,真垂深),用 m 表示,(D 是井深,用 m 表示)。深度与井口装置有关,而且不是转盘方补心深度
p			压力,用 kPa 表示
		MG	环空中最大的测量压力梯度,用 kPa/m 表示
p_{BF}		BF	环空中基本液体(基础液)压力梯度,用 kPa/m 表示
p_{MM}		MM	当量最大钻井液压力梯度,用 kPa/m 表示
p_{MAASP}		MAASP	最大的允许环空地面压力,用 kPa 表示
p_G		G	钻井液或盐水压力梯度,用 kPa/m 表示
p_C		PC	套管抗挤压力,用 kPa 表示 安全系数应该计算 MAASP 值之前所用的 PC 安全系数
p_B		PB	套管抗内崩压力,用 kPa 表示 应该用计算 MAASP 值之前所用的 PC 安全系数
p_{PKR}		PKR	采油封隔器作业额定压力,用 kPa 表示
p_{FS}		FS	地层强度梯度,用 kPa/m 表示
p_{FP}		FP	地层压力梯度,用 kPa/m 表示
		—	重力加速度等于 9.8066548m/s^2(国际重量和测量局确定之后)
	A,B,C,D		环空符号
		ACC	附件(辅助设备)例如:单点系泊(Single Point Mooring,简称 SPM)或下入短节(螺纹接头)
		BF	余留(基本)液体(在套管外部余留的钻井液/基本液体)
		RATING	额定性能
		FORM	地层
		LH	尾管挂
		PP	采油封隔器
		RD	破裂膜片[膜片超过预定压力破裂而泄压(Rupture Disk/Disc)]
		SH	套管鞋
		SV	安全阀
		TBG	油管
		TOC	水泥环顶面

备用的 MASSP 计算的方法算利用三轴应力分析是适用不同的软件包,它考虑到范围的输入数据,例如作用在管材上的轴向载荷(它影响—冲击它们的外挤/内崩阻力)和材料性的温

度降级。MAASP 在作业井筒中的计算需要考虑管材由于磨损、腐蚀或冲蚀使其壁厚减小而影响。

(1)计算 A 环空的 MAASP 值。

在图 2.13 中表示了 A 环空的两种情况的图解。在表 2.7 中列出了计算公式。

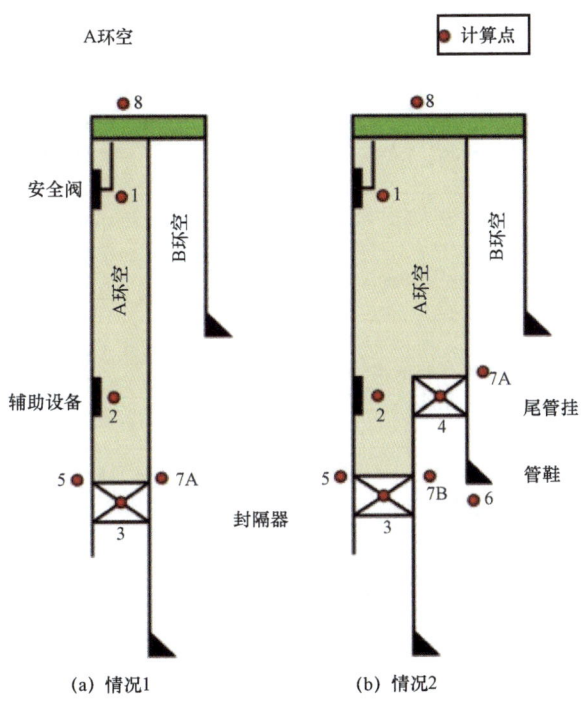

注：在点 4 和点 7B 这些点可能需要选用最低的压力或者还有 ρ、p_{BF}、B。

图 2.13 为计算 A 环空 MAASP 的两种不同情况的图例

表 2.7 A 环空的 MAASP 计算公式

点序号*	项目	图 2.13 中的情况	MAASP 公式	注解/假设
1	安全阀外挤（挤毁）	两种情况都有	$p_{\text{MAASP}} = p_{\text{PC,SV}} - [D_{\text{TVD,SV}}(\nabla p_{\text{MG,A}} - \nabla p_{\text{MG,TGB}})]$	环空中最大的测量压力梯度(p_{MG})；油管中最小的的测量压力梯度(p_{MG})
2	配件、辅助设备外挤（挤毁）	两种情况都有	$p_{\text{MAASP}} = p_{\text{PC,ACC}} - [D_{\text{TVD,ACC}}(\nabla p_{\text{MG,A}} - \nabla p_{\text{MG,TGB}})]$	环空中最大的 p_{MG}；油管中最小的 p_{MG}
3A	封隔器外挤（挤毁）	两种情况都有	$p_{\text{MAASP}} = p_{\text{PC,PP}} - [D_{\text{TVD,PP}}(\nabla p_{\text{MG,A}} - \nabla p_{\text{MG,TGB}})]$	环空中最大的 p_{MG}；油管中最小的 p_{MG}
3B	封隔器组件额定值	两种情况都有	$p_{\text{MAASP}} = (D_{\text{TVD,FORM}} \nabla S_{\text{FS,FORM}}) + p_{\text{PKR}} - (D_{\text{TVD,PP}} \cdot \nabla p_{\text{MG,A}})$	地层压力梯度(p_{FP})是在服役期中，从封隔器组件以下紧接着的地层的最小压力。采油封隔器作业额定压力(p_{PKR})是(在生命周期期间能要求降低额定值)的封隔器组件的压力额定值

续表

点序号*	项目	图2.13中的情况	MAASP 公式	注解/假设
3C	尾管组件额定值	情况2	$p_{\text{MAASP}} = (D_{\text{TVD,FORM}} \nabla S_{\text{FS,FORM}}) + p_{\text{PKR}} - (D_{\text{TVD,PP}} \cdot \nabla p_{\text{MG,A}})$	p_{FP}是在生命周期中,从封隔器组件以下紧接着的地层的最小压力 p_{PKR} 是在生命周期间可能需要降低额定值的封隔器组件的压力额定值
4	尾管悬挂器封隔器内崩(内压)	情况2	$p_{\text{MAASP}} = p_{\text{PB,LH}} - [D_{\text{TVD,LH}}(\nabla p_{\text{MG,A}} - \nabla p_{\text{BF,B}})]$	基础液体的假设基础是在B环空中的残留钻井液已经分解。它需要将$p_{\text{BF,B}}$替换为某些环境中的地层压力
5	油管外挤（挤毁）	两种情况都有	$p_{\text{MAASP}} = p_{\text{PC,TBG}} - [D_{\text{TVD,PP}}(\nabla p_{\text{MG,A}} - \nabla p_{\text{MG,TBG}})]$	环空中最大的p_{MG}。油管中最小的p_{MG}。它可能需要用其他深度处相关检查(对不同油管的单重/尺寸等)来调整D_{PP}
6	地层强度	情况2	$p_{\text{MAASP}} = D_{\text{TVD,SH}} (\nabla S_{\text{FS,A}} - \nabla p_{\text{MG,A}})$	如果在尾管重叠部分和环空中的水泥(浆/环)质量不能确定的话就使用尾管挂封隔器额定值
7A	（采油/生产）套管外部内压过大而内崩（Burst）	情况1	$p_{\text{MAASP}} = p_{\text{PB,B}} - [D_{\text{TVD,LH}}(\nabla p_{\text{MG,A}} - \nabla p_{\text{BF,B}})]$	$p_{\text{PB,B}}$是环空的套管/尾管外部套管/尾管抗内崩(压力)。如果压力梯度$p_{\text{BF,B}}$大于$p_{\text{MG,A}}$使用最大的井深深度。否则,应该使用$D_{\text{TVD}}=0$。对其他关系到检查(对不同油管单重/尺寸等)时,它需要调整D_{PP}或D_{LH}
7A		情况2	$p_{\text{MAASP}} = p_{\text{PB,B}} - [D_{\text{TVD,PP}}(\nabla p_{\text{MG,A}} - \nabla p_{\text{BF,B}})]$	
7B	尾管重叠部分内崩	情况2	$p_{\text{MAASP}} = p_{\text{PB,B}} - [D_{\text{TVD,PP}}(\nabla p_{\text{MG,A}} - \nabla p_{\text{BF,B}})]$	它需要能够替换/更改$p_{\text{BF,B}}$(指p_{BF}和p_{B})为某些环境中的地层压力
8	井口装置额定值	两种情况都有	MAASP 等于井口装置额定工作压力	—
—	环空测试压力	两种情况都有	MAASP 等于环空测试压力	—
—	套管破裂膜片(套管超过预定压力时,破裂而泄压)	破裂模片(rupture disc)	$p_{\text{MAASP}} = p_{\text{PB,RD}} - [D_{\text{TVD,RD}}(\nabla p_{\text{MG,A}} - \nabla p_{\text{BF,B}})]$	—

注：*点序号(Point Numbers)在图中用红色线表示。表中符号含义及下标见表2.6。

如果它不涉及使用在作业压力集成包(Envelope)中的最小压力极限的话,它应该认可(识别,Recognized)MG(对内部管柱)和BF(对外部环空)可能设置为零值,来计算一个抽空的(排了气的)油管或环空压力的当量值(等价值,Equivalent)。因此,它需要考虑对该处的压力不能单独控制的封闭容量(体积)的热诱导效果(Thermally Induced Effects)。还需要确定对支撑封隔器所需要的最小压力。

典型的设计工作是使用一个抽空的(排了气的)油管(和环空)的载荷状况的井筒屏障。
(2)计算 B 环空的 MAASP 值。

对 B 环空的两种情况在图 2.14 中用图解法表示。计算公式在表 2.8 中给出。

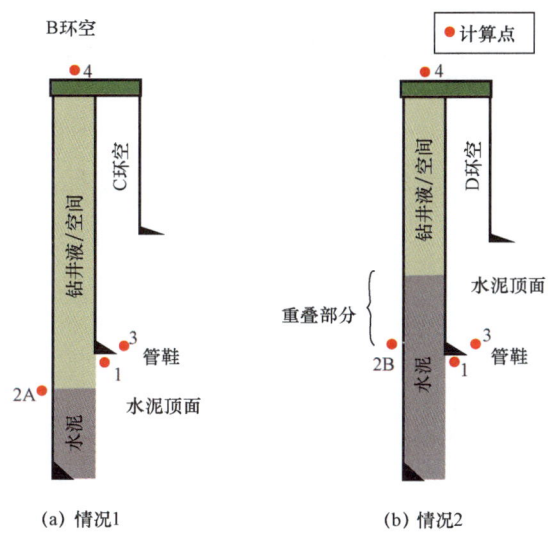

图 2.14 计算两种不同的 B 环空 MAASP 之例
(a)B 环空中水泥顶面在上一层套管鞋之下；
(b)B 环空中水泥顶面在上一层套管鞋以上(在上一层套管内)

表 2.8 B 环空的 MAASP 计算公式

点序号*	项目	图 2.14 中的情况	MAASP 公式	注解/假设
1	地层强度	两种情况都有	$p_{MAASP} = (D_{TVD,SH,B} \nabla S_{FS,B} - \nabla p_{MG,B})$	它需要考虑定级的钻井液、水泥顶替液和冲洗液
2	内部(油层/生产)套管抗挤	两种情况都有	$p_{MAASP} = p_{PC,A} - [D_{TVD,TOC}(\nabla p_{MG,B} - \nabla p_{MG,A})]$	p_{pc} 是套管/尾管抗外挤压力；B 环空中最大的测量压力梯度 $p_{MG,B}$；A 环空中最低的测量压力梯度 $p_{MG,A}$ (评价用于计算 A 类别(情况①)；D_{TOC} 需用其他深度处相关的检查(对不同的套管单重/尺寸等)来调整
3	外部套管抗内压(抗崩)	两种情况都有	$p_{MAASP} = p_{PC,B} - [D_{TVD,SH} \cdot (\nabla p_{MG,B} - \nabla p_{BF,C})]$	如果在 $p_{BF,C}$ 中的(压力)梯度大于 $p_{MG,B}$，则用最深的井深；否则，$D_{TVD} = 0$。用其他深度处相关的计算(对不同的套管单重/尺寸等)来调整 D_{SH}
4	井口装置额定值	两种情况都有	MAASP 等于井口装置工作压力额定值	—
—	环空测试压力	两种情况都有	MAASP 等于环空测试压力	—
—	套管膜片破裂(套管超过预定压力时膜片破裂而泄压)	—	$p_{MAASP} = p_{PB,RD} - [D_{TVD,RD}(\nabla p_{MG,B} - \nabla p_{BF,C})]$	—

注：* 点序号与图 2.14 中红色圆点标注的一致。

(3)计算 C 环空和随后的(D)环空的 MAASP 值。

在图 2.15 中,用图解法表示 C 环空中的两类类别(两类情况)

对随后的环空(如 D 环空等)用 B 环空详述的相同计算方法。

(4)在 MAASP 计算中的调整/变更之例。

环空在持续的压力和井筒作业者依据管鞋强度已确认具有相应失控风险(地面失控)的油气藏资源和孔隙压力时,井筒作业者可以根据考虑了气柱所建立的(井筒)液面(高度)来调整/变更 MAASP 的计算:

$$p_{cs} = p_{ann} + \rho_{gas} h_{gas} + \rho_{mud} h_{mud} + \rho_{cem} h_{cem} \tag{2.12}$$

式(2.12)取自 ISO 和 OGP[10,19],但是原文有误,本书进行了修改(在量纲上:密度 × 高度 = 压力),特此说明。

式中 p_{CS}——套管鞋压力,kPa;

p_{ann}——环空压力,kPa;

ρ_{gas}——气体密度,kPa/m;

h_{gas}——气柱高度,m;

ρ_{mud}——钻井液密度,kPa;

h_{mud}——钻井液柱高度,m;

ρ_{cem}——水泥配水的水泥浆密度,kPa/m;

h_{cem}——水泥返高,m。

油气藏资源的环空持续压力,应该依据电脑打印的资料与原来的钻井液测井数据比较。环空气体对 MAASP 的影响如图 2.16 所示。

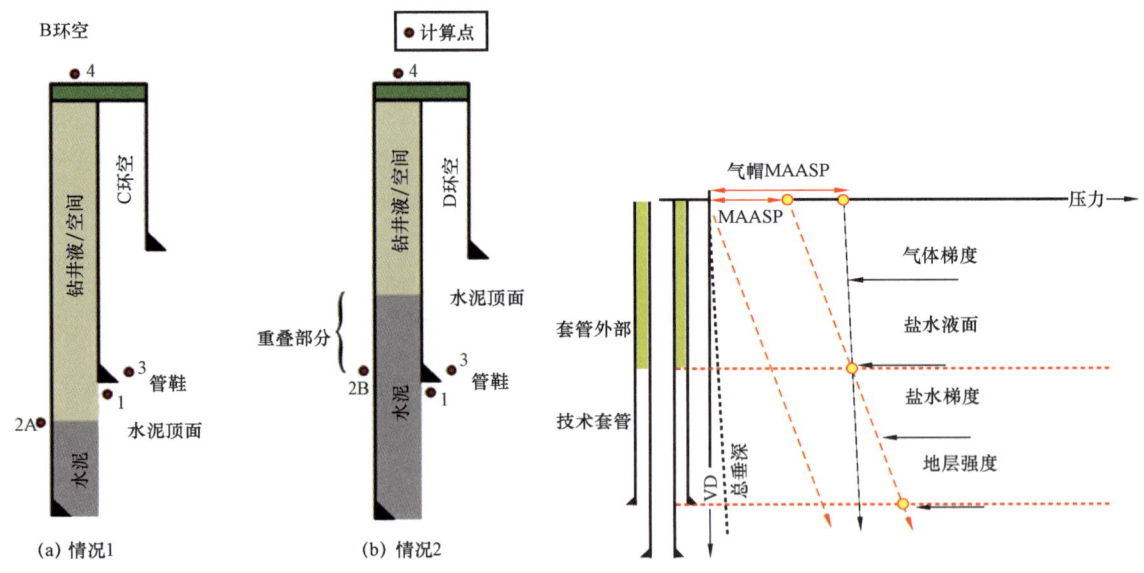

图 2.15 计算两类不同的 C 环空 MAASP 之例
　　(a)C 环空中水泥顶面在上层套管鞋以下;
　　(b)C 环空中水泥顶面在上层套管鞋内

图 2.16 环空气体对 MAASP 的影响

第2章 井筒完整性及其失效的理论研究

当依据持续的环空压力改变 MAASP 值时,应该考虑下列方面:

① 持续压力源的原始成分和它的孔隙压力;

② 精确的液—气界面深度及在环空中气帽的大小(尺寸);

③ 气帽或液面高度,它应该限制在管鞋总深度的 60% 左右,以防止气体达到套管鞋而泄漏;

④ 环空持续压力的升压速度,通常被限制在 25.5 m^3/h 以内。

这个计算没有考虑气体漏失到地层的趋势所能够改变的压力范围。这就是说,它需要对地层渗透性和不适当的地层强度进行评估。

(5)井筒作业限制(极限)。

井筒作业限制(极限)的例子见表 2.9。这个表的内容很多,请把表中文字(中英文对照)与图结合起来仔细阅读。搞清楚井筒作业有哪些限制。

表 2.9 井筒作业极限之例

Well Operating Limits 井筒作业极限					
Date of update data entry	最新的数据输入日期	配合工作	Primary Well Barrier—To the Reservoir 第一道井筒屏障达到油藏	Secondary—Well Barrier to the Lift Gas 第二道井筒屏障达到油藏,还有为气举用的第一道井筒屏障	Secondary Well—Barrier to the lift Gas 为气举用的第二道井筒屏障
Well name	井名称				
Well type(Function)	井型(功能)				
Reservoir name	油藏名称				
Future well function within original design limits	在原设计范围内的将来井筒功能				
Original completion date	开始的完井日期				
Well design life	井筒设计寿命				
Well schematic attached	井筒示意图附加				
Well head x mass tree	井口采油树				
Indentify any leaking or Failed barrier components	识别任何渗漏或失效的屏障部件				
Additional notes:	附加注意				
Any Iimitation on acceptable Kill and completion fluids?	对验收的压井液和完井液的任何限制?				
Any special monitoring requirements?	任何监管—监测要求?				
Any other comments?	任何其他意见?				

续表

Well Operating Limits 井筒作业极限						
Date of update data entry	最新的数据输入日期	配合工作	Primary Well Barrier—To the Reservoir 第一道井筒屏障达到油藏	Secondary—Well Barrier to the Lift Gas 第二道井筒屏障达到油藏，还有为气举用的第一道井筒屏障	Secondary Well—Barrier to the lift Gas 为气举用的第二道井筒屏障	
Operational limits for tubing (enter value or NA) 对油管的作业限制（进入价值或不详，NA）	Long string, min/max 长管柱（最小/最大）	Short String 短管柱（最小/最大）				
	min/max	min/max				
H_2S	硫化氢					
CO_2	二氧化碳					
Oxygen in water injection	在注入水中的氧气					
Maximum injection pressure	最大的注入压力					
Gas oil ratio	气油比					
Water cut	水侵					
Fluid density	液体密度					
Gas density	气体密度					
Reservoir Pressure	油藏压力					
Reservoir temperature	油藏温度					
Well shut in tubing head Pressure	在油管头中井筒关闭压力					
Maximum design production/injection rate fluid	最大设计的液体采油/注入速度					
Maximum design production/injection rate gas	最大设计的气体生产/注入速度					
Artificial lift device design rate	人工举升装置设计的速度					
Operational limits for Annuli (enter value or NA) 对环空的作业限制（进入价值或不详/NA）	Annulus A 环空	Annulus B 环空	Annulus C 环空	Annulus D 环空		
MAASP	最大允许的环空地面压力					
Upper trigger pressure	上部启动压力					
Lower trigger pressure	下部启动压力					
Fluids 液体	Annulus A 环空	Annulus B 环空	Annulus C 环空	Annulus D 环空	Long String 长管柱	Short String 短管柱
Fluid type mud/brine Gradient	液体类型钻井液/盐水压力梯度					
Degraded mud/base fluid gradient	降级的钻井液/基液压力梯度					

抽汲阀NC
压井翼阀
下部控制阀
自控翼阀
自动控制阀
自动气举翼阀
手动气举翼阀
中间环空阀NC
地下安全阀 1950ft
$13^3/_8$in 套管水泥环 3090ft 顶面
20in 表层套管鞋 3250ft
$9^5/_8$in 水泥环 4500ft 顶面
气举阀 4905ft
$13^3/_8$in 技术套管鞋 4910ft
采油封隔器 5100ft
尾管悬挂器 5430ft
$9^5/_8$in 油层套管鞋 5950ft
盖层岩石
油管 8250ft
7in 尾管鞋 8270ft

续表

	Well Operating Limits 井筒作业极限					
	Date of update data entry	最新的数据输入日期	配合工作	Primary Well Barrier—To the Reservoir 第一道井筒屏障达到油藏	Secondary—Well Barrier to the Lift Gas 第二道井筒屏障达到油藏,还有为气举用的第一道井筒屏障	Secondary Well—Barrier to the lift Gas 为气举用的第二道井筒屏障
	Cement base fluid gradient	水泥基液压力梯度				
	Fluid additives	液体添加剂				
	Corrosion inhibitor	腐蚀抑制剂				
	Scale inhibitor	垢抑制剂				
	Asphaltene inhibitor	沥青抑制剂				
	Bactericide/Biocide	杀菌剂/杀生物剂				
	pH control additive	控制 pH 值添加剂				
	Oxygen scavenger	(氧气)净化剂				
	H_2S scavenger	净化 H_2S 剂				
	Lift gas inhibitor	气举气抑制剂				
	Friction reducer	降摩阻剂				
	Foam agent injection	注入泡沫剂				

图 2.17 是某一口井在井筒全生命周期内各作业阶段的井筒完整性和井筒屏障设计—运行—管理的示意图。

图 2.17 中,几个(8 个)关键项目:

① 项目 1,建井阶段 WI/WB 第一道、第二道屏障和屏障元件 WBEs1,2,3,4,…,11,12,13,14 按照标准设计,开钻前到位;

② 项目 2—项目 3,建井(钻井完井)、采油生产……作业(施工);

③ 项目 4,监管—监测—检验和日常维护管理;

④ 项目 5,发生问题(含或不含警报信息)—失效分析—风险评估—维修无效乃至关井/停止作业;

⑤ 项目 6,生产作业部门与修井队交接、修井;调整 WBEs/WB;验收;

⑥ 项目 7,恢复 WBE/WB/WI 功能和再作业;

⑦ 项目 8,评估——关停/报废井。

2.5.5 井筒屏障原理

本书 1.1 节已经说明了井筒屏障的定义、内涵,指出了井筒屏障是实现井筒完整性的关键。还对井筒屏障示意图提出了 16 条要求。这些都是为了强调井筒屏障的重要性。井筒屏障的基本原理是井上要配备有水力屏障和足够的机械式井筒屏障组件,以防止井内流体不受控制地从油气藏中流出。另外,还有一项基本的井筒屏障准则就是,不能因为某个组成元件的个别失效而导致不可接受的后果。

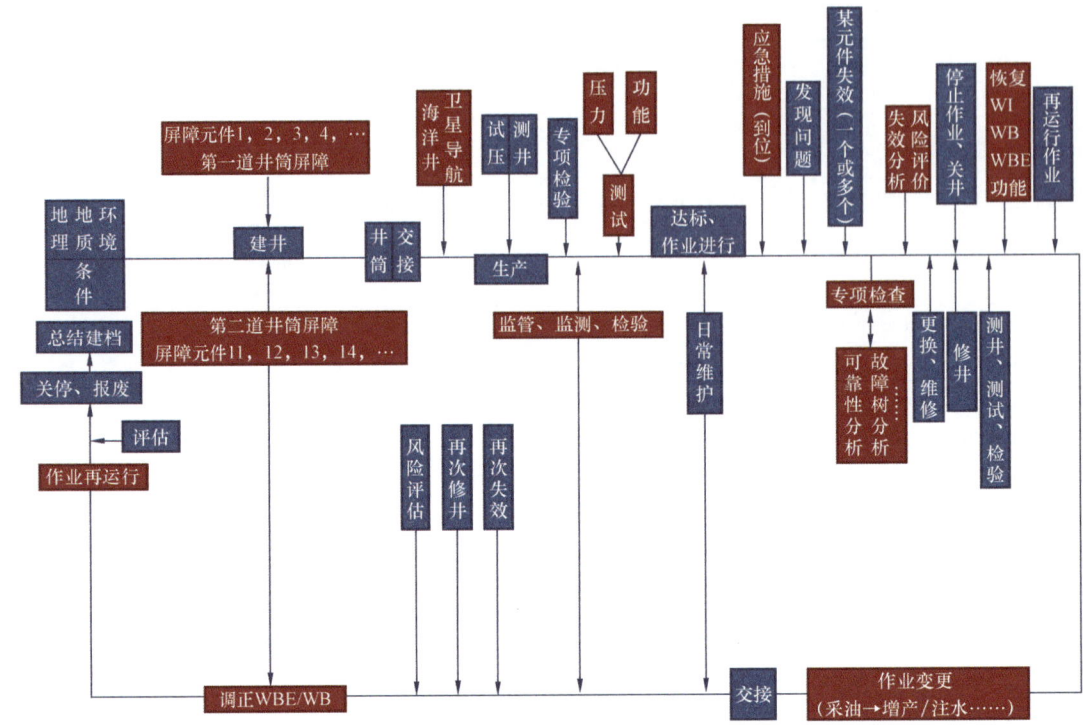

图2.17　井筒全生命周期(各作业)WI/WB 设计—运行—管理示意图

对井而言,在实际上表明某口井筒屏障之间要尽可能相互独立。另外,还需要针对有限的体积,部署足够的井筒屏障,例如在气举井中,要防止井内流体从 A 环空中流出。

对于处在生产状态或封井/关停状态的井而言,要安装两道独立的井筒屏障。对于处在钻井或修井状态的井而言,并非总是能够确保每道井筒屏障的完全独立性。在任何一道井筒屏障不能完全独立的情况下,就要求最常用的井筒屏障组件要具有极高的可靠性,而且对应急预案提出了更严格的要求。

2.5.5.1　故障防护功能

对于处于生产中的井而言,某些井筒屏障元件需要保持在开启位置,以使井能够投入生产运行。这种情况的典型例子就是井下安全阀、生产主阀门和生产翼阀。因此,在失去电力、液压动力源或在发生火灾的情况下,此类阀门能自动关闭就具有十分重要的意义。故障防护功能是对此类阀门的一项基本要求,这表明当发生失效时,阀门可移动到安全位置。

为确保故障防护功能,关键的一点就是要进行正确的设计计算。例如,井下安全阀需要具有强度足够高的弹簧,以确保在控制管线失效后,安全阀能在控制管线上有最高可能压力的情况下关闭。

2.5.5.2　安全系统

需要安全系统来确保不超过运行极限条件,同时,确保在潜在的危险情况下将井关闭。

一般情况下需要安全系统来确保井筒的任何注入压力都不超过井筒屏障所能承受的压力。在这种情况下,非常重要的一点就是要确保实施两级安全系统,以保护井筒屏障。

(1) 当达到一定的压力值时,自动关井。
(2) 注入压力达到一定数值时,自动对注入压力进行泄压,以使其保持在一定的安全区域之内。

为避免无意中的关井操作,要在一定的压力等级内进行报警,以便有足够的时间进行手动操作并对压力进行调节。

其他主要的安全系统是预防封闭容积内的热效应。当井启动时的加热作用使环空压力过高时,安全系统可确保井在一定的环空压力下自动关闭,以防止因为温度效应和缺乏手动压力调节,使井筒屏障失效。

在设施上出现紧急状态时,能有安全系统来确保关井,这一点非常重要。在井内的压力过低时,安全系统也会将井关闭,因为压力如此低,表明在井内出现了泄漏等不正常情况。

井中或多或少都需要一些以上提到的例子之外的其他安全系统。对安全系统的基本要求,在很大程度上取决于风险情况。

2.5.5.3 防火性能

井筒屏障具有防火性能,以防在井口区域发生火灾,这一点非常重要。因此,在这种情况下,所有的井筒屏障阀门都应该能自动移动到安全位置,以确保其防火性能。另外,作为井筒屏障组成部分的所有采油树和井口密封件都应该具有防火性能。

任何防火性能缺失都会使发生火灾的风险加大,也会使整个井着火的风险明显增加。

2.5.6 井筒屏障示意图

本书按照挪威石油标准化组织(NORSOK)D – 010规定,确定井筒屏障示意图为用于表示或说明所要求的第一道井筒屏障和第二道井筒屏障存在或不存在的实用性方法。图2.18所示为某口生产井的井筒屏障示意图实例。这是一个常用于对井筒屏障示意图进行说明的模板。在某口特定井的真实井筒屏障示意图中,所有数据都会是给定的。

图2.18中的示意图反映了第一道井筒屏障和第二道井筒屏障组件情况。通过这种示意图说明,可以对井筒屏障的状态及井筒屏障是否关键进行验证。将来的井筒运行情况在很大程度上取决于此类评估。可以在此类评估的基础上制定控制和监管监测计划,以使井筒屏障处于完好的状态。

按照挪威石油标准化组织 NORSOK D – 010 规定,不同的颜色代表了不同的井筒屏障。蓝色线条代表第一道井筒屏障及其屏障元件,也表明处于"正常工作阶段,在有些情况下,就是指流体液柱或机械式井筒屏障能够提供闭合式井筒屏障组合体"。红色线条代表第二道井筒屏障及其屏障元件,也表明处于"终极阶段,在大多数情况下,此阶段处于剪切闸板/剪切阀门(shear ram/shear valve)关闭的情况"。井筒屏障示意图应有表格加以说明,表格中列明用于作为第一道井筒屏障或第二道井筒屏障的井筒屏障组件。图2.19所示为标明井筒屏障组件和井筒屏障组集合体的生产井筒屏障示意图。该示意图反映出此井处于关井状态且具有生产能力。蓝色线条表示此井的第一道井筒屏障,包括:生产封隔器、完井管柱(在井下安全阀和生产封隔器之间的油管段)及阀本身。红色线条表示井筒屏障组合体包括套管水泥环、套管、井口、油管悬挂器、环空主阀门和带有生产主阀门的生产采油树。

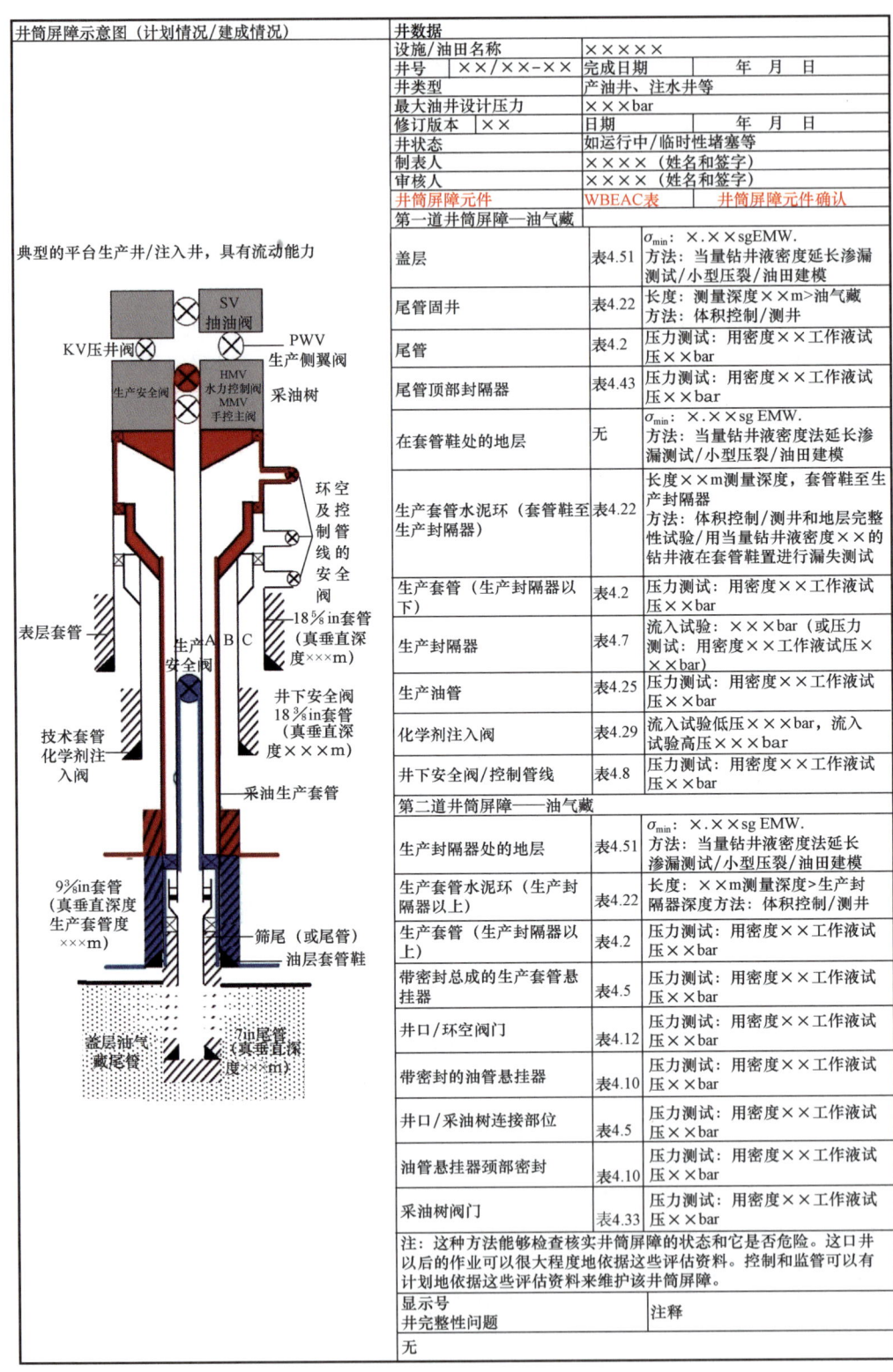

图 2.18　某口生产井第一道井筒屏障和第二道井筒屏障组件

第2章 井筒完整性及其失效的理论研究

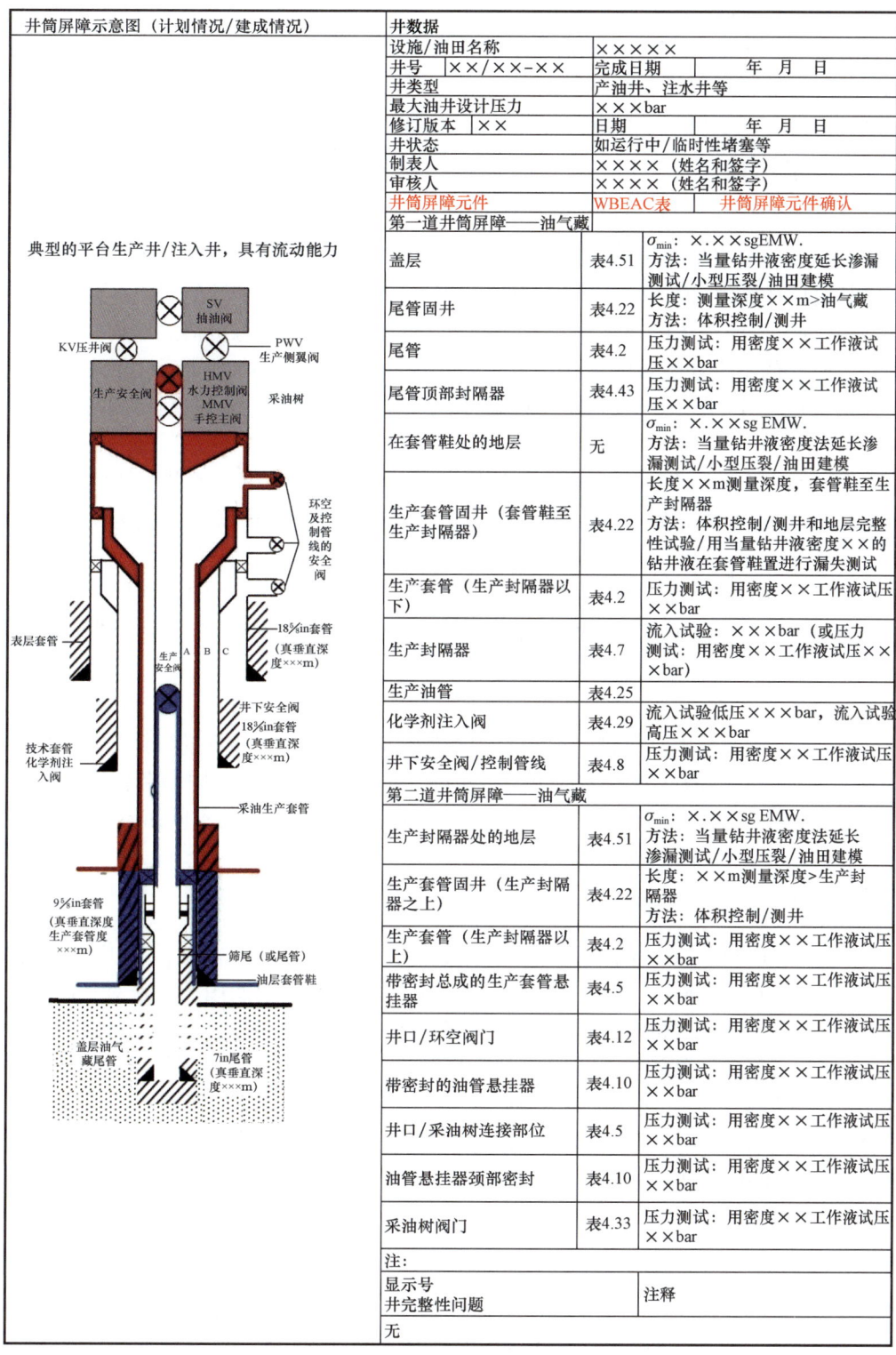

图 2.19 生产井井筒屏障示意图

另外，第一道井筒屏障和第二道井筒屏障也可以使用瑞士奶酪模型进行说明，在图 2.1 中，就用此方法对 BP 公司 Macondo 钻井平台马康多油田的事故进行了说明。可见，能减轻与阻止危害的防御性物理屏障（例如防喷器）或作业屏障（例如监管监控井筒）的一些其他可以缓和危险的部件（模块，block）与措施都可以加到瑞士奶酪模型中。

2.5.6.1　钻井阶段

在钻井阶段，井筒完整性主要与在可控范围内的地层变形，以及承载下强度足够的套管相关。套管承载可能来自地层坍塌、环空流体受热膨胀以及下入套管引发的动载。设计阶段也需要考虑长时间的钻进和旋转的钻柱对上层套管的磨损对井筒完整性的影响。此类作用力有坍塌的地层、环空圈闭流体的热膨胀，或在下入套管柱时所受的动态负荷。如果在设计阶段没有考虑到长时间的钻进和旋转的钻柱对上一层套管造成的套管磨损，也会对井筒完整性造成影响。在钻大位移井、分支井、长水平井段时，由于钻柱会长时间地磨损套管，因此要对套管磨损特别注意。

图 2.20 反映了钻井阶段的典型性井筒屏障组成情况，图中第一道井筒屏障是井中的钻井液液柱。第二道井筒屏障是最后一层已经固完井的套管、防喷器、套管悬挂器和井口。第一道井筒屏障或第二道井筒屏障中所有的井筒屏障组件、钻井液液柱、生产套管等都需要进行检测。此类检测在表中最右侧的栏中注明了，通常是需要对已安装的井筒屏障部件进行试验，例如，防喷器的压力测试等。其他验证可能是监测井筒屏障的状态，即钻井期间的钻井液密度。

井筒屏障示意图中一个重要的部分就是描述所有井筒完整性问题。在这部分应写明有关产量、环空压力增大等的限制条件。此类限制条件/问题对于日常都要进行钻井操作的人员具有重要意义。在井的寿命周期内，随井的生命增长，作业类型是多种，限制条件变得越来越苛刻，因为设备性能会退化，对该载荷越来越敏感，限制条件会随着井的不同而不同，也会随着其原始设计目的的不同而不同。

2.5.6.2　完井阶段

图 2.21 是在裸眼井段中下入套管或筛管完井的井筒屏障示意图及相关井筒屏障的情况，此阶段的井筒屏障集合体与上述钻井阶段的基本相同。完井作业使用的设备对井筒完整性非常重要，因为这些设备在井的生命周期内都暴露在井内流体中。因此，如果完井设备设计不恰当，就会引起井筒完整性问题。在选择完井组件时，需要考虑很多问题，例如井的寿命周期、流体成分、压力和温度。所有这些问题都会对井筒完整性造成影响，可能使井的寿命缩短或延长。通常情况下，对于新开发的油气田而言，完井设备的设计工作寿命在 20 年左右，同时，此数据随油田和井眼用途的不同而不同。在井的设计阶段就把工作做好，可防止以后出现井筒完整性问题。

2.5.6.3　生产阶段

生产采油、采气阶段的作业时间在二三十年以上，甚至更长，而且随着油气藏压力的变化及井筒状况，可能要改变、调整井筒屏障结构和组件。图 2.22 是在采油生产阶段的井筒屏障示意图。

第2章 井筒完整性及其失效的理论研究

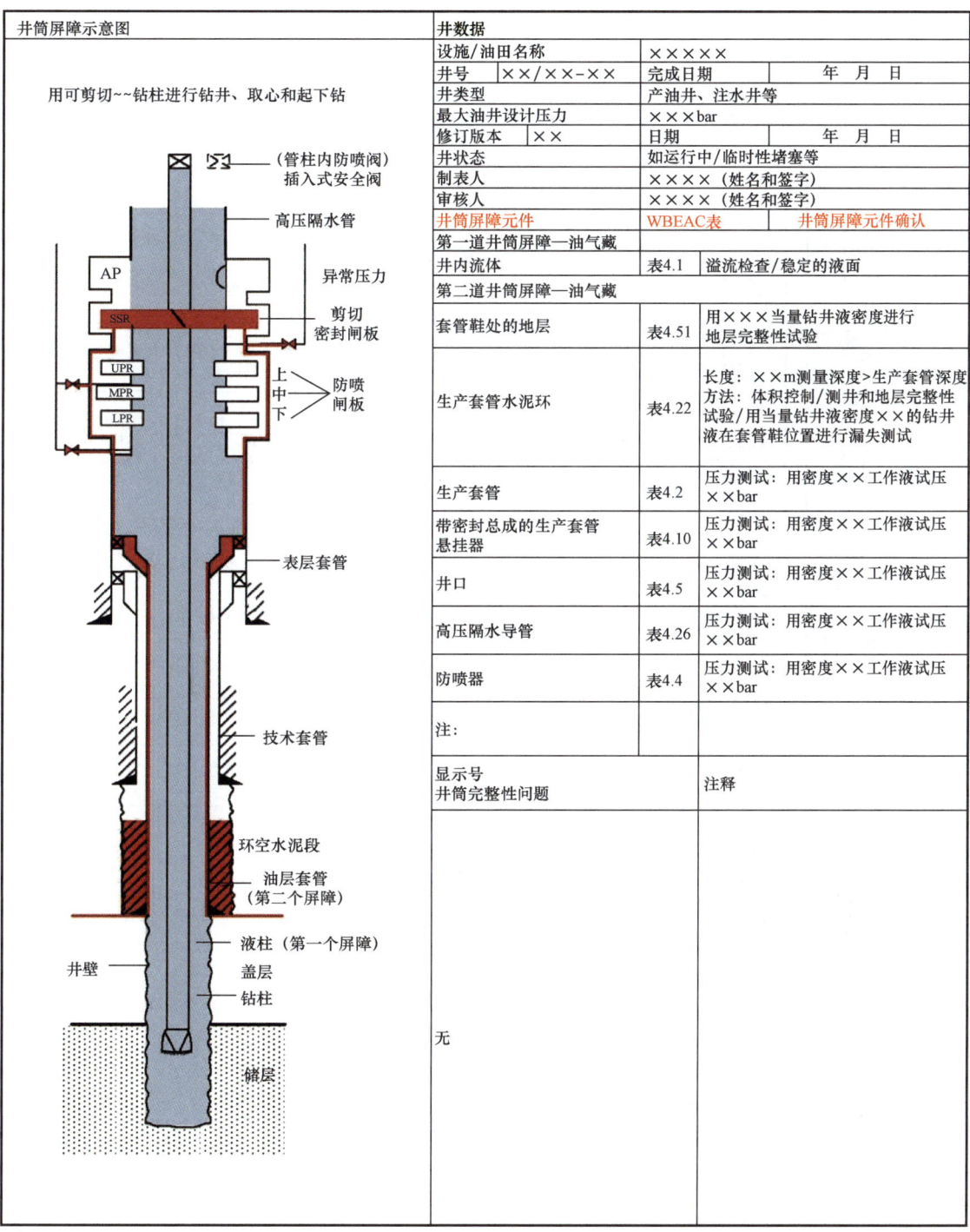

图 2.20 钻井阶段的井筒屏障示意图

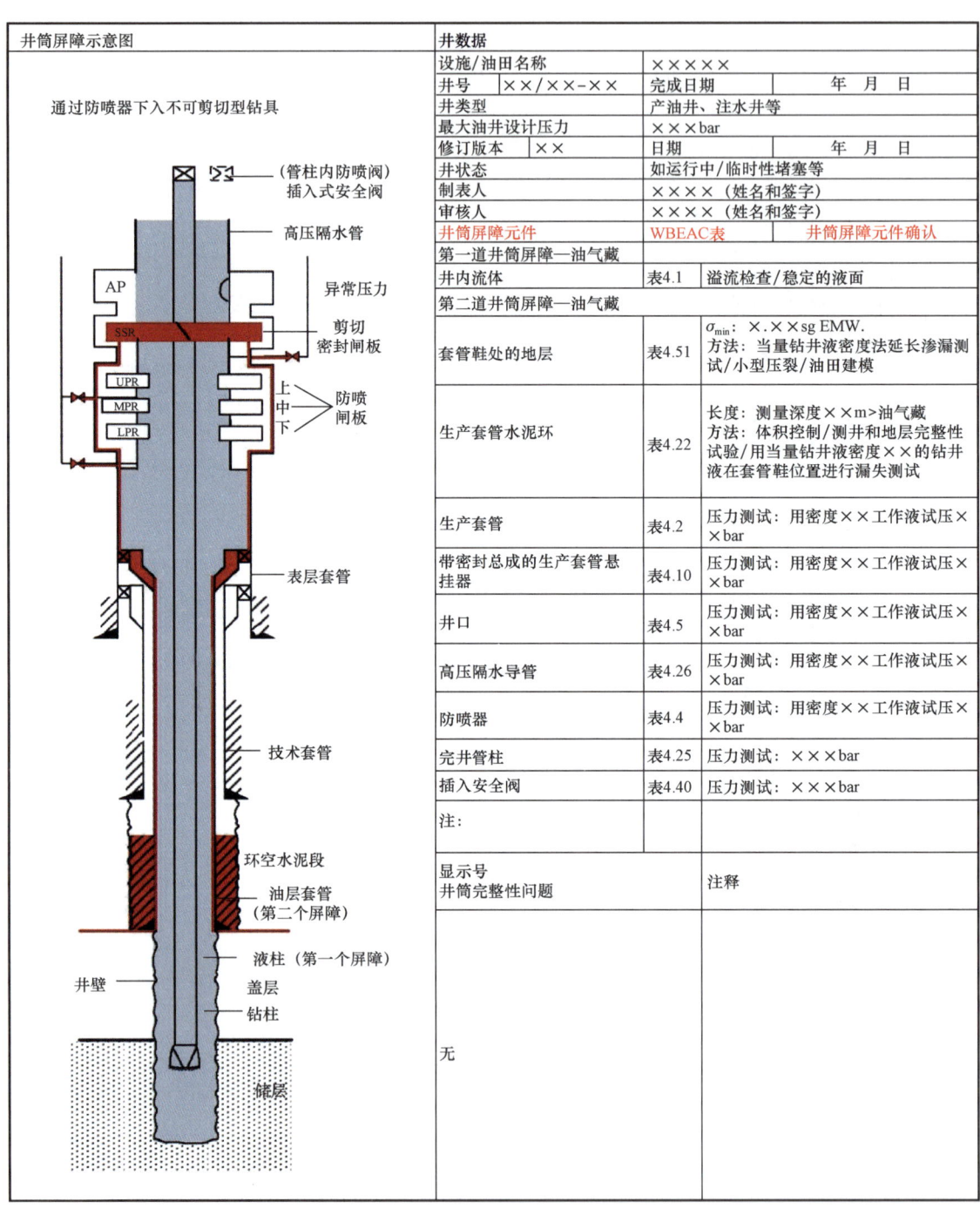

图 2.21 完井阶段的井筒屏障示意图

第2章 井筒完整性及其失效的理论研究

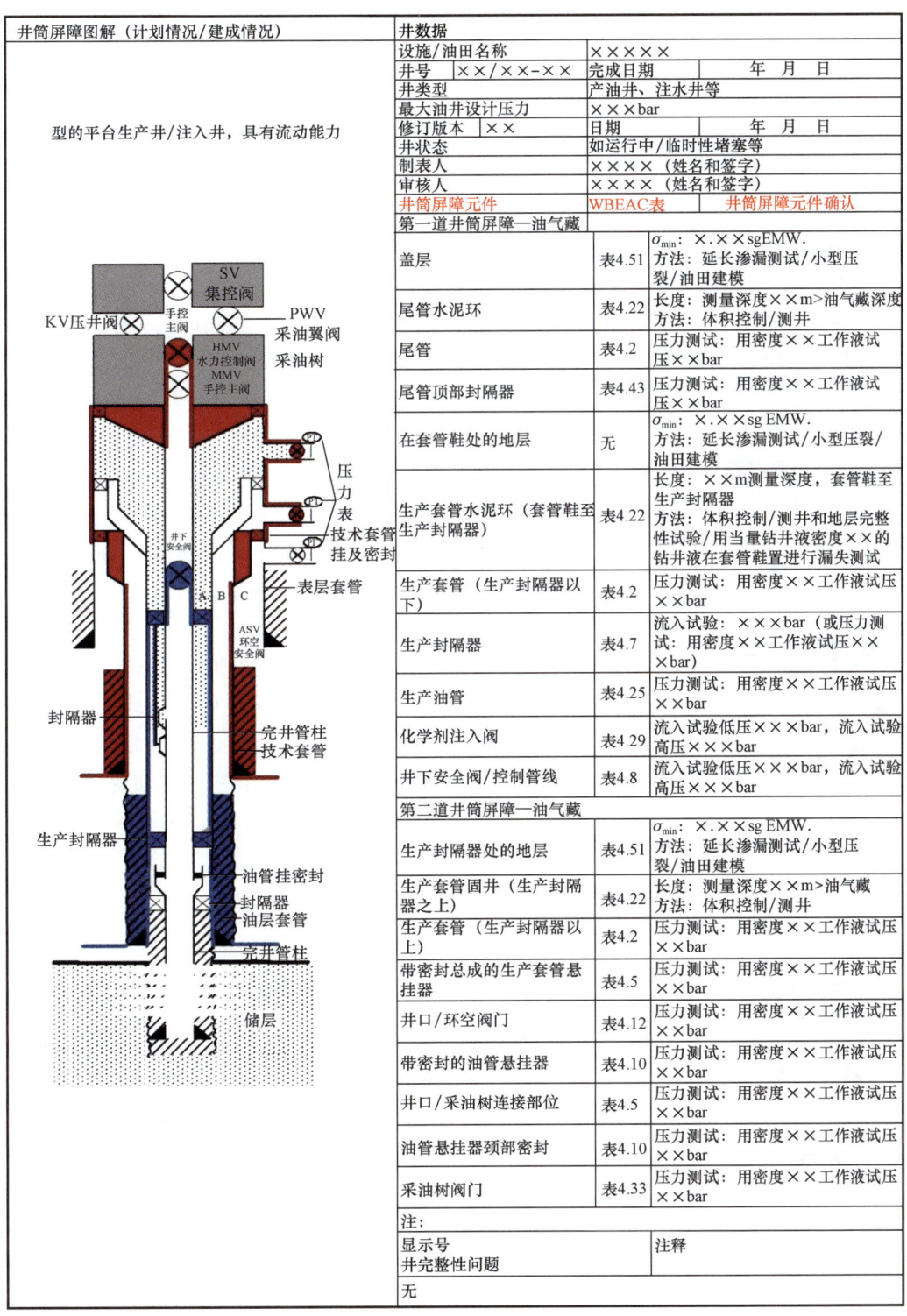

井筒屏障图解（计划情况/建成情况）	井数据		
型的平台生产井/注入井，具有流动能力	设施/油田名称	××××	
	井号	××/××-××	完成日期 年 月 日
	井类型	产油井、注水井等	
	最大油井设计压力	××bar	
	修订版本 ××	日期	年 月 日
	井状态	如运行中/临时性堵塞等	
	制表人	××××（姓名和签字）	
	审核人	××××（姓名和签字）	
	井筒屏障元件	**WBEAC表**	**井筒屏障元件确认**
	第一道井筒屏障—油气藏		
	盖层	表4.51	σ_{min}：×.××sgEMW. 方法：延长渗漏测试/小型压裂/油田建模
	尾管水泥环	表4.22	长度：测量深度××m>油气藏深度 方法：体积控制/测井
	尾管	表4.2	压力测试：用密度××工作液试压××bar
	尾管顶部封隔器	表4.43	压力测试：用密度××工作液试压××bar
	在套管鞋处的地层	无	σ_{min}：×.××sg EMW. 方法：延长渗漏测试/小型压裂/油田建模
	生产套管水泥环（套管鞋至生产封隔器）	表4.22	长度：××m测量深度，套管鞋至生产封隔器 方法：体积控制/测井和地层完整性试验/用当量钻井液密度××的钻井液在套管鞋置进行漏失测试
	生产套管（生产封隔器以下）	表4.2	压力测试：用密度××工作液试压××bar
	生产封隔器	表4.7	流入试验：×××bar（或压力测试：用密度××工作液试压××bar）
	生产油管	表4.25	压力测试：用密度××工作液试压××bar
	化学剂注入阀	表4.29	流入试验低压×××bar，流入试验高压×××bar
	井下安全阀/控制管线	表4.8	流入试验低压×××bar，流入试验高压×××bar
	第二道井筒屏障—油气藏		
	生产封隔器处的地层	表4.51	σ_{min}：×.××sg EMW. 方法：延长渗漏测试/小型压裂/油田建模
	生产套管固井（生产封隔器之上）	表4.22	长度：测量深度××m>油气藏深度 方法：体积控制/测井
	生产套管（生产封隔器以上）	表4.2	压力测试：用密度××工作液试压××bar
	带密封总成的生产套管悬挂器	表4.5	压力测试：用密度××工作液试压××bar
	井口/环空阀门	表4.12	压力测试：用密度××工作液试压××bar
	带密封的油管悬挂器	表4.10	压力测试：用密度××工作液试压××bar
	井口/采油树连接部位	表4.5	压力测试：用密度××工作液试压××bar
	油管悬挂器颈部密封	表4.10	压力测试：用密度××工作液试压××bar
	采油树阀门	表4.33	压力测试：用密度××工作液试压××bar
	注：		
	显示号 井完整性问题		注释
	无		

图2.22 某口井在采油生产阶段的井筒屏障示意图

生产阶段的井筒屏障示意图(图 2.22)与钻井阶段和完井阶段的示意图明显不同。在此阶段,需要在井下安装更多的设备,而且还要在井筒上方安装采油树。尽管在生产期间,井上安装了更多的设备以使井筒处于受控状态,但大多数井筒完整性问题都是在生产过程中发生的。这是因为生产阶段的时间很长,钻井和完井阶段只是井筒寿命周期的很小一部分。另外,在生产阶段井内的流体在温度、压力和黏度等方面都与钻井作业期间所使用的流体有所不同。

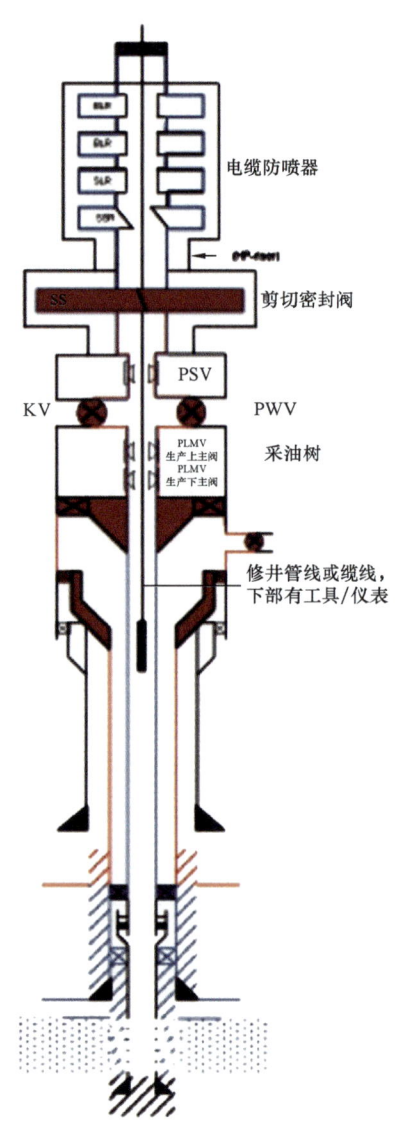

图 2.23 修井阶段的井筒屏障示意图

2.5.6.4 修井阶段

在对带压井进行修井作业(Intervention Phase),要在采油树顶部安装修井组合件(Intervention Package),以便对入井的修井工具管柱提供润滑等。此修井组合件也使得施工人员在起下工作管柱下至工作深度的时候,仍然将石油天然气封闭在井内。

修井阶段的井筒屏障系统,使用了生产阶段中大多使用的井筒屏障组件,但在此阶段中,如果因为第一道井筒屏障中有电缆工具或连续油管加入了修井组合件的话,此时井下安全阀就起不到屏障作用。所以修井时的电缆防喷器内有 4 个闸板。

修井阶段井筒屏障系统的典型性特征是,由于电缆防喷器、油管悬挂器和采油树是修井阶段井筒屏障常用组件的原因,屏障组件的数量有必要增加如图 2.23 中的电缆防喷器。为了在实际工作进行详细的风险评估,并采取降低风险的措施将风险降低到最低程度,适当增加屏障组件具有非常重要的意义。

2.5.6.5 关停和报废阶段

如果暂时将井关停一段较短或较长的时间,关停井与报废井的第一道井筒屏障和第二道井筒屏障如图 2.24 所示。需要对作为暂用的井筒屏障组件的装备进行设计,以使其能满足报废阶段预定期限内的使用要求。在设计和安装井内的装备时,重要的一点是要考虑到关停(报废)阶段结束后的安全再入井问题(例如侧钻)。在关停井中,可以用合格的机械式屏障作为井筒屏障组件。

永久性报废井与关停井的区别在于是否再启用。由于机械式屏障的性能会随着时间的推移而退化,所以不能仅使用机械式屏障作为屏障组件。永久性报废井筒屏障应尽可能布置在靠近流入流体来源的地方,而且应至少放置在地层强度足够大的位置。重要的一点是要使水泥或其他可选性封堵材料能覆盖住整个井筒的横截面,包括所有环空,并在垂直方向和水平方向都有效密封。作

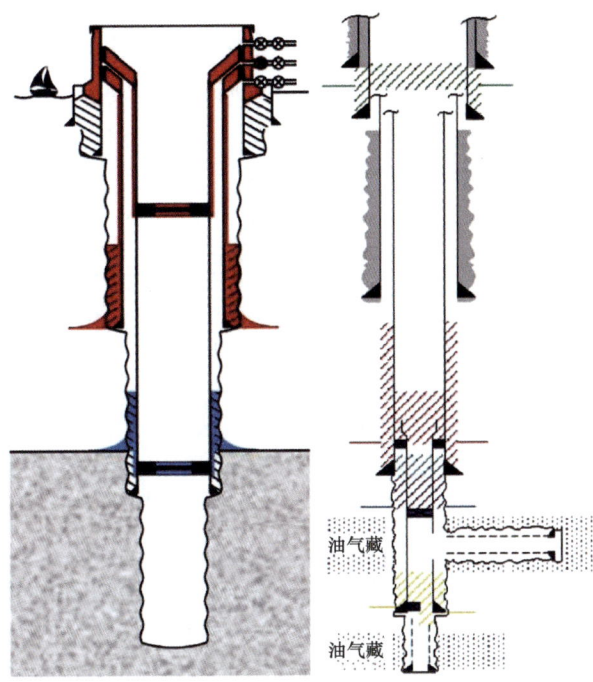

图 2.24　暂时关停井(右图)和报废井(左图)的井筒屏障示意图

为永久性报废井的一部分,井口和海床以下的一部分套管会被割除,因此,以后再次进入井筒的难度非常大。

2.6　井筒屏障的设计、构建和井筒寿命周期内的屏障合格性

在建井时,重要的一点是要关注强调全井寿命周期内的井筒屏障。因此,要针对井筒寿命周期内的各个不同作业阶段设计—谋划能反映不同阶段井筒屏障情况的井筒屏障示意图。此类图与表也必须能反映出不同井筒屏障组件如何进行测试和检测的信息,以及如何对井筒屏障组件进行监测(井筒屏障监测在井生产阶段尤为重要)。

NORSOK D-010 中规定了在井筒寿命周期不同阶段的井筒完整性要求,而且也为每个典型的井筒屏障组件拟定了一个井筒屏障验收标准(EAC)表,此表对具体的设计、构建和监测要求作了规定。表中也包含了可用作附加资料的现有标准的重要参考资料。

所有井筒屏障组件的一项基本且重要的准则就是:井筒屏障组件应能在井筒寿命周期内承受所有可能对其施加的负荷。应预先确定在不同负荷情况下的最小设计系数或其他类似验收标准:

(1)抗内压强度;
(2)抗外压强度;
(3)轴向负荷;
(4)三轴向负荷。

2.6.1 井筒最大设计压力(MWDP)或井段最大设计压力(MSDP)

所有的井筒屏障组件应根据其设计载荷和压井、注入作业等可能施加的最大压力(两者取最大值)进行试压。对于控制管线,试验压力应达到其最高可能工作压力。对于关闭的阀门进行试压时,试验压力要达到其可能的最大压力差。

在完井作业情况下,要以井筒最大设计压力(MWDP)对所有的井筒屏障组件进行检验。井筒最大设计压力(MWDP)的数值等于下列情况中的最高压力:

(1)压井压力。可能的最高压井压力指能够将井压住时,可能的最高井口关井压力加上附加压力值。在计算最高可能关井压力时,最高关井压力等于井筒生命周期内最高油气藏储层压力加最低密度流体(通常是油气藏气体)灌满井筒时的液柱压力。

(2)注入压力。指对井口可能施加的注入压力。如果压缩机或泵能够提供非常高的压力,则需要使用安全系统,以确保有一个最高压力水平限制。则此时的最大注入压力是生产抽汲阀打开后的最高可能压力值。生产抽汲阀是一种压力安全阀,在达到一定压力程度时,此阀能自动开启,并开始泄掉压力。

钻井阶段的井常使用井段最大设计压力(MSDP)这一术语。在钻穿套管鞋并钻入一个新井段之前,需要至少用最大井段设计压力对每个井筒屏障组件进行测试和试压。对于也会成为在生产阶段的井筒屏障封套的一个组成部分的井筒屏障组件,钻穿套管鞋之前,作业者也要对生产阶段的井筒屏障部件使用井最大设计压力(MWDP)进行压力测试。在发生井涌,需要对井进行压井作业时,可能施加在井筒屏障组件上的最大压力就是井段最大设计压力(MWDP)。在钻井阶段,对于井筒中灌满了气体的井,是不可能有足够地层强度的,而且也无法满足所有井段的压井安全余量,因此,对于此类井段而言,能尽可能早地探测到井涌是十分关键的,而且要在计算的井涌安全余量范围内,避免可能出现的地下井喷。在采油阶段要考虑各种采油方法及压裂增产作业时的最大设计压力,这对可能采用强化压裂、体积压裂及注蒸汽热采的井尤为重要。这些工作应在钻井阶段的设计与施工中就预先考虑到。这就是井筒完整性的定义中规定必须要在井筒全生命周期内全面地考虑各个作业阶段的工作载荷,特别是最大的工作载荷,并据以对井筒屏障组件进行设计和(或)选择。

2.6.2 典型井筒屏障组件描述和重要的合格性问题

本部分的重点将集中在作业运行阶段和永久封堵/报废阶段比较重要的典型井筒屏障组件。

2.6.2.1 地层

在大多数井筒屏障图中,我们可以看到地层是屏障的一个组成部分。但并非所有的地层都能成为屏障的一部分。地层要成为屏障的一个组成部分,该地层要具有良好的地层完整性,重要的一点是,该地层在用作屏障的时间段内,不会有气体或流体渗透过此段地层。这表明地层属性必须是(从其用途出发)不可渗透的,而且地层中不包含有垂直方向的开启裂缝或贯穿密封层段的断层。

在石油工业中的基本共识就是:存在两种不同的情况,在这两种不同的情况下,对地层完整性有两种不同的要求:

(1)能够进入这口井,而且能够观察到井的压力动态,这种情形常见于钻井阶段。

(2)不能进入这口井,也不能监测到所有压力变化情况,这种情形常见于生产/注入阶段。

在情形(1)中,我们能够按照要求采取行动,而且能在一定程度上对井下的情况进行控制,例如可通过改变井筒压力、添加颗粒物或化学剂、改变温度条件等方式改变井下条件。因此,可以使用定义不很严谨的诸如"破裂压力/破裂梯度"等术语,来说明地层完整性问题。书中基本上指我们认为井壁在不坍塌、不漏失情况下能够承受住的压力。

在情形(2)所述的不容易进入井内或不能够对压力变化实施监控的情况下,就需要对地层完整性进行更精确的定义。因此,将最小地层应力用作地层完整性和地层属性基本参数是一种最安全的方法。在这种情况下,地层不允许未探测到的油气藏流体泄漏发展成油气藏流体在地下不受控制地运移。

可通过延时渗漏测试,获取最小地层应力方面的信息。如果已经获取了足够的油气藏数据,则也可以使用油气田模型。

作为一项基本要求,最小地层应力应等于或高于油气藏压力,或任何更高的井内压力。对于注入井而言,注入压力也是一个要考虑的问题,以避免注入流体窜出注入层(图2.25)。

在有些情况下,地层也可以取代套管水泥环作为井筒屏障组件。作为一项业界广为认可的事实,某些岩石因其塑性属性,具有一定的蠕变能力。最广为人知的实例就是深埋在地下的岩盐,但是有些其他的岩层,比如黏土岩层也具有这种属性。本书第4章表4.52蠕变地层说明由地层塑性地挤入位于套管/尾管和井筒孔眼之间的环空中,它的功能是提供了沿套管环空的一个连续的、永久的和不渗透的水力密封,以防止地层流体和反抗压力从其上、下流动。

黏土岩层的塑性属性能使其蠕动。随着时间的推移,地层可能会胶结在套管壁上,并形成一种阻止套管外流体流动的屏障。

作为屏障材料,与水泥相比,黏土也具有一定的优点:其本身就是地层环境的一部分,对化学腐蚀性不敏感,而且具有可延展性。

如果需要建立一道屏障,且出于某种原因,不能使用套管水泥环,则地层蠕变性可以提供一种良好的可选方案。然而,只有在能证实其胶结性能和压力完整性可靠的情况下,这才是一种可行的方案。

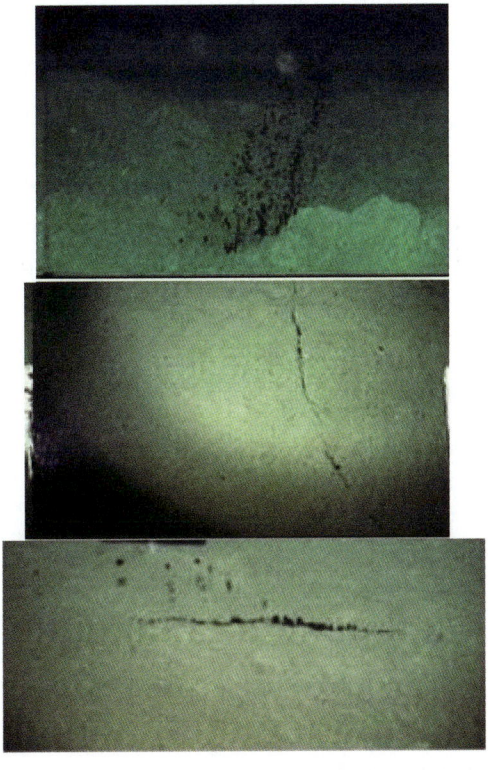

图2.25 注入压力高于深部断层的重启压力造成海床泄漏的实例

对地层屏障取代套管水泥环进行确认:

(1)此层段的地层应力必须高于可能施加在其上的压力,该压力通常为外推油气藏压力。

(2)对水泥环的要求同样也适用于此段胶结的地层层段。

(3) 必须要在套管内下入两趟独立的测井工具, 以证实地层对套管的胶接强度。目前所推荐的测井工具是水泥胶结测井(CBL)和声波测井/技术/工具。

(4) 如果从测井结果上看出有胶结地层迹象, 然后需通过射孔炮眼进行压力试验。也可能通过观察所有新地层的测井显示结果, 并在胶结层段底部以上至少 5m 的射孔炮眼内进行地层漏失试验, 来进行验证。地层漏失试验关井阶段的稳定压力, 必须要高于井筒屏障能承受的压力。

2.6.2.2 套管水泥环

用于充当井筒屏障的套管水泥环是一个极为重要的井筒屏障组件, 因为套管水泥环在整个井生产阶段和随后的永久性关停/报废阶段中, 都要发挥井筒屏障组件的作用。为了确保其完整性, 重要的一点是: 水泥环要完整地胶结到地层上, 同时, 水泥环还要胶结到套管壁上。为了验证水泥胶结在套管上, 且没有形成窜槽, 就需要下入两趟测井工具。此类工具通常是水泥胶结测井(CBL)和声波测井工具。对于永久报废的井, 要在井筒内部打入水泥塞进行永性报废之前, 进行此类测井作业验证井的完整性。对于处于生产阶段的井, 如果水泥环既要充当第一道井筒屏障, 又要充当第二道井筒屏障, 则对水泥环进行测井就是一项十分关键的工作, 因为水泥环压力试验并不能验证套管鞋深度以外的其他水泥环完整性。水泥环是可能的泄漏途径, 参阅图 2.26。第一道井筒屏障和第二道井筒屏障之间的距离也必须要进行评估, 以确保地层坍塌的风险不会同时挤裂第一道井筒屏障水泥环和第二道井筒屏障水泥环。

按照 NORSOK D-010 标准, 水泥环屏障必须具有

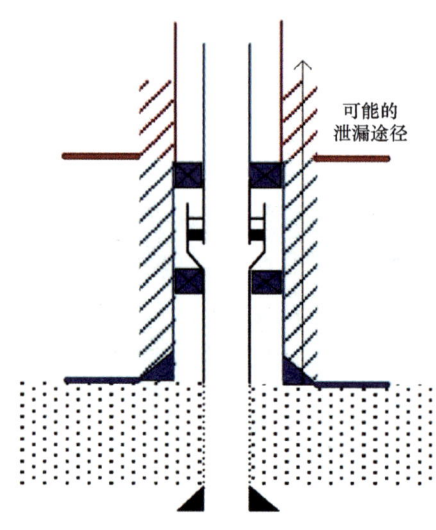

图 2.26 作为第一道井筒屏障和第二道井筒屏障的一个组成部分的套管水泥环

下列属性:

(1) 非渗透性;

(2) 长期完整性;

(3) 不会收缩;

(4) 可延展性(非脆性)——能够承受机械载荷或冲击;

(5) 对不同的化学剂或物质(硫化氢、二氧化碳和石油天然气)有抵抗性;

(6) 可润湿性, 以确保胶结在钢材上。

在钻穿套管鞋之后, 可以通过压力试验对套管水泥环的压力完整性进行检验。此试验通常为地层完整性试验。

为确保有足够的水泥环高度, 通常应替入所要求数量 2 倍的水泥浆。所要求的水泥环高度取决于压力情况, 根据挪威石油标准化组织(NORSOK) D-010 标准的规定, 通常会对最低水泥环高度做出要求。套管水泥环起到垂直屏障的作用, 而不只是水平屏障, 所以在决定所要替入的水泥浆体积的时候, 要对水泥环的垂直高度进行检测—评估。

2.6.2.3 套管水泥塞

套管水泥塞通常与固完井的套管柱及外部的完整地层一起,被用作永久性报废井的井筒屏障组件(图2.27)。因此,水泥塞的水泥属性要与所说明的套管水泥环属性相同。

套管水泥塞要被布置在井下一定深度内,此深度位置的套管柱已经固井,且外部的地层具有良好的地层完整性。水泥塞起到防止流体通过水泥塞发生泄漏的屏障作用。水泥塞的长度取决于压力情况和垂直深度,这一点类似于套管水泥环。NORSOK D-010中规定了水泥塞最小深度要求(图2.28和图2.29)。

图2.27 割断并起出井筒的技术套管、注水泥的生产套管和带控制管线的油管柱

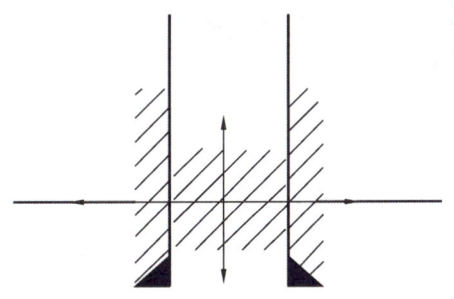

图2.28 套管水泥塞位置的深度要求原理(准则)

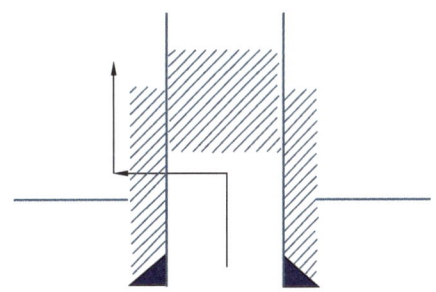

图2.29 水泥塞位置的深度过浅时的潜在泄漏途径(此情况不符合永久报废井要求。要通过压力试验和探水泥面验证水泥塞的深度及完整性)

图2.29表示,水泥塞高度不够或深度过浅时可能发生泄漏的情况,这是不安全和不能允许的。

2.6.2.4 套管/油管

作为一种井筒屏障组件,套管或油管的材质必须要与预计会接触的流体相适应。通常情况下,对油管的抗流体腐蚀性要求要比套管更高,因为油管要连续不断地长期暴露在生产/注入流体环境中(图2.30)。

图2.30 油管材质和注入水的性质不相容引起的油管腐蚀

一般情况下,套管柱或油管柱是由单根长度约为12m的单根连接而成的。管柱上每一个连接部位都是一个潜在的泄漏点,因此,使用正确的上扣扭矩和密封脂是十分重要的,而且密封面也不能发生破坏(图2.31是VAM螺纹的说明,用金属—金属锥面密封,而台肩无密封)。

套管/油管应具有足够的强度来承受所遭受的一切负荷,而且需进行负荷计算以证实套管/油管柱有足够的强度。要计算的负荷一般有管柱内压、外压、轴向或(和)三轴向屈服载荷。

在安装好套管柱/油管柱之后,按照最大预计压差对管柱进行压力试验。由于在钻井阶段可能会出现生产套管破坏和磨损,因此在完井阶段,还要再次对生产套管进行压力试验。生产套管必定会产生一定的磨损。如果井段比较长(尤其是长水平井段)的话,通常情况下要对套管进行测井,以找出磨损严重的区域。因此,在载荷计算时,也要考虑某些套管柱磨损情况。

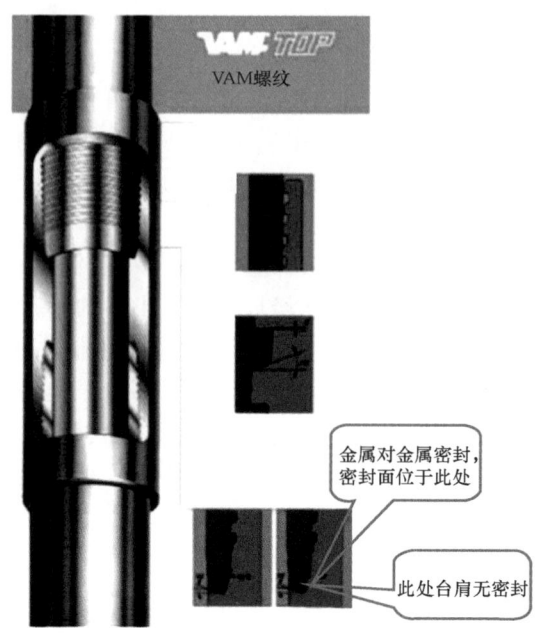

图2.31　套管/油管连接处密封的原理

2.6.2.5　生产封隔器

在一口井中,生产封隔器是完井管柱的标准组件,生产封隔器可以在生产油管的外侧和套管或尾管内侧形成密封。生产封隔器用生产油管或电缆下入套管内部,一般情况下,生产封隔器安装在生产油管底部附近,而且要安装在井内射孔孔眼的上方。

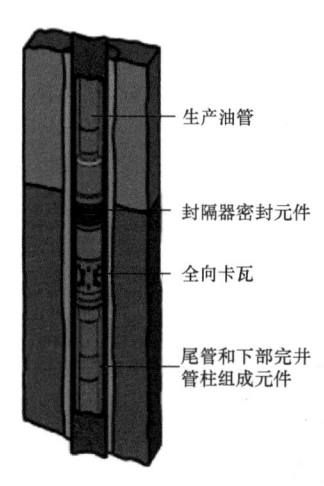

图2.32　安装在井下的生产封隔器示意图

生产封隔器用来保护套管免受压力和产出流体的损坏,且在大多数情况下,生产封隔器也是第一道井筒屏障的一个组成部分(图2.32)。因此,将生产封隔器正确坐封在套管/尾管内,以维持井筒完整性并保证井况安全,具有极为重要的意义。

生产封隔器被设计用来夹持住套管,并形成密封。夹持作用是通过带有卡瓦牙的金属卡瓦实现的,卡瓦会楔入套管的金属材料中,而密封是通过橡胶密封元件实现的。在密封的压力非常高的情况下,橡胶密封元件两侧的金属环可防止/限制橡胶挤压过度变形。卡瓦和橡胶密封元件会向外膨胀,与套管接触。施加轴向载荷推动卡瓦上移,并压缩橡胶密封元件,使密封元件向外膨胀。可通过液压力、机械作用力或炸药来施加轴向载荷。生产封隔器也可以用来隔离发生腐蚀的套管段、套管泄漏部位或挤压变形的射孔炮眼部位,也可用来隔离或临时性放弃生产层,为修井作业做准备。

2.6.2.6 井下安全阀

井下安全阀(DHSV)是完井管柱的一个组成部分,而且是井中最重要的井筒屏障组件之一。井下安全阀能在操控安全阀的液压控制管线失去压力后自动关闭的阀件。在关闭时,安全阀就成为第一道井筒屏障集合体的一个组成部分,而且会使油气藏流体与地面相隔离。

安装井下安全阀的目的,是为了在紧急关井或更危急的情形下(例如平台顶部发生爆炸,使井口的完整性丧失),防止油气藏流体不受控制地泄漏。井下安全阀是完井管柱中一个至关重要的组成部件,通常由向下开启的活瓣阀组成,这样就可能形成生产流体尽力使阀门关闭,而从地面传来的控制压力又可使阀门打开的状况。大多数的井下安全阀是由来自地面的液压控制的,即,它们通过来自与地面井控控制系统直接相连的液压连接部位的压力打开。在沿控制管线施加液压时,液压会使安全阀上的套筒向下滑动。套筒向下滑动会使一个大型弹簧压缩,并推动活瓣向下移动以打开安全阀。泄掉液压后,弹簧会将套筒向上推回原位,使活瓣关闭。通过这种方式,井下安全阀就具有了故障防护功能,并能在采油树或井口被破坏的情况下,实现井筒密封(图2.33(a)是弹簧压缩打开活瓣,井下安全阀呈开启状态。图2.33(b)是弹簧使套筒上移关闭活瓣井下安全阀呈关闭状态)。井下安全阀在完井管柱中的安装位置应能够优化井的安全性能。通常情况下,将井下安全阀安置在完井管柱中,地面或海床面以下100~500m的位置。本书第4章表4.8是井下安全阀的验收标准表。

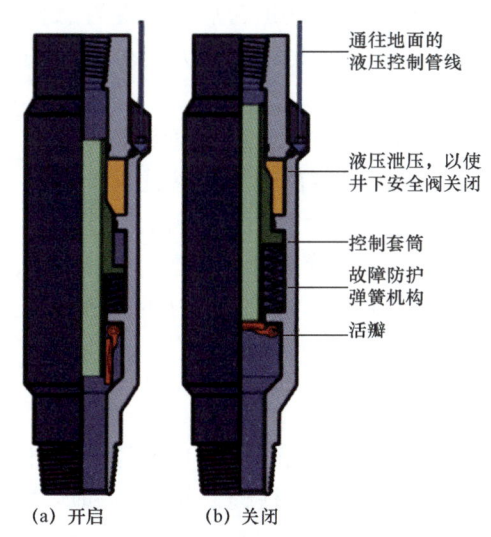

图2.33 井下安全阀在开启和关闭位置的示意图

2.6.2.7 化学剂注入阀

化学剂注入阀或CIV常常作为完井管柱的一部分下入井内。化学剂注入阀的用途是向油管内注入化学剂,以防止或控制腐蚀、防止形成和/或沉积污垢、防止形成乳化物、对结蜡进行处理、溶解盐类或防止在井内形成水合物等。化学剂注入阀的主要用途是控制在阀门深度位置注入生产流体中的化学剂的量。

化学剂注入阀可通过油管或电缆下入井内,也可将此阀作为完井管柱的一部分下入井内的偏心工作筒内(图2.34)。化学剂注入阀由弹簧式止回阀组成,在此阀中弹簧作用力通常使阀门保持在关闭位置。

化学剂通过套管环空,或一根连接在偏心工作筒上的单独的注入管线进入化学剂注入阀

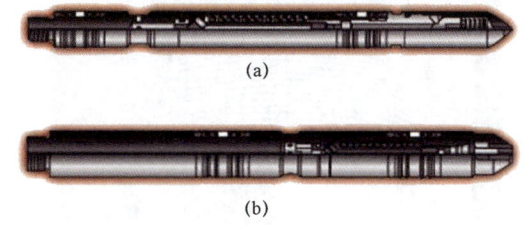

图2.34 电缆能回收的一种化学剂注入阀(CIV)的图例

（图2.34）。图2.34（a）表示：当注入压力超过预设的弹簧作用力和油管压力之和时，弹簧被压缩，并使阀杆端部向下移动，离开阀座，注入阀呈打开状态，这时化学剂开始注入。图2.34（a）表示：注入结束后，液压降低了，通过弹簧缩回来关闭注入阀。

有些时候，化学剂注入阀是第一道井筒屏障或第二道井筒屏障的一个组成部分。有时，化学剂注入阀会发生泄漏，在这种情况下，井筒屏障就会恶化或失效。因此，要定期对此阀进行渗漏测试，对于有缺陷的阀，要及时进行修复或更换，以维持良好的井筒完整性。

2.6.2.8 套管悬挂器密封

套管悬挂器是井口总成的一个组成部分，在将套管悬挂器下入井内之后，能为套管柱提供支承。套管悬挂器能起到使套管正确定位的作用。在将套管柱下入井筒之后，套管柱处于被套管悬挂器悬吊或悬挂状态，而套管悬挂器坐放在套管四通内部的联顶台肩上。套管悬挂器能提供其自身与套管四通之间的密封，在生产井中套管悬挂器通常是第二道井筒屏障的一个组成部分（图2.35）。

安装套管悬挂器的目的是对井内的各层套管柱提供支承。它可以充当套管头底盘或套管头。一般情况下，套管悬挂器是通过焊接方式或螺纹连接方式连接在表层套管柱顶部的。对井而言，表层套管柱起到基桩的作用，能将悬挂负荷传递到地层。套管头上准备有一个内卡瓦座圈，在套管柱坐入座圈后，卡瓦会将套管柱夹固到位。大多数套管头都允许在套管环空处读取压力读数，而且在必要的时候，也能通过此部位进行泵入或泵出作业。套管柱的顶部和环空通常是处于密封状态的。

2.6.2.9 井口装置

井口装置是一个用来描述油气井地面组成部件的一般术语，地面组成部件能够为钻井和生产设备提供结构和压力圈闭界面。井口装置的主要用途是为套管柱提供悬挂点和压力密封，套管柱是从井眼底部一直延伸到地面的压力控制设备。井口装置密封通常是井内第二道井筒屏障的一个组成部分（图2.36）。

图2.35　带密封元件的一种套管悬挂器

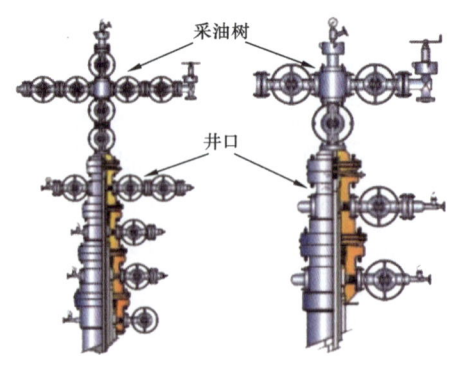

图2.36　安装有采油树的井口（单完井管柱）

第2章 井筒完整性及其失效的理论研究

井一旦钻成,就需对其进行完井作业,以便在油气藏岩层和井内流体导管之间建立一个联系界面。地面压力控制是通过采油树来实现的,采油树安装在井口的顶部,在生产期间,可通过隔离阀和节流设备来控制井内流体的流动(图2.36)。

井口装置通常是焊接到第一层套管柱上的,以组成一个完整的井筒结构,在钻井期间,第一层套管已经用水泥固结到位。对海洋井而言,如果井口位于采油平台上,则井口被称为海洋井的地面井口;如果井口是位于水下的,则被称为水下井口或泥线井口。本书第4章表4.5是井口装置的验收标准表。

2.6.2.10 环空阀门

对于地面井口而言,环空阀门可提供进入油管和套管之间及不同的套管之间的环形空间的通道。一个或多个环空阀门常常组成一个隔离油气藏的井筒屏障集合体中的井筒屏障组件,具体将取决于井身结构。

井口上常常有两个能进入各环空的通孔,在其中一侧的通孔上安装两个环空阀门,在另一侧的通孔上安装一个阀门和压力口盖帽。具体的阀门配置情况会随着油田的不同而不同。为了能对压力实施监控,在两个阀门之间通常安装有压力表和温度表,而且离井口最近的阀门要保持在开启状态,以对井筒实施监测。

也可通过此类阀门增加或降低环空中的压力,而且在必要的时候,也能通过此类阀门在环空中加满流体。在重新完井期间,在起出完井管柱之前,会通过环空阀门将重盐水或钻井液循环入井内。

对水下井口而言,环空阀门通常是水下采油树的一个整体组成部分。在卧式采油树中,只可进入生产油管和生产套管之间的环空(图2.37)。目前仅能使用无线式压力和温度仪表对其他环空进行监测,业界正在进行这方面的研发和改进工作。图2.37中除了环空总阀门以外,还有环空循环阀、泄放监控阀、环空翼阀等。

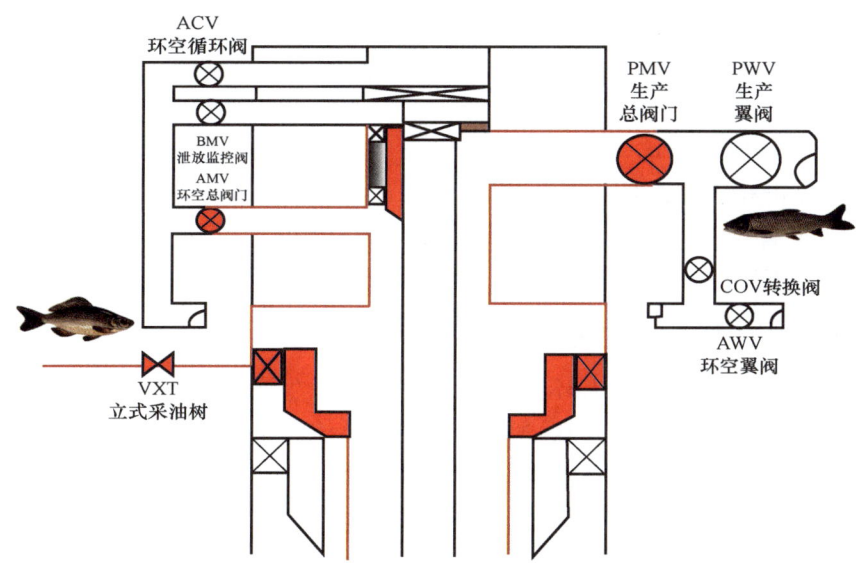

图2.37 在采油树中环空总闸门是第二道井筒屏障的一个组成部分

环空通常情况下也配备有两个阀门,离井口最近的阀门处于开启状态,以便对井筒监测。在采油树环空钢墩的两个阀门之间安装有一个或多个温度表和压力表。

水下采油树上的环空阀门的使用方法和地面井口的使用方法相同,但通常情况下,水下采油树上的环空阀门是自动化操作的。

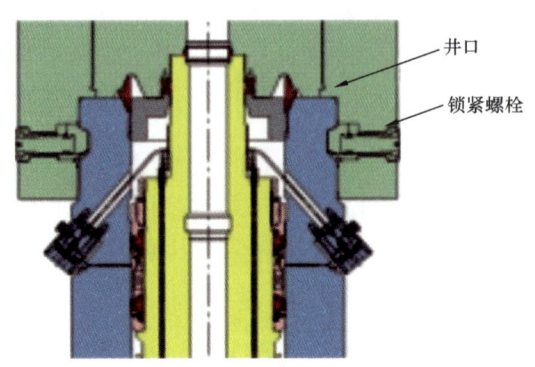

图 2.38　通过锁紧螺栓将采油树锁定在井口的示意图(Cameron 公司产品)

2.6.2.11　采油树连接

采油树连接是指采油树和井口之间的连接部位,此连接通常是第二道井筒屏障集合体的一个组成部分。

对地面采油树而言,在油管悬挂器顶部和采油树内通孔之间通常安装有一个密封元件,而且在井口和采油树本体之间也安装有一个密封元件,通常情况下,施工人员对生产油管和采油树进行压力测试前,可先对两个密封组件之间部分进行渗漏测试。采油树是通过锁紧螺栓或卡箍锁定在井口上的(图 2.38)。

对于水下采油树而言,采油树是通过在地面控制的液压锁紧机构锁定在井口上的。

2.6.2.12　带密封的油管悬挂器

油管悬挂器是由一个带有外部密封的钢质本体组成的,且通常情况下,在本体中部有一个通孔,但有时油管悬挂器上也可以有数个通孔。油管悬挂器上常常有一个用于安装堵塞器的内螺纹型面。

油管悬挂器具有以下功能:
(1)支撑油管柱的重量。
(2)在井口处隔离 A 环空和油管通孔。
(3)为下列部位提供密封:
① 生产油管和井口之间;
② 生产油管和采油树之间。
(4)允许控制管线(例如井下安全阀、井下压力计和温度计使用的控制管线)穿过密封元件,并能提供一个安装油管悬挂器堵塞器的螺纹型面(图 2.39 和图 2.40)。

2.6.2.13　采油树(带有采油树阀门和出口钢墩)

现代化采油树通常由一个带有环空的主腔室组成,且生产钢墩直接通过大螺栓安装在主腔室上。主腔室和钢墩上有内部通孔,通孔上安装有整体式阀门。采油树底部配备有连接器,用于通过卡箍或锁紧螺栓与井口或油管头相连接(图 2.41 和图 2.42)。

地面采油树的顶部有一个连接部位,可用于安装电缆作业、连续油管作业和强行起下钻作业的修井装置;在水下卧式采油树的顶部有一个连接部位,可用于连接高压修井隔水导管或水下防喷器。

第2章 井筒完整性及其失效的理论研究

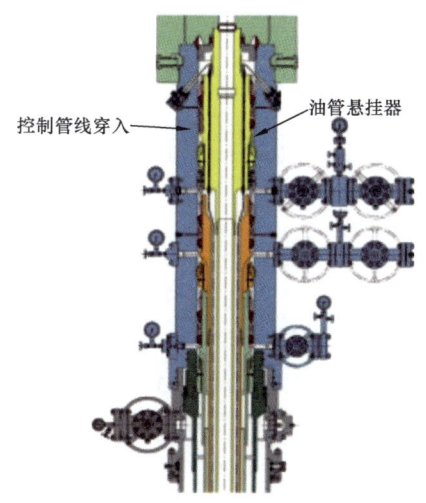

图 2.39 安装在地面井口上的油管悬挂器，有控制管线穿越（喀麦隆公司产品）

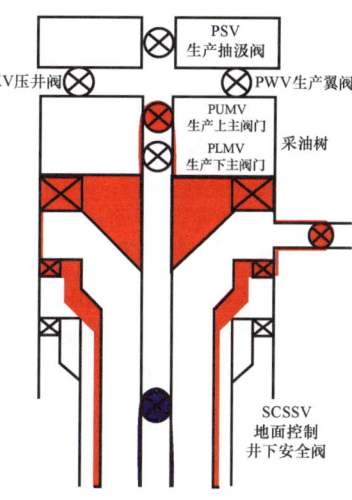

图 2.40 在垂直地面采油树中，油管悬挂器是第二道井筒屏障的组成部分

图 2.41 不同类型的地面采油树（喀麦隆公司产品）

采油树通常配备有压力和温度监测设备，而且有注入设施，用于注入腐蚀/结垢抑制剂，也能在关井和测试期间注入乙二醇/甲醇以抑制天然气水合物的形成。本书第 4 章表 4.31 是海洋井的采油树验收标准表，表 4.33 是陆地井采油树的验收标准表。

采油树有如下功能：

（1）提供油气从油管流入到地面管线中的流动通道并可通过油嘴控制流量，还可通过关闭流动阀门或主阀门停止流体流动。

（2）提供进入井筒的垂直通道。

（3）提供一个能将压井液泵注入油管的通道。

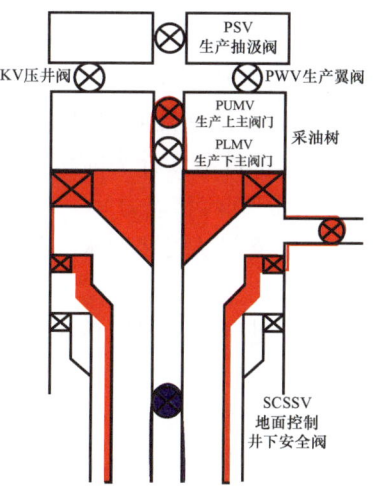

图 2.42 采油树和生产上、下主阀门，在垂直的地面采油树上构成第二道井筒屏障的一个整体组成部分

第 3 章　井筒完整性的组织管理与运作

中国石油天然气集团公司制定的中国石油高温高压及高含硫气井井筒完整性系列标准中《高温高压及高含硫井完整性指南》结合塔里木油田和四川油田"三高井"深入讲述了管理系统内容并进行详细的阐述。挪威大学关于井筒完整性的介绍专文也有许多关于井筒完整性管理的内容。本书第一章和第二章在井筒完整性标准及其流量研究中已讲述到有关井筒完整性的管理问题。国际标准化组织(ISO)2013 年颁布了《在生产作业阶段井筒完整性的技术说明》(ISO/TS 16530-2),它所规定的生产作业阶段是从建井以后开始到井筒报废之前的生产作业阶段,包括采油气和修井等作业。该 ISO 文件对所指定的生产作业阶段的管理井筒完整性提出了更为科学的要求和方法,并有一些实例。本书第三章着重将 ISO 和 OGP 关于井筒完整性管理工作的规定和新内容编入,并结合我国情况编入了中国石油集团公司在高温高压及高含硫井井筒完整性管理规范中的有关管理的内容并进行了分析解读,以供读者从多方面学习和掌握井筒完整性管理内容和方法。

3.1　维护井筒完整性及井筒屏障应采取的措施

3.1.1　井筒设计

一口井井筒的设计应考虑以下几点:
(1)新的井筒结构。
(2)对已有井的变更、改变或参照(例如从勘探井改变为生产井或从生产井改为注水井或由注水井改为生产井等)。
(3)对井筒设计基础或前提的改变(例如延长生命/活动期、增加压力裸露、流体介质等)。
① 所有的部件应设计为能承受所有计划作业阶段及其预期的负荷和应力(包括在井控情况下可能诱发的负荷和应力)。
② 设计应覆盖从安装到永久报废(包括材料老化、损坏效应)的井筒作业的(或井段)服役期。
③ 设计的基础和界限应该说明并纳入文档。
④ 井筒设计应该有鲁棒性,指的是:
a. 能够把握住在设计基础中可能的变化和不确定性;
b. 能够把握住在尚未导致危险结果情况下的变化和失效;
c. 能够把握住作业的预先可见性状况;
d. 设计目标着眼于贯穿整个井筒寿命期间的各项作业,包括永久水泥封堵和报废。井筒设计应该经得起设计和作业的考验。

井下井筒的设计基础应准备的内容是:井筒目标、前提、功能要求和假设以及对不同情况的计划框架等。

在井下的井筒设计基础中应包括下列项目并进行评估和建档:

(1)井眼目的。

(2)设计寿命(服役期限)的要求。

(3)严格要求的井位(例如:海洋地区的或环境受约束地区)。

(4)井位(地理位置资料、海底状况等)。

(5)靶位,总深度和允许变动范围。

(6)邻井地质—钻井—完井—开发—采油—修井等资料。

(7)用地层学和岩石学表述预测地层深度及预测地质剖面,包括不确定性因素等。

(8)对设计井的设计寿命/服役寿命进行温度、孔隙压力和地层应力预测,包括不确定性。

(9)数据的获取。

(10)由于油气藏枯竭或接近注水井区而压力异常的识别。

(11)浅层井钻进和地区性危害。

(12)油藏原始资料及油藏开发资料与总结。

(13)对采油气生产井包括结垢、结蜡、出砂等。

钻井设计和井筒设计基础应准备关于井下设计基础的扩展。下列情况应予评估并建档:

(1)钻井要求。

(2)参考性井筒数据资料和经验的总结。

(3)井口和导管设计。

(4)套管/尾管设计。

(5)水泥和注水泥要求。

(6)钻井液。

(7)井筒测试和(或)完井要求。

(8)管柱设计(如油管管柱等)。

(9)井眼轨迹设计,包括靶位要求和至邻近井距离的大致计算。

(10)侧钻项目。

(11)井喷应急处理、井筒释放压力、井筒控制装置的要求。

(12)堵塞和报废的方法。

(13)风险分析及井筒/井眼学习访问等特别结果。

如果发生可能导致井筒屏障组件超过它的设计内容和测试作业的范围的变化(例如:井筒屏障组件降级使用、改变服役载荷、改变裸露时间等),就要根据有关规定修改设计并经过评估认定。

3.1.2 井筒设计压力(WDP)

井筒设计压力是预计作用于井口/井口装置的最高压力并应依据表3.1所列各方面确定。

表 3.1 井筒设计压力依据

井型	对井筒设计压力的计算依据
总则	作为总则,井筒设计压力应该依据油藏压力减去气体水力静压力加上压井极限压力,对注水井则加上注入压力(即:设计压力 = $P_{油藏} - P_{气柱} + P_{压井压力}$(或 $+ P_{注}$)
勘探井	用孔隙压力/油藏压力减去静水柱(静气柱)压力(用邻井数据)加上压井极限压力
开发井、油藏中有自由气体	用油藏压力减去静水柱(静气柱)压力(未开发的原始油藏压力)加上压井极限压力
开发井,油藏中无自油气体	可用数值模拟法确定在关井条件下的最大压力(以实际的油藏流体成分和油气比为依据)加上压井极限压力。在油藏开发晚期用油藏枯竭压力和可能有的自由气体压力
气举、注驱或(压裂等)增产作业井	如果注入压力大于油藏本身压力(在开发井中),用最大的注入压力(油井顶部处的注入压力),并考虑到关井、采油安全阀(PSV)下入及其压力反应,否则用总则的规定值

如果碳氢化合物不能被隔绝在下部井段中,该井段设计压力(Section design Pressure,简称 SOP)的计算方法如下:以最深井段(Section TD)/最高孔隙压力和在上层套管鞋处的渗漏测压的限制来进行计算。

在压井程序中应说明用海水和压井液压井速率和压井压力。除非压井极限压力专门计算过以外,建议用最小为 35bar 的压力极限。对勘探井和高温高压井应该考虑增大压井极限压力。

由于在油藏生命期内接近井筒不稳定性的不同的油藏层位处注入/生产的井筒改变压井压力和流动能力的时候应该在设计中予以考虑、进行计算。

3.1.3 依据载荷实况进行设计

对井筒屏障组件和关键设备的安装或在井中使用的静载荷和动载荷实际情况应该确定。由负责压井作业的人员使用行业认可的软件进行设计计算。载荷计算应该执行并与最小的采用标准/设计系数进行比较。

预期的井筒移动(井口向上增长)应该预测到并进行评估(例如:进行注热蒸汽的热驱井的井口向上增长)。

(1)设计原理。

设计工作应该基于弹性变形原理(不要使用变形超过弹性极限的材料的产品,例如可膨胀的部件)。

管子/管材的允许使用范围应该按照通用的性能指定范围予以确定:

① Von Mises 椭圆(双轴应力椭圆);

② ISO/TR 10400 或 API TR 5C3(第 1 版,2008 年 12 月),关于内崩、挤毁和轴向应力的规定值;

③ 管子端部的连接极限值。

应该使用如图 3.1 所示的设计原则。

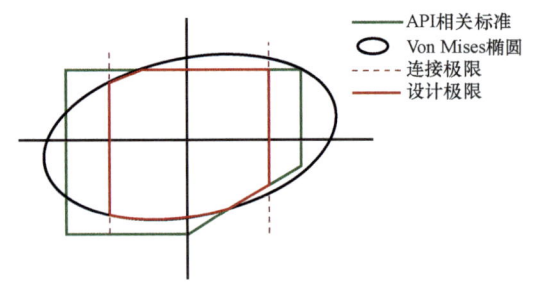

图 3.1 井筒设计原理图

(2)设计系数。

设计系数或者其他当量选用标准应该确定:

① 内崩载荷;

② 挤毁载荷;

③ 轴向载荷;

④ 三轴载荷。

设计系数既用于管体又用于连接处(螺纹等)。设计系数的应用,见表3.2。

表 3.2 设计系数

参数	设计系数[①]	附加要求/辅助资料
内崩	1.10	
挤毁	1.10	
轴向	1.25	油井测试的设计系数取1.5,应用于测试工作结束时拔出封隔器
三轴向	1.25	三轴向设计系数不涉及接头(接箍)的连接处(即指螺纹连接处的三轴向设计系数由螺纹类型另定)

① 上述设计系数基于壁厚制造加工减去12.5%的允许误差。

(3)结构(实体)完整性。

在井筒服役期间保证井筒结构完整性的关键部件(导管、导向基礎、隔水导管等)应该对与之相对应的载荷、磨损和腐蚀进行评价。

3.1.4 井筒屏障层系的设计

3.1.4.1 设计原则

(1)它能承受最大的"预期压力"或压差,因为它可以成为液(气)体侵入和外溢之力。

(2)它能够改变用其他方法进行试压(漏失测试法)和功能测试。

(3)井筒屏障层或井筒屏障组件无一失效(损坏),确保从井孔/井筒到外部环境之间将未能控制的可能外窜(外溢)的流体阻挡住。

(4)井筒屏障层或另一种替代的井筒屏障层可以实现井眼漏失时的再建循环。

(5)对可能裸露超时的井筒完成正常作业操作和承受住超时裸露。

(6)在全部时间内要知道井筒屏障层(及其组件)的具体位置和整体性状态,确保任何时候都可以监控监测(包括遥控遥测)。

第一道和第二道井筒屏障层的组件应能单独推广应用到同类井的另一口没有普及化的井筒屏障组件的井筒中(进行设计和应用)。如果具有普及化的井筒屏障组件,将有助于完成风险分析以及进行风险降低/消除风险的测量评价工作量。

任何一个井筒屏障层(系)应该具有多个井筒屏障组件,这样才能够共用任何工具,在共用该工具之后应能够洞察井筒屏障层和密封井眼的效果。如果上述要求不能实现的话,那么该井筒屏障组件就被确定为不能作为共用组件。

为了能洞察井筒屏障层,应能使用任何尺寸的组件来封隔井眼。如果这不能实现的话,井筒屏障层就被视为:在作业操作情况下需要确认共用组件的类别(意指就要重新设计屏障层或更换组件,该井是一口必须处理的井筒屏障层的井)。

井筒屏障层的第一次最开始的检验(或称"原始/初次检验")是当井筒屏障层已经安装好了时,它的完整性和功能要用下述方法检验:

(1)应用不同压力进行渗漏测试。
(2)需要进行检验井筒屏障层组件(复数)的功能测试。
(3)用其他专用的/特别的方法检验。

总之,井筒屏障层装好后,必须进行原始/初次检验。

3.1.4.2 井筒屏障层的试压

(1)试压要求。

井筒屏障层或其组件应该进行压力测试和渗漏测压检测试验:

① 在这之前它能裸露于压差情况下;
② 在施加压力之后确认井筒屏障组件;
③ 当有泄漏嫌疑时;
④ 当任一个组件比在原始设计时裸露工作在压差负载情况时;
⑤ 定期测试。

(2)试压压力应施于液体流动方向。如果做不到,压力可施加于相反的流动方向以证明井筒屏障组件能在最低的实际压力下双向流动时密封或者在降低屏障层的上游测漏这一边的压力进行流动检测。

(3)渗漏的压力测试压力和测压时间(长短)。

渗漏测试压力为 1.5~2MPa,保持压力 5min,并开始进行第一次高压漏失测试。

高压渗漏测压阀压力应等于或大于最大的反向压差,并在井筒屏障组件裸露条件下进行。静态渗漏测试应观察并记录至少 10min。

上述测试阀压力应不超过任何井筒屏障组件的额定标准的工作压力。

(4)采用的漏失速率。

采用漏失速率应为零,除非有另外的情况。

对漏失速率不能监测(或测量)的情况,应建立最大允许压力波动标准。

(5)井筒屏障层的功能测试。

井筒屏障组件的功能测试应在下列时间进行:

① 组件安装好之后;
② 已经施加一承受了正常负载之后;
③ 维修之后。

(6)井筒屏障层渗漏测压和功能测试的文件。

在执行施工和作业的各项工作时,为了保持它的功能和防止伤害,制订了井筒屏障层的正确使用要求与指南,主要内容是:

① 井筒屏障层的监测(监管);
② 监测与防止井筒(井眼)中未控制住的与液流有关的所有参数;
③ 井筒屏障层及其组件的检测条件应该有文件规定并写入档案说明鉴定(检查)方法与检查频率。即鉴定与检查要以文件为据。

用于所要求的监测各个参数的所有仪表应该定期核查——标定和校正。

(7)井筒屏障组件损伤后允许继续使用的规定。

对井筒屏障功能降低但仍在使用之中的条件应加以规定。换言之要谨慎规定功能降低到什么情况才允许继续使用。

3.1.5 井筒屏障进行设计选择和组构后应具有的功能

(1)它可以成为裸露于承受最大的压差和温度(考虑相邻井成为衰竭区或注入区的井)的屏障。

(2)进行压力测试、渗漏测试、功能测试或用其他方法检查。

(3)确保:① 没有一个井筒屏障组件的单项失效;或② 井筒屏障层系失效可能导致未控制住的井筒液体或气体流动到外部环境必须及时处理。

(4)重建一个防止漏失的井筒屏障或建立另一种可能的井筒屏障。

(5)作业的对抗和承受环境裸露于全生命时间。

(6)在全生命周期中确立其具体的位置/地点,确保在这时间内相应的监管/监测是能做到的。

(7)每一个屏障及其组件是相互独立的以避免通常易发生的WBEs扩展波及的可能性。

(8)在一个地方同时安装两个同样的装置/部件;例如双闸板防喷器;双闸门出入口等称之为"双重原则"(即"双保险作用")。双重原则和慢泄气原则应该全面使用于海底上面/地面的所有装备中,它能连续平稳地给井筒放压,即两个阀闸配套交替用于所有的井眼入口/出口中。

(9)当工作管柱钻穿井筒屏障时,应有一个井筒屏障组件能够关闭和卸开该工作管柱并在卸开该管柱之后封堵住井筒。(举例解释:如果工作管柱错误地把井下某个封隔器给钻穿了,那就应该有另一个封隔器把井筒封堵住,所以预先就要考虑到这一情况,同时下入两个同样的封隔器以备不测之用。)

(10)在工作管柱中所有不可共用的(non-sharable)部件应该加以标注和识别。

(11)当下入不可共用的部件通过防喷器时,应该有人工操作控制井筒状态的工作程序。

(12)当下入长的不可共用的组装件时,应该有一个屏障组件(例如:环空防喷器)安装到位,它能够封堵住井筒,(对抗)阻止任何尺寸的组装部件钻穿或损伤井筒屏障。

其中第(8)至第(11)项为在多项作业的时候应具备的功能。

3.1.6 井筒屏障层组件选用

规定井筒屏障层组件要求与指南的内容与方法,见表3.3。

表 3.3　井筒屏障层组件选用及组装配制监视表

要点(细节)	采用标准	参考文献
A 说明	文字说明	
B 功能	井筒屏障层主要功能的说明	
C 设计(出力—容量—定额—额定值和功能)结构和选择	在现场组装与配制(如钻井液、水泥浆)的井筒屏障层(系)组件应说明： (1)设计标准，诸如：井筒屏障层组件负荷(载荷)条件和其他功能(在井筒屏障层组件使用期间需要的功能)； (2)对井筒屏障层或它的附件组装的结构要求，以及将在多数情况下按参考文件组装的正常标准；对已经制造(加工)好的井筒屏障组件(如闸阀防隔器等)其要点是选择正确的设备的性能参数(指标)以及在现场如何安装好这些组件到位	注明特定的参考文件的名称
D 原始(开始)的测试和检验	测试与检查准备用已组装到井内井筒屏障层组件的,并在组装入井之前检查/测试能投入使用或井筒屏障层系统已选择好的部件(如已选的待用材料用件)	
E 使用	应说明正确使用方法以保持其功能和防止在作业和服役中损坏	
F 监视(正规的监视、试验、检验)	说明应监视检查那些屏障层在用期间一直尚未动用的符合设计/选用标准的井筒屏障组件(意指:应监视已安装到井下,但持续未动用的组件备用件,双保险件等以保证一旦动用它们时是完好正常的)	
G 失效/损坏模式	要求指出哪些要维修(更换)的薄弱或已损坏部分失效的井筒屏障组件,以及可能导致作业/操作中止的井筒屏障组件	

3.1.7　再建(重建)井筒屏障层

液柱是液体井筒屏障层之一或称之为意外事故井筒屏障层(Contingamey WB)(如溢流需井控时的屏障)。

说明液柱不仅是最早的井筒屏障层,而且发挥着防止井眼溢流——井控等意外事故(还有漏喷塌卡时)的井筒屏障层功能;液体套管是液体井筒屏障层,在正常钻进时它是常规屏障层。

压井(Kill well)方法：

——等待和加重法

——司钻法

——容积法

——隔(离)管法可称之为:用加长管柱提高液柱压头进行压井的管柱。

在第一道和第二道井筒屏障中都有共用的套管水泥,能够成为井筒屏障组件并同时满足所采用的验收标准(井筒屏障组件验收标准,EAC)。验收标准说明胶结的水泥至少应该是 $2 \times 30m$ 测量段长,可由测井方法和具有资质的人员确认后得到这个数据。

在达到这个标准时,这两个不同段长的套管水泥,就分别是第一道(图中蓝色部分)和第二道(图中红色部分)井筒屏障的组件(图 3.2)。图中的技术套管的该套管水泥没有被认为是共用的井筒屏障组件（Common WBE）（图3.2中，技术套管外水泥环是用蓝色与红色两种颜色标注的两部分）。

这可能是在前一层套管鞋处套管水泥对应的地层完整性不能满足井眼压力渗漏测试达标的情况下提出的要求。

3.1.8　共用的井筒屏障组件

有些井筒的工作（活动）不可能建立两个独立的井筒屏障，就需要采用共用的井筒屏障组件。

当使用一个共用的井筒屏障组件时，应进行风险分析并使用减少风险的方法。在质量上和监管/监视该共用的井筒屏障组件方法时，应包括附加的注意事项和验收标准。

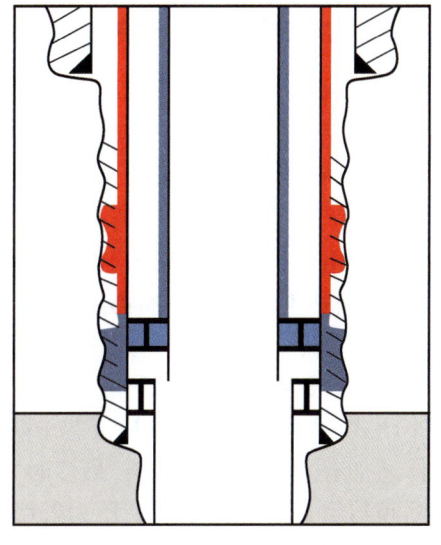

图3.2　第一道和第二道井筒屏障层

［例1］　在采油树的翼阀调停有关作业工作时，它既是第一道又是第二道井筒屏障并因而成为共用的井筒屏障组件（图3.3）。

［例2］　在有些情况下，水泥塞可能是一个共用的井筒屏障组件，例如：在一个连续的水泥塞（见EAC表4.24）坐在套管内时，该套管水泥塞被确定为井筒屏障组件（图3.4）。

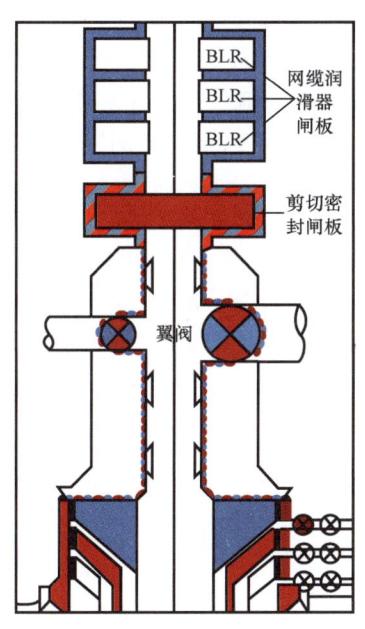

图3.3　共用的屏障组件—翼阀（红蓝双色标注）
（图3.3BLR网缆润滑器闸板，
SSV/SSR剪切密封闸板）

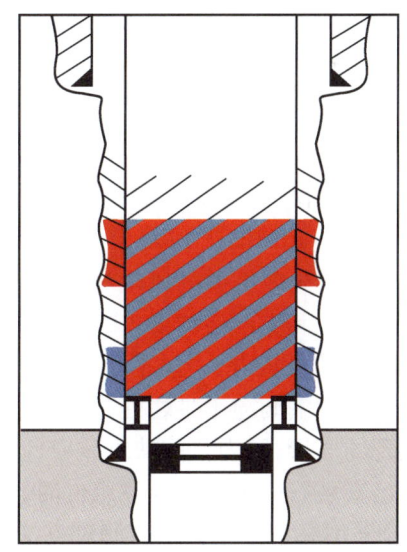

图3.4　共用的井筒屏障组件—水泥塞
（图3.4水泥塞是用红蓝两色
同在该水泥塞处标明，即共用）

3.1.9 井筒屏障组件的检验与验收

防喷器是陆海各类井都必须使用的重要井筒屏障组件,特别是海洋井和海陆高压油气井。在这一节先对防喷器及其防喷器组合体的检验做如下说明:

第一,在提货出库房前,由物资库物流部门对防喷器每个部件(法兰、四通、防喷器芯子、盘根等防喷器密封件、防喷器壳体等)逐项检查,核对其压力等级与型号、尺子、材质等;由库房对每个组件初步检查后组装成防喷器并进行规格指定的压力测试;再由库房按用户要求和法规、指南标准装配成防喷器组合体(BOP Stack);对防喷器组合体进行整体试压,试压达到规定后才能出库,否则要向制造供应商要求退货。

第二,根据用户要求,防喷器组合体最少有两个半闭式闸板芯子的防喷器,有时最少为一个半闭式(或两个半闭式)闸板芯子防喷器及一个全闭式闸板芯子,防喷器最完整的防喷器组合体还加有一个旋转防喷器,最多时共 4 个防喷器,根据各井的井身结构确定与每层套管配套的防喷器组合体结构、尺寸、压力等级等。每个防喷器的尺寸、压力等级及防喷器外观尺寸等根据用户要求按法规、指南选配;防喷器组合体还包括两个防喷器之间的四通及阀门等;库房将组装好的防喷器组合体整体用专车及专人送到指定的陆海井井场。

第三,防喷器组合体运达井场后,向钻井队交货,由钻井队用钻井泵(或专用柱塞泵)对防喷器组合体进行整装压力检测、达到测压要求后,钻井队签字验收后,库房送货人员及车辆方可离开井场;如果钻井队验收不合格、防喷器组合体将被原车拉回库房换货重新送新货到井场;物流部门向制造厂商退货或换货。

第四,陆海钻井队把预备好的安装防喷器组合体位置及空间进行再次清理和确认后,将防喷器组合体吊装上钻台(平台)再下放至下面的井架底座井口空间处,安装就位后,配装好与之配套的管线、阀门、仪表等全套装备;按法规、标准、指南等进行就位后的第一次整体试压,试压达到要求后才能下入钻柱,再进行下入钻柱后的带压作业试运转,试运转时除了检验每个防喷器开关状态外,还要对四通、管线、阀门、仪表进行分段测压检查,达到法规、标准要求之后才允许防喷器组合体正式投入使用。在正式使用期,每班活动防喷器手柄一次,按规程法规每日或隔日试压一次(试压压力频率由上级主管根据法规、规程确定)。

1981 年以后,BP 公司发生了 2010 年海洋深水地平线井恶性事故,世界上还发生了大大小小与防喷器失效有关的风险与事故,国际上对防喷器从设计、制造、安装到使用管理提出了更周全的规定和更严格的要求,对井筒完整性及其屏障层系的"总阀门"应该认真执行规程、法规,做到"认真负责、一丝不苟",我国在这方面还有一定差距,特别是仅由企业基层自主监督体制造成的漏洞与不足之处是值得思考和改革之事。井队的上级管理部门应该派有资质的人员到现场监管,国内目前缺乏政府监管监督和第三方监督,值得商榷研究、改进。

当已安装好一个井筒屏障组件时,它的完整性应该是:
(1)采用某一压差的压力测试方法加以检验;或者
(2)在上述方法不能实现时,要用其他特别的方法进行检验。

要求井筒屏障组件有效工作时,应做功能测试,如有下述情况应做再检验(再次检验,Re – Verification):
(1)已经换用井筒屏障组件的任何情况;

(2)在井筒余留的生命周期中改变了负荷(钻井、完井和采油阶段)。

3.1.9.1 井筒屏障的压力测试总则

井筒屏障或井筒屏障组件的压力测试应达到：
(1)在它的作业阶段之前它可能裸露于某一压差；
(2)某一井筒屏障组件部件的压力限制值已被改变之后；
(3)当存在渗漏疑问时；
(4)当某一组件将被裸露于压差/负荷工作时，那么它要重新进行测试；
(5)如果屏障组件已经意外地裸露于高于原来井筒设计值的压差/负荷时；
(6)见本书第 4 章 EAC 表 4. A 中的要求，在压力测试时，屏障组件测试的下游流体的体积量在可以实现的情况时应该加以监视。

3.1.9.2 检验渗漏速率

检验渗漏速率应该是零，除非另在组件验收中有说明。对于实际的检验标准应该建立：体积、温度效应、空气夹带和材料的压缩性。对于有些地方的渗漏速率不能被监视的情况下，应建立最大允许渗漏压力的标准(列表可供查阅、入档)。

3.1.9.3 压力作用方向

压力作用的方向应该是流体流向外部环境的方向。如果这不可能测试或者会诱发附加的风险，测试方向应对着流体流向外部环境的方向，以构建井筒屏障组件能封堵流动的两个方向。

3.1.9.4 测试压力值和时间

在钻井完井和修井工作中，进行高压测试之前，应先做低压测试，应具有在 15～20bar 下保持压力 5min 的稳定读值。在采油/注水作业阶段的井筒定期测试，不需要做低压测试。

高压测试值应该等于或者大于井筒屏障组件可能处于裸露状态时的最大压差。静态压力测试应该观察并记录至少 10min 稳定读值。

在采油/注水阶段，作用于所有的井筒屏障组件 70bar 的压差并伴有允许的渗漏速率。可能使用小压差(例如，井眼压力小时)按比例变化的允许渗漏速率。

入流测试应加长至最少 30min 的稳定读值(对于大容量、高压缩流体或温度效应等情况应加长测试时间)。

测试压力值应该不超过井筒设计压力或裸露的井筒屏障组件的额定工作压力。

3.1.9.5 压力测试的质量标定

(1)在设定测试验收标准时考虑监测(监视)容量(监测体积量)；
(2)对测试压力建立最大的验收偏差量(测试压力有××bar 偏差，例如对 345bar 测试压力允许偏差为 5bar 以内)；
(3)建立最大的允许压力变化时间超过规定的时间段(例如：1% 或对 345bar 测试时间允许超过 10min)；

(4)在(2)和(3)中的标准条件是压力变化与时间变化之比($\Delta p/\Delta t$)而且应该是下降趋势。

3.1.10 在钻井和井筒工作时的入流测试

进行入流测试以验证井筒屏障承受压差的能力,例如:准备置换井眼为欠平衡流体以便进行诸如完井、井眼测试、深水隔水导管拆除、钻出套管以下的渗透性较高压力层等作业时,就需要进行入流测试。

执行入流测试应该有详细的工作程序,它应包括下述资料(信息):
(1)确认要进行测试的井筒屏障组件及其深度位置和对应的地层;
(2)识别渗漏的结果;
(3)由于大的容量、温度效应、微粒运移等造成无结论性的风险;
(4)在渗漏发生事件中或者测试无结论时的工作计划;
(5)用一个方案图解来表明测试管线和阀的位置的图;
(6)所有的步骤和决策点;
(7)注明测试的验收标准。

下列几点用于一个入流测试的执行:
(1)失败的入流测试的结论应该被评估;
(2)可行的话,应该用压力测试进行井筒屏障组件的入流测试;
(3)第二道井筒屏障要测试以确保承受入流测试失败的压差;
(4)在顶替(置换)和测试的全部时间内应保持容量和压力的控制;
(5)在入流测试时,应该顶替(置换)井筒内的流体达到过平衡流体状况来显示液流流动状况或者处于无结论情况;
(6)在顶替时,不能拆卸的部件不能安放在经过防喷器开关闸板处;
(7)顶替欠平衡流体时,应该使用一个关闭的防喷器和平常的井底压力;
(8)在顶替完成时,井筒应该在没有降低井底压力的情况下关闭;
(9)井底压力应该有步骤的分步降低到某一预先设计的压差;
(10)应在预定的时间段内监测每一步压力变化。

3.1.11 井筒屏障及其组件的功能测试

井筒屏障组件的功能测试要求做到:
(1)事先安装(海面以下/井下)的装备;
(2)事后安装;
(3)如果承受异常负荷;
(4)维修之后;
(5)阶段性的特殊要求,见第4章EAC表。

3.1.12 地层测试

为了确保在钻井、采油/注入和报废阶段的井筒完整性,应该系统地获得岩石力学数据。

选择地层完整性测试方法应根据测试目的来确定。常用的方法见表3.4。

表3.4 确定地层完整性的方法

方法	目的	注释
压力/地层完整性测试(PIT/FIT)	确认地层/套管水泥能够支撑某一预定的压力	应用一个预定的压力对地层测试并观察其是否稳定
渗漏(Leak-off)测试(LOT)	所用的压力是井壁/套管水泥确实能够支撑的	一旦观察到从线性压力与容量曲线偏移时停止测试
延时渗漏测试(XLOT)	确定最小的就地地层应力	裂缝扩展进入地层的测试并得到裂缝闭合压力

应确认完好的地层完整性并入档以认可地层是井筒屏障组件(表3.5)。

表3.5 地层完整性要求

井类/井内工作	最小的地层完整性	
	新井	已有井
勘探井 (所有工作包括永久报废) 生产井:钻井工作和泥浆在井中的工作	地层完整性可以用压力完整性测试(PIT)/地层完整性测试(FIT)或渗漏测压法(LOT)获得。测试值应该超过考虑了静水柱压力的设计段压力值	
生产井—完井工作及采油/注水和报废工作用无固相完井液	最小地层应力/裂缝闭合压力(FCP)应该超过地层深度处的最大井眼压力。所要求的井眼压力应该以储层压力为最低基础值(减去静水压力)确定采油和最大注入压力(加上静水压力)来注水	地层完整性压力(在渗漏测压值LOT和地层闭合压力FCP之间的井段(图3.5)用于原始设计中的能够继续使用。原始设计值对永久报废井应该先作"再评估"

图3.5表示在不渗透地层中完成延迟渗漏测压测试后的典型压力特性。

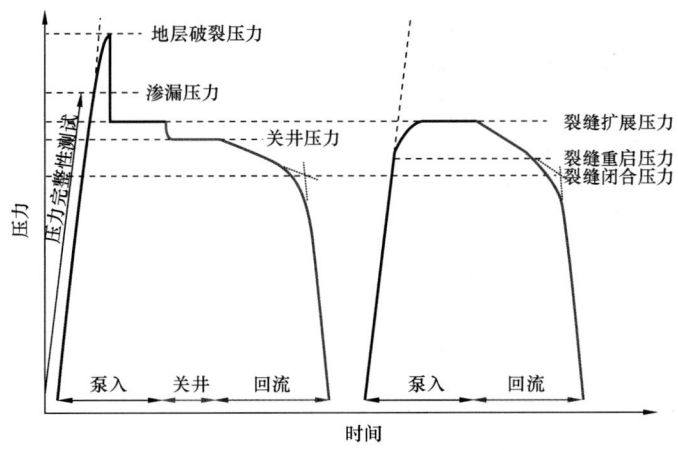

图3.5 延迟渗漏测压——测试压力曲线图
注:仅是概念性图解,不是比例图

3.1.13 井筒屏障的压力和功能测试的文件

所有的井筒完整性测试应该被做成文件并由负责该项作业的人员加以验收。测试记录应该包含的内容见表3.6。

表3.6 压力和功能测试文件

文件	压力测试	功能测试
(1)油田和井的名称	×	×
(2)测试卡比例	×	
(3)测试类型	×	×
(4)测试压差	×	
(5)测试流体	×	
(6)测试系统或测试部件	×	
(7)压力系统的预算容量	×	
(8)泵量和泄放量	×	
(9)时间和日期	×	×
(10)测试评价阶段	×	
(11)观察压力(变化)趋势/观察渗漏速率	×	
(12)测试验收标准	×	×
(13)测试结果(通过或失败)	×	
(14)工作时间或关闭阀门需要转动阀柄的时间		×

3.1.14 井筒屏障的功能减退与监视

井筒屏障功能减退但是仍够验收标准的情况应该入档案,把井筒屏障系统的认可工作提上日程。

为了防止未控制的流体从井眼中流动所有有关参数都应加监视/监测。

检查井筒屏障或井筒屏障组件的状况的方法和频率应加确认并纳入文件。

当流体液柱作为井筒屏障时,流体的体积控制应该被全程保持和监控。

在所有进得去的环空中的压力应该被监视/监测并加记录。

用于需要监视/监测的参数的所有仪表应该定期检查和标定。

使用的警钟(警告器)、自动报警程序和关闭要根据风险和需要反应的时间应加以评估。人机界面的评定应该在设计中完成。

3.1.15 井筒屏障组件的验收标准(EAC)

井筒屏障组件验收标准应该到位以供所有井筒屏障组件使用。

对井筒屏障组件有关的技术和作业的总要求,即验收标准表(EAC 表),已编入本书第4章,共58个表,还有两个说明表,共60个表。

当某一个 EAC 表不能满足(不能符合)特定的井筒屏障组件时,应该建立一个新的 EAC

表。它的详细程度应该由用户确定,但是要有依据和(或)经过评估得到认可。

在表格中说明的验收标准和所列参考文献是供选择和安装工作之用的,同时不能代替标准的技术上的和功能要求或作业公司对设备的说明。所用参考文献在"备注"栏目,是为扩展信息目的之用。对 EAC 表的推荐格式见表3.7。

表3.7 EAC 表的说明

项目	验收标准	备注
A. 描述(说明)	这是井筒屏障组件的说明	
B. 功能	描述井筒屏障组件的功能	
C. 设计(能力、额定和功能)、结构和选择	对现场配制的井筒屏障组件(如钻井液、水泥浆)应说明: (1)设计标准,例如井筒屏障组件应承受的最大负荷情况和在井筒屏障组件使用阶段的其他功能要求; (2)井筒屏障组件或其子件的结构要求,以及在大多数情况下正常标准的参考部分。 对准备制造的井筒屏障组件(生产封隔器,井下安全阀)其关键是在选择参数以供选择正确的设备和正确的在现场组装	特指文献的名称
D. 初始/初次测试和确认	对检验井筒屏障组件的准备工作以便使用以及已定为井筒屏障组件一部分的认可	
E. 使用	说明井筒屏障组件的正确使用方法,为了它在执行工作和作业时保持功能	
F. 监视/监测(常规监视/监测和检验验收)	说明检验井筒屏障组件持续地完整并自始至终具有设计标准	
G. 通用的井筒屏障组件	在这个组件是通用的井筒屏障组件时对以上的附加标准的说明	

3.1.16 井筒控制设备和井控程序

(1)井控设备安装图及安装流程图解。

井控设备的设备安装图和安装流程图解,应该有利于对这些设备的工作易于完成,或者在全部时间内使用者对这些设备的位置、管材接头、闸阀开关能够准确识别。这些图和流程图解应该包括:

① 几何说明。位置、大小、距钻台的距离、闸阀之间的距离等。

② 作业的极限值(压力、温度、流体类别、流动速度等)。

③ 全视流体循环系统(泵,包括阀门和压井管汇)。

(2)井控工作程序。

在所有井控操作(活动)和作业开始前,需要拟定一个为井控工作程序用的井筒屏障层系计划。作业者和承包者应(用交底或培训方式)确保所有参加该作业的人员熟悉了解井控工作程序。

在作业者与承包者之间应准备一个关于井控工作的沟通交流文件(Bridging Document),其内容有如下几方面:

① 井控目的和作业期间的责任(职责)。

② 关井程序。

③ 再建井筒屏障的方法：

a. "两者挑一"可替换的（WBEs）井筒屏障组件的灵活度（可用性）；

b. 压井程序；

c. 标准化、规范化。

④ 对井筒操作活动绘制一个专用的井控图解（包括闸板结构）。

在井筒屏障失效或损坏事件中，应立即进行检测以防止事件的进一步发展。该事件在该项工作或作业可能重新开始之前进行恢复/重建井筒屏障正常化或者建立一个"两者挑一"可替换的井筒屏障。

共用闸板/共用阀闸或其他共用装置的使用仅仅是在测试设备或者发生紧急情况而且没有其他任何情况存在时，只是为了关闭和密封功能的作用时才能应用。

(3) 现场钻井。

正规钻井和现实的钻井包括用于正在进行中的钻井或即将进行的钻井作业，需要在检查井筒屏障和防止井筒屏障失效方面组织与培训所有人员。应该确定钻井的目的。所有的井控关键内容和安全钻井的成功与失败标准都应该制定。在钻井工作中应明确所有在场人员的应急职责。钻井现场应该用足够的重复活动频率来验证所采用的灵敏度。应审查和评估所有的现场钻井工作并包括如何改进和建立井史档案文件等。

(4) 井筒屏障意外事故。

应该有一个意外事故的工作程序来说明再建一个与损坏的（WBE）井筒屏障组件最相同的井筒屏障组件或建立一个替换的（WBE）井筒屏障组件，以及说明危险的易于发生的情况（如压井、井漏、在采油维修中的压力控制设备的渗漏等）。

(5) 水力井筒屏障（液柱屏障）的再建。

应该制订压井方法或再建水力井筒屏障方法，或者在液柱是井筒屏障（通常是裸眼）的井段处建立一个意外事故井筒屏障。

在开始压井作业之前，应备好足够量的压井材料和需要的压井液体积量。对不同情况所选用的压井方法应予以说明（如"司钻法""等待和加重泥浆法""体积法""挤注法"等）。

对再建水力（液柱）井筒屏障所要求的各个参数应该系统地记录并录入"压井作业表"中。

3.2 井筒完整性风险评估和风险检验方法

3.2.1 风险评估

井筒完整性风险的评估应贯穿于井筒作业的服役期间。一个井筒完整性失效的风险或井筒控制事故都应进行评估。在评价井筒完整性风险时，应该考虑到第一个井筒屏障层系的失效模式和第二个井筒屏障的适用性。如果某一个井筒屏障被降低了级别，应该考虑以下方面进行风险评估：

(1) 降低级别的原因；

(2) 风险逐步升级的趋势；

(3) 第一个井筒屏障层的可靠性模式和失效模式；

(4)第二个井筒屏障层的适用性和可靠性;
(5)列出恢复(重建)或者置换降低了级别的井筒屏障的工作计划(包括技术上的和时间表)。

应指导现场就地安全工作的作业分析工作:
(1)新作业或非标准作业;
(2)作业包括有使用新技术或改造的装备工作时;
(3)危险性作业;
(4)在可能增大风险的实际情况的变化。

见 NORSOK Z-013《风险和应急准备必要性评估》。

3.2.2　同时发生的风险和危险的活动

同时发生两个及两个以上的风险要比只有一个风险更危险和更难处理。例如,只有井漏那就处理井漏,只有井涌井喷那就处理井涌、防止井喷。如果有漏喷同时存在的地层和两个风险的话,那就既要控制井涌井喷并完全控制住再加以消除风险又要处理井漏,特别要处理"上吐下泻",压井不当则"上吐",没解决又导致"下泻",交替漏喷,使风险恶化成为恶性事故。

危险的活动,在挪威标准和本书中都规定,"Activity(活动)"一词指某项作业的准备工作和作业本身施工进行中的工作。例如:固井注水泥活动,包括下套管注水泥以前的准备工作(主要有井眼准备,必须保证井眼规则畅通,不能有键槽、台肩、缩径等,还要循环钻井液充分洗井,保证井内钻井液性能合于标准达到要求,保证井内清洁没有岩屑积留,还有对入井套管及套管扶正器的检查、丈量长度、排好下入顺序、对水泥及水泥试验的准备、对配制水泥浆的管线和专用设备的到位等。如果,某一项准备工作不到位,都可能给作业造成风险。至于下套管和注水泥作业必须按操作规程进行,否则也会成为危险的活动。

对于同时发生的风险和危险的活动以及可能导致井筒屏障失效或者服役降级的井筒屏障应该全程计划好、分析好以及掌握好、限制住最低目标的附加风险发生在多项活动和作业中。在这方面能够列举出上面谈及的井筒高级别风险、活动、钻井井轨接近邻井、警告报警系统被阻挡或者暂时关闭正在服役的井筒屏障层系的动力与控制系统等。同时发生的风险和危险的活动及作业的验收应该按照规定的验收标准进行并且确保高质量地通过风险评估。

同时发生的风险和危险活动与作业的控制程序应在事先(预先)到位,用有关资料和信息提供给相关人员。

3.2.3　活动和作业停止的标准

应该建立活动和作业的停止/中止标准(Shut-down Criteria)。
在下列情况时,正常的活动和作业应当中止:
(1)有一个减弱的/损坏的井筒屏障或损坏的井筒屏障组件或者有一个井筒屏障/井筒屏障失效/损坏时;
(2)井筒控制装备和其他关键设备可能已经高度地超过了允许的工作极限(作业极限)之时;
(3)液态或气态的 H_2S/CO_2 含量超过了工作人员的承受极限、井筒控制设备和其他关键装备的工作(作业)极限之时。

3.2.4 活动进度表和程序

3.2.4.1 活动进度表的准备

下列各个活动进度表应该事先发布：
(1)钻井活动；
(2)井筒测试活动；
(3)完井活动；
(4)井筒交接活动；
(5)注入活动(泵柱活动)；
(6)再完井或修井活动；
(7)暂停和报废活动。

主承包者应该参加到研发该活动进度表的工作过程中。

该进度表可用更多与计划、执行和停止该项活动的更详细的程序来补充。

所有旨在偏离进度表或程序的事情都应该有正式文件、经过批准和向执行计划或程序的用户公布。

有效期大于1年的进度表、程序和计划应该规范地加以说明或重新解释和更新。

对于没有按照原来的计划投入应用的或者已被临时报废(三年以上未监管的井)的井筒(井眼)应该准备一个新的计划(即重新制订计划)。

3.2.4.2 改变管理(Management of Change,MOC)

在井筒生命周期内改变管理时应补充有关程序(例如：由钻井作业管理改变为采油生产管理或由采油改变由注水管理等)。

该补充程序应该说明用于评估风险、风险缓和减轻、授权改变管理的手续，同时用文件说明对以前(原来)批准的资料(文件)或程序在技术上、作业上或组织上的变化。

一个MOC手续应该包括下列变化：
(1)地面设备和井控设备；
(2)碰撞、冲击、影响井筒屏障层(组件)的事项；
(3)井的类别(例如由采油生产井转为注水井)；
(4)程序变化；
(5)钻机或井控设备的承包者/服务者的变化；
(6)关键员工的变化；
(7)井筒设计依据或作业条件的任何变化；

用文件支持批准一个建议的变化，其要点如下：
(1)变化的原因；
(2)新的建议(推荐)变化的说明；
(3)可能的后果和不确定性；
(4)随着建议的变化把风险评估提上日程。

所有适宜的和可用的训练科目(Disciplines)应该包括在推荐的方法和(或)签署批准的该建议中。

改变一个进度计划和程序应该由原来批准的级别来批准,或者与评估风险变化(包括影响风险变化原因)的更高级别/相当级别来批准(即不能降级批准)。

3.2.4.3 维护工作的计划和程序

应备有对不连续监测/监管或者不连续监视压力趋势的所有井筒屏障层系的预防性维护计划(例如井筒屏障层系组成部分的采油树 XT 阀和仪表阀)。

所有定期(阶段)检测压力和功能测试都应该是维护计划的部分工作。更多的参考资料参见本书第 4 章 EAC 表和 NORSOK D – 010 第 4 版[1]第 153 ~ 第 221 页 EAC 监测/监管项中。

测试和检查段应该确定并以 WBEs 的具体数据以及可能在整个作业期间影响其可靠性的井筒/油田特定(具体)状况为依据。

应该准备好定期测试和检查的程序。该程序应该清楚地说明全部准备工作以及实施中如何试验和操作(如阀的位置、测试介质、压力标准等)。

3.2.5 井喷应急计划

3.2.5.1 油田/安装的装备的井喷应急计划

井喷应急计划要针对每一套安装的装备、油田或区块并复查钻井、井筒、采油和注水等作业活动来建立和准备到位。

井喷应急计划应该作为下列各项的最低要求:
(1)油田平面布置图(Field Layout);
(2)井筒设计;
(3)在井喷事项中的第一次压井方案;
(4)说明或依据于应急响应组织[钻井和井筒(Drilling and Well)],进行搜索和援救(Search and Rescue)工作,记录分析原油泄漏情况(Oil Spill)等

对于该油田油气井要求使用最高的井喷及其压井速率的井和每一口勘探井,应进行井喷和压井的数值模拟研究。

已经或正在钻井和作业的油藏,其应急计划应包括下列井喷情况:
(1)通过裸眼井段和/或套管井段的井喷;
(2)通过钻柱或油管柱的井喷;
(3)通过套管/水泥或套管/水泥环空的井喷;
(4)在海水面以下的井眼:泄放到海底的井喷,应考虑通过隔水导管泄放的井喷。

下列数据资料应该用于井喷和压井模拟中:
(1)油藏参数的有关预测数据[孔隙压力、渗透率、孔隙度、净产层厚度(Net – gross pay)等];
(2)预测的油藏深度;
(3)预测的生产指数(采油指数)/瞬态不稳定的生产指数;

(4)如果预测是原油的话,预测流体类型参数;而且如果气体不能不注意的油气藏(储层系)上述两种类型的储层都要进行数值模拟;

(5)机械表皮系数(Mechanical Skin)是零;

(6)流动通道无限制的情况;

(7)计划的井筒设计(井眼尺寸、套管下入深度等)。

对于海洋井,井筒(井眼)设计应能够有一口释放井[放压井(relief well)]。如果需要两口释放井的话,应该有诸如与作业相关的后勤工作(Logistics)、气象标准和适用的钻机(装备)的可行性文件等。上述可行性设计应该有风险评估的支持以证明所推荐的方法(包括多于一个释放井)是适用的。一般情况下,一个海洋井要求多于两口释放井的设计是不予采纳的(意指:最多是两口释放井,不必再多了)。

3.2.5.2　钻一口释放井的计划

钻释放井的计划提纲内容应包括每口井及其所在油田和安装的设备。对海洋井底盘和平台位置应证明它可以从每口释放井井位钻达最具挑战的井的可能性。该计划应该包括:

(1)对两个释放井的位置应该考虑最少两个适宜的钻机位置,包括锚定系统的位置(仅用于锚定钻机)。如果井喷和压井模拟结果表示需要两口释放井的话,那么最少要有三口释放井的井位(意思是"三保二,留有余地");

(2)释放井位置应该在可能井喷的正钻井井位的上风方向和潮流上流位置(依据盛行风和潮流资料);

(3)释放井井位要评定有无浅气层及浅气层情况(最好没有浅气层);

(4)简化从释放井井位到井喷井的连线路径(为简化井轨创造条件);

(5)基于必要的功能(能力),总结回顾释放井钻井和作业的适用钻机(船只,有时把钻机放在紧靠平台的船上)或者必要的设备以实现要求的功能;

(6)说明第一次压井方法,在多数实例中,是通过释放井直接连通井喷井的高速率动态压井作业;

(7)及时反应潮流流场状况和在井筒及油藏中的压力。

在计划项目中,应该评估移动释放井钻机的时间,释放井开始钻井应该在决定钻该释放井之后的12天以内(抓紧释放井的开钻时间)。

3.2.5.3　压住和遏制海洋井喷井的作业计划

为压住和遏制一口海洋井喷井的计划提纲应该到位,以证明移动的和安装的压井设备在合理的时间框架之内。该计划应该:

(1)评估在已知的水深处压住井喷的条件是可行的;

(2)确认从井口到柔性节点的所有连接处和界面是可靠的;

(3)确认从采油树到各连接界面到修井设备的连接处是可靠的;

(4)确认设备需要和允许安装压井组合体[包括一个连接压井组合体的接头(Adapter)]接合体已经备好到位了;

(5)考虑了由于压井作业施加的附加井筒负荷等情况。

3.2.6 人员资格(能力)和作业的监督

3.2.6.1 人员资格(能力)

应该说明员工使用井筒完整性技术进行工作的人员资格(能力)状况。确认个人能够担任(胜任)对缺口分析(Gap Analysis)测试或界面检查等的资格(能力)审核。通过课程培训、电子学习、自学计划或在职培训等组成的培训计划,应该使受培人员能够实施并指挥开关所有的接口和界面。

资格级别(等级)课程表应列入课题:
(1)在该公司内井筒完整性管理(包括井筒结构和作业的各有关阶段)的作用和责任;
(2)井筒特性(地层完整性、动态压力和温度规范);
(3)井眼结构原则、套管设计、完井设计和确定的负荷实况;
(4)井筒交接文件的准备;
(5)两个井筒屏障原则的井眼结构和作业项目使用的井筒屏障层系的准备;
(6)作业的监督(监管)、测试频次、监测监管、维修、检查、复杂情况的提示、诊断环空压力管理和环空压力变化趋势和监测。

现场钻井和井眼监督人员应该持有由国际认可组织(例如 IWCF 或国际钻井承包商协会 IADC)颁发(注册)的证件。在将要采用新设备或新技术时,所有人员应该参加理论的或实践的职业培训。

所有培训工作应该建档。

3.2.6.2 作业的监督

井筒的现场活动和作业应该由具有资质的专家进行监管和监督,监督专家应能确保程序、进展、进度、计划和日常工作在安全和有效状态下进行。应该确认井筒完整性在井眼作业的各个项目中的全部责任并落实到人员和岗位的规则、责任和授权。

3.2.7 经验总结和报告

3.2.7.1 经验总结

由井筒活动和作业中得到的结果和经验以及对今后使用和继续改进的可用性建议等应该汇总、制订文档。

经验总结和报告系统应该包括:
(1)钻井和井筒活动报告系统;
(2)事故和伴随发生的事项报告系统;
(3)没有遵照/偏离/管理等的改变。

3.2.7.2 井筒完整性记录

表3.8为井筒完整性记录。

表 3.8 井筒完整性记录

项目	内容说明	保留期限	注释
1	井筒屏障/井筒屏障组件的技术部分的设备说明和材料牌照	在用期间	井口装置、套管、尾管、油管、封隔器等的无量纲大小和类型
2	方向测量和井口坐标	无限期	对今后对抗冲突的提示和释放井的应急应用
3	压力测试记录和井筒屏障或井筒屏障组件相关的其他记录	直到该井筒已经被永久报废为止。对阶段性临时在用的 WBEs（例如采油维修工作临时使用）的临时长短的期限	可能用于统计目的
4	环空压力记录	直到该井筒已经被永久报废为止	可能用于参考目的
5	套管和油管载荷计算	直到该井筒已经被永久报废为止	文件应用和实际安全系数参用
6	所建立的井筒屏障层系	直到该井筒已经被永久报废为止	表示全部时间的实际情况
7	井筒完整性测试和录井	直到该井筒已经被永久报废为止	用于水泥/地层 WBEs 和油管/套管磨损等
8	井筒交接文件	直到该井筒已经被永久报废为止	这个应该说明该井筒屏障状态在井筒完整性移交给另一组织单位以前的功能
9	钻井进行和结果	1 年	可能用于统计目的
10	检查、预防和必要的维修记录	直到该井筒已经被永久报废为止	可能用于参考目的
11	该井筒如何被永久报废的有关文件	无限期	应该包括井筒屏障说明、录井和测试项目测试卡

3.2.8 井筒完整性管理

应制订系统化管理方法来管理井筒从建井阶段到最终报废全井筒生命周期各个作业阶段的井筒完整性。该系统应该由下列项目组成：

（1）组织。
① 作用和责任；
② 资格权限要求；
③ 战略和目标；
④ 应急准备工作。
（2）设计。
① 标准的使用；
② 建立井筒屏障；
③ 设备需求；
④ 安全系统；
⑤ 质量等级。
（3）作业程序。

① 作业限制和约束；
② 监管监测；
③ 移交信息资料。
(4) 数据系统。
① 收集；
② 储存；
③ 监测；
(5) 分析。
① 监测趋势；
② 性能评估；
③ 风险陈述与分析；
④ 继续改进。

见挪威油气协会对井筒完整性推荐指南,指南第117页的更多详细信息。

3.3 以生产作业为主线的井筒完整性管理系统

3.3.1 国际标准化组织的规定

ISO 和 OGP 认为[10,19]:井筒完整性管理是在井筒生命期内在技术上、作业活动上和组织上相结合的管理。油气井作业者应有一个按文件批准的井筒完整性管理系统(Well Integrity Management System,简称 WIMS)。运用 WIMS 的责任(ISO 称之为井筒清单,Well Inventory),至少要负责下列15项工作:

(1) 井筒完整性的政策和战略；
(2) 资源、目标、责任和授权等级；
(3) 井筒完整性管理的风险评估；
(4) 井筒屏障标准和管理；
(5) 井筒部件的性能标准；
(6) 井筒主要极限(限制条件)；
(7) 井筒监管、监测和监督；
(8) 环空压力管理；
(9) 油井交接的管理；
(10) 油井维修的管理；
(11) 井筒完整性失效管理；
(12) 改变管理(管理的变化)及其依据；
(13) 油气井记录(档案)和井筒完整性报告；
(14) 井筒完整性管理系统的功能、职责监管；
(15) 检查决算。

下面重点讲第(1)、第(3)、第(4)、第(6)、第(7)、第(11)、第(12)和第(14)等几项。

3.3.2 井筒完整性的政策与战略

3.3.2.1 井筒完整性政策

通过建立和执行井筒完整性,油气井作业者应确定其:
(1)承担的义务;
(2)职责责任;
(3)保护:健康、安全与环境(HSE);
(4)获得哪些好处(受益内容)和信誉。
该井筒完整性政策应由油气井作业组织内的顶层高级人士签署。

3.3.2.2 井筒完整性战略

油气井作业者应确定高水平的战略方法,为实现所制定的井筒完整性政策的要求。这个战略方法包括作业者如何制订下面几方面的提纲内容:
一是,业务计划和优先次序;
二是,资源计划;
三是,预算。
并支持其管理目标。高水平战略应依托于它自己组成的井筒完整性管理系统的总体组织和组成人员的水平。

3.3.3 资源、作用、职责和权威水平

3.3.3.1 组织结构

每个油气井作业者应确保在他们的组织中在井筒作业者的作业生命周期内有足够的资源以能有效地管理井筒完整性。应确定所有人员职工、监督、作业和维修人员的作用和职责以管理井筒完整性系统。应有文件规定作用和职责,ISO 建议用"责任—担当—贡献—信息"模型(Responsible,Accountable,Contribution,Information)(表 3.9)。应签署井筒完整性技术权限的作用,并在作业管理内容之外给予签署者以专家的称号,以保证独立的技术总结和对井筒完整性的建议。

表 3.9 井筒完整性作用和责任表

项目	工作内容	井眼工程	生产作业	生产技术	井筒完整性(负责人)
1	井眼/油田发展计划	C	—	A,R	I
2	井眼说明	C	—	A,R	I
3	井眼详细设计	A,R	—	C	I
4	建井	A,R	—	C	I
5	计算和确定环空最大允许的环空地面压力	R	—	A,R	I

续表

项目	工作内容	井眼工程	生产作业	生产技术	井筒完整性（负责人）
6	准备交接文件	A,R	I	C	—
7	完成和批准井眼地位（状态）	A,R	I	C	—
8	按建井说明书确认	C	C	A,R	I
9	签署交接文件	R	A	C	I
10	确定作业综合事项计算高压警报和制动器	I	C	A,R	C
11	监管井筒和环空	—	A,R	C	—
12	管理环空压力	—	A,R	C	—
13	提出井筒维修计划	R	A,R	C	C
14	管理环空试验	C	R	A	C
15	提交最大允许环空地面压力和启动压力的再计算	R	C	A	C
16	管理井筒完整性总结	C	C	A,R	C
17	固井筒完整性管理系统的要求进行监管	—	C	C	A
18	总结、维持和提上日程事项	I	I	I	A,R
19	井眼报废	R	A	C	C

注：R、A、C、I——模型名称，I—由具体单位填写负责人或签名。

3.3.3.2 能力、资格、权限

对于每个油气井作业者,应该确保他们的人员(职工和合同人员),在井筒完整性事务中担负的资格、权限以完成赋予他们的任务。应确定井筒完整性人员的能力要求以保证在井筒完整性事务中能安全有效地致力于健康、环境与资产。应该保留资格、权限的工作记录以证明其服从与配合能力(表3.10)。

表3.10 井筒完整性资格权限模型之例

序号	活动（工作项目）	作业者	井眼服务者	石油钻采工程师	项目专家
1	监管屏障集合体内的井筒压力	Skill	Skill	Knowledge	Skill
2	操作井口和采油树阀件	Skill	Skill	Knowledge	Skill
3	操作和平衡井下（地面以下）安全阀	Skill	Skill	Knowledge	Knowledge
4	测试井口和采油树阀件	Skill	Skill	Knowledge	Knowledge
5	测试地下和地面安全阀	Skill	Skill	Knowledge	Knowledge
6	监测环空压力	Skill	Skill	Knowledge	Skill
7	环空压力放压和压井	Skill	Skill	Knowledge	Skill
8	维护和润滑井口装置和采油树阀件	Knowledge	Skill	Skill	Skill
9	修理/更换井口装置和采油树阀件	Knowledge	Skill	Knowledge	Knowledge
10	修理和更换地面以下的安全阀	Awareness	Skill	Knowledge	Knowledge
11	安装和拆走井口装置堵塞（阀件）	Awareness	Skill	Knowledge	Knowledge

续表

序号	活动(工作项目)	作业者	井眼服务者	石油钻采工程师	项目专家
12	安装和拆走井口装置垂直安装(VR)的堵塞件(复数)	Awareness	Skill	Knowledge	Knowledge
13	回座阀件 Back Seat Valves 和维修蒸汽密封件(复数)	Awareness	Skill	Knowledge	Knowledge
14	连接支架(Un-Sting)和泄压阀压力	Awareness	Skill	Knowledge	Knowledge
15	测试井口装置悬挂密封件	Awareness	Skill	Knowledge	Knowledge
16	再激发(Re-energise)井口悬挂器颈部密封	Awareness	Skill	Knowledge	Knowledge
17	环空压力测试	Awareness	Skill	Knowledge	Knowledge
18	油管压力测试	Awareness	Skill	Knowledge	Skill
19	安装井下隔离塞	Awareness	Skill	Knowledge	Skill
20	计算最大的允许环空地面压力	Awareness	Skill	Knowledge	Skill
21	再计算最大的允许环空地面压力	Awareness	Knowledge	Skill	Skill
22	环空试验、调查	Awareness	Knowledge	Skill	Skill
23	研究进一步使用(如果延长循环作业)	Awareness	Knowledge	Knowledge	Skill
24	置换采油树	Awareness	Knowledge	Knowledge	Skill
25	进行腐蚀测井(复数)	Awareness	Skill	Knowledge	Knowledge
26	评估腐蚀测井(复数)	Awareness	Skill	Skill	Knowledge
27	压井	Awareness	Knowledge	Skill	Skill
28	评估井筒屏障图解	Knowledge	Skill	Skill	Skill
29	评估井筒工作的屏障集合体	Knowledge	Skill	Skill	Skill
30	风险评估和程序(过程)偏差	Knowledge	Knowledge	Knowledge	Skill

注:对表中 4 类人员水平与能力的分析(了解—Awareness,知识—Knowledge,操作技能—Skill):
(1)作业者,7 项 Skill,5 项 Knowledge,18 项 Awareness;以 Awareness 为主。
(2)井眼服务者,24 项 Skill,6 项 Knowledge;Skill 居首位。
(3)石油钻采工程师,7 项 Skill,23 项 Knowledge,钻采工程师以知识为主,居首位。
(4)承担专项专家,13 项 Knowledge,17 项 Skill(Skill 居于第二位,仅次于井眼服务者),没有 Awareness 项的要求,即不能只是了解而必须掌握知识与操作技能的专家。

能力、资格、权限可通过教育、培训、教练、自学和在岗培训等相结合来获得。

3.3.4 井筒完整性管理的风险评估方面

本节讨论如何建立和运用风险评估技术,作为一种方法用于推动井筒完整性的管理。应该考虑和说明:用于风险评估技术的判别因素。

3.3.4.1 总则

(1)建立对井筒屏障组件的监管、检查和维修的界限,其目的是减小任何损害井筒屏障集合体的可能风险;
(2)确定哪些品种组件(包括制造商、服务商)是考虑之中的安全关键组件(和选择对

象),它需要有实现井筒完整性标准的性能标准和保障任务;

(3)在进行监管、检查和维修工作中井筒遇到异常时有一个确定的适宜的工作程序;

(4)建立遏制风险损失的考虑事项:井型、压力、入流/出流可能性、位置(井位、环境)以对抗屏障累赘(Redundancy)。

3.3.4.2 对井筒完整性的风险评估事项

3.3.4.2.1 位置

井位可能是一个井筒产生风险存在的因素:

(1)地质图上的位置,例如陆上或海上,城市或郊远区;

(2)所用装置、井型,例如平台、海水面以下人造的或非人造的装置/地点;

(3)井筒的集中性,例如单井、丛式多个井。

为此,应做如下考虑:

(1)风险接近井场的工人并可能影响工人的健康和安全以及任何异常造成损坏井筒屏障集合体;

(2)风险接近井筒环境并可能影响任何异常造成损坏井筒屏障集合体;

(3)井筒接近另一口井和深部地层的另一水平井、分支井并可能影响这些井和深部井的任何异常造成损坏井筒屏障集合体;

(4)由于邻井或深部井也有它们自己的屏障集合体的破坏方式而造成复合性的风险;

(5)由一种异常情况造成任何破坏井筒屏障集合体的很大冲击,这些冲击的因素应该不只对健康、安全和环境因素,而且也有对集团、企业有很大的经济方面的冲击;

(6)评估井筒的能力,为了:

① 监管它的条件;

② 进行维护;

③ 进行修井;

(7)评估井筒附近地区的能力,是为了减轻任何可能损伤完整性的可能性;

(8)如果需要的话,评估为钻一口救援井的能力和时间。

3.3.4.2.2 井液流出趋势

井筒流体流出到地面或流入到另一个不希望有流入的井筒内的地下层位,不论使用或不使用人工举升的帮助,都有趋势影响相关联产生的井筒完整性大小损失。应该给出下列影响因素:

(1)流出流体的可能来源和渗漏途径(油管、环空、控制管线、气举阀);

(2)流出流体的介质(油气藏和有限容量的气举气体);

(3)其他屏障组件的失效、损坏;

(4)流速速率;

(5)流体量;

(6)压力;

(7)温度;

(8)时间超过了该井能够继续流动的寿命时间;

(9)受邻井的影响,例如:邻近注入井的油气藏具有持续的压力支持强化它的流动能力。

3.3.4.2.3 井筒排出物

任何井的井筒流体段流(Stream)的成分,可造成风险的影响;其影响既有井筒排出物对井筒屏障集合体的破坏影响,又有对健康、安全、环境和相关联的这些排出物对井筒完整性损坏阀门的影响。在井筒段流之内的成分中,下列流体成分的影响应该考虑在风险评估相关联的任何异常趋势之内:

(1)硫的成分;

(2)腐蚀物的成分;

(3)有毒物的成分;

(4)致癌性物的成分;

(5)可燃的或可爆的物质的成分;

(6)窒息性物质成分;

(7)成分之间的配伍性、互容性;

(8)含乳化物、结垢物、蜡和水合物沉淀物的地层。

3.3.4.2.4 外部环境的影响

应考虑下列外部环境的影响:

(1)结构部件的外部腐蚀,例如导管、表层套管和暴露在大气中的井口(例如,大气气候的影响);

(2)结构部件的外部腐蚀,例如导管、表层套管和暴露在海洋环境中的井口;

(3)套管柱暴露在地面以下的腐蚀性流体的外部腐蚀(例如含有腐蚀流体的含水层、环空中流体和井筒上部流体之间的不配伍性、井筒上部的腐蚀性流体等);

(4)由于周期循环性载荷(例如井口装置、导管、回接的套管柱等的伸缩移动、由于海洋波—潮的活动、由于在钻井或修井工作中强加于防喷器、隔水导管及井口的载荷等)造成结构、装置部件的疲劳损伤;

(5)井筒在土壤强度对井筒的循环性冲击载荷和(或)热载荷以及土壤提供对井筒的结构性支撑的能力;

(6)作用在井筒上的外部载荷伴随地壳运动(例如油藏压力、地震、技术上的运动连同—伴随断层和盐层易变形材料的蠕动);

(7)伴随落物(如装备、船只、起重机或靠近井筒的其他设备产生的机械冲击碰撞);

(8)由船只或起重机产生的碰撞而造成的机械载荷。

对外部风险缓和风险的例子:

(1)陆地井。

① 风险识别:由于起重机移动产生的碰撞、冲击;

② 减轻缓和:位于井口装置附近安置的井筒屏障以减轻冲击。

(2)水下井。

① 风险识别:由于捕鱼船的移动锚链—网系的碰撞冲击;

② 减轻缓和:安装在水下井口装置上的磁偏角测定仪及时测得偏导。
(3)海洋井。
① 风险识别:落物、悬臂钻机总成的风险;
② 减轻缓和:具有抗落物载荷能力的在井口装置以上的能经受风吹雨打和恶劣天气变化的甲板。

3.3.4.2.5 备用系统

备用系统在井内的组成部件能提供附加的安全保障以减轻—缓和和破坏井筒屏障集合体的趋势。一个备用系统如何影响井筒完整性风险时应考虑下列问题:
(1)备用系统的范围是能够独立地处理可能被损坏的系统;
(2)备用系统的响应时间;
(3)备用系统所设计的服务情况是在设计时考虑到这些系统可能被破坏。
备用系统的工作方法,可以是手动的或自动化的。
备用系统的例子,包括环空外部附加的在线阀门和附加的应急系统。

3.3.4.3 风险评估技术

风险评估技术用于评估井筒完整性风险的大小,无论是基于评估可能的失效模式的趋势可能性风险或者是基于评估一个异常的已判别的实际风险。
不同的抛光技术可用于:由井筒作业者对特别需要评估的井筒完整性事项当作公认的合理评估方法。风险典型评估包括下列方法:
(1)井筒异常类型的识别和对井筒有可能正在和已经评估的与失效有关的事项;
(2)确定每种与井筒失效有关事项的可能结果,这些结果可能是:健康、安全、环境、社会或这些事项的结合;
(3)确定发生这些事情的相似性、可能性。
图 3.6 是一个"5×5"型的风险模型(RAM)的图例。

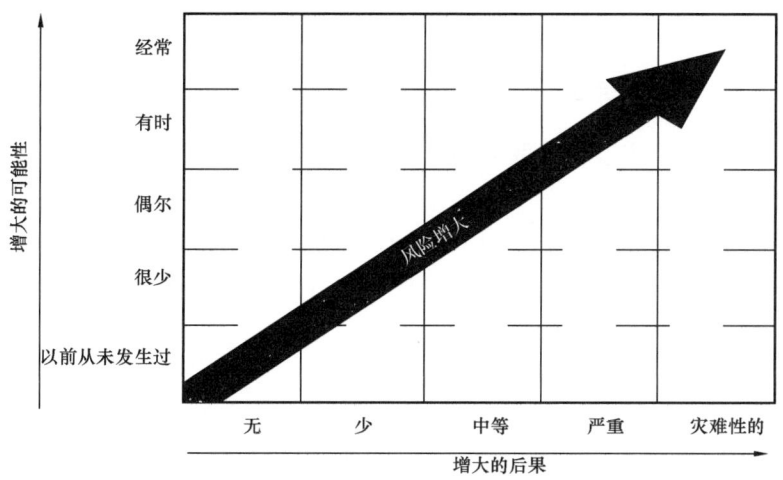

图 3.6 风险评估模型图例

井筒作业者应该确定：

(1)适当程度。确定其结果(严重性)和发生的可能性(图3.7)；

(2)近似程度。在风险模型内确定风险范围的大小。

3.3.4.4 在监管、测量、检查和维修方面需要应用风险评估

风险评估用于帮助建立：

(1)监管的类型和频率；

(2)测量、检查的类型和频率；

(3)维修工作的类型和频率；

(4)适当的检查采用的标准。

ISO指出：有较高风险的失效风险的井眼应该更重视与实施监管、测量、维修和应急处理。图3.7是用于井筒完整性保障工作的基于风险模型的例子。

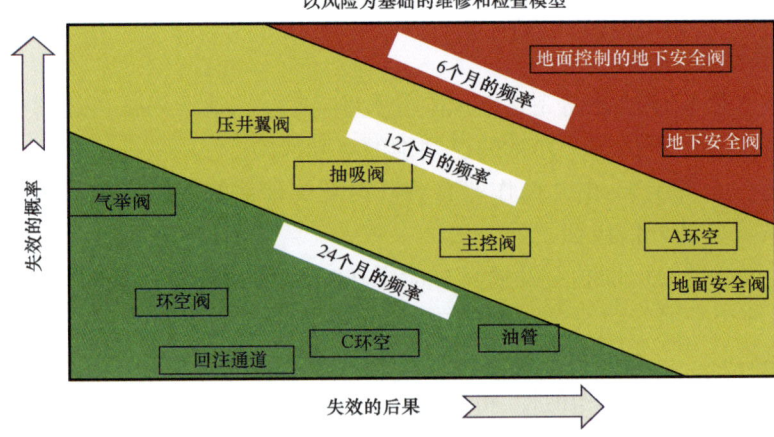

图3.7 用于井筒完整性屏障工作的基于风险模型的例子

3.3.4.5 在井筒完整性异常情况时应用风险评估

建立井筒完整性风险应遵循泄漏典型方法：

(1)识别井筒完整性异常；

(2)评估该异常情况或者是由于井筒失效有关事项中产生的或者所产生的这些风险要进一步异常；

(3)评估每种风险的结果和相似性；

(4)评估每种风险的大小以及与之相关的每种事件,经常用一种风险评估模型；

(5)评估什么工作或活动能够缓和或降低某种(每种)风险；

(6)评估采取缓和—降低风险方法后的结果、可能性和大小,通常用的风险评估模型;

(7)评估每种剩余风险是否有足够的允许井筒保持工作的允许窗口(范围)。

3.3.4.6 失效速率趋势

失效速率趋势和时间的关系,能够帮助每种设备的级别的检查频率或者能够影响将来选择置换设备的类型。失效速率也能改变屏障部件的服役年龄,如图3.8所示。该曲线有三个典型阶段:

(1)早期失效寿命;

(2)使用期寿命;

(3)由于部件的磨损和破损、损坏而换掉该部件。

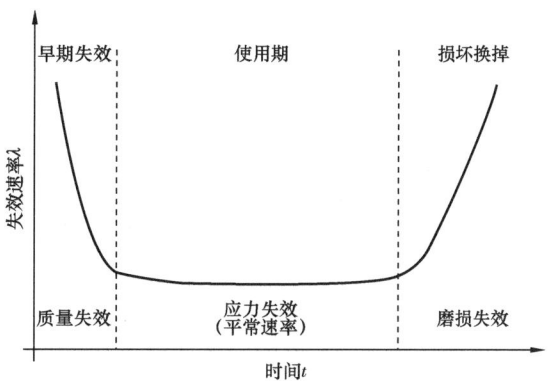

图3.8 组件失效速率与时间的函数关系

3.3.5 井筒屏障是管理井筒完整性的基础

ISO把井筒屏障、井筒屏障集成体、井筒屏障组件和井筒屏障理念集中起来研究井筒屏障问题。ISO说明了在井筒完整性管理系统中各类井型的屏障理念。

井筒屏障理念之一例:

(1)若一口井能够承担液流流动到地面或由于油藏压力(自然的或增补保压的)到某一外部环境,则至少用两道井筒屏障集合体。

(2)若一口井不能自然流动到地面,则应用一个或多个机械井筒屏障集合体。这是根据井中液柱它自己作为第一道井筒屏障的原因。在这种情况下,应进行风险分析,以确认一个机械屏障是适于保持(包括地下液流流动在内的)控制密封的。

在井筒屏障的密封控制被破坏时,则:一是,至少用两道井筒屏障;二是,允许通过这两道井筒屏障的渗漏速率应为零或者为不起泡的状态。若有小的渗漏速率通过这两个井筒屏障的一个,应用一个双重的封锁和泄放系统,以使压力经常保持零值。

ISO要求井筒屏障集合体应满足:

(1)承受最大的反向压差;

(2)经渗漏和功能测试或其他检查方法;

(3)功能涉及环境(压力、温度、流体、机械应力)能满足其全生命周期。

一旦一口井已经建成并交接给作业者,该井的井筒屏障集合体的数目应该在井筒设计时就已经确定了并用文件通过该井交接程序。

井筒屏障集合体及其组件的性能验收标准,包括国内标准、可用性、可靠性、保全性、失效机理、失效后果、作业条件和其他系统的交互作用等8个方面。

ISO还规定了渗漏速率的测量、温度影响、液流方向、井筒屏障维护—维修以及验收标准及其验收的渗漏速率、紧急关井及其安全系统等(表3.11和表3.12)。

表 3.11 一个可接受验收检查的渗漏速率验收模型例子（不是枯竭井）

可验收的渗漏速率： 作业者：XYZ 油田：ABC 井型：生产井 其他：关井压力不超过 2500psi				
允许增大的渗漏速率 →				
作业者应进行风险分析以对不同的井筒屏障组件和不同井型确定允许的渗漏速率	零渗漏速率（不起泡的）	按阀大小，每英寸 2mL/min（对 4 1/16 in 阀，0.5L/h；对 5 1/8 in 阀，0.6L/h；对 6 3/8 in 阀，0.7L/h）	10L/h 或 450ft³/h	按 API 148 确定的渗漏速率 24L/h 或 900ft³/h
水力主控阀	■			
下部主控阀	■			
水力翼阀	■			
抽汲阀	■			
压井翼阀	■			
气举翼阀	■			
采油树体部	■			
井下安全阀	■	■	■	■
在暂停井中的油管塞	■			
阀罩和管件	■			
蒸汽封隔器	■			
仪表管线	■			
控制管线	■			
油管空位（空隙）	■			
采油树装置及管线	■			
井口装置定位（空隙）	■			
A 环空阀（通常打开）	■		■	
A 环空阀（通常关闭）	■			
B 环空阀	■			
C 环空阀	■			
安装的（阀）堵塞塞子（VR Plugs）	■			
油管渗漏（地面以下静水井）	■			
油管渗漏（液流流动井）				
气举阀（地面以下静水井）	■			■
气举阀（液流流动井）				
生产套管渗漏压地面以下静水压力井	■			
生产套管渗漏（从 9 5/8 in 套管鞋）				
技术套管渗漏				
生产封隔器	■			

表 3.12　紧急关井原因和效果模型之例

	原因和效果模型之例							
	地面安全阀液流翼管	上部主阀闸门	海水面以下采油树隔离阀	地下安全阀	气举关闭阀	注蒸汽关闭阀	有杆泵/紧急压力关闭	填充气关闭阀
紧急关井一级	1		1		1	1		关井程序
紧急关井二级	1	2		1			1	
紧急关井三级	1	2		3				
关闭时间(例)	30s	30s	60s	UMG 后 30s	30s	30s		30s

3.3.6　验收标准及其验收的渗漏速率

通过单独的井筒屏障组件能够区分不同的可验收的渗漏速率;例如,地面控制的井下安全阀(SCSSV)的瓣阀(Flapper Valve)可以允许比采油树主控阀有较高的渗漏速率。这些不同的允许渗漏速率可在一个模型中用一览表表述;它使用了"渗漏速率验收模型"(表 3.11)并能够作为验收性能标准的一部分。

可验收渗漏速率应该至少满足下列验收标准的全部内容:

(1)通过一个阀门的渗漏,包括在井筒屏障集合体内或流动通道的渗漏,按 ISO 10417(2004 年标准)使用;

(2)通过一个"导管至导管的"屏障集合体的渗漏(除非该导管能承受可能的新的施加载荷和流体成分);否则,

(3)从导管至导管没有渗漏速率超过 ISO 10417(2004 年标准)说明的渗漏速率,ISO 定义为验收的气体渗透率是 24L/h 或 $25.4m^3/h$($900ft^3/h$)(注:在本处,API RP 14B 相同于 ISO 10417,2004 年标准)。

(4)没有计划到的或未能控制住的井筒流出物,流到地面或地下环境的渗漏(表 3.11)。

紧急关井(ESD)/有关的安全系统,应按 ISO 10418 或 US 参考的 API RP 14C 执行或有关规定办;其补充条款见表 3.12。

ISO 还讲述了渗漏速率的测量、温度的影响、流动方向、屏障完整性对维护和维修井筒等的管理、实施、指导。

关闭系统应与全井失效的因果(即俗称管线额定值或抗船只撞击能力)有关,并应确定关闭时间和使用应急系统的功能。当电潜泵、有杆抽油泵、空穴泵和气举系统内的压力超过流动管线压力时,应该有关闭系统按防止漏失的适当响应时间来关闭并应经常维护、维修(表 3.12)。

ISO 规定了井筒作业极限及部件极限。

井筒作业极限:应确定任何一个 ESD 系统的作业极限。这里指电潜泵、抽油泵、空穴泵和气举系统的稳定,当它们超过关井时的流动管线压力的能力时,应该有一个关闭系统以防止容量损失并保持在正常工作状态。井筒作业极限参数能改变井筒的寿命和改变下列内容,共 21 项:

(1) 井口、油管头的生产压力和注入压力;
(2) 生产、注入流量;
(3) 环空压力[最大的允许环空地面压力(MAASP)];
(4) 放压和峰值的环空压力;
(5) 生产、注入液体腐蚀成分(如 H_2S 和 CO_2 等的极限值);
(6) 生产、注入流体腐蚀、磨蚀(例如含沙量及其流动速度的极限);
(7) 水浸和喷出砂子和水;
(8) 作业温度;
(9) 油藏压力下降;
(10) 人工举升作业的参数;
(11) 控制管线压力和流体;
(12) 化学剂注入压力和流体;
(13) 启动器、调节器压力和工作流体;
(14) 压井极限值(例如:压力和流量的极限);
(15) 井口装置移动(例如:由于热膨胀井口上升和井口沉积物);
(16) 周期性的载荷极限值导致疲劳寿命极限,(例如隔水导管、导管、井筒热作业);
(17) 每个环空中允许的放压(泄压)频率和总容积变化;
(18) 自然发生的放射性材料的产生;
(19) 腐蚀速率;
(20) 油管和套管壁的厚度;
(21) 阳极保护系统。

3.3.7　井筒负荷和管材应力分析

油气井作业者应该识别在油气井作业的什么周期时,套管和油管可能产生危险载荷。这些载荷应包括(但不限于)以下方面:
(1) 生产(采油采气等);
(2) 注入;
(3) 压井;
(4) 井眼修井;
(5) 井眼增产。

在井眼生命周期中,可能需要再评估这些载荷情况和再评估井筒作业极限。这种再评估可能由下列事项所触发:
(1) 井眼异常;
(2) 对井筒完整性状况有争论;
(3) 井筒功能的变化:
(4) 井筒服役(状况)的变化;
(5) 涉及计算技术或方法的技术进步;
(6) 井筒回顾、总结;

(7)井筒寿命结束时间延长。

3.3.8 井筒监管和监测

ISO从概念上区分了监管和监测的含义并规定井筒作业者监管和监测的要求,以确保井筒在它们的屏障集合体内工作,应根据风险和屏障集合体被破坏的结果及其响应能力来确定监管和监测的频率。监管是观察井筒、取决于井筒设备工具的主要参数,对确保它们保持在其工作极限(例如压力、温度、流量、流速)之内的预期频率。监测是对井筒物理特性的测量记录,例如油管管壁厚度的测量或肉眼检查、样品检查。ISO还规定了关停井和暂停井监管和监测的频率,以及井筒测井工作的多种方法和内容:

(1)腐蚀、磨蚀量规;
(2)声导的声学法;
(3)声波和超声波法;
(4)磁性涡流电流;
(5)磁通量漏失;
(6)温度;
(7)压力;
(8)生产测井:流量和相态;
(9)干扰温度和声波;
(10)水—流量测井;
(11)收音机和照相机监测;
(12)示踪剂测量。

ISO文件对上述主要方法进行了说明解释。

3.3.9 油气藏沉降

在一些老油田、压力枯竭的油气藏或油气藏压力增大(如注水后),导致油气藏岩石或海拔高度的压缩和(或)上覆地层的下沉。这会使套管负荷等发生很大的变化并导致套管等破坏、失效。还有地层沉降能够使平台或井筒下陷。

图3.9是一个沉降测量方法的图例。

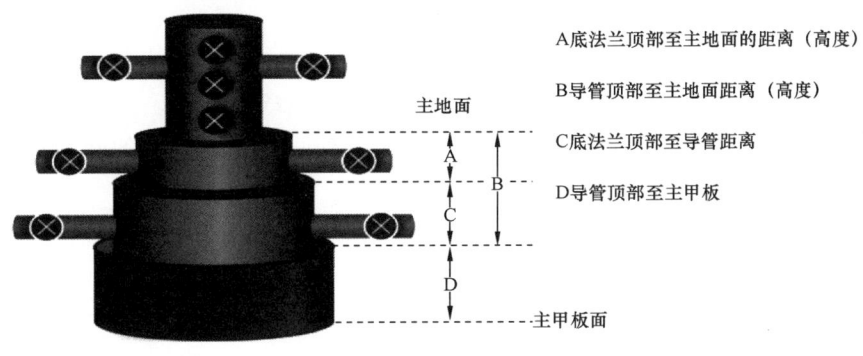

图3.9 沉降测量方法之例

3.3.10　环空压力管理

ISO 在井筒生命周期全过程,对环空压力的管理内容:
(1)压力源;
(2)监管,包括趋势变化的监管;
(3)环空流体类型和体积量的变化;
(4)作业极限,包括压力极限、允许的压力变化速度;
(5)失效模式;
(6)压力安全性和释放系统。

ISO 并逐项说明。例如最大的允许环空地面压力 MAASP,用图 3.10 说明。

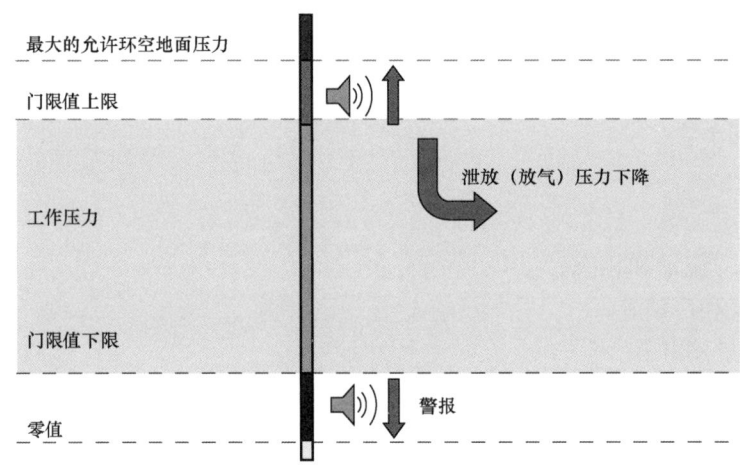

图 3.10　门限值、临界值和最大的允许环空地面压力的图解

3.3.11　井眼交接

井眼工作交接和文件交接。可按下列几个作业阶段极限交接:
(1)井筒建井到生产作业;
(2)生产作业到维修、修井或服务性维修,以及恢复到能够正常生产作业的维修工作的交接;
(3)生产作业到关停/报废阶段。

交接工作要署名交接双方负责人、执行人等,并签字、盖章。

ISO 有交接的表格,其中有的项目是推荐、建议的,有的项目是强制的必须遵循的。国内油气企业都有交接文件及要求的格式。

3.3.12　井眼维修、维护

3.3.12.1　总则

在生产阶段,维修工作的意思是:继续保持井筒的可用性、可靠性,继续对井筒屏障集合体的井筒屏障组件、阀门、启动器和其他控制系统的状态周期性地继续测试、功能测试、服务能力测试和维修工作。维修的重点项目是：

（1）井口、油管挂、采油树，包括所有阀、阀帽、法兰、在用的和卸掉不在用的螺栓和夹具、润滑短节、控制管线等；

（2）监管系统，包括仪表、传感器、砂子检测器、腐蚀检测—指示器等。

（3）环空压力和液面；

（4）井下阀门（SCSSV/SSCSV/ASV，气举阀等）；

（5）应急处理系统（检查器、ESD 扳手、易熔塞等）；

（6）化学剂（液）注入系统。

ISO 给出了维护和监管模型的例子，见表 3.13。

表 3.13　维护和监管模型之例

井筒完整性维护和监管模型之例								
保证任务（项目）/井型	海洋高压井	自流海洋井	陆上高压井	海洋静水压力井	陆上中等压力井	海洋低压井	静水井	观察井
维护	基于预防性维护的时间（按月计）之例							
液流浸泡部件的维护和检查频率	6	6	12	12	12	12	24	48
没有液流浸泡的部件维护和检查频率	12	12	24	24	24	24	48	96
监管	基于预防性维护的时间（按日计）之例							
工作井筒的监管频率	1	1	1	7	7	7	14	30
环空压力的监管频率	1	1	7	7	7	7	14	60
不活动井（关井）的监管频率	7	7	14	30	30	30	60	90

注：此表说明，井别、井型不同，维护与监管频率不同。

维修工作包括：检查、测试和修理。维修工作应有维修计划、维修程序。维修工作有两级：预防性维修和正常维修：

第一级是预防性维修（Preventive Maintenance），根据工作条件、井型和作业环境（如海洋、陆上、自然储存或正规化的设备等）定期预防维修；

第二级是矫枉过正型维修（Corrective Maintenance），是对监管井筒时所发现的失效—损坏或有专门的要求，并根据预防性任务进行的维修。

在某一给定的时期内，正常维修工作的次数是表示预防性维修的质量标记（Indication）或监管频率大小。矫枉过正型维修和预防维修的比值能够作为建立验收标准的衡量方法（参考方法）之一。公式（1）是一个例子：

$$NCM/NPM \leqslant 0.3 \tag{1}$$

式中　NCM——矫枉过正型维修工作的次数；

NPM——预防维修工作的次数。

3.3.12.2　替换零件（备件）

井筒设备是屏障组件的一部分，应该用与现行之一极限相同的备件（零件）来进行维修。

替换零件应该取自原来的设备制造厂(OEM)或 OEM 批准的制造厂。偏离这个实际,应有明确的文件并证明是正确的。

3.3.12.3 维修频率

ISO 提出了基于风险方法的维修频率的维护和监管模型(表3.13)。ISO 要求作业者应该有一个预防维修和正常维修的维修管理系统以指导维修工作(包括验收标准)并应保留维修工作的审计记录,还要求掌握原设备制造说明书、工业认可标准等。

3.3.12.4 井筒屏障组件的维修部件测试方法

表 3.13 中有检查、检修频率。在 ISO/TS 16530-2:2013 附录 E 中有维修程序的维修类型和测试方法。在本节中规定了检查测试、功能测试、渗漏测试(ISO 规定渗漏测试包括入流测试、压力测试、气举阀功能测试等)。

(1)检查测试。

检查测试是核查一个部件是否满足它的验收标准。

(2)功能测试。

① 阀件功能(多个);

② 安全关闭系统;

③ 警报;

④ 仪表;

⑤ 操作者行走距离;

⑥ 水力信息(分析控制线响应)。

(3)渗漏测试。

渗漏测试用压差来检验、判断井筒屏障组件密封系统完整性。压差的应用既可由压力得到,又可由表示大气周围的压力值的入流测试结果来得到。渗漏压差测试是否应用和测试时间,由作业者根据入流液体及其流量等情况来决定。应考虑下列情况:

(1)渗漏测试压差要求立即激发密封系统特别是浮动阀(Floating-gate Valve),它通常需要 1.379~2.068MPa,200~300psi。

(2)如果外部压力不宜于进行实测时,只能由功能测试来记录分析。

① 入流测试。入流测试用油管压力或套管压力进行渗漏测试。测试时,阀是关闭的,阀下游的压力下降而形成阀件两端的压差,对阀的下流容量要监管,压力增大表示液流通过关闭阀时有渗漏。

② 压力测试(ISO 和 OGP 都把压力测试包括在渗漏测试中)。压力测试从外部压力源(不是指油藏压力)来判断屏障组件的机械完整性和密封完整性。在测试时,应该检查导入井筒、环空和空穴的液体的腐蚀可能性,例如腐蚀工程使用了减小细菌的处理剂—硫化物(SRBs)。还包括:

a. 用了处理的水,例如用低氯和低硫含量的水;

b. 增大测试介质的 pH 值;

c. 在测试介质中加入杀菌剂和氧气的净化剂。

变通的方法,可考虑用惰性气体(例如氮气)来进行压力测试。

第3章 井筒完整性的组织管理与运作

③ 气举检查阀(气举阀)的功能测试。当气举阀是井筒屏障的一个部件时,要进行气举环空部分的定期检查测试。这个测试的目的是确认气举阀为无回流阀(Non-return Valve),是具有功能性的,同时,确认油管和封隔器的完整性。

3.3.13 井筒完整性失效管理

井筒作业者应该建立一个因为不执行它们的性能标准(如井筒作业者、注册标准或行业标准)而使井筒屏障集合体或井筒屏障组件具有失效风险管理的方法(管理制度)。这个管理方法应根据去除冗余的或更换新的 WB/WBE 后,能够保持 WB/WBE 功能的 WB/WBE 数目来说明改正失效的工作方法与效果。

完整性失效等级和优先划分顺序:

优先维修的响应时间应按发现出现的顺序来考虑。井眼作业者应该有基于风险的维修模型和结构作为准备相应的备用工具、包工项目等的指南,以适应影响响应时间等的需要。井筒完整性响应模型应包括(但不限于)下列内容:

(1)依据风险随便的井型;
(2)单个屏障组件的失效;
(3)多个屏障组件的失效;
(4)依据时间先后的活动项目。

井筒失效模型应一步一步地建立:

(1)识别包括地面失效和地下失效的典型模式,并列出表格或图解供备用;
(2)一旦列出了包括对每一个同意列为失效的失效表格和图解的要求与职责,就要得到上级(机关部门)同意。

应注意,有时在响应时间内同时产生了两个或多个失效而且比两个单独失效严重。

图 3.11 是井筒失效的某些典型模式的图解,从该图及表中可知常见的一些失效组件和部位,有助于预先做好防止失效的工作。

图 3.11 说明国际上总结的井筒完整性 26 个典型失效模式,也是常见的容易发生的失效部位和流体泄漏部位,以提醒作业者要重视对这些部位的监管—监测和维护管理,以确保井筒完整性。

3.3.14 改变管理(管理有变化)

作业者应对每口井或井筒完整性管理系统用改变管理(MOC,management)的方法来应用于和记录完整性变化的要求。改变管理应包括下列步骤:

(1)分析识别改变的要求。
(2)分析识别变化的冲击影响及对关键问题的掌握。这包括识别什么标准、什么程序;工作实践、过程系统、绘图图件等。
(3)完成一个风险评估的近似水平,应包括:
① 分析识别在风险等级和使用风险评估模型的变化(或其他方法);
② 分析识别附加的可以降低风险等级的保护和缓和方法;
③ 分析识别完成该变化后的剩余风险;

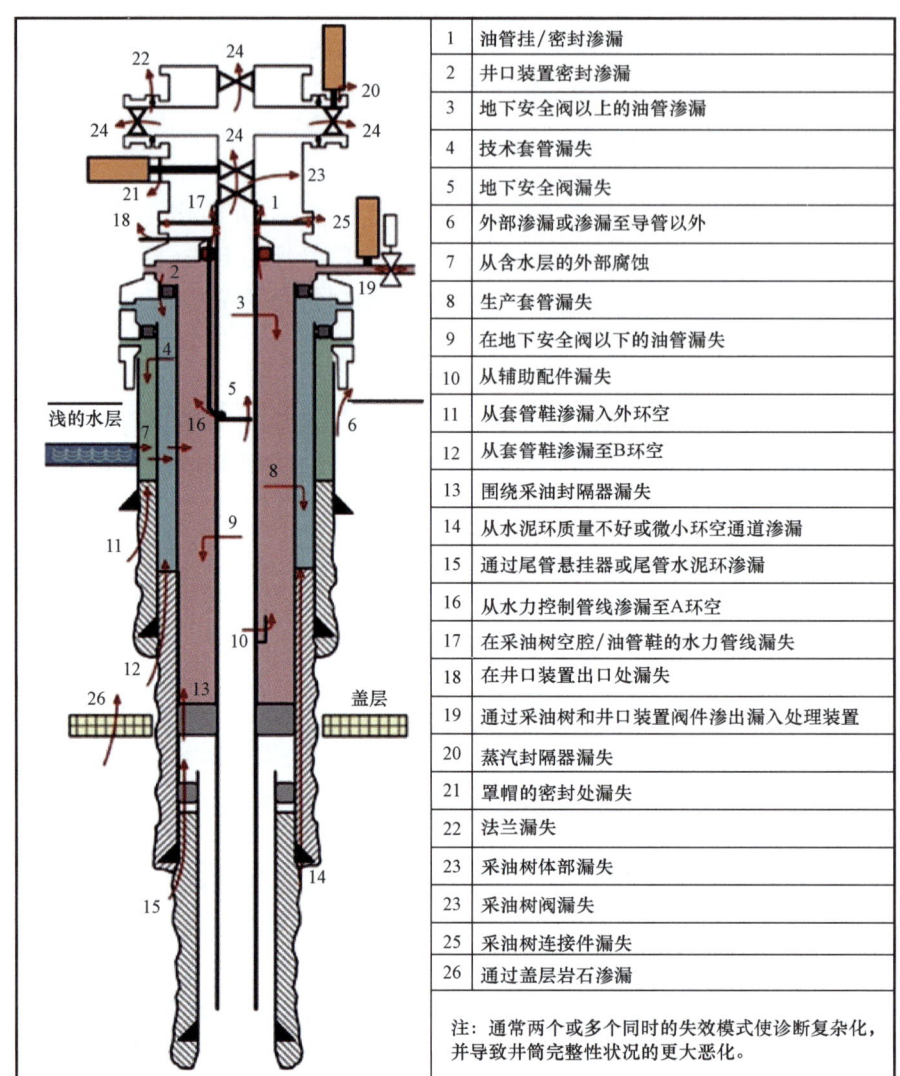

图 3.11　井筒失效(的某些)典型模式的图解

④ 总结该剩余风险等级所对应的井筒作业者的风险窗口/尽可能低的、合理的、可实践的(ALARP—As Low As Reasonable Practicable)验收标准。

(4)按照井筒作业者权威系统的总结和批准,签署改变管理的建议。

(5)交流和记录该批准的改变管理文件。

(6)履行该批准的改变管理文件。

(7)在批准了改变管理文件合法性期间的最后,ISO 要明确该改变管理的文件或者被取消(中止)或者被签署延长。

改变管理的流程如图 3.12 所示。

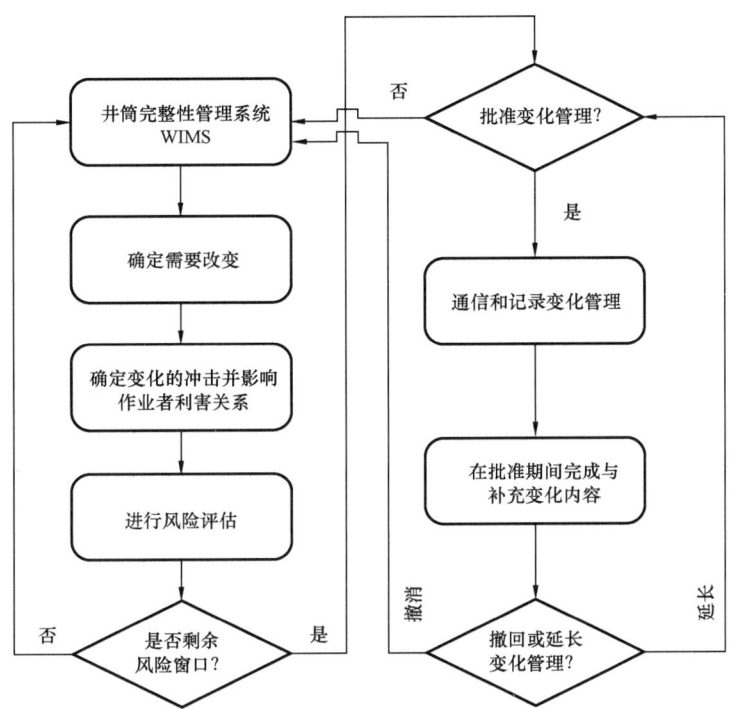

图 3.12　改变管理的流程图图例
"地面控制的地面以下安全阀的典型特征图"

3.4　井筒记录和井筒完整性报告

保持完整的记录是很必要的(尤其是井筒完整性、井筒屏障组件)。此外,用户能保证(或确信)维修、测试、检查、修理和替换等能按井筒完整性管理系统的要求来完成。ISO 提出了最低要求。

3.4.1　总则

井筒作业者应确定井筒必须储存的信息范围和记录内容:
(1)保持足够信息容量,保证能容纳与所有相关用户的评估数据和文件;
(2)开发一个为控制和提上日程的数据、文件的处理程序;
(3)建立一个数据/文件维护其特性的功能,以阻止其功能降级和确保所用软件中间相隔的能力;
(4)对数据收集和文件管理的工作人员职责和界限(职责分工)的规定;
(5)确定职工中谁是记录工作的权威者;
(6)确定记录工作要持续多长时间;
(7)保证该系统和政府的任何规章的配合性、顺从性。

3.4.2　井筒记录

(1)井筒屏障说明书;

(2)井筒作业极限(最少的)信息范围、内容;
(3)井筒状况(例如:生产、关井、报废等);
(4)交接文件;
(5)完成了哪些诊断试验;
(6)生产/注入信息;
(7)环空压力监管;
(8)流体分析;
(9)维护保养、修理和替代(更换)活动(对原设备制造商的追踪/跟随性,指保持联系)。

3.4.3 井筒完整性报告

井筒作业者应该确定报告的最低要求,以有效地反映井筒完整性管理系统及其全部组件的应用情况。内容包括:
(1)定期的常规报告(按月、季度或年度);
(2)对识别的关键性能指标的报告;
(3)井筒完整性事故的详细说明和 WIMS 不配合性的报告和调查事项;
(4)WIMS 审查、审计报告。

报告上交政府/油田—集团公司,正规情况下还要向地方政府登记。WIMS 对报告的内容有具体规定。

3.4.4 井筒完整性管理系统的动态监管

ISO 规定,用于支持井筒完整性管理系统的关键技术和过程说明,油气井作业者应该经常地(常规)监管以保证它们是一直有效的。有几种方法:
(1)动态性能的总结与对关键的动态性能指标的监管;
(2)与之配合的审查过程。

这些方法能用于识别(判断)哪些地方是井筒完整性管理系统需要改进的。

井筒作业者应该进行动态性能总结以评价 WIMS 的应用效果来确定井眼的可采量(Stock)等。动态性能总结的第一个目标是:
(1)评估井筒如何按照目标完成 WIMS 的工作;
(2)评估井筒如何在 WIMS 执行政策、程序和标准之前来定义 WIMS;
(3)改进的鉴定所认可的工作。

确认了改进的方面后,应该说明需要加入这些改进的工作并执行。任何改变的执行应遵循风险评估和改变管理的程序(ISO 文件所述)。建议包括总结时的产量在内的该井筒的可采量应该与特定位置的生产装备或油田性质相同的一组井相比较,而且该位置被认为是适当的,可能是数量较少的一组井,甚至是单独一口井。这种总结的频率应该根据井筒作业者的风险来定。再有,尤其是按某种原因指定的总结,应该确实认为是需要的(例如能够大大冲击井筒完整性风险或保障过程时的新的信息变为现实可行时)。这个总结应该由一组人员来完成(这组人员可以熟练运用井筒作业者的 WIMS 进行井筒完整性的管理)。建议进行总结的井筒作业者通常应该熟悉表 3.14 的内容。

表 3.14 作业者应该熟悉的内容

动态性能因素	动态性能总结活动
配合的、服从的、遵照执行的	把检查政策、程序和过程提上日程,批准使用和正常使用
配合的、服从的、遵照执行的	比较现行文件的井筒作业极限,对比在用的现在条件(用于该井的)。检查不能支持继续使用的近似条件是否继续用于井筒作业极限(包括任何超过原来设计的井筒设计寿命)
配合的、服从的、遵照执行的	检查上次总结以后的井筒作业极限的变化以及这些变化的原因。检查不能支持继续使用的近似条件是否继续用于井筒作业极限(包括任何超过原来设计井筒设计寿命)
配合的、服从的、遵照执行的	检查实际的监管、测试和维修频率(与计划的频率相对比)以检查是否计划频率已经实现,或者何处与已经审查过并经文件批准的计划频率有偏差
有文件的	检查 WIMS 工作是清楚的并按照任何确定的要求以及文件已经切实用于相关人员,表明文件是适当的
政府的、上级的	检查任何批准的程序(过程),表明是正确地用于 WIMS 的政府权威性水平

表 3.14 还对下列动态性能因素进行了说明:测量、组织能力、相关事项、风险和可靠性、时间限制(截止时间)等。ISO 文件还简要讲述了关键的动态性能指示器的监管、配合性审查原则及审查方法等。ISO/TS 16530-2:2013 附录 A 给出了井筒完整性作用和责任表。

表 3.15 井筒完整性的失效模型概念/正常响应是井筒失效的例子。

表 3.15 井筒完整性的井筒失效模型概念/正常响应

	失效部件/井型	高压海洋井	自流海洋井	陆上高压井	海洋静水压力井	陆上中等压力井	海洋低压井	静水井	观察井
维修建立正常(活动)工作的允许时间	液流浸泡(润湿)部件失效信息响应(按月计)之例								
	采油树主控阀	1	3	3	3	3	3	6	12
	流动阀	3	3	6	6	6	6	12	24
	井下安全阀	1	3	3	3	3	3	不详	不详
	采油封隔器	6	6	12	12	12	12	不详	不详
	气举阀	3	3	6	6	6	6	12	24
	油管	6	6	12	12	12	12	24	48
	液流浸泡(润湿)部件多次失效信息响应(按月计)之例								
	采油树主阀+井下安全阀	0	0	1	2	2	2	3	不详	不详
	采油树流动翼阀+主阀	1	0	2	3	3	4	6	12
	无液流浸泡部件多次失效响应(按月计)之例								
	环空侧出口阀	3	3	6	6	6	9	12	12
	环空至环空渗漏	6	6	6	6	12	12	12	12
	持续套管压力调查	1	1	1	1	1	1	2	2
	无液流浸泡部件多次失效响应(按月计)之例								
	持续的套管压力+环空阀	1	1	1	1	2	2	3	3
	环空渗漏+持续环空压力	1	1	1	1	2	2	6	6
	液流浸泡与无液流浸泡在复合情况下的失效响应(按月计)								
	生产油管+套管漏失	1	1	1	1	2	4	6	6
	主阀+环空阀	2	2	2	2	3	6	9	9
	持续的技术套管环空压力+油管渗漏	1	1	2	2	3	3	6	6

ISO/TS 16530-2:2013 附录 N 用分析水力特性方法的功能测试,给出了"地面控制的地面以下安全阀的典型特征"(图 3.13),还给出了采油翼阀的特征波形图(图 3.14)。

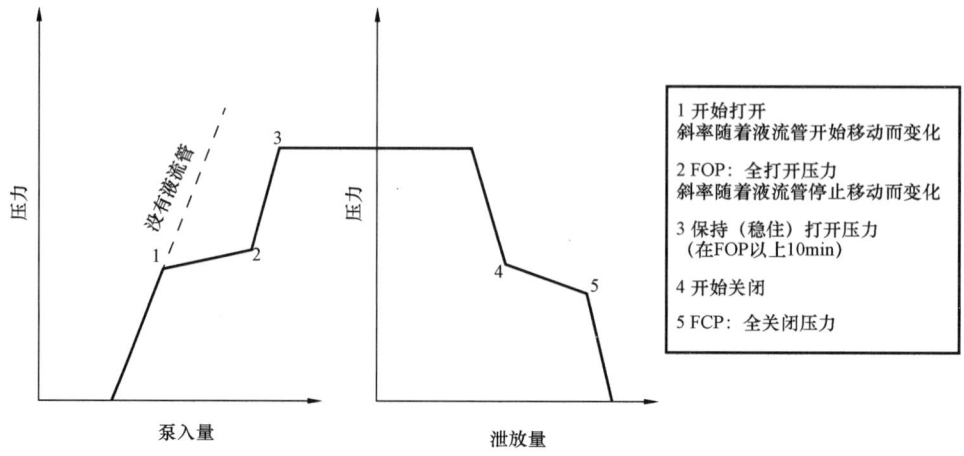

图 3.13　地面控制的地面以下安全阀的典型特征

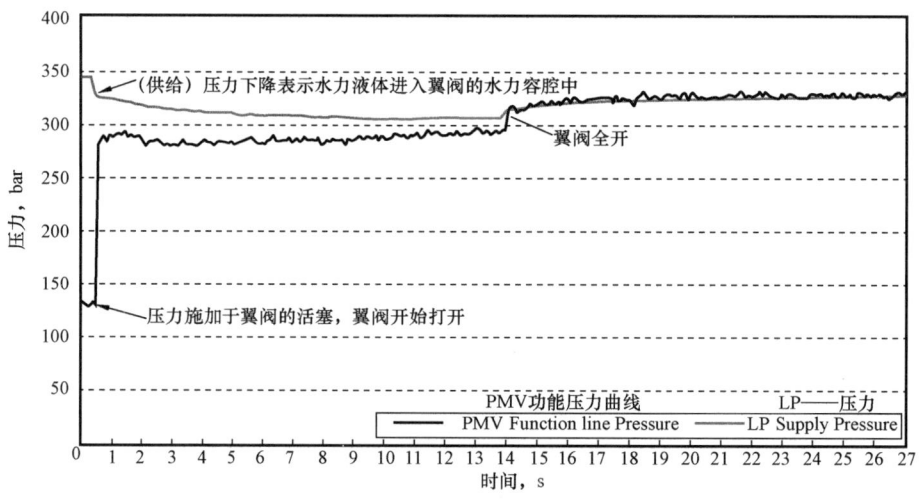

图 3.14　采油翼阀的特征波形图

3.5　井筒完整性的组织管理

井筒完整性管理是应采用系统工程的方法来管理全生命周期的井筒完整性,而且井筒完整性管理需要不断改进和完善。主要包括以下 10 个方面:通过规范管理流程、职责及井筒屏障组件的监管、监测检查、检测、诊断等方式,获取与井筒完整性相关的信息,对可能导致井筒完整性问题的危害因素进行风险评估,根据评估结果制订合理的技术和管理措施,预防和减少井筒完整性事故发生,实现井筒安全生产的程序化、标准化和科学化的目标。应制订相应的政策,有关企事业单位要承诺履行井筒完整性管理工作,承诺履行井筒完整性管理的责任,保护健康、安全、环境、资产和企事业单位声誉。井筒完整性的方针、政策要由集团公司或油田公司高层管理者签字批准,下发所属单位执行。有制订井筒完整性的管理程序,说明上述政策的贯彻实施。应制订井筒完整性的策略,确定资源分配和预算优先级别,以支持管理目标的实现。

按照中国石油《高温高压及高含硫井完整性指南》[20]的要求,各油田公司应建立完备的井筒完整性管理系统,并明确井筒完整性机构和人员的职责;油田公司行业管理部门负责井筒完整性管理系统的设计审核、整体运行及决策管理;技术支撑单位负责协助制订井筒完整性策略,指导和跟踪井筒完整性动态,为行业管理部门和生产单位提供技术支撑;生产单位负责井筒完整性的日常管理,并对所辖区块内井筒完整性状况负责,建井单位负责井筒屏障的建立,建井期间井筒屏障的维护、测试及建井资料的移交。

各相关单位应设立井筒完整性管理岗位、明确井筒完整性管理职责并配备相关人员,其中行业管理部门应设立井筒完整性管理部门或岗位,配备专(兼)职的井筒完整性管理人员;技术支撑单位应设立井图完整性研究机构;相关建井、生产单位应设立井筒完整性管理岗位。应对各级井筒完整性管理人员进行专业的井筒完整性培训,满足开展井筒完整性工作的能力要求。

3.5.1 井筒完整性管理流程

3.5.1.1 建井阶段井筒完整性管理流程

建井阶段井筒完整性管理流程如图 3.15 所示。正常情况下的管理程序按照步骤①②③④⑤逐步执行;井筒屏障出现异常情况的管理程序按照步骤(1)(2)(3)(4)(5)……逐步执行。

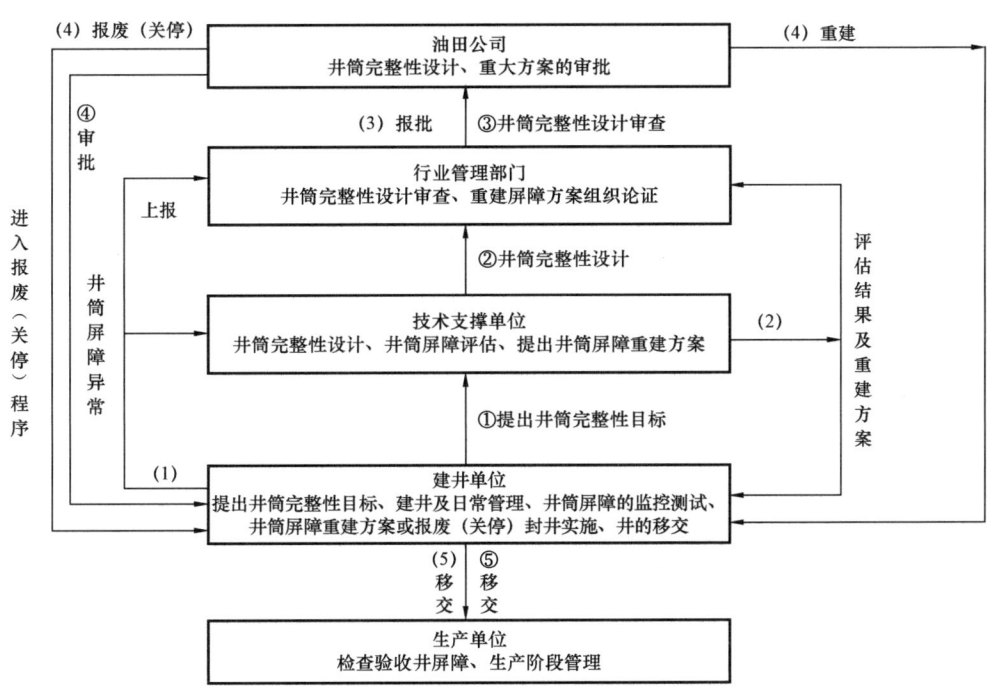

图 3.15 建井阶段井筒完整性管理流程

建井阶段如果出现环空异常带压等情况,应及时进行诊断、评估、分级,油田公司根据情况采取相应措施。

3.5.1.2 生产阶段井筒完整性管理流程

生产阶段井筒完整性管理程序按照图 3.16 所示步骤①②③④⑤⑥逐步执行。

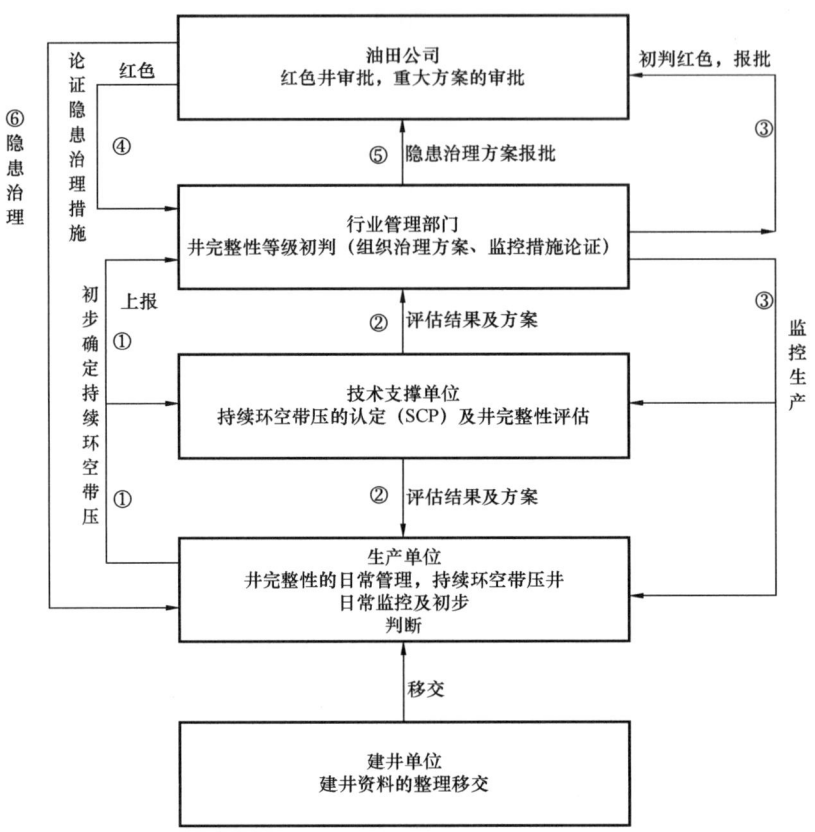

图 3.16 生产阶段井筒完整性管理流程

3.5.2 井筒完整性管理职责划分

3.5.2.1 建井阶段的井筒完整性管理职责划分

3.5.2.1.1 油田公司职责

（1）制订油田建井阶段井筒完整性管理策略、方针政策，承诺履行井筒完整性管理保护健康、安全、环境、资产和公司声誉，提供资金、人员、设备等保障满足井筒完整性的要求。

（2）制订井筒完整性管理程序。

（3）明确各部门关于井筒完整性的职责。

（4）审批井筒完整性设计和重大方案(井筒屏障重建、弃置、封井等)决策。

3.5.2.1.2 行业管理部门职责

（1）组织制订油田建井阶段井筒完整性管理措施或办法。

（2）督促、指导、检查油田建井阶段井筒完整性管理措施或办法的落实和考核。

(3)建井阶段井筒完整性设计的审查。

(4)对重点工序,要求科级或处级以上技术主管领导到现场进行技术指导。

(5)负责建井阶段井筒屏障失效的风险评估、应急措施、井筒屏障重建方案的专家论证和审查。

(6)负责井筒完整性技术及管理培训。

(7)负责建井阶段井筒完整性其他相关问题的协调解决。

3.5.2.1.3　技术支撑单位职责

(1)负责建井阶段井筒完整性谋划—设计—编制,协助行业管理部门制订油田建井阶段井筒完整性管理措施或管理办法。

(2)负责井筒屏障的评估、井筒屏障失效分析并提出井筒屏障重建方案。

(3)负责与井筒屏障相关作业新工艺、新技术的评估和确认。

(4)根据行业管理部门要求,重点工序由科级或二级工程师及以上技术主管领导到现场进行技术指导。

(5)协助相关部门开展井筒完整性技术相关培训。

(6)负责建井阶段井筒完整性标准制定、修订和科研工作。

3.5.2.1.4　建井单位职责

(1)负责所辖区域井建井阶段的井筒完整性管理,提供必要的人力、物力资源,确保所辖区域井筒完整性管理目标的实现。

(2)根据行业管理部门的要求,重点工序由科级或处级及以上技术主管领导到现场进行技术指导。

(3)负责建井阶段井筒完整性相关资料的收集整理和上报、建立、整理、移交。

(4)确保现场人员(含承包商)经过井筒完整性培训,确保重要人员有相关资质。

(5)审核承包商的作业程序和作业标准,监督相关的作业人员(如承包商、钻井液工程师、录井工程师、地质监督及其他人员)按照设计和相关规定执行其职责。

(6)负责井筒屏障的安装、检查、测试和监控,制订建井阶段的环空监控措施,及时分析各作业阶段环空异常带压情况并上报。

(7)负责风险削减措施、井筒屏障重建方案的实施。

(8)负责建井阶段井筒完整性失效等相关应急预案的制订、演练与实施。

3.5.2.2　生产阶段的井筒完整性管理职责划分

3.5.2.2.1　油田公司职责

(1)制订油田生产阶段井筒完整性管理策略、方针政策,承诺履行井筒完整性管理,提供资金、人员、设备等保障满足井筒完整性的要求。

(2)明确各部门关于井筒完整性的职责。

(3)井筒完整性管理程序的审批。

(4)风险等级为红色的井和重大隐患治理方案的审批。

3.5.2.2.2 行业管理部门职责

(1)负责组织制订油田井筒完整性管理策略。

(2)负责管理、督促、检查各单位井筒完整性管理系统的运行状况,确保井筒完整性职责落实和考核。

(3)负责组织隐患井筒的风险评估、应急措施、治理方案的专家论证和审查。

(4)最大隐患治理关键工序要求科级或处级以上技术主管领导到现场进行技术指导。

(5)负责组织井筒完整技术、管理培训及技术交流。

(6)负责井筒完整性其他相关问题的协调解决。

3.5.2.2.3 技术支撑单位职责

(1)协助行业管理部门制订油田井筒完整性管理和技术策略。

(2)负责井筒屏障相关作业新技术新工艺的评估和确认工作。

(3)根据行业管理部门要求或生产部门需求,重大隐患治理关键工序由科级或二级工程师及以上技术主管领导到现场进行技术支持与指导。

(4)负责油田井筒完整性数据库的维护及数据管理。

(5)负责持续环空带压、井口抬升等异常情况的判定、井筒完整性风险评估,重大风险削减和治理措施、失效井治理等相关方案和设计。

(6)协助开展井筒完整性技术相关培训。

(7)负责井筒完整性标准制定修订和科研工作。

(8)负责编制油田井筒完整性评估报告,对现场井筒完整性管理提供技术支撑。

3.5.2.2.4 生产单位职责

(1)负责所辖区域井筒完整性管理,提供必要的人力、物力资源,确保所辖区域井筒完整性管理目标的实现。

(2)负责井筒完整性相关数据的收集整理和上报。

(3)负责环空带压、井抬升等异常情况初步分析及上报。

(4)负责应急预案的编制、演练与实施,风险削减措施的实施。

(5)负责隐患治理方案的实施,重大隐患治理关键工序由科级或处级以上技术主管领导到现场进行技术指导。

(6)审核承包商的作业程序和作业标准,确保重要人员有相关资质。

(7)负责现场人员的井筒完整性生产管理培训。

3.5.3 建井阶段的井筒完整性管理

3.5.3.1 井筒屏障管理

(1)建井单位将井筒屏障相关信息提供给技术支撑单位,技术支撑单位按照《高温高压及高含硫井完整性指南》《高温高压及高含硫井完整性设计准则》要求绘制出不同作业阶段的井筒屏障示意图,并在井筒屏障组件对应的表格中注明初次测试检查结果。

(2)每个作业阶段都应建立至少两道独立的经测试验证合格的井筒屏障,若井筒屏障不足两道时,应建立井筒屏障失效的相关应对措施。

(3)按井筒完整性设计要求对井筒屏障组件进行测试、监管监控和验证,并做好记录;不同工序转换时,应对井筒屏障组件测试合格才能转入下一工序;井筒屏障示意图应根据实际情况及时更新。

(4)建井单位根据需要组织相关单位进行井筒屏障的测试和评估,并据此更新井筒屏障示意图。

3.5.3.2 环空压力管理

3.5.3.2.1 钻井期间的环空压力管理

(1)钻井期间,应保持环空液柱压力或环空液柱压力与井口控制压力之和大于地层孔隙压力。

(2)钻井期间原则上不允许 A 环空以外的环空异常带压。

(3)为实时监控环空异常带压情况,井口安装套管头后,应在套管头上安装校验合格的压力表并监控环空压力变化,做好记录。

(4)若环空异常带压,应按照井筒完整设计准则要求计算环空最大许可压力。

(5)具备条件时,应安装各级环空的补压、泄压管线。

3.5.3.2.2 试油和完井投产期间的环空压力管理

(1)试油和完井投产接井前,应重新安装校验合格的压力表,检查各级套管头带压情况并记录好压力值,有条件时可安装压力传感器进行连续监测。

(2)根据设计准则计算各环空的许可压力范围,井口安装油管和套管压力表或压力传感器,连续监测、记录作业期间的压力变化;按油层套管控制参数及综合控制参数控制各作业阶段的 A 环空压力。

(3)安装各级环空的补压、泄压管线。

3.5.3.3 建井质量控制

3.5.3.3.1 井身质量控制

直井井斜及全角变化率不超标,井底位移满足地质要求。垂直井的井斜角及井底水平位移控制要求见表3.16,垂直井分井段全角变化率控制要求见表3.17,防磨、减阻及地质任务有特殊要求,防磨、减阻及地质任务有特殊要求,防磨、减阻及地质任务有特殊要求,防磨、减阻及地质任务有特殊要求时,可提出高于标准的要求。

表 3.16　垂直井井斜角及水平位移控制范围

探井			开发井	
井深,m	井斜角,(°)	井底水平位移,m	井深,m	井底水平位移,m
≤500	≤2	≤10	≤500	≤15
≤1000	≤3	≤30	≤1000	≤30
≤2000	≤5	≤50	≤1500	≤40
≤3000	≤7	≤80	≤2000	≤50
≤4000	≤9	≤120	≤2500	≤60
≤5000	≤11	≤160	≤3000	≤70
≤6000	≤12	≤200	≤3500	≤80
≤7000	≤13	≤240	≤4000	≤90
≤8000	≤13	≤290	≤4500	≤100
≤9000	≤16	≤350	≤5000	≤120
			≤5500	≤135
			≤6000	≤150
			>6000	≤180

注:有特殊情况或特殊要求的井或井段应在设计中注明。
资料来源:发改能源〔2016〕2743 号。

表 3.17　垂直井全角变化率控制要求

井深 m	不同井段对应的全角变化率,(°)						
	≤2000m	≤2000m	≤3000m	≤4000m	≤5000m	≤6000m	>6000m
≤1000	≤2.00						
≤2000	≤1.75	≤2.25					
≤3000	≤1.50	≤2.00	≤2.5				
≤4000	≤1.50	≤1.75	≤2.25	≤2.75			
≤5000	≤1.25	≤1.75	≤2.00	≤2.50	≤3.00		
≤6000	≤1.25	≤1.50	≤2.00	≤2.25	≤2.50	≤3.25	
>6000	≤1.25	≤1.50	≤1.75	≤2.25	≤2.75	≤3.25	≤3.50

注:有特殊要求的井或井段应在设计中注明。
资料来源:发改能源〔2016〕2743 号。

3.5.3.3.2　钻井期间的质量控制措施

（1）现场应做好钻井各工序环节的质量控制。

（2）含有腐蚀介质的井,应综合考虑压力、温度、载荷和环境介质等各种因素影响,选择相应抗腐蚀套管材质。

（3）气井生产套管应选用气密封螺纹接头,其上一层技术套管宜选用气密封螺纹接头;气密封套管、回接生产套管、尾管应逐根进行井口气密封检测;上层技术套管、封固长裸眼段的生产套管在确保井下安全情况下进行气密封校验。

(4)各层次套管强度设计应考虑高温高压高含硫井的特点,满足钻井、固井、完井、测试、增产、生产、关井等各种工况对套管强度的要求。

(5)采用特殊丝扣套管时应按规定扭矩或推荐扭矩紧扣,并记录好上扣扭矩;套管柱所用附件强度等级不宜低于与之相连套管强度。

(6)油层套管固井水泥应返至地面,水泥不能一次性返至地面时时优先采用悬挂回接方式固井。

(7)生产套管固井,水泥胶结质量中等以上段至少应达到封固长度的70%,最好达到100%。

(8)技术套管应采取防磨措施,生产套管固井后若继续钻井作业,技术套管应采取防磨措施,井眼质量差、全角变化率大的井段,应使用钻杆胶皮护箍等防磨工具和技术减轻对套管磨损。

(9)油管头四通安装后,应安装四通保护套。

3.5.3.3.3 试油和完井投产期间的质量控制

(1)试油和完井投产设计应严格执行《高温高压及高含硫井完整性设计准则》,现场应做好完井试油各工序环节的质量控制。

(2)按工程设计要求配制射孔压井液、完井液、隔离液、过渡浆等,所有入井液体应具有良好的配伍性,不能相互反应产生沉淀;射孔压井液应具有良好的高温静置稳定性,现场应按预计井底温度进行高温老化实验,根据实验结果调整压井液性能;完井液(或环空保护液)类型应能有效保护油套管,不与油套管产生电化学腐蚀。

(3)尾管完成井接井前,应对尾管喇叭口进行验窜测试。

(4)油管和采油(气)井口的材质选择应严格执行设计准则要求,不同工况下的试油及完井投产管柱安全系数应符合设计准则规定。

(5)特殊螺纹油管入井时按规定扭矩或推荐扭矩紧扣,完井投产管柱封隔器以上气密封扣油管应逐根气密封检测合格。

(6)入井的工具和接头应有相应的检测合格证,其连接强度不低于与之相连油管本体强度。

(7)采油(气)井口送到井场之前应在库房进行液体、气体密封高低压试压合格并带上检测、试压合格证;采油(气)井口安装好后,按油田井控实施细则要求试压合格。

(8)各项作业应符合相应的行业标准、企业标准要求,新工艺新技术应预先进行评估、确认。

(9)试油和完井投产期间要根据井筒的情况和作业工况进行风险分析,并提出应急预案。

3.5.3.3.4 建井资料管理

建井资料应包括但不限于:

(1)井筒的基本数据。

① 井号、井别、井型、移交原因;

② 地理位置、构造位置、地质剖面及地层资料、钻探目的、施工单位;

③ 井位坐标、补心海拔、地面海拔、补心距;

④ 开钻日期、完钻日期、完井日期;

⑤ 完钻井深(垂深和斜深)、完钻层位、完井方法、完钻层位、人工井底;

⑥ 钻井队队号、钻机编号、队长/工程师。

(2)钻井资料。

① 井身结构,包括目前井身结构图、钻头程序(尺寸、深度)、套管程序(尺寸、钢级、壁厚、限重、螺纹类型、下入深度、固井时套管外钻井液密度、水泥返高、试压情况);

② 井眼质量,包括最大井斜(井深、斜度、方位角)、井底位移、闭合方位、最大全角变化率(井深、全角变化率)、靶心距等;

③ 井口装备,包括防喷器组、四通、套管头等井口装备的组合、型号、安装试压情况及当前状况;

④ 钻井简况,钻井期间油气水显示、地层承压实验记录、钻井时井眼垮塌及缩径情况、目前井内钻井液性能(类型、密度等)、钻井作业过程中是否发生工程复杂情况,详细记录复杂处理的过程、原因等;

⑤ 目的层简况,目的层名称—岩性—特征(漏—喷—塌—卡—缩径)特别是溢流和井漏的情况记录和处置措施、测井解释及测井图(井眼轨迹、井眼扩大率)等;

⑥ 套管数据,各层套管数据(尺寸、钢级、壁厚、螺纹类型、单根长度、累计长度、下入深度、包括扶正器、螺纹类型、套管阻流环、球座等附件的下入深度)、固井施工报告、固井质量评价报告、固井质量测井图、套管气密封检测记录;

⑦ 环空压力,当前各环空压力状况及钻井期间各环空压力记录情况。

此外,还应评价井场地面基本建筑物是否完好、井场周边环境保护情况、排污池(坑)状况、井下有无落物、采油(气)树证件及配件是否齐全等,未安装采油(气)树的井其井口保护及标志是否符合相关标准要求。

3.5.3.4.1 试油和完井投产资料

试油和完井投产试油和完井投产资料应包括但不限于:

(1)井身结构,包括完井井身结构图、详细的油管管串结构表、井下工具性能参数。

(2)井口装备,采油(气)树、套管头是否完好无损,所有的阀门元件完好、灵活、好用。阀门无渗漏,手轮、螺栓、法兰、压力表齐全、完好。

(3)环空压力,试油和完井投产期间各环空压力记录及当前状况。

(4)报告及曲线,测试求产成果及曲线、油气水分析成果报告、储层改造施工报告及曲线、试油井史等相关资料。

3.5.3.4.2 井筒屏障资料

不同作业阶段转换时,应根据《高温高压及高含硫井完整性指南》识别出移交前的井筒屏障组件对井筒屏障组件进行评价、验证、测试和监控,并在钻井交试油前绘制井筒屏障图(图3.17)。

利用清单式评价方法对井筒屏障状态进行评价(表3.18为典型井试油前井屏障部件评价表),分别评价地层、井筒和井口屏障部件的完整性,明确地层、井筒和井口装置现状及屏障失效造成的潜在风险,做出评估结论,形成完整性评价报告。

第3章 井筒完整性的组织管理与运作

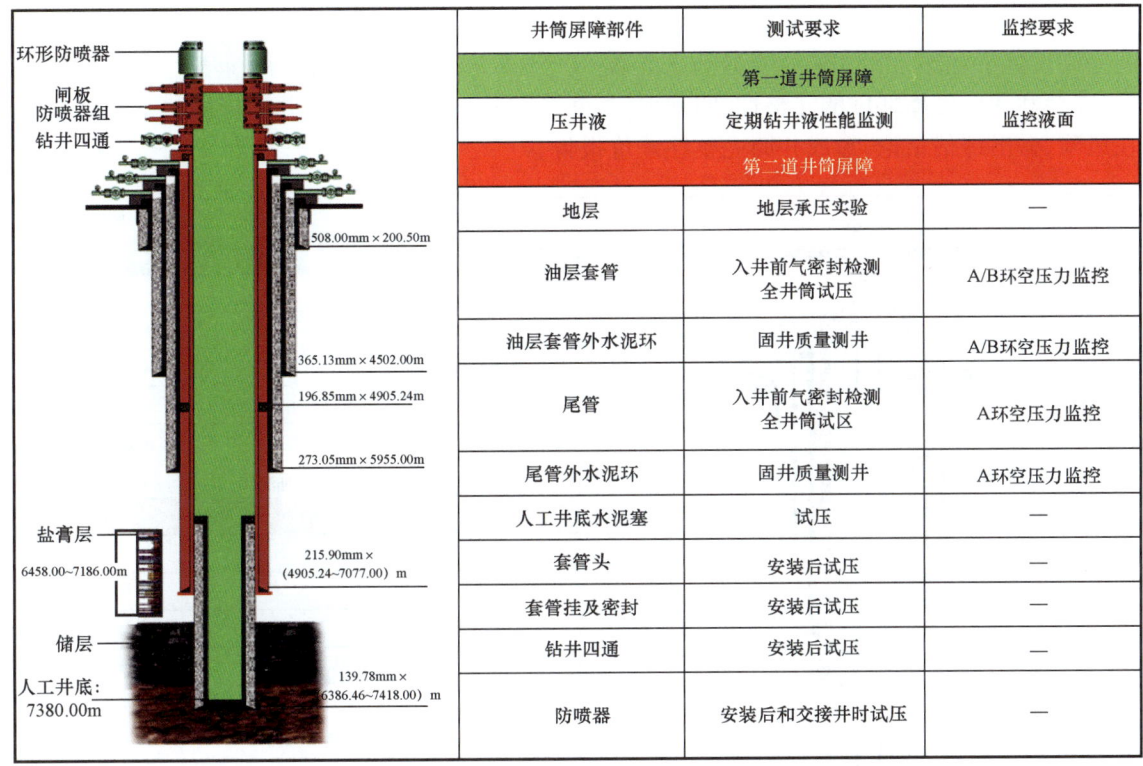

井筒屏障部件	测试要求	监控要求
第一道井筒屏障		
压井液	定期钻井液性能监测	监控液面
第二道井筒屏障		
地层	地层承压实验	—
油层套管	入井前气密封检测 全井筒试压	A/B环空压力监控
油层套管外水泥环	固井质量测井	A/B环空压力监控
尾管	入井前气密封检测 全井筒试区	A环空压力监控
尾管外水泥环	固井质量测井	A环空压力监控
人工井底水泥塞	试压	—
套管头	安装后试压	—
套管挂及密封	安装后试压	—
钻井四通	安装后试压	—
防喷器	安装后和交接井时试压	—

图 3.17　试油前的井筒屏障示意图

表 3.18　试油前井筒屏障组件评价表

井筒屏障部件	评价内容	评价方法
第一道井筒屏障		
压井液	射孔压井液密度	射孔压井液密度和性能是否符合设计要求 压井液高温老化实验数据 若射孔压井液柱压力能平衡地层压力则可以单独作为井屏障
第二道井筒屏障		
隔挡层	目的层上部是否有隔挡层	通过岩性资料、测井资料、地破试验等分析目的层上部是否有隔挡层
目的层及隔挡层处的套管和水泥环	目的层及隔挡层处套管抗外挤强度 目的层及隔挡层处套管固井质量	校核井内为射孔压井液时的目的层及隔挡层处套管抗外挤安全系数是否满足标准要求； 是否有连续25m固井质量优良的井段
油层套管（含喇叭口）	喇叭口是否密封良好 套管抗内压强度能否满足井控和环空加压射孔要求	是否对喇叭口进行负压验窜，验窜压力及结论替射孔压井液过程中喇叭口是否窜漏； 校核射孔压井液时的套管强度是否满足井控和环空加压射孔要求
井口装置（包含套管头、油管头、防喷器组）	井口装置是否满足起下钻井控要求	防喷器组合形式、闸板芯子是否满足井控细则规定和设计要求（半封闸板是否与入井管柱匹配，是否配备有剪切闸板）

利用清单式评价方法对井筒屏障状态进行评价(图3.18为试油和完井投产交井开发前的井筒屏障示意图,表3.19为试油和完井投产交开发前井筒屏障组件评价表),分别评价地层、井筒和井口屏障部件的完整性,明确地层、井筒和井口装置现状及井筒屏障失效造成的潜在风险,做出评估结论,形成井筒完整性评价报告。

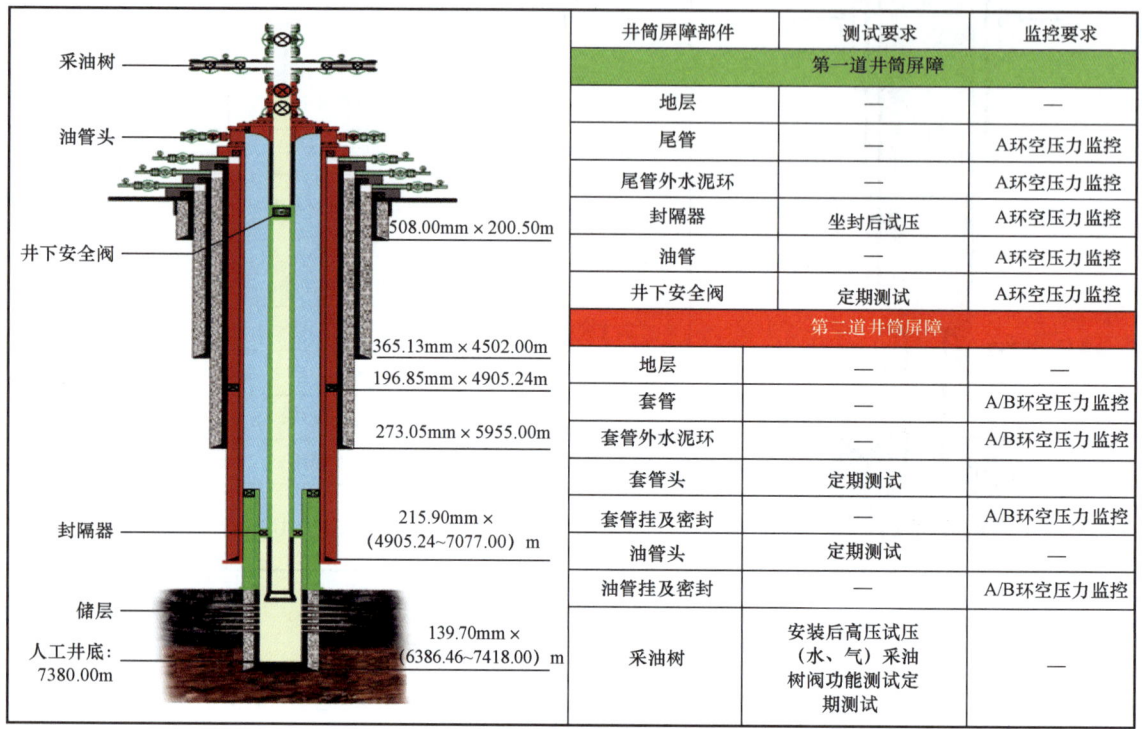

井筒屏障部件	测试要求	监控要求
第一道井筒屏障		
地层	—	—
尾管	—	A环空压力监控
尾管外水泥环	—	A环空压力监控
封隔器	坐封后试压	A环空压力监控
油管	—	A环空压力监控
井下安全阀	定期测试	A环空压力监控
第二道井筒屏障		
地层	—	—
套管	—	A/B环空压力监控
套管外水泥环	—	A/B环空压力监控
套管头	定期测试	—
套管挂及密封	—	A/B环空压力监控
油管头	定期测试	—
油管挂及密封	—	A/B环空压力监控
采油树	安装后高压试压(水、气)采油树阀功能测试定期测试	—

图3.18 试油和完井投产交井开发前的井筒屏障示意图

表3.19 试油和完井投产交开发前井筒屏障组件评价表

井筒屏障部件	评价内容	评价方法
第一道井筒屏障		
压井液	射孔压井液密度	射孔压井液密度和性能是否符合设计要求；压井液高温老化实验数据；若射孔压井液柱压能平衡地层压力则可以单独作为井屏障
隔挡层	目的层上部的隔挡层是否有效	通过环空压力监测来验证
封隔器下部套管	生产期间压力下降是否会造成封隔器下部套管被挤毁 关井是否会压坏封隔器下部套管	实际施工参数是否在封隔器下部套管安全控制参数范围内
封隔器下部套管外水泥环	生产期间的温度、压力变化是否会造成封隔器下部套管外水泥环	通过环空压力监测验证

续表

井筒屏障部件	评价内容	评价方法
第一道井筒屏障		
封隔器	生产期间的温度压力变化是否对封隔器密封性能产生影响	分析实际工况下封隔器压差；通过A环空压力监测验证封隔器完整性
管柱	生产期间的温度压力变化是否对管柱产生影响	用实际施工参数再次进行管柱校核，了解生产期间管柱是否安全；通过A环空压力监测管柱完整性
井下工具	生产期间对井下工具的影响	生产期间工具内外压力是否超过井下工具强度；井下安全阀是否开关正常
第二道井筒屏障		
封隔器以上油层套管	环空施加平衡压力对套管的影响	平衡压力是否在套管安全控制参数内
环空	环空压力	通过环空压力监测验证、环空带压分析
封隔器以上油层套管(含喇叭口)外水泥环	施加平衡压力对套管外水泥环的影响	通过环空压力监测验证
套管头	施加平衡压力对套管头的影响	通过套管头两翼阀门、试压孔是否异常带压判断套管头完整性
油管头	施加平衡压力对油管头的影响	通过油管头两翼阀门、试压孔是否异常带压判断油管头完整性
采油(气)树	关井压力对采油(气)树的影响	采油(气)树阀门是否渗漏

3.5.4 生产阶段的井筒完整性管理[20-22]

3.5.4.1 井筒完整性监测

根据不同的井况制订和实施不同的井筒完整性监测方案。

3.5.4.1.1 监控设备配套要求

（1）A环空、B环空、C环空均应安装压力表和压力变送器，并确保灵敏有效；

（2）生产期间的环空压力监测系统应具备预警提示功能；

（3）A环空、B环空、C环空应有连接紧急泄压管线或诊断测试泄压管线的接口，存在环空异常带压的情况应安装紧急泄压管线或诊断测试泄压管线，紧急泄压管线采用基墩固定，诊断测试泄压管线应引到地面并固定牢靠；

（4）含硫井应安装硫化氢监测仪，且监测设备应考虑硫化氢腐蚀的影响；

（5）采油(气)井口周围应安装可燃气体报警监测仪，并实现远程监控和报警；

（6）出现井口抬升的井，应安装井口抬升高度监测仪。

3.5.4.1.2 井筒屏障监测要求

（1）生产单位应制定采油(气)树、油管头、套管头和井下安全阀等井筒屏障组件的维护、保养、监测相关管理规定：

① 定期对油管挂密封性进行检查和测试。油管挂安装 1 年后进行检查和测试，以后最长每 2 年检查和测试一次。

② 在气井生产阶段的定期测试中，阀门在线测试应满足在 15min 内压降不超过试压值的 5%，否则应进行维修。

③ 定期对采油（气）井口装置进行维护、保养：正常井每季度进行一次维护保养；异常井根据情况加密维护保养；更换采油（气）井口（或主要部件）应重新进行试压，按额定工作压力对各阀门进行清水（冬季使用防冻液体）试压，稳压 30min，压降不大于 0.7MPa，表面无渗漏为合格。

④ 对井下安全阀进行测试、维护，正常情况下每半年应进行一次功能测试；在绳缆或连续油管、储层改造作业前后都应进行功能测试。

（2）各生产单位实时监控环空压力变化情况，若超出设定环空压力控制值，按照环空压力异常汇报程序上报。

3.5.4.1.3 流动保障监测要求

（1）生产单位应采取措施及时发现出砂、结蜡、水合物等问题，应严密监测出砂情况。

（2）生产单位应详细收集、记录油嘴管汇及生产管汇收集物，记录表见表 3.20。

（3）发现以上问题，及时制定流动保障措施。

表 3.20 ××井取样记录表

取样时间	取样位置	取样人	样品描述	数量/重量	样品分析结果	备注

注：要求样品照片、分析报告与记录表一起做好资料存档。

3.5.4.2 环空压力管理

3.5.4.2.1 环空压力控制范围计算

生产阶段有计算环空压力控制范围，指导环空压力管理，环空压力控制范围计算参见本书第 4 章表 4.A。

3.5.4.2.2 环空压力监控、测试和诊断

整个生产过程的环空压力应进行监控并记录。若环空压力出现异常变化，应及时进行环空带压分析或诊断测试，环空压力出现以下几种情况时，应开展环空压力测试：

（1）环空压力超过最大许可工作压力。

（2）正常生产过程中产量、油压平稳，环空压力出现异常。

（3）长期关井环空压力异常上升。

（4）关井初期环空压力不降反升或下降后持续上升。

（5）开井后环空压力上升后缓慢上涨，不能稳定。

通过测试环空压力变化情况、放出流体或补入的性质、数量等综合判断环空带压类型：

(1)人工干预(完井期间环空预留压力,改造环空补压等)导致的环空带压。
(2)温度效应导致的环空带压。
(3)持续环空带压。

环空压力测试应通过针阀控制放压速度,缓慢地放压;若环空压力较高,应采用阶梯式环空放压;A 环空放压的最低压力值不能低于目前工况下需保持的最小预留工作压力。

3.5.4.2.3 持续环空压力判定

环空压力出现异常变化后,应根据环空压力变化情况及诊断测试结果进行持续环空压力判定,判断环空带压是否为持续环空压力,给气井异常情况分析及风险评估提供依据,出现以下情况中的一种可判定为持续环空压力:
(1)环空泄压持续放出可燃气体,压力下降缓慢或不降。
(2)停止泄压后压力迅速恢复至原来水平或更高,放出可燃气体。

3.5.4.2.4 持续环空带压监控措施和监控要求

(1)对出现持续环空带压的井,应连续监控,及时诊断分析、评估,做好应急措施。
(2)应保存环空压力数据和操作的历史记录,便于环空带压井的分析和评估。连续的环空压力监测数据按资料录取要求存档,放压、补压数据按表 3.21 和表 3.22 详细记录。

表 3.21 ××井放压记录表

日期	放压环空	放压时间(hh:mm)	压力数据,MPa									放压持续时间(hh:mm)	放出物描述(气液、是否可燃、颜色)	放出量	现场操作人	备注
			油压		A 环空		B 环空		C 环空		D 环空						
			放压前	放压后	放压前	放压后	放压前	放压后	放压前	放压后	放压前	放压后					

表 3.22 ××井补压记录表

日期	补压环空	补压时间(hh:mm)	压力数据,MPa									补压持续时间(hh:mm)	补压介质			操作人	现场负责人	备注
			油压		A 环空		B 环空		C 环空		D 环空			介质	用量	密度			
			补压前	补压后	补压前	补压后	补压前	补压后	补压前	补压后	补压前	补压后							

(3)若需要对环空进行泄压,应考虑以下几点:
① 如果由于腐蚀和冲蚀原因导致持续环空带压,泄压操作有可能会使带压情况恶化。
② 泄压可能造成环空压力升高或环空内烃类流体量增加。
③ 环空压力管理程序应进行优化,以减少泄压操作的次数和泄放的流体量。

3.5.4.3 投产初期管理要求

3.5.4.3.1 开井前的检查与试压

（1）开井前应至少做目视检查并书面记录。

① 井筒的所有连接件牢固可靠无破损,比如仪表和控制管线完整无缺等。

② 井口装置的总体情况:机械损伤、腐蚀、侵蚀、磨损等。

③ 检查井口装置是否有泄漏现象;如果观测到泄漏,应制订相应的处理措施。

（2）投产前应检查井筒屏障组件测试记录,若关井时间超过 6 个月,应按照规定对采油（气）树及井口装置重新试压合格方可投产;可采用关闭生产翼阀,开启井下安全阀及主阀,利用井筒流体验证采油（气）树及井口装置的密封性,采油（气）树阀门在线测试应满足在 15min 内压降不超过试压值的 5%,否则应进行维修。

（3）检查生产流程中设备的状态,确保各阀件按照高压气井开井操作要求处于相应的开关状态。

3.5.4.3.2 投产初期资料要求

（1）开井生产前应编制单井环空压力控制参数,明确各环空压力控制范围、放喷时最小预留油压值。

（2）投产初期是诊断热效应导致环空带压或持续环空带压的关键时期,应严格执行开井投产操作要求,并加强监测资料录取,主要包括以下几方面:

① 开井前后油压变化情况;

② 环空压力变化情况;

③ 井口温度变化情况;

④ 井口产出物情况（油、气、水、固……）;

⑤ 环空压力操作记录。

（3）投产初期主要确认以下内容:

① 各环空带压情况;

② 合理的生产参数;

③ 各屏障组件运行是否正常。

3.5.4.3.3 开关井的操作要求

生产过程中突然开关井易形成"水锤效应",操作不当会造成很大的冲击载荷,关井冲击力可能远远高于静态载荷,进而造成管柱失效。除紧急情况或意外关井,高压气井不宜直接采用液动或电动油嘴开关井,应采取阶梯式缓慢开关井。生产井宜配备固定油嘴和可调油嘴（针式节流阀）。根据井的压力和产量开关井阶梯次数分 2~3 次,每次时间间隔 15min 以上。

3.5.4.4 定量风险评估及分级管理

3.5.4.4.1 定量风险评估

针对认定为环空压力异常井,应开展井筒完整性失效风险量化评估。评估基本方法如下:

（1）绘制潜在泄漏通道图,结合进一步的诊断分析,判断异常压力来源。

(2)开展井筒屏障组件可靠性测试。

(3)重新评估各环空允许最大工作压力。

(4)建立风险分析所使用的风险矩阵和可接受准则(高风险:风险不可接受,要提供处理措施,验证处理措施实施的效果;中风险:开展最低合理可行分析,应考虑适当的控制措施,持续监控此类风险;低风险:风险可接受,只需要正常的维护和监控),确保分析的一致性,并提供决策依据。风险矩阵应至少考虑安全风险、环境风险和经济风险,并对失效可能性和失效后果进行定性和量化描述,以确保定性和定量分析的需要。

(5)根据矩阵图(图3.19)确定气井风险等级。

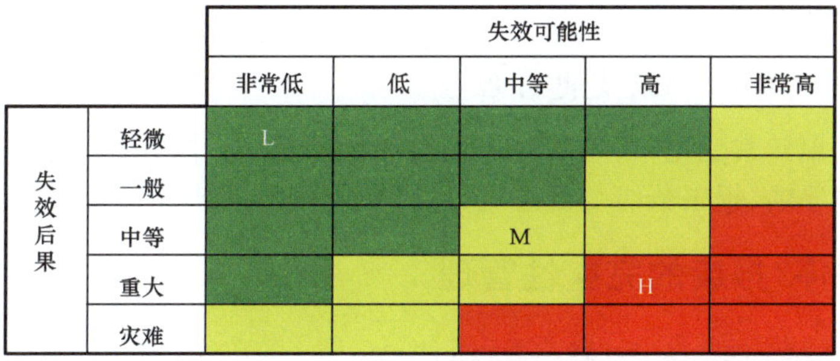

图3.19 风险矩阵图

L—低(绿色);M—中(黄色);H—高(红色)

3.5.4.4.2 井筒完整性分级及响应措施

通过井屏障完整性分析及风险评估对井进行分级,根据不同级别制订相应的响措施,井筒分级原则及响应措施见表措施见表3.23。

表3.23 井筒完整性分级及响应措施

类别	分级原则	措施	管理原则
红色	第一道屏障失效,第二道屏障受损(或失效),风险评估确认为高风险,或已经发生泄漏至地面	红色井确定后,必须立即治理,行业管理部门应立即组织编制治理方案,生产单位立即采取应急预案,实施风险削减措施,防控风险;组织实施治理方案	油田公司领导批准治理方案,行业管理部门组织协调,生产部门组织实施
橙色	第一道屏障受损(或失效),第二道屏障完好;或第一道屏障受损(或失效),第二道屏障虽然受损,但经过风险评估后,确认为中或低风险	首先制订应急预案,根据情况进行监控生产或采取风险削减措施,少调产,尽量减少对环空实施泄压或补压;严密跟踪生产动态,发现问题及时分析评估并采取相应措施	行业管理部门组织技术支撑单位和生产部门共同制订监控措施;生产单位负责监控生产,发生重大变化,上报行业管理部门,并组织技术支撑单位分析变化原因及影响,提出处置意见
黄色	第一道屏障完好,第二道屏障受损,经过风险评估后,确认为低风险	采取维护或风险削减措施,保持稳定生产,严密监控各环空压力的变化情况;尽量减少对环空采取泄压或补压措施	由生产单位自行监控生产,若发生重大变化,上报行业管理部门,并组织技术支撑单位分析变化原因及影响,提出处置意见
绿色	第一及第二道屏障均处于完好状态	正常监控和维护	由生产单位自行监控生产,若发生重大变化,上报行业管理部门,并组织技术支撑单位分析变化原因及影响,提出处置意见

3.5.4.4.3 中高风险井完整性管理

中高风险井一般指黄色、红色井。中高风险井的削减措施至少包括但不限于以下几个方面：

(1) 重新确定环空许可压力操作范围，并设报警值。
(2) 配备必要的泄压或补压装置。
(3) 制订开井、关井工况下的油管和套管压力控制措施。
(4) 制订相应的应急预案并定期演练。
(5) 应对措施方案应根据井的分级情况由行业管理部门组织相关技术人员评审，行业管理部门或油田公司领导审批后方能实施。

3.5.4.4.4 井筒完整性分级变更管理

当环空压力出现异常变化时，应及时上报行业管理部门，并由技术支撑单位开展持续环空压力的分析及风险评估，提出分级变更意见，由行业管理部门或油田公司领导审核确定。

3.5.5 井筒关停/报废的完整性管理

3.5.5.1 井筒关停/报废的完整性管理程序

建井阶段的井筒关停/报废由建井单位提出，行业管理部门审核，油田公司审批后由建井单位负责实施。

生产阶段的井筒报废由生产单位提出，技术支撑进行地质、工程技术论证，油田公司核准后报上级主管单位审批；上级主管单位审批后由技术支撑单位提出报废方案，并按程序完成报废设计，生产单位负责实施。

3.5.5.2 井筒关停/报废的完整性监控

3.5.5.2.1 关停井的屏障监控管理

对于关停井要求井内留有一定深度的管柱，采油（气）井口装置组合完好便于监控和应急处理以及使井筒流体与地表有效隔离。关停井应对井筒的第一道井筒屏障和第二道井筒屏障进行定期的跟踪监控监管。

至少每月一次跟踪记录井口油压和各个环空压力情况，若遇到井口起压时应加密观察记录，必要时进行测试，为后期作业方案提供资料。

3.5.5.2.2 报废井的屏障监控要求

报废初期 1~3 个月观察一次，1 年后每年观察一次，井口有无流体外溢，如发现井口有溢流应及时处理，消除隐患。

3.5.6 井筒完整性管理系统

井筒完整性数据库管理系统是为满足井筒完整性管理需要开发的综合管理软件，用于整个建井、生产期间井筒完整性管理，监测评估和报告编写。它可以集中存放所有井筒完整性相关的信息。

3.5.6.1 井筒完整性数据库管理内容

井筒完整性数据库管理系统中应包括与井筒完整性相关的数据信息,具体包括以下内容:
(1)套管和油管的设计载荷工况;
(2)井筒屏障组件的技术规格和材料证书;
(3)井筒屏障组件的试压记录;
(4)井筒完整性测试记录;
(5)环空压力记录;
(6)井筒屏障示意图;
(7)井控演习记录;
(8)检验和维护保养记录;
(9)井筒的永久报废方案和文件;
(10)井移交文件。

3.5.6.1.1 井筒屏障图

井筒完整性数据库管理系统中应包括生产阶段的井筒屏障示意图,如果井筒屏障组件的状态发生了任何改变或已失效,应记录并重新绘制及时更新井筒屏障示意图。

井筒屏障示意图应包含以下 7 个方面的要求:
(1)作为井筒屏障的地层应给出强度信息。
(2)井筒屏障示意图上应显示油气储层信息。
(3)第一道井筒屏障和第二道井筒屏障中的每个井筒屏障组件,都应显示在表格中,并注明初始验证测试结果。此外,井筒屏障组件应该能够链接到测试、监控和验证相关的表格和历史数据。
(4)图中每个井筒屏障组件都应该显示其正确的深度。井筒屏障示意图可不按比例,但必须准确绘制。
(5)所有套管和固井信息,包括表层套管固井信息,应该显示在示意图上,并标明尺寸。
(6)井筒屏障示意图中应至少包含下列信息:油气田名、井号、井型/井别、井状态、版本、日期、编制人、审核人/批准人,确保井数据和井筒屏障信息的正确性并能够追踪。
(7)其他重要信息,如井的历史、完整性现状特殊风险均应进行标明和注释。

3.5.6.1.2 井筒完整性状态的统计分析

井筒完整性数据库管理系统中应包括各个区块内单井的完整性状态及失效事件,其主要目的是对生产井,按照完整性状态进行筛选统计,提供总体和区块内井筒现状的概况。

单井完整性状态是提供区域综合查询的基础数据,在单井资料录入时,将单井的完整性状态记录在系统内,系统可通过统计功能自动输出区块间或区块内的井筒状态的对比查询结果,来查看区域内的井筒完整性分布状况。

3.5.6.2 井筒完整性数据库管理系统功能

3.5.6.2.1 后台数据管理

(1)井筒屏障图绘制。建立井筒屏障图设计及绘制软件,可以实现的半自动化快速成图。

(2)屏障部件全生命周期资料维护。

(3)完整性状态维护。

(4)完整性失效事件维护。

(5)数据审核。

3.5.6.2.2 单井查询

(1)井号检索。

(2)单井资源树导航。以树形目录式,将该井所有完整性相关信息组织起来可以分类进行浏览查看。

(3)井筒基础资料浏览。包括井基本数据、各类地质及工程设计、各类井史等。

(4)井筒屏障图浏览。按时间顺序排列的井筒屏障图变化记录,也可以选择某个历史进行查看,在井筒屏障图上可进行用户交互操作。

(5)井筒屏障组件查询。按树形结构组织的分类式查询包括:组件基本参数、前期商业资料(如订货技术协议、商检报告、热处理报告、无损检测报告等)试压报告(井前试压、施工试压)、日常监测数据、维护保养记录、维修记录等。

按时间循序排列的全生命周期查询方式:纵向的时间轴记录各项事件名称及发生时间点,点击之后以页签形式显示该事件对应的各项资料;例如,××年××月订货事件,点击后显示订货技术协议。

(6)井筒完整性失效事件查询。可以查询本井发生的失效事件记录,以事件发生时间顺序排列,详细记录事件发生的时间、原因、发生过程及处理过程、处理结果等信息。

(7)单井井筒完整性状态查看。分为井筒完整性当前状态和历史状态查询两部分,当前状态显示本井目前井筒完整性所处等级及对应颜色,历史状态显示本井全生命周期的变化情况(以颜色条形式区分状态变化)。

(8)实时压力监控。实时压力监控分为两部分:一部分是以井筒完整性图版中所示的各环空允许范围图为基础的实时显示,将当前监测的各环空压力绘制在相应图形中,直观反映各环空压力是否处于正常范围内;另一部分是将一段时间(如当天)各环空压力历史数据及允许范围以曲线图的形式绘制,直观观察各环空压力变化趋势。

3.5.6.2.3 区域查询

(1)区域性井筒完整状态查询。两种各区块整体的井筒完整性对比图,和单个区块内所有井的状态对比图。

(2)失效井筒汇总统计。统计某段时间全油田或某区块失效情况,以统计表配统计图的方式显示。

(3)日常报表。例如各类月报年报所需统计数据。

3.5.6.2.4 辅助诊断评价

(1)辅助分析图表:根据待评价的对象不同,可展示不同的辅助诊断评价图表。

(2)诊断评价结论填写:借助于辅助诊断图表,评价人员可以更快速地进行诊断评价,评价的结果及依据说明录入到系统中。

3.5.6.2.5 井筒完整性评价任务管理

管理每口井井筒完整性评价任务的过程记录,包括任务的下达、接收、执行时间、执行结果等记录。本功能需要多个用户共同参与完成。

3.5.6.2.6 井筒完整性报告生成

根据后台定义的各类报告模板,系统可以自动生成各种报告。

3.5.7 新技术评估与确认

3.5.7.1 新技术评估的定义

新技术是指现有标准或程序不能完全覆盖到的技术、设备或工具,它可以是一种创新的技术,也可以是一种成熟的技术在新环境中应用(例如智能钻杆技术、智能完井技术等)。新技术应用所面临的最大挑战是在应用过程中的可能会遇到不确定性的危害因素。因此,可采用新技术评估来识别新技术在应用过程中存在的不确定性的危害因素,然后通过充分的验证测试方法来削减这些危害因素,证明技术可在规定的操作范围内应用,并达到可接受的置信水平。

3.5.7.2 新技术分级确认

3.5.7.2.1 技术调研

在进行新技术评估前,应对所评估技术进行充分了解,并确定技术期望达到的要求,主要包括技术要求和性能要求。

3.5.7.2.2 技术分解

技术分解就是将技术拆分为易于管理的要素,以确认需评估的技术要素。技术分解可从以下方面进行考虑:
(1)主要功能和次要功能;
(2)执行功能的子系统和设备;
(3)工艺流程的顺序或操作;
(4)项目执行的各个阶段,根据制造、安装和操作等阶段的程序来考虑。

3.5.7.2.3 新技术分级及评估范围确定

针对技术分解后的每个技术要素,按照表3.24从技术新颖度和应用领域两个方面考虑,对新技术进行分级。

表3.24 新技术分级表

应用领域	技术新颖度		
	成熟的	有限的现场应用	新的或未应用的
已知	1	2	3
有限的认知	2	3	4
未知	3	4	4

新技术分级说明如下:
(1)级别1,不存在新技术不确定性(成熟技术);
(2)级别2,新的技术不确定性;
(3)级别3,新的技术挑战;
(4)级别4,重大新技术挑战。

级别1为成熟技术,不存在新技术不确定性,不需要进行新技术评估。此类技术的验证、测试、计算和分析可通过现有的方法来确认。

对于级别2到级别4的技术要素,由于其技术不确定性程度增加,因此需要进行新技术评估。

3.5.7.3 新技术评估方法流程

对于技术分级为2、3和4的三个级别技术要素应进行新评估。

新技术评估是一套系统的结构化流程,它包括了以下主要步骤:危害识别和风险评估、测试验证计划、测试计划执行和性能评估。新技术评估流程中每一步都应该进行详细地记录,以保证数据和结论的可追溯性。新技术评估的主要流程如图3.20所示。

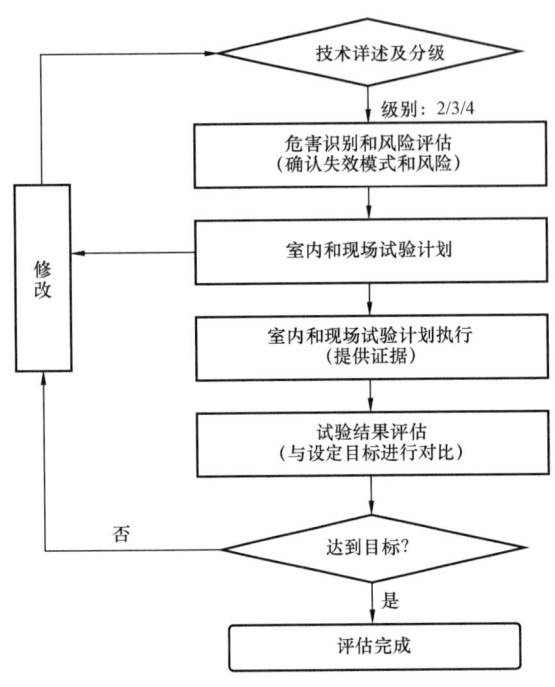

图 3.20 新技术评估流程图

3.5.7.3.1 危害识别、风险评估、室内和现场试验

建井或生产单位提出新技术评估需求,技术支撑单位进行危害识别、风险评估并编制室内或现场试用方案,建井或生产单位组织实施,技术支撑单位参与试验全过程。

3.5.7.3.2 试验结果评估

技术支撑单位编制评估报告并上报行业管理部门,由行业管理部门组织相关单位对新技术适用性、先进性进行审查确认,决定是否推广应用。

3.5.8 用系统工程方法管理井筒完整性

井筒完整性管理是指采用系统工程的方法来管理全生命周期的井筒完整性。井筒完整性管理需要不断改进和完善。应制订相应的政策,有关企事业单位要承诺履行井筒完整性管理的责任,保护健康、安全、环境、资产和企事业单位声誉。井筒完整性的方针、政策要由集团公司或油田公司高层管理者签字批准,下发所属单位执行。应制订井筒完整性的管理程序,说明上述政策如何贯彻、实施。应制订井筒完整性的策略,确定资源分配和预算优先级别,以支持管理目标的实现。井筒完整性各级管理机构的管理职责和权限是:

(1)油田公司。

① 总体负责作业井的规划、设计和建井作业;
② 明确各部门关于井筒完整性的职责;
③ 确保重要人员有相关资质;
④ 审核承包商、合伙人的作业程序和作业标准以及保证质量的主要措施;
⑤ 负责新技术、新设备的独立技术评估与确认工作;
⑥ 组织井筒完整性管理的审核和考核。
(2)建井部门。
① 监督有关的作业人员(如承包商、合伙人、钻完井工程师、钻井液工程师、录井工程师、固井工程师、采油气工程师、修井工程师、地质监督和其他人员)按照设计和规定执行其职责;
② 监督井筒屏障的安装组配、检查、测试和监控。
(3)油气生产部门。
① 负责制订采油、注水、修井等的作业标准及其实施措施;
② 参与试油方案的制订和调整变更。
③ 执行井筒屏障的测试、维护和监控工作。
④ 参与井下作业方案的制订和前期准备工作。
(4)生产、施工作业部门。
① 制订作业程序和作业标准满足井筒完整性的要求;
② 作业过程中遵守油公司井筒完整性有关的规定和要求。
(5)合伙人员应遵守并配合上述内容的实施。
(6)人员培训。

首先应由具有一定资格的培训主讲教师并由他负责全体讲学人员的组织工作,安排好教学计划,准备好教材等。

其次,下列人员必须参加培训:
① 基层作业队、钻井队、采油队、修井队的负责人;
② 主要技术人员,包括钻井完井工程师、采油气工程师、HSE 人员;
③ 现场监督人员;钻井监督、试油监督、地质监督和甲方生产管理人员;
④ 现场操作人员,包括生产监督、设备管理人员、中控室操作人员、现场各种技术员;
⑤ 钻井承包商,包括平台经理、大班司钻、和服务公司工程师;
⑥ 有条件时或必要时实行全员培训;再就是随着人员易岗、升职等按需进行相应的培训。

3.6 应用实例

[例1] 沙特阿拉伯石油公司在成熟的含硫油田中有效的井筒完整性管理。

在井筒的整个生命周期中,获得最大的油井生产寿命和地层流体最小的未控制的泄漏,是任何一个勘探和开发公司的主要目标。所以管理井筒完整性已经成为像管理油藏一样地重要,同时它的价值还在于延长井筒服役寿命,提高经济效益。沙特阿拉伯在一个陆上的正在开发中的大的成熟的含硫油田生产含硫的原油,存在着多重井筒完整性挑战。

(1)严格的井筒完整性监测和维修程序。

该油田研发了一个严格的井筒完整性监测和维修/维护程序。该程序能预先通过一个预置的诊断程序和维护方案,对井口和井下的完整性进行评估。该程序遵循作业标准和指南,强调各个作业各种状况对屏障的要求。沙特阿拉伯认为正确有效的井筒完整性是第一位的,也是重要的。小油田可用人为跟踪和监管井筒完整性的做法,而大油田采用人为的做法可能产生人为错误。沙特阿拉伯研发的程序是自动化地进行,一方面,能减少人为错误;另一方面,这种系统化的方法能保证用明确的工作计划跟踪有问题的井,以适应整个作业时间的工作状态变化,是智能化的。实现自动化、智能化是在数据系统中,设置一些条件以触发在什么时候,该干什么;比如环空检测,每年检测一次。如果今年在1月1日做了环空检测,1月1日作为日前,计算明年1月1日前一定得做环空检测。如果到了明年1月1日还没有做环空检测,系统就会发一个邮件通知相关人员,提醒说环空检测到期了,该做检测了。相关人员就采取行动,要么取消这个预先的设置(比如该井正在进行侧钻,不能马上进行),或者立即进行环空测试。井筒性监测"什么、为什么、何时、如何——what,why,when,how"进行是井筒完整性监管程序的全部要素,始于下列6项初次井筒完整性检测:

① 6项初次井筒完整性检测。

a. 井口装置的每个阀件的完整性测试和维护;

b. 对地面和地下的安全阀(SSV/SSSV)及应急关井系统的功能测试和完整性测试;

c. 环空压力测试和取得的样品测试/实验室测试;

d. 套管头及基础检测;

e. 本区域的井下温度剖面测量;

f. 套管腐蚀测井与检测。

沙特阿拉伯特别重视这6个测量项目,每口井都要定期执行以监测井筒完整性。井筒检测程序有多种工作,主要由下列步骤组成。

② 4个步骤。

a. 维护基于监测频率的监控系统;

b. 分析、核实和批准检测结果以识别问题井;

c. 维护对问题井保持跟踪的系统;

d. 通过轻微的维修来修复发现的问题;如果这不能解决问题,就需要动用修井作业了。

图3.21中的流程能清楚地说明这种方法。

维护跟踪系统的测量频率:作为井筒完整性管理系统的一部分,上文提到的6项检测有一个固定的频率/周期。这个频率的设置是依据一些条件或标准,例如完井类型、井位、井龄等;一个自动化系统保持先进的跟踪频率、检测日期、记录检测完成日期和自动地设置新的特别的检测程序/能自动添加程序。

分析、确认和批准检测工作:一旦完成上述工作,检测结果由采油工程师进行详细的分析、核实和批准。只批准核实有效的检测资料,而其他的测量则作为无效的测量。如果在这些有效测量的资料中发现任何异常,必须重新检测以复核情况。如果重复检测显示出类似的异常,要进行进一步的诊断工作直到这些问题被确认为止;问题一旦得到确认,该井被列入有问题井

第3章 井筒完整性的组织管理与运作

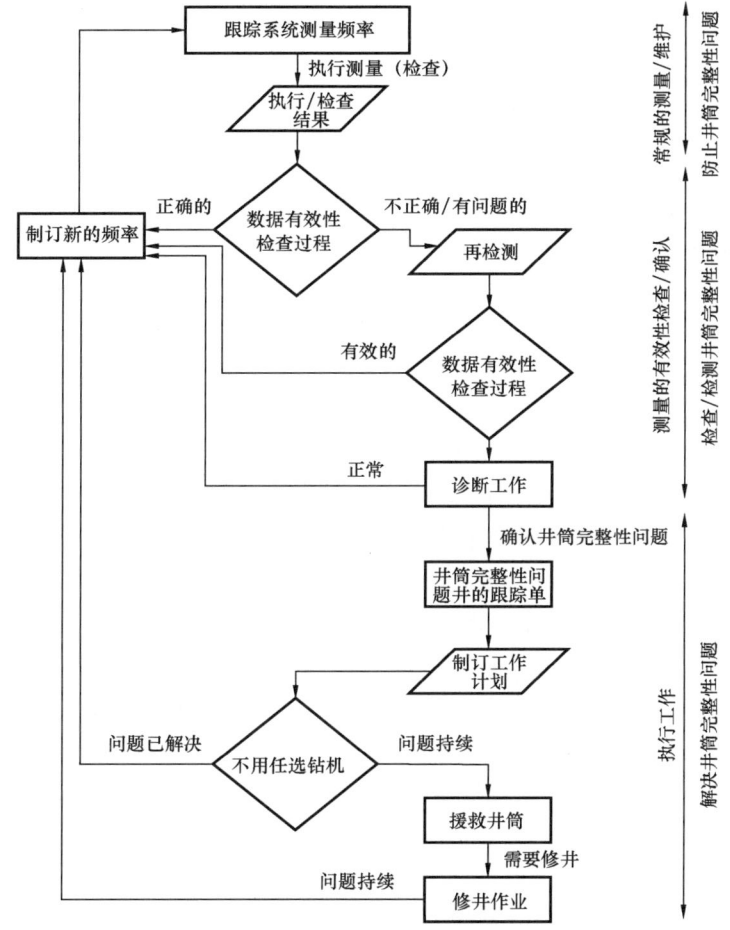

图 3.21　井筒监督/监视/监管程序流程卡[10]

的清单,进入跟踪系统;跟踪系统根据预先设置的条件进行跟踪如提醒用户采取措施,直到这些问题得到完全解决为止。沙特阿拉伯的跟踪是认真的、一丝不苟的。

③ 对问题井的跟踪清单。

建立问题井跟踪清单的目的是改进和证实系统的和有效的跟踪井筒完整性的聚焦/焦点内容。它有助于引起采油工程师以及管理者高度的重视和紧跟该井有关井筒完整性的问题,并及时采取正确的补救工作。这个补救清单有下列几个特性:

a. 标记问题井的完整性任何疑点/争论点。

b. 数据系统根据条件产生一条消息,并请求服务器根据该井的管理层次及其相关人员清单可以自动发送邮件给每一个人。工作中根据需要,用因特网/网络把这种邮件发送给相应的高级工程师一个自动邮件。该邮件的内容是关于这个异常及其标记的情况等。

c. 分析检测工作,指出问题井所标记的悬而未决问题。把井筒完整性疑点/争论点上报至工程/管理的高层者。高层工程/管理者应深入现场及时做出决定。

从这个自动化系统得到的好处有 5 点:

a. 在判断—确认完整性检测工作期间,首先要控制住问题井。
b. 用非常规方法标记有问题井并进行跟踪。
c. 迅速安排补救工作以适应完整性要求。
d. 用最少的采油维修人员进行维修以节省时间和劳力并提高效率。
e. 减少和消除人为的错误,尤其是对拥有大量油井的大油田。

调停与提交该问题井给修井部门:通常用轻微的维修工作即可解决小的问题;然而如果问题是重大的而且小的维修工作不能解决,就该提出修井建议并把井交给修井队去处理。

④ 常规监测的重要性和益处。

上面述及的6项初次检测的每一项检测,都有其重要性。阿美石油公司也从中受益。

a. 井口装置各个阀件完整性测试。对井口装置各个阀件的完整性测试是井筒完整性检测程序中的一个集成部分,它要在所有的井上进行。压力测试和注润滑油是这些阀件两个主要的检测累积维护程序,它能确保井口装置阀件(即冠阀、主控阀和翼阀,还有考克阀和液流管线隔离阀等)的完整性。把它作为两个重要的测试及维护程序,表明阿美石油公司对井口装置全部阀件测试和注润滑油工作的重视。井口装置阀件完整性测试是在需要井控时能确保阀件的控制能力。这个检测确保了阀件全天候的封闭/隔离能力和掌控液体流动和压力的能力。井口装置阀件是井筒在不安全情况下的第一道防御工事;同时,不管井筒是否有压力,这些阀件都需要全天候正常功能。特别是主控制阀。在应急情况时,如果主控制阀的功能不正常的话,它就不能隔离/封闭/控制井筒,而这是非常危险而又重要的事。从许多重大事故中都证明了这点。事实表明,通过使阀件部件与所流经液体最小化直接接触的方法,阀件的定期维护能减少/降低由摩阻、磨蚀所导致的危害,减少岩屑、碎片与油泥、污水的积累等。这就是为什么要重视对井口装置阀件进行完整性检测,保持阀件清洁和无损的原因。还有阀件的齿轮是阀件的主要部件,要维护好以使其能正常转动。

b. 井口装置阀件完整性的测试频率。一般来说,油井每年测试一次,然而在人口密集区的井每年需要测试两次,注水井每年测试两次。井口装置阀件的注润滑油阀测试频率每年一次,在人口密集区的井每年两次。这是一般要求,有特例的就特办。

(2) 4口井的实例。

① A井。在对井口装置阀件进行常规完整性测试时(这些测试都是日常工作,关闭一个阀,同时把其他阀门打开,检测压力变化,如果没有压力变化,说明该阀工作正常;否则表明异常,就需要修复)。发现A井从法兰下面的控制阀通过"O"形环有渗漏。因此,该井用2个井下可回收的桥塞进行压力控制以撤卸井口。检查了渗漏区后,换掉了与井口装置有关的几个被腐蚀的控制阀的底法兰和在法兰座顶面有诱发性损害处。进一步检查发现,9in"X"补心卡在了9⅝in套管头里面,更换新补心无法进行。该井之后移交给油田技术服务部门来修复渗漏问题和更换主控制阀。这类情况每年有几口井都是通过常规完整性测试井口装置而检查到的,消除了主要的隐患与事故。

地面/地下安全阀和应急系统测试:地面安全阀(SSV)和井下安全阀(SSSV)通常是通过应急系统的水力控制管线来启动的。SSV是采油树的一个组成部分,而SSSV则安装在井口装置以下的浅深处。这些阀件的功能是保证井筒在任何应急情况下能自动地关井。SSV,SSSV,ESD系统的完整性和功能性测试是每个季度对所有的井进行一次,以保证它们能工作和完成它们所赋予的功能。

环空检测:作为油田的一个标准,除了油套环空(TCA)外,所有环空均需注水泥胶结。理想地说,套管之间的所有环空在没有问题时应该是零压力。但是在有水泥环的环空,因下列因素可产生压力:

a. 水泥窜槽;

b. 水泥浆循环不完善;

c. 套管漏失;

d. 井口装置密封圈渗漏。

油套环空通常充填了加有抑制剂的柴油和保持其内部为正压力。这样做是为了能快速检查套管是否渗漏。因此,由于封隔器液体的膨胀,油套环空可以产生比正常压力高的压力。这个压力在放压之后应该不会升高。如果油套环空压力在放压后确实回到了原来的油套环空压力值,那就表明可能发生封隔器渗漏、油管渗漏或油管盖帽渗漏。定期进行环空测量来监视环空压力。在环空测量时收集的数据和取到的样品有助于识别问题和确定问题的原因。如果从环空收集的样品确认有原油存在的话,则表明必有流体交换发生在井下和(或)地面。由于 A 井所在陆地油田中的原油含有 H_2S 或 CO_2 这些腐蚀性成分,套管或油管漏失的机会变得很高。新的阿美石油公司规定,在所有井的油套环空中,必须用抑制性的柴油或水充填并要保持一个正压力。这使快速检查套管漏失成为可能。还有,所有装备了在线的压力传感器的井能在所有时间内实时受到监视。每年要用机械的或电子的压力计对环空压力传感器的精确度和功能性进行校验。关于环空检测频率,对不同井别/井况,环空检测频率要求不同。每年要在生产和关井条件下检测油井的所有环空。这样能够正确地分析和识别井口装置处的或地下的漏失。在人口密集地区的井,在生产和关井条件下需每年检测 2 次。安装了电潜泵的井每年需检测 4 次。有油套环空的注水井,每年需检测 2 次,尤其是注入水或在产出水腐蚀性大的时候,这使得保持油管完整性是必须的。没有油管的井,每年环空检测 1 次,这是因为环空注了水泥。有些井需要进一步用跟踪系统对环空监管—监视。

② B 井。B 井在 7in×9in 的套管—套管环空(CCA)中持续显示高压。几次做了尝试放压后,都在不到 10min 的时间内,环空应力又回升到原来未放压时的压力。在放压工作中,注意到有柴油和气体从 CCA 中出来。9in 的 X 补心做过压力测试并发现它不能保住压力。试图激活 X 补心未获成功。之后从 CCA 进行带压取样并送到实验室做检测分析。实验室分析结果表示在样品中有高百分比(55%)的甲烷。所以,把该井移交给修井队来检修套管—套管环空的高压。其修井目的为:

a. 使用声波测井以识别套管外的液流串层。

b. 用腐蚀测井法评估 7in 套管完整性。

c. 按需封隔住流体通道。

套管头底盘检查。检查套管头底盘(套管联顶支座)是为了检查近地面处套管头底盘是否有什么腐蚀源。套管头底盘的作用是作为腔室以连接表层套管顶部来支撑套管柱重量。近地表外部腐蚀是受到导管和表层套管之间含氧气的水或循环的水湿气连续进入的原因。在环空中滞留的氧化水与从水泥和高作业温度条件下浸滤出化学的盐分会造成低阻抗的电解质(电解液)从而形成一个良好的腐蚀环境。还有,水泥环中的微环空中也能保留从表层套管后面辐射出来的少量水,这些水会造成表层套管在近地面处发生腐蚀。所以检查套管头底盘是油井和注水井井筒完整性检测计划的一部分。套管头底盘检查的方法是把地表挖开,挖 2m 深以露出套管头底盘,然后把套管头底盘洗干净,可以直观检测,同时用 UT SCAN 检测套管内伤及其他腐蚀情况,然后打磨上保护层、涂漆等工作。这项检查保证了一口井套管头底盘和表层套管的完整性。关于套管头检查频率,钻井和修井机所安装的新井口装置有它们自己的套管头底盘,表层套管和导管的保护层。检查这种保护层是每口井第一次套管头底盘检查的内容。它也是以后检查的起始计算日期。油井在钻机拆走后每 10 年需检查一次;然而,井龄在 30 年或 30 年以上的井每 5 年得检测一次。类似地,注水井在拆走钻机后每 7 年检测一次,而井龄在 21 年或更长时间的井每 4 年需检测一次。沙特阿拉伯对不同井况的井套管头底盘检测频率也是不同的,这是他们的实践经验总结出来的;我国各个油田应该总结自己的实践情况制订检测频率。

③ C 井。检测者在 C 井中进行常规套管头底盘检测时发现该井套管头腐蚀。他们观察到在 18$\frac{5}{8}$in 套管上有针孔大的孔眼并有烃气。实验室的分析从 9in×13in 环空和 7in×9in 环空两处取的带压样品,并确认烃气的存在。检查单位陈述管套(套筒)不可能用来完全修理这一漏失情况。另一个同类的检查队也说这口井有安全问题,需要作为紧急情况进行修井;第二天进一步检查获得下列资料/信息:

a. 针孔的尺寸是 0.5in 宽和 1.1in 深并位于 18$\frac{5}{8}$in 套管体部。

b. 气体监测器(LTX,激光测试型)穿过该孔眼时报警。

如果这种常规的套管头底盘检测没有及时地进行,这烃气漏失的影响可能已经很严重了。这种积极主动的方法已成功检测出好几口类似的井并将继续防止重要事故的发生。我们可以借鉴应用。

温度检测及检测频率。温度检测目的是早期检查套管漏失和(或)管外液体流动。管外液体串流能造成水层的污染、原油生产的损失或者甚至发生地面井喷。及时识别套管漏失对于避免碳氢化合物的损失和浅层水的污染有着关键性的作用。因此,建立准确反应每个区块的基础地温梯度剖面是非常重要的(图 3.22)。基础地温梯度剖面提供该区域的地热梯度以便与后来得到的温度剖面进行比较。基础温度剖面可在新井投产或注水之前测得。这些基础温度剖面有助于建立一个地区的地热梯度模型。如果对一口特殊井,如基础温度剖面没有的话,那么邻井的基础温度剖面可以使用。关于温度检测频率,通常对有井下封隔器完井的所有井基础温度检测是必须的。根据完井方法和井龄情况可要求额外的温度检测。对于使用封隔器完井但封隔器安装在浅深处的所有油井,推荐的温度检测频率如下:

a. 井龄小于 7 年的井,每年温度检测 2 次;

b. 井龄在 7 年到 13 年的井,每年温度检测 3 次;

c. 井龄大于 13 年的井,每年温度检测 4 次。

对于井下有封隔器和已知封隔器以下的油藏层位之间有串流问题的井,每年温度检测 2 次。无油管管柱的注水井每年都要温度检测。

④ D 井。井下套管漏失在一口有封隔器的注水井中的 7in 尾管挂附近通过测井温时被检查出来(图 3.22)。该漏失用流量计测井也得到了确认。窜流可能存在,应快速处理。该井作为紧急情况移交给修井队修井,其目的是:

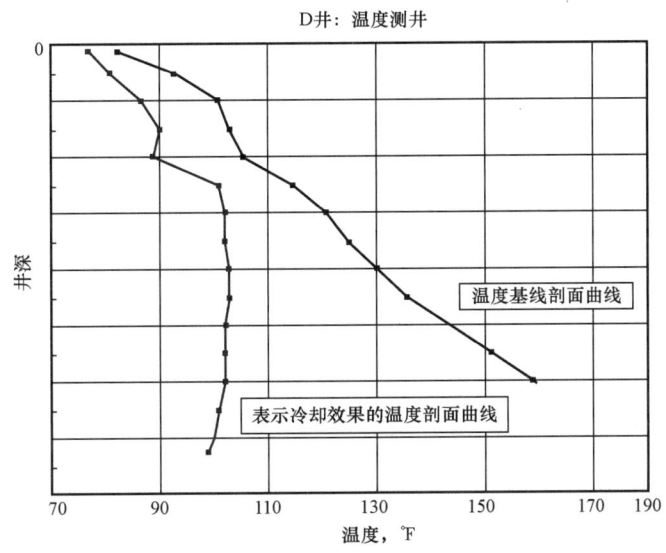

图 3.22 井下温度剖面

a. 修复漏失并在 2500ft 7in 尾管重叠部分挤水泥。

b. 评估 7in 尾管外的水泥环质量并按要求进行了预防性维修工作以防止再次发生漏失。

套管腐蚀测井及检测频率。套管腐蚀测井用以评估套管完整性和套管壁厚以及确定套管漏失位置。套管腐蚀测井和其他测井技术类似,只是探头使用超声波测井,腐蚀情况不同返回来的波就不同,据此来评估套管的各层金属总厚度,这个厚度与理论厚度比较就可以计算出腐蚀掉的金属量;如果两次测井的日前和时间知道,就可以得到腐蚀速率。高精度的套管腐蚀测井能检测 3 层套管柱($3\frac{1}{2}$in、7in、$9\frac{5}{8}$in),可用来评估金属总损失量,因此可预测套管完整性。套管腐蚀测井可用于建立套管完整性的基线。这项检测是该油田强制性井筒完整性监测内容中相当新的内容。但是由于油田已是多年开发的老油田,老式完井暴露在一个腐蚀环境中,与腐蚀有关的井下漏失的严格的监测/监管技术就是必需的事。套管腐蚀测井要在油田的不同区块建立腐蚀速度。套管腐蚀测井频率要根据套管腐蚀速度和管材的名义厚度来决定。例如,对于以前没做过套管腐蚀测井的井眼需要知道套管剩余寿命(RCL)。(RCL)可以用金属总厚度除以腐蚀速度的方法求得。用以前的套管腐蚀测井作为基础的腐蚀测井,随后的腐蚀测井的频率用 RCL 除以 4(RCL/4)得到。如果一口井套管剩余寿命小于 4 年的话,这口井就需要修井(是该油田的经验方法,我国要研究自己的经验方法)。

在上述的主要检测之外,有几个其他的间接方法也可用于检测和(或)检测与井筒完整性有关的内容。这些间接检测内容如垢(水锈)检查、垢抑制剂挤入地层以防止垢在井筒中生成,井产油速率分析和测量方法是为了进一步强化油田在人口密集区井的井筒完整性。井筒完整性检测的集中开展有时是为了增强不同层次的职工的井筒完整性意识。垢检测通常在靠近井口的位置的地表流动管线里执行。有时也把垢抑制剂挤入地层作为一种预防手段以消除垢在井筒里生成。每口油井的采油速率是在一定的频率下测试出的。任何突然采油速度的变化表明油管或套管漏失或油藏中窜流。有几个实例子证实了这种现象。除了作为井筒和资产完整性的预防性方法和积极主动措施外,额外的能强化井筒完整性的措施也是有益的,包括:延伸尾管到地面,安装一个分布式温度测量系统和一个永久的实时井下压力监视系统(PDHMS),以及把所有井从非井区隔离开来。根据假设管道破裂有毒气体泄漏的风险半径,并可以认为是位于人口密集区。下面是井下和地面安全系统的例子:

 a. 在油管中装有管柱回收 SSSV 和在井口装有 SSV 以减少井下作业。
 b. 用分布温度测量(DTS)整个井筒以快速地检查任何管柱或套管漏失。
 c. 用永久的实时井下压力监视系统(PDHMS)连续地记录井下压力和温度数据。

井筒完整性强化措施提供了一个可靠的井眼安全管理工具,减少了井下作业和为更佳的资产管理提供了一个在线检测和监视能力。

(3)启示。

① 井筒完整性自动化、智能化、信息化的检测程序和管理方法,目前是研发用于大的、整装的复杂油气田,重点进行初次检测工作以及依据适于这个油田的检测频率。

② 该程序使用的方法适用于每次检测、评估检测结果,使用诊断程序保持对问题井的自动跟踪清单和使用或不使用钻机来适合井筒完整性工作。

③ 这个程序实质上是一个有预见性、能预先工作的程序/方法。它用建立作业标准和指南的方法来进行管理并保证检测、预防和解决井筒完整性事项,从而进行安全的井筒作业和解决不间断地采油和注水作业。

④ 学习借鉴沙特阿拉伯的思路和方法,参考 4 个实例,根据我国陆海油气田(还有可燃冰、页岩气等非常规油气资源)的实际情况,研发应用具有下列 3 个主要创新性的井筒完整性技术:

一是,自动化的、信息化的井筒完整性检测内容、程序和检测频率。

二是,研发自动跟踪式智能检测—监管技术。

三是,研发有预见性,能在问题一出现就通过检测、监管和及时早期处理,保证安全作业减少关停井时间和修井作业、降低成本提高效益。

[例 2] 北海油田对暂停井以风险为基础的最佳报废策略。

对井筒—井眼的调节有下列 8 个方面:设计上、模拟上、试运转、结构—组配上、设备—装备上、作业上、维护上、暂停/关井和报废;对井筒和它有关的方面或者地层中有关联的方面考虑对人员的健康、安全的风险应尽量合理的、可能的降低(引自 UK HSE 近海装备和井筒的设计和构建规则,1996)。这个规则和作业公司的要求都说明:井筒的检验程序,要符合文件的风险评估和尽量低的合理的实践(ALARP,As - Low - As - Reasonable - Practicable)要求。经过 25 口井的实践(也可以说是试点/练习)认识到要有组织内的不同学科的集体努力,并有公司以外的有经验的风险管理顾问的参与。公司为了追求高效益,对海洋油气井 6 年或 6 年以上处于未服务状态(Inactive Well,不工作井、不活跃井)的井,要做评估—检验,以决定其中哪些井应该从关停(暂停)改为报废。从 2013 年起,公司鼓励作业者对长期的关停井经过风险评估及时对部分关停井进行报废的决定。本文说明一个勘探开发公司如何经过风险管理/咨询,成功地建立和应用了一个对有资源的海洋油藏的暂停井以风险为依据的定性报废策略(图 3.23)。公司的用意是为了减少关停井的数目,经过评估该报废的就报废不要"悬而不决"拖着该关停的井耗费资源、资金、劳力,尤其是海洋井。把一个看似无关的想法(主观上认为无事故/没有什么问题)转变为行动的一部分和按照合并的风险管理程序,公司在 2012 年围绕开发过程安全和完整性总结(PSIR,Process Safety Integrity Review)进行调查研究,其中居支配地位的聚焦点在:包括海洋油气藏储量在内的作业资产等内在因素以及与危险有关的安全方面。PSIK 要求:评估公司有资源的海洋暂停井和等待报废而且没有再接上生产管线/浮动装置的井的全部风险。PSIK 发现原来的设想风险是从危险(如:内/外腐蚀、隐患、井口压力上升和井筒屏障完整性等方面)产生的。进一步调查发现风险还有:效益从确定暂停井数目、评估每口井的井筒完整性、认定井筒剩余设计寿命、最佳的/最高的风险倾向性和确定中期至长期报废价值等方面,需要重新再认定和重新考虑的重要性。

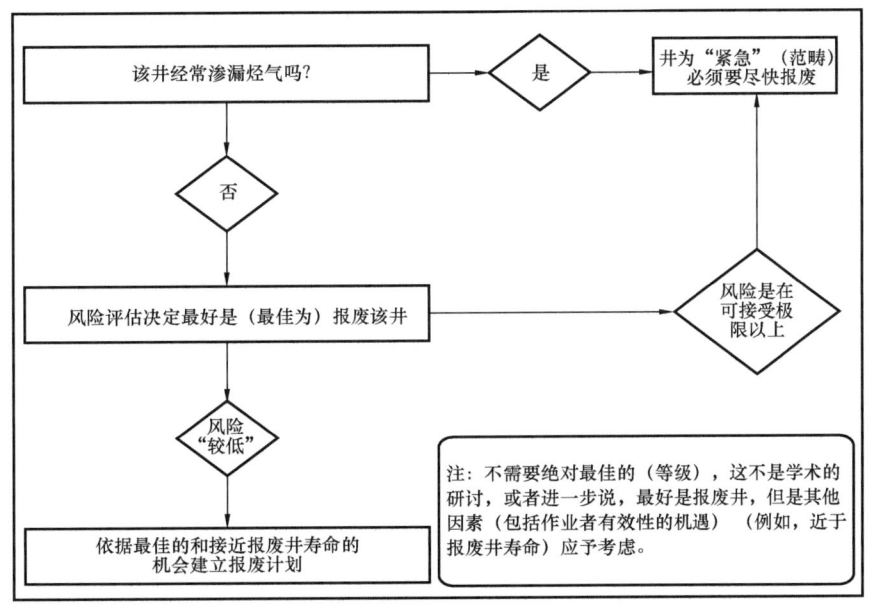

图 3.23 把含水的关停井着手进行报废的最佳流程卡(参考英国油气暂停井工作报告,2012.6.20)

(1)井史。

这批暂停井位于北海中部,水深从 73m 到 144m。这些井是正常压力—正常温度的井,是已在低腐蚀敏感性的良好的油藏中完成的一批井。每口暂停生产的海洋井,评估为功能生命的早期,是属于油田在用的生产井(具气举功能)、注水井或含水井。这些海洋井的大多数是处于时开时关或关停状态和未连接到它们的生产管线、水力控制管线和数据采集系统。然而,安装在远区的井筒流动管线对在岗工作人员存在不可忽略的安全风险,而进行物理隔离/封闭。作为公司的远期保证和风险管理程序的组成部分,所有海洋井和海洋装备使用遥控作业工具(Remotely Operated Vehicle,简称 ROV)及其组成部分进行两年一次的观察/检查其寿命。在每次检查寿命时,井筒完整性以外的参数不限于阴极电势(Cathode Potential,简称 CP)、阳极损失(Anode Wastage,简称 AW)、物理损伤、外部屏障完好性等,都要记录、报告和总结。因此,历史寿命期的延伸数据库是每口井完整性状态的评估信息,被看作是很宝贵的和免费赠送的资源。

(2)方法学/方法论。

正如降级不仅考虑井筒年龄,还要考虑各井的不同的运转/工作一样;方法学(图3.24)要求每口井根据所用信息的信任度和按照该井井型遵从相应标准的"理想的完整性模型"有多大的接近程度来进行评估。专门建立了一套特别的记分指南和反映公司风险管理的备忘录来完成一个常规的、失败的和精确的三级风险分类(分为三个等级)。这些指南依据了许多因素,还不限于关键组件有信任度的文件、油田服务历史、事故报告、井筒完整性管理记录等技术完整性资料。

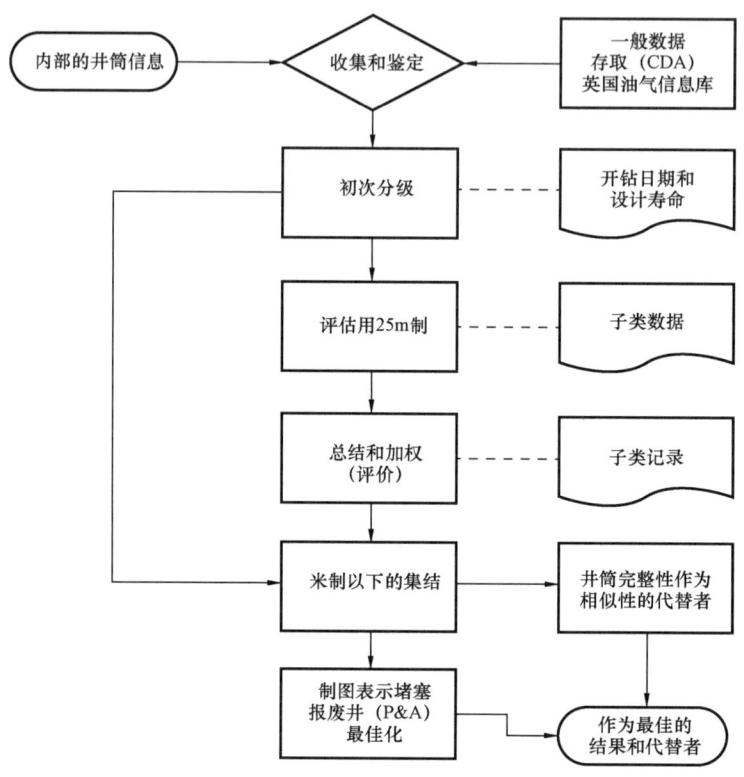

图 3.24　以风险为基础的(为依据的)报废最佳方法学流程卡

应用了根据关键的地面设备(如本例中的水平采油树和口装置)的设计使用寿命和井筒功能性进行初次分级,因此能够使每口井广泛地分为高、中、低三级初次风险评估分级(表3.25)。

表3.25　依据设计寿命的利用率和功能对井筒分类

井筒功能	设计的使用寿命		
	≥100% 设计寿命	60%~99% 设计寿命	(<60% 设计寿命)
采油井	高	中	中
注水井	中	中	低
评价井	中	中	低

采用了一个有定性的方法来规定井筒完整性的级别(分数,scores)对暂停井确定了5级模型(表3.26)。

表3.26　井筒风险分级的权重　　　　　　　　　　　　　　　　　　　　单位:%

风险分级	技术的	井筒屏障的	作业历史	水泥	套管/油管
高	10	20	30	10	30
中	10	25	25	10	30
低	25	25	20	10	20

按井筒完整性模型的一系列设计和条件在进行了质量评估后,对每个预定模型确定其定义(图3.25)。

技术的	屏障	作业历史	水泥	套管/油管
服役年龄	降级	压力	胶结测井	侧钻
设备	多余度/重复性	温度	水泥环年龄	失效史
再连接	DHSV/SSSV井下安全阀	流体/H_2S	水泥类型	金相学
修改	监管—监测	降级	井深	接头数目
资质	测试/试用	关井时长	评价	评估

图3.25　井筒完整性模型

井筒完整性模型要求记录为1~10级(1表示最坏,10表示最好),见表3.27。

表3.27　井筒完整性模型标记准则(10级标记)

标记	描述
1级	缺乏文件依据和跟踪能力
2级	始于钻井和完井的系统变更
3级	按照当时钻井完井盛行的/优级标准进行选购的装备,但是缺少隐瞒设备降级选购原因的数据资料(说明)
4级	具有足够的油田历史,有足够的井筒完整性,或者没有其他问题的证据
5级	存有综合的油田历史以及附有任何定制装备的适配性、能力或设计寿命,或者如果发生任何事件的话,补救措施的文件都有
6级	存有综合的油田历史且没有失效事件,但是没有对设备原制造厂商证明的跟踪历史证明
7级	存有综合的油田历史,而没有失效事件,模型适用性的根据都存在
8级	存有综合的油田历史且没有失效的事故,涉及原设备制造厂商信任度的证明都有
9级	存有综合的详细的油田历史,及证明的模型/成熟的技术,也没有任何登记的事故,或者任何记录在管理的变化(MOC)变更
10级	全部证据和证书都存在,全局应力分析的证据存在。例如:疲劳分析或其他类似载荷

这些模型分类的权重因素和记录产生后,就可以计算总数以提供能够代表井筒完整性的整体值和指示值以及最佳的分类。井筒完整性记录/标记被合并入公司的共同风险评估工作过程,以提供一个可能发生容量损失的指示。这个实践/试点/练习的目的:一口井的失效被定义为容量总损失导致油藏不论什么环境条件油藏都会产生容量总损失;即不论这井是否能自

然流动/生产或者如果静水压力足够抑制持久的稳定流动的话,多多少少都有容量总损失。跟踪继续研究风险评估以用于确定井筒完整性指示值来决定每口井的相对风险分类。归根结底/终究是要获得最佳的报废方案能朝着减少风险的方向进展(图3.26)。

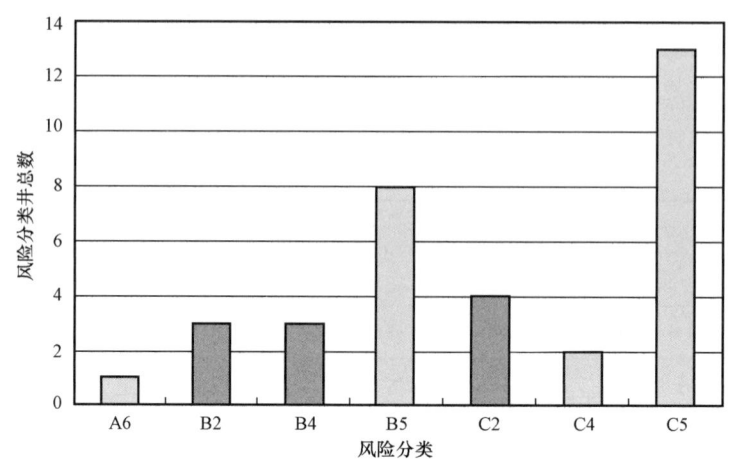

图 3.26　每项风险分类井的相对分布图

(3) 主要结果。

在合并的风险模型中被评估井的风险分布由低级别到中等级别(图 3.27)。对一批井的评估和定级结果可看下面的几个例子:

① 18 井似乎有高的井筒完整性记录,但是由于它的流动能力未做评估,已显示在污染后存在对主要环节有影响/有损害,被划分为 B5 级——中等等级。

② 16 井为 B2 级(低等级)风险级别,是因为它有污染问题。

③ 24 井为最低的井筒完整性记录,它的井龄和长时间的关井是主要问题,定为 C5。

④ 22 井到 33 井,这些井属于最低的井筒完整性记录。这些井被划分为 B5 和 C5(图 3.27),是由于它们是最低的井筒完整性级别记录,并有污染问题。

⑤ 5 井是采油井,该井从未生产,因此在短期到中期期间不是一口报废井,划分为 A6 级(图 3.27)。

从评估中得到的最佳结论是认为:适于公司作为转化为时间框图的依据,对任何海洋井寿命的加长是由于其他非技术性的、作业的和商业的因素而附加得到的。依据作业的环境,风险评估开始时只聚焦在环境因素;然而除环境因素以外还能进一步延伸到包括:商业、资产、设备、信誉和经济原因。还有,外部的危险(如操作安全、拖网争论、几乎忽略的资产、井口装置损坏及其结果的影响等)它们能够决定一个比相对的风险地位更加绝对的,能够在将来的评估中考虑的作用。还有,过去已经报废的数据和资料能在将来被用于再评估和再校正该模型之用。

(4) 主要效益与启示。

北海油田的实践表明对生产状况不好的井,是继续生产好呢、关停好呢还是报废好呢,应该进行研究;本文做法的主要结果是取得了经济效益和管理海洋井的经验。特别是对于未来长期的管理海洋关停井、报废井和海洋油气藏有重要作用。这是一个复杂的工作并与当时/近

第3章 井筒完整性的组织管理与运作

井筒完整性划线-分级（根据/记录）							结果/结论
0.8~1	0.66~0.79	0.51~0.65	0.36~0.50	0.21~0.35	0~0.20		
A	B	C	D	E	F		环境
						1	最小的影响
	8, 16, 30	9, 20, 29, 34				2	轻微的负面效果
						3	小的负面影响，需要局部的修整
	11, 12, 17	10, 13				4	局部的但是巨大的影响，需要国内范围内的修复
	1, 3, 6, 7, 15, 18, 19, 21	2, 4, 14, 22, 23, 24, 25, 26, 27, 28, 31, 32, 33				5	大的影响效果，需要国际范围内的修复
5						6	大规模的灾难性效果，修复极其有限甚至无法

图 3.27 公司的海洋储存的暂停井的风险分布图

图中横坐标是井筒完整性 ABCDEF 六级划线；纵坐标是 123456 六种效果分级，很可能还有更多的效果分级

期/长远油价等有密切关系，还与油气藏的特性、储量规模、勘探开发技术与成本等有密切关系。这项实践从英国本地和国际上交叉学科投入这项有价值的事务和功能梯队的工作中得到的效益及扩展的贡献是：撬动/发挥了公司积累的海洋井的种种经验和加入有益的知识共享和管理的国际机遇中。这个具有外部风险管理和内部管理海洋井的成功经验，增加了参与人员对全过程的信誉度。这项试点实践的收益是：使高级管理者和与权益有关系者具有更好的信誉和能在合并的风险参数和应用本地的规程及普遍流行的工业标准中管理好暂停井及其储量。还有，确认的风险等级和评估了的风险，对公司和合作参与者来说，原来暂停井的油藏备用储量现在成为更加明显的实际储量。更重要的是，获得的信息对计划将来开发海洋井的确信度和报废程序及反馈到长期开发计划等方面、增强了公司对暂停井的备用储量等方面，证明了它的价值。还有，公司现在为了对管理海洋井策略/战略的再修正，它已成为在接近结束它们的经济寿命时减少附加风险的公司指令。公司在长期工作计划中，现在能把更有效的和有效率的对靶位井眼的补救措施提上工作日程，补救措施包括在风险研究基础上作为指导者推荐的封堵工作和报废工作等。这些效益包括了经济效益、社会效益、学术效益等多方面。

本文只讲了海洋井关停与报废策略；对陆地井的关停与报废不能直接应用，但能参考。

[例3] 应用井筒完整性技术与标准管理页岩气作业。

我国页岩气总资源量达 $100 \times 10^{12} m^3$，甚至更多。单井日产量持续增加，最近，威 202H13 平台，4 口井测试日产超过百万立方米，首年井均日产量由 $45 \times 10^4 m^3$ 提高到 $100 \times 10^4 m^3$。本例简介了我国页岩气资源量与产量。讲述了页岩气开发在地质和钻井、完井、采气、压裂、测试、监管、维护等作业中的难点及"工厂化"作业的特点。说明了单独压裂、拉链式压裂和同步压裂的特点与对比。详细讲述了用井筒完整性标准一体化管理页岩气一口井全生命周期内的多种多变的各种作业。给出了页岩气开发的水平井、分支井井筒屏障示意图；用图解及文字说明了页岩气在井筒全生命周期内多种作业的井筒完整性和井筒屏障的设计—运行—管理内容及特点与难点。这是可能是国内第一次介绍页岩气开发运用井筒完整性技术与标准。

(1)我国页岩气资源量与产量。

国际行业预测,在2040—2050年期间天然气将超过油和煤成为世界第一主要能源,而且减少环境污染,在常规非常规油气资源同时开发的不久将来,世界将进入天然气时代。我国能否与世界同步进入天然气时代呢,应该有这方面的规划和举措。康玉柱院士战略设想见表3.28。

表3.28 非常规气战略设想　　　　　　　　　　　　单位:$10^8 m^3$

类别	2010—2015年	2015—2020年	2020—2030年
页岩气	准备阶段40~50	规范发展阶段100~200	大发展阶段500~600
致密气	500	700~800	1000
煤层气	300	500	80~100
天然气水合物	评价选区	实现工业化	规模发展

专家们认为我国非常规油气资源十分丰富,勘探潜力巨大,将为实现我国天然气发展的第三次大跨越做出贡献。页岩气主要位于暗色或高碳泥页岩中,是以吸附或游离状态存在的天然气。页岩是典型的自生自储连续型气藏。页岩气藏中的天然气由三部分组成:裂缝中的游离气、基质孔隙中的游离气和吸附气,即通常说法以游离气和吸附气为主、原位饱和富集于以页岩为主的储集岩系的微米—纳米级孔隙—裂缝与矿物颗粒表面。页岩既是烃源岩又是储层。页岩气储层致密,突出特征是低孔隙度、低渗透率,若用常规试气方法测试页岩气,则产能低或无产能。开采必须通过大型人工储层造缝(缝网)才能形成工业生产能力,初期产量有时较高,早期递减较快,后期低产稳产而且生产时间相当长(一般30~50年)。我国页岩气勘探开发始于2005年。我国页岩气资源潜力大且地质条件优越,总资源量达$100 \times 10^{12} m^3$,甚至更多,相当于常规天然气量的2倍以上。页岩气井日产量不断提高,2018年8月,川庆钻探公司页岩气井平均日产量又创新纪录,4口井测试日产合计超百万立方米;第一年井均日产量由$45 \times 10^4 m^3$提高到$100 \times 10^4 m^3$。威202H13平台,平均完钻井深4602.8m,平均水平段长1886.5m,其中5井水平段长2200m,4口井储层钻遇率均达100%。

(2)页岩气开发在地质和钻完井—生产作业中的难点及对策。

① 地质构造复杂,中国页岩气资源埋深普遍大于美国五大盆地,最深达3500~4000m,甚至更深。页岩气盆地之间的地质和成藏条件有差异,需要根据各地区—地层的成层年代、岩性—岩矿组成、岩石力学特性[特别是脆塑性——脆性大的水力压裂有效;塑性大的水力压裂效果不好,要另想办法,例如可以用气体钻井和(或)多分支井等]、地球物理—地球化学响应特征、气藏精细描述等进行分析研究,并经过实验—检测测得数据再经模拟试验,才能用于技术设计。对新发现、新开发的页岩气藏还要用岩心—岩样进行室内模拟试验。

② 页岩气的钻井(水平井、分支井)—完井—水力压裂(气体钻井/洗井)—采气—注气增压—测试系列作业交叉进行,"井工厂"作业方式有效但比较复杂。页岩气一口探井成本平均近1亿元。初步测算一口井日产气$4 \times 10^4 \sim 5 \times 10^4 m^3$才有效益。

③ 可钻性差、摩阻扭矩大、钻速低、钻头选型难;页岩地层漏失严重,防漏堵漏工作量大。有些地质条件和井眼条件可以用气体钻井、泡沫钻井、欠平衡钻井。

④ 有的页岩井壁垮塌、漏失和井壁失稳现象普遍,对钻井液和完井液要求高。

⑤ 页岩气井井轨控制要求高、难度大。页岩气开发大多采用水平井、多分支井,其井轨往

往比常规油气复杂结构井的井轨更难控制,需要使用地质导向、高造斜率旋转导向系统、精确测量工具等新技术。

⑥ 固井质量有时难以保证,这是由于井径变化大以及长水平段套管居中度差—顶替难—水泥环质量差—水泥胶接质量差。

⑦ 完井方法。目前页岩气井的完井方法主要是下套管或下尾管后注水泥射孔完井,也用筛管、裸眼完井方法。这都对页岩气井不完全适合。因为页岩气井必须压裂,尤其在长水平段—分支井段要实行规模压裂—分段压裂—分段多簇压裂,最好研发页岩气专用的智能完井新技术。

⑧ 压裂技术。由于页岩地层低压、低渗、低丰度(低产)的"三低"特点等原因,特别是渗透率是非常规油气中最低的。需要使页岩气层—气藏成为"人造气层—气藏"进行强化压裂。但是裂缝长度有限,井距远远大于裂缝长度,裂缝达不到的地方,页岩气还是出不来。

用系统工程的技术和工厂化作业方式阐述页岩气开发,研究(整个)系统工程。重点探讨以上8个方面问题,还有用(冷/热)气体(氮气)钻页岩气井、爆燃气体压裂、页岩气"工厂化"施工作业、井眼轨迹设计和控制井眼轨迹比常规井难度大、要求高,其中从直井段到水平段宜用高造斜率的斜井段,如图3.28所示。

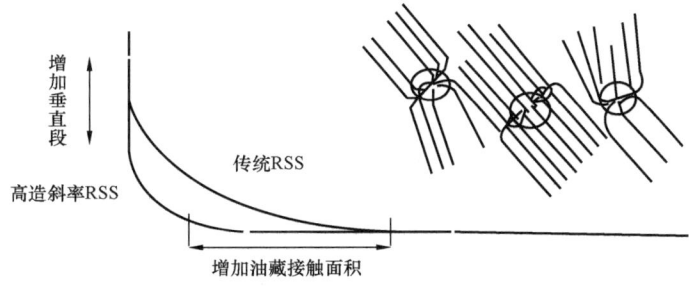

图3.28　高造斜率井眼轨迹可增加垂直段长度、水平段长度与油藏接触面积[15]

图3.28表明:高造斜率旋转导向系统能够使造斜点下移,增大直井段长度、增加水平段长度、增加油藏接触面积、并便于"工厂化"作业。近年斯伦贝谢、贝克休斯等公司快速跟上页岩气开发的步子,在原有旋转导向钻井工具(RSS)的基础上研发了高造斜率(15°~17°/30m)和一趟钻多功能的新型旋转导向钻井工具等。

目前,中国石油60%以上的水平井都需要采用分段压裂,最多能分20段,水平井段最长为3000m,单井最大压裂液用量超过20000m^3,最大加砂量超过1600m^3,初步实现了"千方砂子万方液"的压裂规模。2013年12月13日,川庆钻探公司页岩气工厂化压裂指挥中心首次应用拉链式压裂技术,对长宁H3平台H3-1井、H3-2井实施拉链式压裂,从12月6日7时至13日21时,完成两口井24段加砂压裂,平均每天压裂3.16段,最高一天压裂4段,极大地提高了压裂时效[15]。

工厂化压裂是通过应用系统工程的思想和方法,集中配置人力、物力、投资、组织等要素,采用类似工厂的生产方法或方式,通过现代化的生产设备、先进的技术和现代化的管理手段,科学合理地组织压裂(包括试气)等施工和生产作业。工厂化压裂通过优化生产组织模式,在一个固定场所,连续不断地向地层泵注压裂液和支撑剂,以加快施工速度、缩短投产周期、降低开采成本[19]。

拉链式压裂技术(图3.29)是工厂化压裂的主要方式。从北美地区页岩气水平井大型压裂的应用情况看,使用最多的是拉链式压裂技术(即泵送快钻桥塞工艺技术),可以实现任意段数的压裂,段与段之间的等候时间在2~3h。利用此间隙可以完成设备保养、燃料添加等工作,特别适用于工厂化压裂。

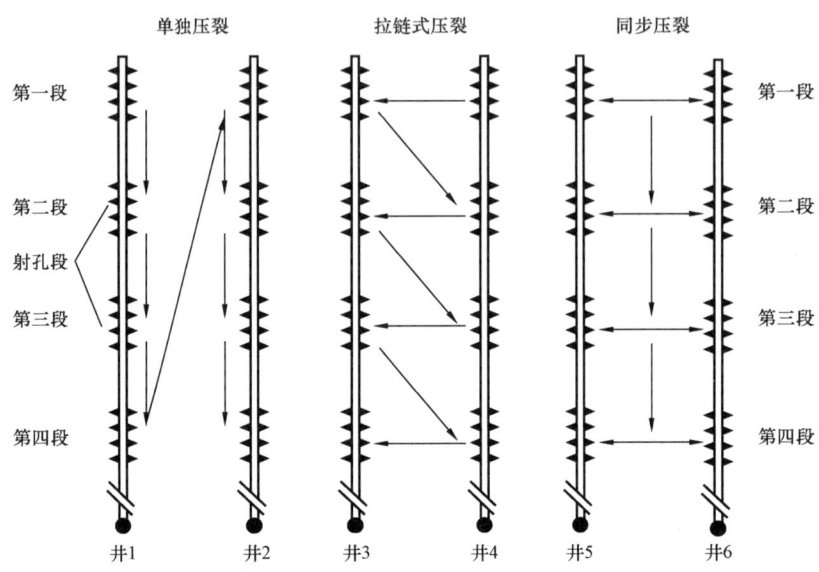

图3.29　单独压裂、拉链式压裂和同步压裂施工程序示意图[19]

水力压裂可能会破坏烃源岩。页岩气井压裂在研究使用无水压裂方法,压裂流体用天然凝析油(NGL)、氮气等,还可以使用高能气体—爆燃压裂—层内爆炸压裂方法进行压裂的试验。

压裂必须进行裂缝监测工作,目前最常用的是微地震监测技术。

长城钻探公司苏里格合作开发区块的苏53区块组合井大平台(是中国石油的工厂化作业模式示范项目),在2014年第一天已投产运行半个月,天然气日产达$110 \times 10^4 m^3$(超过预期$100 \times 10^4 m^3$的方案)。该大平台共10口水平井、2口定向井、1口直井,全部13口井实现当年部署井位、当年征地垫井场、当年完钻、当年压裂、当年试气、当年投产,比计划提前50天。

(3)用井筒完整性技术标准一体化管理页岩气一口井全生命周期内的全部作业。

页岩气藏的寿命长达五六十年甚至更长;一个井筒的生命周期小于油气藏的寿命,但是至少也可能有二三十年。

页岩气一口井的全生命周期内包括:钻前地质与工程设计、钻井、完井、测试投产、采气—射孔—水力压裂(增产/闷井等待压力恢复/注气增压等)—测试—再生产—的反复轮替作业、直到关停/报废;页岩气生产开发的作业环节比常规天然气的作业环节多而复杂,更需要应用井筒完整性技术与标准进行管理。图3.30是页岩气水平井水力压裂的井筒屏障示意图。图3.30只表示了水力压裂一段的情况,实际上在生产实践中水平井要分许多段压裂(10段甚至更多段)每一段有多达一二十个压裂点。

众所周知,水力压裂的裂缝长度毕竟是有限的,远远小于井距。在页岩气气层内90%以

第3章 井筒完整性的组织管理与运作

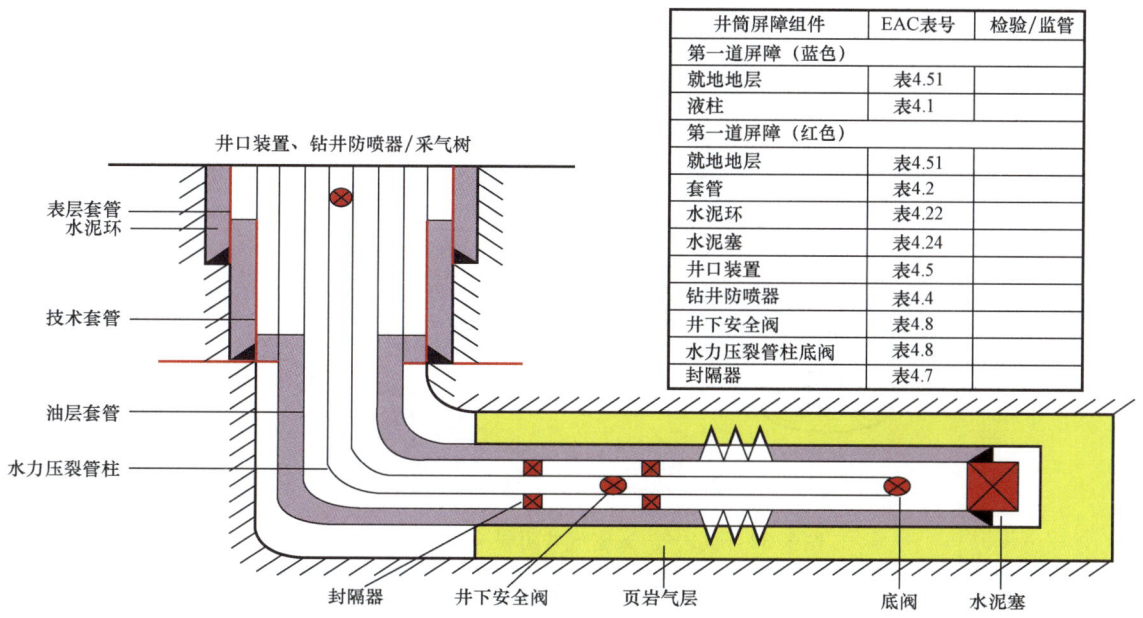

图 3.30 页岩气水平井水力压裂井筒屏障示意图

上的面积产生不了裂缝。为此,需要研究更为有效的办法,例如用气体钻井、注气(注常温或高压—高温气体)等开发页岩气(是探索性工作)。中国海洋石油总公司于 2002 年在印度尼西亚钻成了世界第一口 ML-6 级双分支井。2005 年 4 月,大港油田的 JH2 井是我国陆上钻成的第一口鱼骨状多分支 ML 井。图 3.31 所示为页岩气水平井多段水力压裂的井筒屏障示意图。

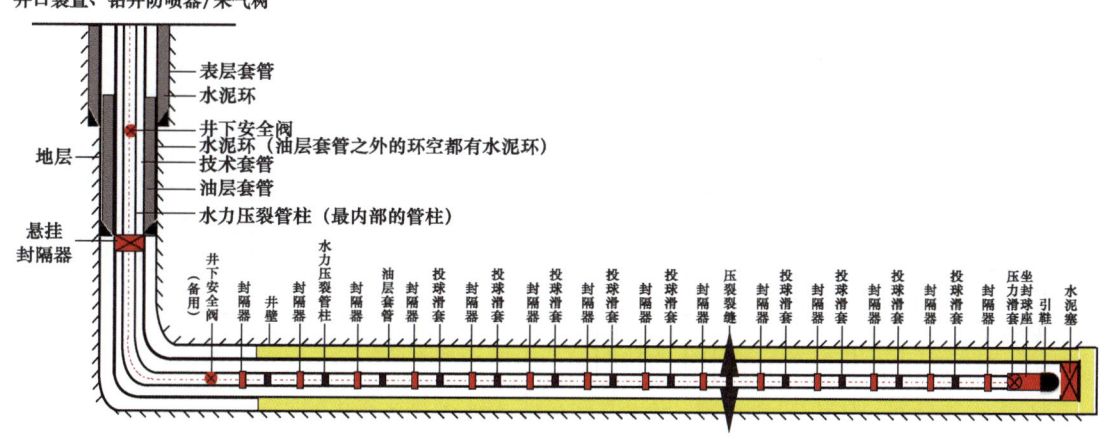

图 3.31 页岩气水平井多段水力压裂的井筒屏障示意图

注:① 图中黄色表示页岩气气层;② 相邻的两个封隔器之间通过投球滑套进行水力压裂,形成裂缝;
③ 投球滑套的内径自下而上逐个由小变大;施工时由最下一个滑套开始,通过打开滑套进行
水力压裂;④ 最下部有一个"压力滑套",是通过水力压力打开的(不投球);⑤ 本图这段
水平井分段有 15 段可以逐段进行水力压裂,每口井根据水平井段长度可有多个分段

压裂完成之后起出水力压裂管柱；下入带有层段控制阀（ICV, International Controlvalves）的生产管柱，进行页岩气采气（可以合采，也可以分采）。图3.32是页岩气、致密气井可供应用的多项集成技术。关于用水平井、多分支井开发页岩气的相关内容，感兴趣的读者可参阅张绍槐《石油钻井完井文集》上册《复杂结构井（水平井、分支井、大位移井、最大油藏接触面积井）的钻井完井新技术》《低渗透油藏钻完井新技术》以及下册《智能完井新技术进展》等。

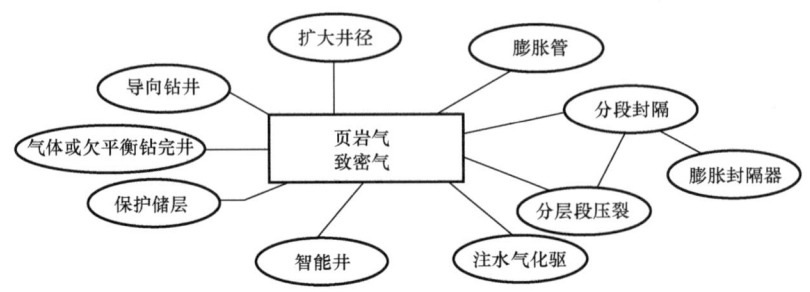

图3.32　页岩气、致密气井可供应用的集成技术

图3.33是常规油气井井筒全生命周期内各作业的井筒完整性设计—运行—管理图解。图3.34是页岩气井筒全生命周期内各作业的井筒完整性设计—运行—管理图解。显然页岩气井比常规油气井复杂得多。

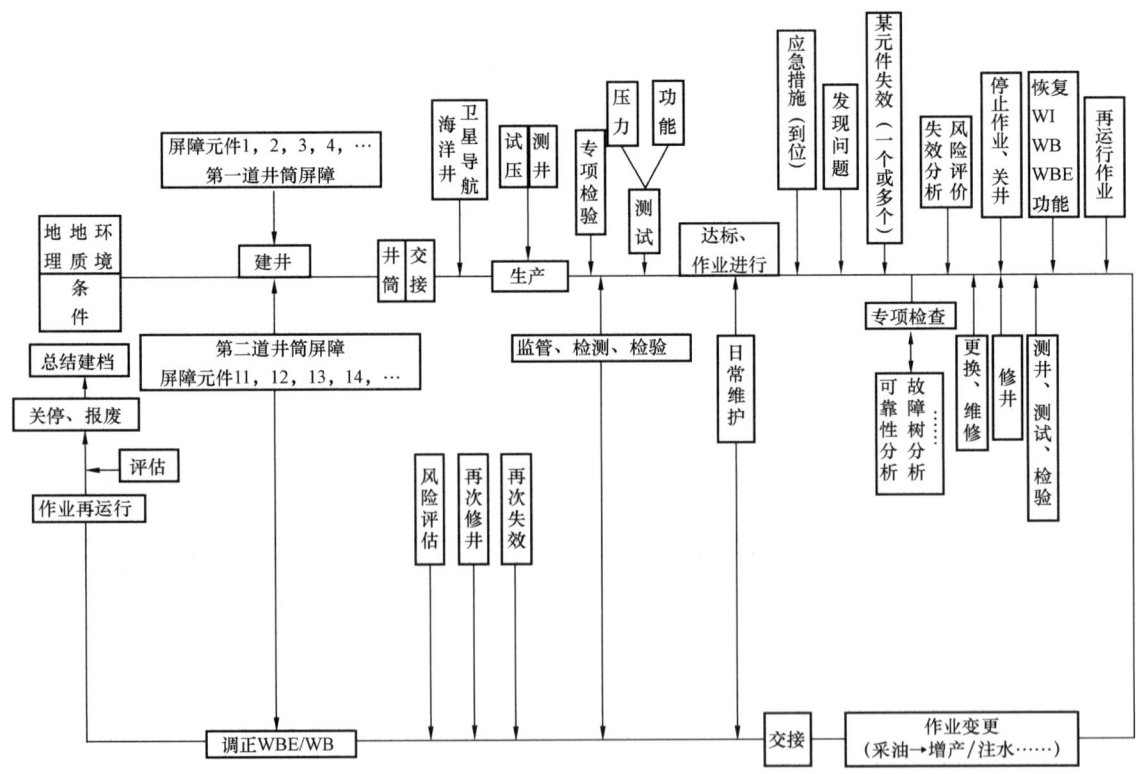

图3.33　常规油气井井筒全生命周期内各作业的井筒完整性设计—运行—管理图解

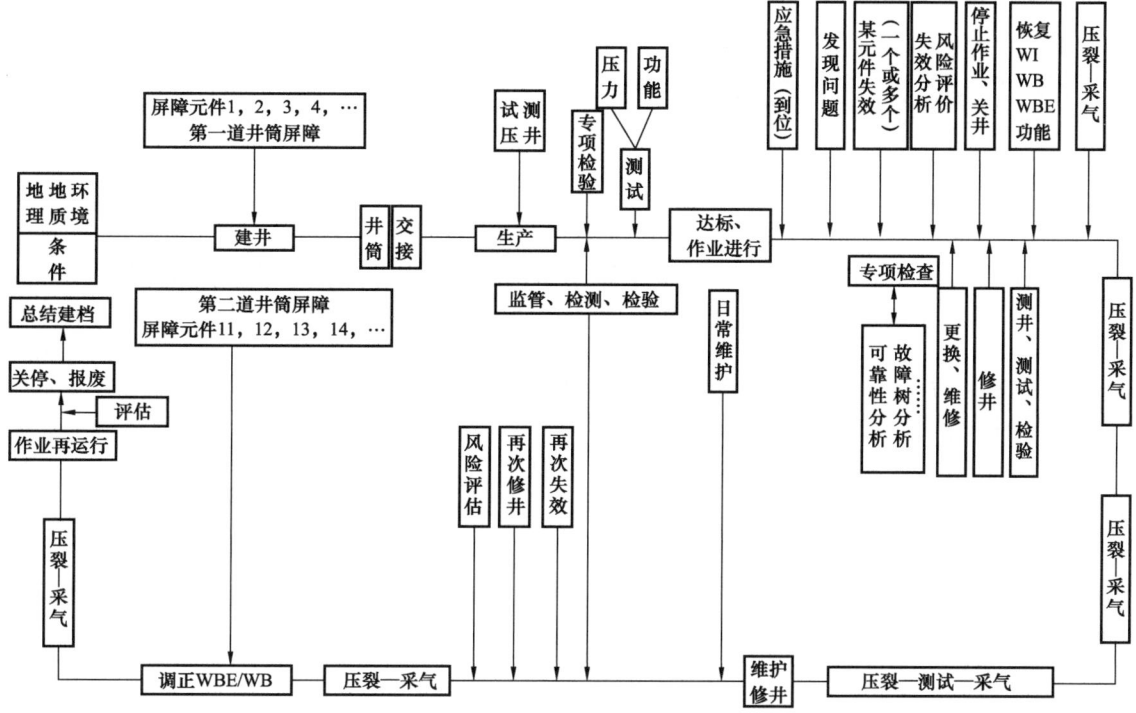

图 3.34　页岩气井筒全生命周期内各作业的井筒完整性设计—运行—管理图解

图 3.35 说明了井筒完整性标准、技术与管理和页岩气地质、工厂化作业及页岩气全生命周期各工程作业难点的关系。

(4) 结束语。

① 我国页岩气储量丰富,单井产量不断增加,很有发展前途;

② 在非常规油气勘探开发全生命周期内有许多新问题、难问题,需要借鉴常规油气勘探开发的成功经验以及井筒完整性标准、技术和应用管理进行研究解决。

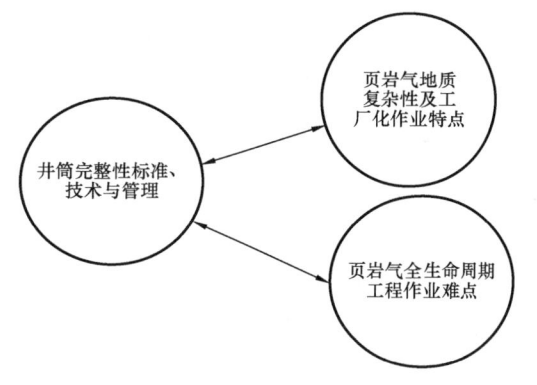

图 3.35　井筒完整性与页岩气开发的地质、工程的关系

第4章　井筒屏障组件及其验收标准的管理

井筒屏障组件是构成井筒屏障的井筒内各个水力的、机械的、电子的以及有些是地面可控的组成部件。对它的质量必须严格把关。在 NORSOK D-010 V4(2013年)标准中共列了58个组件的质量验收表(表4.6为预留位置)验收表的表号排到表4.59；鉴于钻井防喷器和井控设备在钻井作业中保证作业安全的重要性，NORSOK D-010 V4 标准特别提出对他们用渗漏测试(leakoff test)方法进行压力测试的要求，见表4A；同时，提出了失效时应采取的措施，见表4.B。所以实际为60个表[1]。本书全部编入(WB-EAC TABLE,简单称之为 EAC 表)并对其中有些组件做了说明和解读，便于对井筒屏障组件的质量严格把关也便于读者理解和正确应用。需要说明还有未列入的，如(生产)抽汲阀(SV)，它是经常使用的一种压力安全阀，在达到一定压力程度时，此阀能自动开启并泄掉压力。还要请读者注意，全书的 EAC 表中的"出处"栏中，凡空白没有加注的都是出自 NORSOK D-010 V4 标准。

NORSOK D-010 V4 标准和本书都使用表格方式来说明每个井筒屏障组件的验收标准。在每个井筒屏障组件验收表中都说明了以下几方面的内容：

(1)说明每个组件的结构、组成与组件特点。
(2)说明每个组件在作业中的功能与使用方法。
(3)说明每个组件的设计内容与依据，设计的选择内容。
(4)说明初次(第一次,初始)测试要求、测试和检验内容与结果；井筒屏障组件应该能够链接到测试、监控和验证相关的表格和历史数据。
(5)说明监管、监测该组件的工作内容与要求。
(6)有的组件还要说明与之共用的井筒屏障等。
(7)注明该组件验收标准的出处。
(8)这足以说明这一套井筒屏障组件验收表的重要性，务必请读者按每个作业所用的各个井筒屏障组件对照相应的 EAC 表仔细阅读思考。如果有特殊作业和(或)特殊情况不能直接引用本书所引用的 NORSOK 标准时，可参考已有的 EAC 表补充并请第三方评估和专家指导认定，并需要加以说明或备注。

表4.1　液柱

特征项	验收标准	出处/备注
A. 说明	井筒中为液体	NORSOK D010
B. 功能	液柱作为井筒屏障/井筒屏障组件的目的是在井筒中形成静水柱压力以防止地层液体(流体)的侵入(溢流)。钻井液要能够预防和解决漏喷塌卡等复杂问题	液体套管有重要作用
C. 设计、结构和选择	(1)静水柱压力应该在所有时间都等于预测的或实测的孔隙压力/油藏压力，再加上一个安全系数(例如:隔水导管安全系数，起下管柱安全系数等)。 (2)应该在所有作业之前说明关键的液体性能及其描述。 (3)液体的密度应该在井下没有循环条件时时的特殊阶段稳定在允许变化范围之内。 (4)静水压力应不超过裸眼中的地层破裂压力(并包括一个安全系数或者由溢流确定的安全系数)。 (5)由起下管柱(抽吸作用)造成的井筒压力变化以及液体循环(循环当量密度)产生的变化应有预测(预算)并包括在上述安全系数中	ISO 10416

第4章 井筒屏障组件及其验收标准的管理

续表

特征项	验收标准	出处/备注
D. 初次测试和检验	（1）应该检验稳定的液体性能及液面水平。 （2）应该说明包括密度在内的液体关键性能	
E. 使用	（1）应该在所有时间内能够通过循环或灌注方法保持井中的液面高度。 （2）应该能够调整关键的液体性能以保持或修正所说明的性能。 （3）应该预先确定检测的静态和动态的漏失到地层中的速度。如果有失去循环的风险，应该备好（恢复循环）堵漏材料。 （4）应备足配制/调整液体的材料，包括应急材料的到位以保持液体井筒屏障至少具有最小的检验密度。 （5）临时的井筒液体顶替以及从液体罐进出液体应该高度小心谨慎地进行，不能影响在用的液体系统。 （6）应该在"压井表格"（Kill-sheet）中系统地记录"再建液体井筒屏障所要求的参数"	
F. 监测/监管	（1）应连续地监测井中和液池的液面。 （2）应连续地监测液体从井中返回的流速。 （3）液体的流动检查应该执行到显示增大的回流速度显示在地面液池（钻井液池）中增加的体积量、显示增大的气体含量、显示在接头处或者在特定的常规部位/区间的液流流动等。流动检查应持续10min。高温高压井的所有流动检查应持续30min。 （4）应常规地对循环时进出口液体密度进行测量。 （5）关键的液体性能的测量应该每循环12h时行一次并与要求中说明的性能进行对比。 （6）监测/监管该井压井所要求的参数	ISO 10414-1 ISO 10414-2
G. 共用的井筒屏障	无	
海洋钻井对液柱屏障的专门要求（NORSOK D-010 中没有本书加的）	海洋钻井作业必须安装隔水导管。海洋井隔水导管完好时，液柱是唯一的（或者是重要的）井筒屏障。要管好用好保护好液柱这个重要的井筒屏障。不需多言。 但是不论什么原因，当海洋井隔水导管已经拆开分离时，液柱就不是一个合乎要求的井筒屏障。必须考虑到：海水隔水导管有计划地拆开分离或者偶然意外的拆开分离并因海水侵入而导致失掉液柱井筒屏障。所以应该建立相应的计划程序和补偿方法及其执行过程。 如果未下套管的裸眼已经钻穿了油气层或具有流体流动态势的异常压力地层并随伴有隔水导管断开的话，就可能变成为井筒压力小于或等于这些地层的孔隙压力和储层压力，这是很危险的。所以需要提前采用下列方法建立减小风险的技术措施： A. 在隔水管断开期间减小（降低）入流的可能性； B. 加强对留下来剩下的井筒屏障的有效性和可靠性措施。 应该采取下列风险降低的技术措施： 	优先方法	风险降低技术方法	注释
A	用"隔水导管临界强度"钻进	用未连接的隔水导管保持钻井液比重以提供井筒过平衡（意指井筒内尽量保持钻井液并允许钻井液在过平衡条件下外泄）
A	注入加重钻井液（加重液）	用加重钻井液顶替或部置换井筒液体以利用未连接的隔水导管维持地层过平衡的压力（这只是临时应急办法，维持不久，争取处理时间）
B	安置一个桥塞	在井口以下用风暴阀（Storm Valve）安装一个桥塞
B	两个可剪切的密封阀门	在管柱未悬挂/驱动断开（Hang-off/Drive-off）期间，在钻井防喷器中用两个可剪切的密封闸板作为一个特用的密封元件		NORSOK D-010

表 4.2 套管

特征项	验收标准	出处/备注
A. 说明	这个井筒屏障组件的套管/尾管和/或在过油管钻井和完井作业中使用的油管/管柱组成	
B. 功能	套管/尾管的功能是提供一个封隔以阻止未控制住的地层流体或在套管与井筒的环空之间注入流体的流动	
C. 设计、结构和选择	(1)套管/尾管管柱包括其连接(接箍与螺纹)在井筒生命周期中(包括所有的计划内作业和井控情况下可能的作业)应该设计得能够承受实际作业和预计的所有载荷和应力。应该包括任何降级使用的效果。 (2)应该计算每一种负荷类型的最小验收设计系数。在设计系数中应该包括温度、腐蚀和磨损的预估效果。 (3)关于内压力、外挤压力和拉伸/压缩的所有负载情况应该确定并有文件依据。 (4)套管设计能够基于确定性模型或者概率决策模型。 (5)裸露于有油气流动可能性的套管应使用气密型螺纹。例外:裸露于或者有可能裸露于正常压力梯度的浅气层的表层套管可不要求	ISO 11960 ISO 13679 ISO 10405
D. 最初的测试和检验	(1)套管/尾管应该用最大压差进行渗漏测压的测试。 (2)在原始的渗漏测压的测试之后的套管/尾管已经再钻进(甚至钻完全部井段)应该在完井作业活动时再次测试。 (3)套管的渗漏测试应该既在水泥是湿的时候(在泵注水泥之后立刻测试),又在水泥环已经固结之后进行测试。但在注水泥的同时不应该进行压力测试	注:NORSOK 标准对测试的要求很高(通常做不到这样严格,应注意改进)
E. 使用	在下套管/尾管之前,套管/尾管的储存存放和使用时应该防止管体和连接部位(接箍与螺纹)的损伤	
F. 监管/监测	(1)A 环空的压力异常情况应该连续的监测。其他能进得去流体的环空应该监测规定井段的环空压力。 (2)所有的套管管柱在经过钻进之后,如果模拟分析表示超过了依据套管设计的允许磨损程度的过度磨损的话,就应该进行磨损的测井/录井工作。应该使用槽式磁力器收集磨损的金属碎屑	
G. 共用的井筒屏障	(1)在钻井作业期间使用地面防喷器,对井内在用的套管外侧环空应该连续地监视/监测并用警报系统予以确认。 (2)应该知道套管的实际状况并确认在预知磨损之后是否还能够承受最大的预期压力。 (3)在预期的磨损测试之后进行的压力测试应考虑安全极限。 (4)应该在钻井液回路(回流管线)中使用磁性工具测量金属碎屑并评估分析金属碎屑的变化情况(指:碎屑大小、形状及数量等的变化趋势)。 (5)如果经过已下入的套管进行钻进,就要求: ① 在钻进/钻井活动开始之前应该进行套管磨损测井(套管直径量规或声波测井)。该项测井工作应由高级资质技术人员进行检验并按文件、规程进行。 ② 测井工作要能够识别准确的位置(测点之间的距离为1m)对狗腿和曲率变化大的井段应使用陀螺仪之类的测井工具	

第4章 井筒屏障组件及其验收标准的管理

表 4.3 钻柱

特征项	验收标准	出处/备注
A. 说明	钻柱这个井筒屏障层系由钻杆、加重钻杆、钻铤和若干部件(如底部钻具组合、导向工具、回压阀、井下仪表等)组成,用作钻柱或工作管柱	
B. 功能	钻柱作为井筒屏障层系(WBE)的目的是防止地层流体从井筒中流至外部环境	钻柱还有其他功能
C. 设计、结构和选择	(1)应该依据文件确定量纲负载实况。 (2)应该确定最小的验收设计系数。温度、腐蚀、磨损、疲劳和弯曲的估计效应并包括在设计系数中。 (3)钻柱各部件的选择应该考虑: ① 上扣扭矩,需要防止在井筒中上扣(指在地面就要上紧扣,不能在井下继续"上扣"); ② 工具接头(与井壁之间)的间隙值和打捞作业的限制; ③ 泵压和当量循环密度(ECD); ④ 研磨性地层; ⑤ 弯曲阻力; ⑥ 地层的硬夹层及其对管柱磨损的影响; ⑦ 金相学的成分与裸露在磨损/腐蚀环境的关系; ⑧ 失效强度; ⑨ 高温:由于温度效应导致强度降低	API RP 7G ISO 11961 API 标准 5DP API 公报 5C2 ISO 10424-1
D. 最初的、原始的测试和检验	(1)在循环液体(钻井液)时稳定的泵压; (2)高压高温:钻柱的部件应该在高温高压模式状态之前进行磁性颗粒检查(MPI)	
E. 使用	(1)对所有类型的插入式安全阀和单项检测阀及裸露放在钻台上的备用接头进行检查,在钻柱处于关闭的防喷器内部时应该易于操作。 (2)应该在钻柱中安装钻井浮动阀(浮箍、浮鞋)。在注水泥的引鞋中这个浮箍是选择项	API RP 7G
F. 监测/监管	(1)在循环时的压力异常情况应该连续地监测/监管泵压; (2)根据文件例行程序的常规检查和维修工作应该执行; (3)对磨损、冲蚀、螺纹损伤和破裂的可视检查应按常规执行	
G. 共用的井筒屏障	钻杆(管件)的历史数据应该评估,而钻杆应该按 DS-1 分类 5 进行检查。钻杆接头应依据整体评估来选择检查方法以减小失效的风险。对磨损、冲蚀、螺纹损伤和可视化检查都应该在每次起下钻时执行	TH Hi11 DS-1

表 4.4 钻井防喷器

特征项	验收标准	出处/备注
A. 说明	这个井筒屏障组件包括井口连接部件(Wellhead Connector)和钻井防喷器(BOP)以及压井/考克阀压井管线和阀门	NOKSOK D-010
B. 功能	井口装置的功能是防止流体从井筒流入外围环境并在钻井防喷器与井口装置之间提供一个机械连接的屏障。钻井防喷器的功能是提供一个关闭和密封井筒的能力,包括用与不用工具或设备(如钻具等)通过 BOP 的能力(指 BOP 具有半闭与全闭功能)	

续表

特征项	验收标准	出处/备注
C. 设计、结构和选择	（1）钻井防喷器应该按照 NORSOK D-010 进行结构设计与加工制造选用组装。 （2）应进行风险分析以决定最适合所在井需要的最佳 BOP 结构。风险分析应考虑的问题。 ① 各种不同类型的防喷器闸板芯子（Shear Seal Ram，简称 SSR）（如全闭式、半闭式）及旋转防喷器环形裹的类型； ② 节流阀和压井管线进出的位置； ③ 悬挂和接卸钻柱（管柱）的能力和关闭（封隔）防喷闸板芯子的承托能力，包括应急关闭闸板芯子的能力； ④ 在关闭闸板芯子之前使钻柱（管柱）居中的能力； ⑤ 返回（平稳安全地打开）闸板芯子的功能。 （3）防喷器实际工作压力（Working Pressure，简称 WP）包括压井作业的极限压力，不应超过防喷器工作设计压力（Working Design Pressure，简称 WDP）。 （4）它应该按文件规定：防喷器剪切的密封闸板芯子能够密封钻杆、油管（管柱）、测井电缆、挠性管（CT）或其他文件说明的工具，并能在应用它们各种管件时密封井筒。如果加工制造厂商不能按文件做到的话，就应该进行质量测试并记入档案文件。 （5）在下入"非剪切型"（不能剪切封闭的）管件时，应该至少有一种管柱闸板芯子或环形防喷组件能够密封该"非剪切型"管件的实际尺寸。在下入（使用）非剪切型闸板的管件时应该配合采用其他相关工作，以能减小在安装使用时的整体风险程度。 （6）对于浮动式*井口装置连接器应配备一个第二种具有开关功能的装置或能使用遥控作业装置（ROV）来开关和控制防喷器闸板芯子。 （7）在使用接头台肩有坡度的钻柱时，应该有适用于这种尺寸钻柱（管柱）的闸板芯子。可变孔径尺寸的闸板芯子应具有足够的悬挂负载的能力。 （8）可能有一个出口管线在最下部的压力闸板（LPR）以下。该出口管线不应作为一个节流管线，除非已进行了相应的风险分析。它的法兰数目应该尽量减少。 （9）高压高温（HTHP）的防喷器应该配装具有地面直读的电子或液压或机械式压力和温度测量装置。 （10）深水作业**。 ① 防喷器应该配装地面直读压力和温度测量装置［同（9）］； ② 钻井防喷器应该有两个环空防喷组件。该环空防喷组件中的 1 个或 2 个应该是下部海洋隔水导管组合体（LMRP）的部件。应该能有控制地在防喷闸板芯子之间安全地放掉（释放）被封隔（被扑集在该空间内的）的气体。 ③ 在防喷器法兰及其连接组件上的弯曲负载应该检验其承受最大的弯曲负载能力（例如隔水导管的最大允许倾斜角度和最大的预期钻井液相对密度等造成的弯曲负载）； ④ 对于动力定位钻井平台应该能够共用所有各种尺寸、类型的套管柱并随后密封之，可使用复合型的套管共用密封闸板芯子和全闭式共用密封闸板芯子。否则，套管柱应该按尾管那样下入井中	NORSOK D-010 API Spec 53 API Spec 16RCD ISO 13533 * 指海洋半潜式、动力定位式钻井平台等浮动式装备。 ** 深水钻井防喷器在结构上操作上和使用的各活动中都应该比陆地钻井防喷器更严格，本表只述及其中主要的，必要时请参阅文献和海洋钻井规程、指南。
D. 初次测试—检查	见表 4.A。在安装和移动时应观察—检查连接部位的内部磨损	
E. 使用	钻井防喷器组件要像井控工作程序说明的那样工作	
F. 监管/监测	见表 4.A	
G. 共用的井筒屏障	（1）应完成对 UBD/MPD 作业/设备的应力分析。要分析过载和回接的影响。 （2）依据预定的检查频率作观察—检查。 （3）要设计在 BOP 上没有作业原因导致的过度磨损	
附加项	（1）在安装和移动时，部件的内部磨损应该进行可视化的检查。 （2）钻井防喷器组件应能灵活地开关使其活动像井控活动程序说明的那样及时启用	使用视频等特殊技术

第4章 井筒屏障组件及其验收标准的管理

表 4.5　（钻井）井口装置

特征项	验收标准	出处/备注
A. 说明	钻井井口装置组件由井口装置本体和环空进出管线及闸阀、密封和带有密封装置的套管悬挂器等组成	
B. 功能	它的功能是悬挂套管柱或油管柱以及装配隔水导管和防喷器采油树等防止流体从井筒与环空流向地层或外围环境	
C. 设计、结构和选择	（1）井口装置的每一部分的工作压力应该超过最大关井压力（包括安全系数）； （2）对陆地井应有进入所有环空的入口以监视监测环空压力、注入流体及泄放流体等； （3）海洋井的井口，应该具有从油管（管件）环空进入套管的通道，以实现监视（监管、监测）环空压力和注入流体及泄放流体。 （4）井口装置将能作为一个流体流动的通道，以连续地或间断地通过它采油（生产）或注入环空，应该高质量地设计以实现上述功能而不损害井筒完整性关于井口装置应有的功能。 （5）在负载以及井控作业时，套管悬挂器应该被锁住以确保密封完整性	ISO 10423
D. 最初的、原始的测试和检验	井口装置本体（或本体与密封件）、环空出口连同阀门和套管密封组合应该进行渗漏测压测试（Leak-off Test）以作为确定特定井段或特定作业设计压力的依据	
E. 使用	应该在井装置中安装一个耐磨损的补心，以能在工具或工作管柱移动时承受密封部位被损伤的危险	
F. 监测/监管	（1）环空阀件应该经常进行渗漏测压测试和功能测试。 （2）A环空应该连续地监测压力异常情况。如果在规定段还有其他进得去的环空也要进行压力异常情况的监管/监测。 （3）井口装置在开与关的运作的全时间内应该注意观察并与设计值比较。 （4）陆地井和海洋平台井中容易被触及的密封件应该定期做渗漏测压测试，第1次测试时间在使用1年以内，以后的最长测试频率为2年。 （5）根据安装风险（对海洋井可视及的和遥控装置），对指定的和要求附加的渗漏测压测试应定期检测。对海洋井检测频率最少1年一次，否则的话在风险评估中规定之	
G. 共用的井筒屏障	（1）由于使用欠平衡钻井（UBD）和管控压力钻井（MPD）的作业与装备，所以要进行应力分析。过载负荷效应和回接事项应加分析。 （2）可视化检查、监测频率应该按预定的要求监测检查。 （3）在使用地面钻井防喷器进行钻井活动时，环空外侧的在用套管应该连续地监视/监测并用警报系统加以确认	
附加项	（1）在安装和移动时，部件的内部磨损应该进行可视化的检查。 （2）钻井防喷器组件应能灵活地开关使其活动像井控活动程序说明的那样及时启用	使用特殊技术，如视频等技术

表 4.6 （预留位置）

第4章 井筒屏障组件及其验收标准的管理

表4.7 采油封隔器

特征项	验收标准	出处/备注
A. 说明	这个组件由带有锚定于套管/尾管的机械体部组成,在安装时要栖装一个环形密封件	
B. 功能	它的功能是: (1)在完井管柱和套管/尾管间提供密封以防止在采油封隔器以上连通地层与A环空。 (2)作为完井管柱的一部分,防止流体在采油封隔元件以上从采油封隔器体部内流动进入A环空	
C. 设计、结构和选择	(1)采油封隔器应合于质量并按照规则的规定为ISO 14310 V1中的最小值进行测试;如果在下入深度处井筒含有自由气体的话就按ISO 14310 V0执行。采油封隔器应在压支撑的、未注水泥的套管井段进行质量测试。 (2)下入深度应该如下考虑:在封隔器以下的通过套管的任何渗漏应能被套管以外的井筒屏障系统所密封。地层完整性和各种环空密封(如水泥)应能承受该井全生命周期的压力或温度。 (3)它应该具有永久地座定(Set,座牢)并悬挂住所有的已知载荷的能力(意思是它不会被向上或向下的力所松脱)。 (4)机械地(用机械方法)回收采油封隔器装置,应设计得能够保护未能注意到的各种活动所产生的意外。 (5)封隔器体部分密封件应能承受最大的压差,并根据下列最大值确定: ① 油管柱悬挂密封件的压力测试; ② 油管压力、地层完整性压力或在封隔器以上的小于液体在环空中的静水压力的注入压力; ③ 关井的油管压力加上在封隔器以上的环空中小于油管压力的静水压力; ④ 挤毁压力是最小的油管压力的挤毁压力(封堵压力或分离器低压测试压力)的承数,与此同时高的环空作业压力(最大允许值)也是存在的	ISO 14310 评述:这一条很重要,要按国际标准进行质检测试。 评述:要找出压力最大值
D. 初次测试和检验	如果现实的话,应在液流方向做最大压差的渗漏测试。换而言之,还要在最大压差的相反方向做入流流动试验和渗漏测试,以保证达到文件要求的双向流动功能	评述:双向测试
E. 使用	下入各种修井工具,应该不损坏其密封能力,也不会无意中使其泄漏	
F. 监管/监测	应在井口装置平面高度连续记录A环空压力的测量结果以监测其密封性能	
G. 共用的井筒屏障	无	

表4.8 井下安全阀

特征项	验收标准	出处/备注
A. 说明	这个组件由为了密封油管孔而带有一个开/关机构的油管体组成	
B. 功能	它的功能(目的)防止碳氢化合物或流体进入油管。	
C. 设计、结构和选择	(1)它应放置海底以下最少50m。 (2)该座放深度应由井口压力和黏度条件并涉及水合物和蜡/垢的沉淀来支配决定。 (3)它应是:① 地面控制的;② 失效—安全(Fail-Safe)关闭。 (4)它应该放在井筒压井点以下,为的是防止可能的碰撞点以下井筒关闭能力。 (5)该失效—安全关闭功能应该依据环空中最大的液体相对密度来计算其最大座放位置的深度。 (6)该井下安全阀应经过5次使劲地开关(猛开关),该处应在该系统已经安装好之后,在该井最大的理论采油速率时最少2次使劲地开关(猛开关)。这是为了证明井下安全阀设计得能承受猛开关而其关键部位没有产生变形之力	API Spec 14A ISO 10432 API RP 14B

续表

特征项	验收标准	出处/备注
D. 初次测试和检验	它应在流动方向用高压差和低压差进行测试。低压测试应为70bar(1000psi)	
E. 使用	在高流速和研磨性流体中使用时应考虑增加测试频率	
F. 监管/监测	(1)在特别规则的井段应对该阀进行下列渗漏测试： ① 每月一次(月测)直到实现三次高质量的测试为止；之后 ② 每3个月一次，直到实现三次高质量的测试为止；之后 ③ 每6个月一次； ④ 测试评估期间以体积量和压缩性为依据，同时应掌握在允许的渗漏速率下压力变化，最少30min； (2)井下安全阀测试的验收应满足下列 ANSI/API RP 14B 要求： ① 对气体为 0.42m³/min(25.5m³/h)(900ft³/h)； ② 对液体为 0.4L/min(6.3gal/h)。 (3)如果渗漏速率不低直接测得的话，应在阀的下游用压力监控/监管封闭的体积容量进行间接测量的方法。 (4)应急关闭功能。它应检查验收标准规定的关闭时间和该阀在信号指挥下关闭	API RP 14B ISO 10417
G. 共用井筒屏障	无	

表4.9 环空安全阀

特征项	验收标准	出处/备注
A. 说明	这个组件由一个管子和环形密封件组成，它能有效地密封住井筒环空	
B. 功能	(1)防止流动的介质上升至 A 环空。 (2)在套管和油管之间的 A 环空提供一个压力密封	
C. 设计、结构和选择	(1)应按 API RP 14B 进行设计和测试。 (2)它应安置于海低以下至少 50m。如果环空用于采油，则坐深应由形成水合物和蜡与垢的沉积的可能性来决定。 (3)如果它裸露在高速采油/注入的情况下，它应该接受所有相关流体抗流动腐蚀的检查。 (4)作为环空安全系统的一个组成部分，封隔(拍克)构件完全满足与采油封隔器同样的要求。 (5)有时它的工作压力(WP)会超过工作设计压力(WDP)。所以工作设计压力应根据油管压力小于封隔器以下和排气的 A 环空(压力)以上的气体压力梯度来制订。 (6)它应该是：地面控制的以及安全失效而关闭。 (7)应该可放在井筒压力深度以下，以为了提供在可能的碰撞点以下关闭井筒的可能性(能力)。 (8)安全失效关闭功能(最大的安置深度)应根据环空中最大的液体密度来计算	API Spec 14A API RP 14B ISO 14310 评述：这一点很重要
D. 初次测试和检验	应在流动方向进行渗漏测试，测试压力： (1)最大值小于 70bar(约 1000psi) (2)井筒设计压力(WDP)	

第4章 井筒屏障组件及其验收标准的管理

续表

特征项	验收标准	出处/备注
E. 使用	当裸露在高流速或研究性流体时,应考虑增大测试频率	
F 监管/监测	(1)阀件应该按标准规定的常规区段进行渗漏测试： ① 每月一次,直到3次质量合格为止； ② 3次合格以后,每3个月测试质量合格； ③ 再以后,每6个月测试一次； ④ 在测试评价期间,要根据体积(容量)和压缩可能性来决定；以允许的渗漏速率条件下,测出最少30min的压力变化情况。 (2)井下安全阀测试的验收应满足下列API RP 14B的要求： ① 对于气体:$0.42m^3/min(25.5m^3/h)(900ft^3/h)$； ② 对于液体:$0.4L/min(6.3gal/h)$。 (3)如果不能直接测量渗漏速率,用监测片进行间接测量； (4)阀件应定期的功能测试,包括紧急关闭功能；按标准进行	API RP 14B ISO 10417
G. 共用井筒屏障	无	

表4.10 油管挂

特征项	验收标准	出处/备注
A. 说明	该组件由体部、密封件(复数)、注入通道(Feed Throughs)和具有油管挂塞剖面的孔眼	
B. 功能	它的功能是： (1)支持油管的重量。 (2)防止从孔到环空流动。 (3)在油管、井口和采油树之间进行水力密封。 (4)对孔与采油树连通功能提供一个插入式连接点。 (5)用螺纹连接接头(Nippling)为从防喷器卸下和接上采油树时,提供一个安装回压阀(Back Pressure Valve,简称BPV)或塞件的剖面位置	
C. 设计、结构和选择	(1)按照认可的标准对油管挂设计、质检、测试和制造。 (2)在用于连接有环空注入(气举、岩屑回注等)时,需要考虑低温循环效应	ISO 13533 ISO 13628-4 ISO 10423
D. 初次测试和检验	应该用下部超过管柱重量的超拉(Werpail)和(或)压力来检查油管挂的锁住功能。所有密封件应测试至井筒设计压力(WDP)；同时,应在设计所控制压力的方向进行测试	
E. 使用	无	
F. 监管/监测	(1)连续的监管A环空压力。 (2)陆地井和海洋平台井的流体进得去的密封件(复数)应在安装时和安装后一年进行压力测试,然后最大的测试频率是两年一次	
G. 共用井筒屏障	无	

表 4.11　油管挂密封塞

特征项	验收标准	出处/备注
A. 说明	这个组件由一个带有锁住装置的平衡补偿塞子（Egualising Plny）和位于油管挂孔眼与塞体之间的密封件组成	
B. 功能	它的功能是在油管挂的孔眼中提供压力密封，例如在安装和移走防喷器/采油树时（需要压力密封）	ISO 14310
C. 设计、结构和选择	(1)该密封塞应按最大压差设计。还应考虑安装和测试和载荷。 (2)应考虑井筒流体及其状态（海水、H_2S、CO_2、温度、水合物等）。 (3)它应按 ISO 14310 V1 所给定的渗漏标准来设计检查，如果是自由气体的话要用 ISO 14310 V0 标准。 (4)该密封塞（包括如果使用尖头的话）应该不要超出如果使用的 WBE 的油管挂体以上。 对海水面以下的海洋井水平采油树，该塞件应加用下列附加要求将它设计成一个完整部分： (1)该塞件应按最大压差进行设计包括由捕集体积和流体膨胀产生的任何热载荷。 (2)在井筒的生命期内各种液体和气体的配伍性/兼容性（海水、H_2S、CO_2、增产或化学的处理用的流体、油藏中的硫等）应做检查。 (3)该塞件应有金属—金属密封件并按 ISO 14310 V0 给定渗漏标准实施	
D. 初次测试和检验	(1)油管挂密封塞应在流动方向测试。当不可能时，它应从其上部进行测试。 (2)油管挂密封塞应测试至最大压差	
E. 使用	在 BOP 或采油树卸离时，该油管挂密封塞件只能按 WBE 分类	
F. 监管/监测	在塞件以上压力的常规监管	
G. 共用的井筒屏障	无	

表 4.12　井口装置环空进出阀（Well head annulus access valve）

特征项	验收标准	出处/备注
A. 说明	这个组件由环形进出隔离阀（Isolation Valve）（一个或多个）和连接在井口装置上的阀腔（阀室，Valve Housing）组成	
B. 功能	它的功能是(提供)保证监视压力和进出环空的能力	
C. 设计、结构和选择	(1)阀腔（Valve Housing）要有相当质量的材料等级以及它与接触材料的相容性（Compatible）。 (2)阀腔和阀件（一个或多个）应该是抗火—耐火的。 (3)该进出口和阀件要有等于或大于井口装置/采油树系统的压力额定值。 (4)该阀件要： ① 按照认可的标准进行设计、质检、测试和加工制造； ② 气密的。 (5)该进出口和阀件的压力额定值应等于或大于进口装置/采油树系统。 (6)当与环空泵注（气举、岩屑注等）相结合使用时，该阀件应该能够： ① 地面控制； ② 自动作业； ③ 失效—关闭功能。 应该考虑到低温循环的影响	ISO 10423 API Spec 6A ISO 15156 API Spec 17D ISO 10497 API Spec 6FA

第4章 井筒屏障组件及其验收标准的管理

续表

特征项	验收标准	出处/备注
D. 初次测试和检验	应从环空到作业管柱的方向进行测试	
E. 使用	为了监测的目的正常情况下阀件应该打开(开启),用另一个闸阀隔离(封闭)通往平台系统的进出通道,这样就仅能在调控环空压力时打开(开启)该阀门	
F. 监管/监测	(1)应连续监测记录在井口高度处记录测得的环空压力。 (2)在测试评价时期要根据体积(容量)和压缩性,以及掌握以允许的渗漏速率测量压力变化最少10min。 (3)裸露在泵注或生产(采出)流体中的手动阀门,应该每6个月进行一次渗漏测试。对于被动环空,手动阀门应每年测试一次。 (4)注入阀应在正常区段进行如下的渗漏测试: ① 每月1次,直到3次质量合格为止;以后 ② 3次合格以后,每3个月测试质量合格;以后 ③ 每6个月1次。 (5)如果不能直接测量渗漏速率,用监测法间接进行测量。 (6)紧急关闭动作每年测试一次,应检查标准的关闭时间及阀门按信号关闭	
G. 共用的井筒屏障	无	

表 4.13 挠管(连续管)

特征项	验收标准	出处/备注
A. 说明	该组件由一根连续的铣加工的管柱组成,它是绕在 CT 滚筒上的	
B. 功能	CT 管的功能是防止地层流体从它的孔流到外部环境	
C. 设计、结构和选择	(1)应该确定并制订文件关于它的负荷大小范围。 (2)应确定最小的设计验收系数(最小屈服值的80%)。在设计系数中应包括预计温度、腐蚀、磨损、疲劳和变弯等影响效应。 (3)挠管应该用下列方面进行选择: ① 屈服值; ② 泵速; ③ 长度; ④ 重量; ⑤ 内崩压力; ⑥ 挤毁压力	API RP 5C7
D. 初次测试和检验	(1)在开始安装好之后的渗漏测试。 (2)在随后下入中渗漏测试至井口压力	
E. 使用	应使用带有双检查阀组合体或失效—安全关闭装置的尾部连接器以防止来注意到的地层流体流入 CT 管柱	
F. 监管/监测	(1)在作业期间应连续监测泵压和井口压力。 (2)应执行文件规定的常规检查和维护。 (3)在作业期间观察或连续检查。 (4)应记录失效和剩余生命时间	NORSOK D-002
G. 共用的井筒屏障	无	

表4.14 挠管防喷器

特征项	验收标准	出处/备注
A. 说明	挠管防喷器(CT BOP)这个组件由带有闸板(复数)、压井出口连接部件和隔水导管连接部件组成	NORSOK D-002
B. 功能	挠管防喷器的功能是在 CT 管柱或防喷器环状橡胶心子中防止(流体)从井筒流动发生渗漏。它应能在 CT 管柱通过或不通过防喷器时关闭和密封井筒。CT 防喷器是在第一道井筒屏障中支撑井筒屏障组件连通到防喷器环状橡胶心子的装置	
C. 设计、结构和选择	(1)挠管防喷器应按 NORSOK D-002 设计。 (2)压力额定值应超过所遇到的最大压差。包括超过压井作业的极限压差。 (3)应按文件规定的剪切密封闸板(SSR)能关闭 CT 管子并之密封住井筒。如果制造商不能执行文件规定的话,应进行质量测试并达到文件规定。 (4)管子闸板(Pipe Ram)应能实现 CT 环空的密封。 (5)滑动闸板(Slip Ram)应能夹紧和握住 CT 管柱。 (6)应在剪切密封闸板和管子闸板之间装配一个压井入口部件。它应能在防喷器工作后通过 CT 管柱泵入密度大的工作液体	NORSOK D-002 ISO 13533 ISO 15156-1 API RP 5C7
D. 初次测试和检验	(1)在初次安装后作功能测试。 (2)在初次安装后作低压和高压的渗漏测试。 (3)随后的下入活动、工作中,在已经解除(断开,De-energised)膨胀到最大的井口压力的密封件连接处作渗漏测试	
E. 使用	CT 防喷组件(复数)应按在井控工作程序(应该建立的应急程序)中所说明的那样进行工作	
F. 监管/监测	(1)定期的观察检查外部渗漏。 (2)至少每 14 天定期做渗漏测试和功能测试	
G. 共用的井筒屏障	无	

表4.15 挠管检查阀

特征项	验收标准	出处/备注
A. 说明	挠管检查阀(Coiled Tubing Check Valve)由体部带有两个双瓣检查阀或一个失效安全关闭装置和一个为装配到 CT 管柱末端的连接器组成	
B. 功能	挠管检查阀的功能是防止未加注意的地层流体流入 CT 管柱	
C. 设计、结构和选择	(1)该检查阀应该设计得能承受所有的预期井下的力及力的状态。 (2)压力额定值应大于最大的工作压力。 (3)该检查阀在 CT 管孔中应具有双密封,同时,在连接到 CT 管柱处具有内外密封。 (4)要备好为泵入球件(复数)通过 CT 检查阀的工作	NORSOK D-002
D. 初次测试和检验	(1)在连接到 CT 管柱之前的渗漏测试。 (2)在每一次下入井筒之前的入流流动测试	
E. 使用	尾管连接器和 CT 检查阀是直接连到 CT 管的末端	
F. 监管/监测	定期做入流测试	
G. 共用的井筒屏障	无	

第4章 井筒屏障组件及其验收标准的管理

表 4.16 挠管安全头

特征项	验收标准	出处/备注
A. 说明	挠管安全头(Coiled Tubing Safety Head)也称挠管防喷器,由体部带有一个剪切/密封闸板和隔水导管连接部位组成	
B. 功能	CT 安全头(BOP)的功能是防止在地面的第一道井筒屏障有井筒漏失或渗漏的情况。它应能在有或没有 CT 通过 BOP 的情况下关闭和密封井筒。安全头是第二道井筒屏障的上部关闭装置	
C. 设计、结构和选择	(1)CT 安全头(BOP)应该按 NORSOK D-002 设计。 (2)额定压力应大于它能裸露时工作的压差,包括压井作业极限值。 (3)它应按文件规定的剪切/密封闸板能关闭(剪切)CT 管或电缆并随之密封它们。如果制造商不能做到的话,应进行质量检测并纳入文件	NORSOK D-002 ISO 13533 ISO 15156-1 API RP 5C7
D. 初次测试和检验	(1)在初次安装后做功能测试。 (2)在初次安装后完成低压和高压渗漏测试。 (3)在随后下入 CT 密封已经解除到最大井口压力的连接部位进行渗漏测试	
E. 使用	CT 安全头应如同井控工作程序中说明的那样进行工作(应急程序需由用户制订)	
F. 监管/监测	(1)定期观测外部渗漏。 (2)定期的渗漏测试和功能测试,至少每14天一次	
G. 共用的井筒屏障	无	

表 4.17 挠管防喷器环状橡胶心子

特征项	验收标准	出处/备注
A. 说明	挠管防喷器环状橡胶心子(Coiled Tubing Strippers)由带有密封件和隔水导管连接部位的体部组成	
B. 功能	挠管防喷器环状橡胶心子的功能是在井筒和大气之间提供第一个压力密封,同时使 CT 管柱能进出井筒。环状橡胶心子是第一道井筒屏障的上部关闭装置	
C. 设计、结构和选择	(1)其压力额定值应大于它(裸露)工作时的最大压差,包括压井作业的极限值。 (2)它应在 CT 管柱静止时能压力密封,甚至如果中断供给动力时	NORSOK D-002 ISO 13538 ISO 15156-1 API RP 5C7
D. 初次测试和检验	(1)在第一次安装后的功能测试。 (2)在第一次安装后的低压和高压渗漏测试。 (3)在密封已经解脱的连接处,在随后下入 CT 时以最大的井口压力作渗漏测试	
E. 使用	(1)水力压力应该足以保持动压力密封,但是压力要尽量低些以避免过度的摩擦、磨损和挤坏 CT 管。 (2)上部的环状橡胶心子组件应作为第一个(初始的)环状橡胶心子	
F. 监管/监测	(1)定期观察检查外部渗漏。 (2)定期的渗漏测试和功能测试,至少每14天一次	
G. 共用的井筒屏障	无	

表 4.18 不压井(强行下入)检查阀

特征项	验收标准	出处/备注
A. 说明	不压井/强行下入检查阀(Snubbing Check Valve)由体部和双瓣检查阀组成,并安装在工作管柱的末端	
B. 功能	不压井检查阀的功能是防止地层流体在未注意到时流入不压井管柱中	
C. 设计、结构和选择	(1)它应设计得能承受所有的预期的井下力及其状态。 (2)额定工作压力应等于最大工作压力。 (3)它应在管孔和在连接不压井管柱的内部与外部密封处作为双密封件。 (4)应准备好为了通过不压井检查阀泵入球件的有关工作。 (5)在准备下入钻柱下部组合(BHA)/工作管柱而打开井筒之前,应安装好 BHA 和工作管柱的两个不压井检查阀	NORSOK D-002
D. 初始测试和检验	(1)在连接到不压井管柱之前的低压和高压渗漏测试。 (2)在每次下入井筒之前的入流流动测试	
E. 使用	不压井检查阀直接连接在不压井管柱末端和 BHA 之上	
F. 监测	定期的入流流动测试	
G. 共用井筒屏障	无	

表 4.19 不压井(强行下入)防喷器

特征项	验收标准	出处/备注
A. 说明	不压井(强行下入)防喷器(Snubbing BOP)由隔水导管和带有压井/十字阀管线阀件(复数)组成。不压井防喷器通常由一个下部管子闸板、一个剪切全闭闸板、一个上部管子闸板和一个环空橡胶心子的防喷组件构成	NORSOK D-002
B. 功能	不压井防喷器的功能是当井筒在不压井管柱或其卸扣装置处从井筒发生渗漏时防止外泄。 环空:环空防喷组件也是一个环空防喷装置,同时能密封周围物体,例如钻铤和未射孔的射孔枪。它作为封赛季环空橡胶件、管子和环空闸板使用。 上部管子闸板:上部管子闸板的作用是作为在发生失效事件或正在维护保养维修时的最上部第一道关闭装置,即或者是环状心子橡胶件或者是环状橡胶心子闸板(复数)的关闭装置(部件)。当关闭管子闸板或各种闸板时能进行压井循环和在剪切/全闭闸板以下的十字管线循环。该管子闸板不是为环状橡胶心子而设计的。 剪切/全闭闸板:该剪切/全闭闸板是第一道井筒屏障的关闭装置的组成部分。如果需要关闭不压井管柱时它能第一个启用。 下部管子闸板:下部管子闸板的作用是作为在发生失效事件或正在维护保养维修时,在第一次井控系统中对诸如橡胶心子闸板或心子橡胶件等的关闭组件。在应急使用的下部管子闸板能在剪切/全闭闸板以下当做一个悬挂(支撑)机构来使用。该管子闸板不是为环状橡胶心子而设计的	

续表

特征项	验收标准	出处/备注
C. 设计、结构和选择	(1)它应按照 NORSOK D-002 设计加工。 (2)额定压力应大于它在压井作业极限条件下工作的最大压差。 (3)它应按文件规定的,剪切全闭闸板能在随后关闭和密封井筒。如果制造商不能按文件执行的话,应进行质量检测试验并纳入文件。 (4)该管子闸板应能在不压井作业时保证密封环空。 (5)如果使用该密封/滑动闸板(Slip Ram)应能密封并紧握和支撑住不压井管柱。 (6)应在剪切全闭闸板和下部管子闸板之间安放一个压井/十字出口部件。它应能在 BOP 已经投入工作之后,通过不压井管柱泵入重钻井液(加重液体)。 (7)在使用坡形台肩的管件时,应对每种尺寸的坡形台肩管件使用一个固定的相应的全闭闸板	NORSOK D-002 ISO 13533 ISO 15156-1
D. 初次测试和检验	(1)在第一次安装后作功能测试。 (2)在第一次安装后进行低压和高压渗漏测试。 (3)在密封件已经解脱的连接处,在随后下入不压井管柱时以最大的井口压力作渗漏测试	
E. 使用	不压井防喷器组件应该像井控工作程序(应急程序需由用户制定)说明的那样做好相应工作	
F. 监管/监测	定期观察检查外部渗漏。 定期的渗漏和功能测试,至少每 14 天一次	
G. 共用的井筒屏障	无	

表 4.20　不压井起下作业的防喷器环状橡胶心子

特征项	验收标准	出处/备注
A. 说明	该防喷器环状橡胶心子(Stripper)由一个内孔中的橡胶元件[环状橡胶心子碗(Stripper Bowl)]构成。该组件依据下列原则:朝大气方向密封工作管柱外径大于环状橡胶心子内径。该系统依靠井筒压力的推力而工作	
B. 功能	环状橡胶心子的功能是在井筒和大气之间提供第一道压力密封,同时,允许不压井起下管柱上下移动提出井筒或下入井筒	
C. 设计、结构和选择	(1)额定压力应大于它能裸露工作于井液中的最大压差,包括压井作业的极限压力。 (2)当决定如果该环状橡胶心子能避免使用闸板对闸板橡胶心子的话,应考虑该管子的外径和井筒压力	NORSOK D-002 ISO 13533 ISO 15156-1
D. 初次测试和检验	(1)在初次安装后进行渗漏测试。 (2)在安装好之后进行低压和高压渗漏测试。 (3)在随后下入管柱时的最大井口压力在被解除密封后应在连接处进行渗漏测试	
E. 使用	如果确定该环状橡胶心子的橡胶件能避免使用闸板对闸板型橡胶心子的话,应考虑管子外径和井筒压力	
F. 监管/监测	定期观察—检查外部渗漏	
G. 共用井筒屏障	无	

表 4.21　不压井起下作业的安全头

特征项	验收标准	出处/备注
A. 说明	不压井起下作业安全头(Snubbing Safety Head)由一个连接器和一个剪切/密封闸板组成,它是不压井起下作业(专用)防喷器	
B. 功能	不压井起下作业安全头(BOP)是防止流体从井筒第一道井筒屏障在地面漏失或渗漏的情况下流动。它能在工作管柱通过该防喷器(安全头)或没有管柱通过防喷器(安全头)时关闭和密封井筒。安全头是第二道井筒屏障的上部关闭装置	
C. 设计、结构和选择	(1)不压井起下作业的安全头应按照 NORSOK D-002 设计制造。 (2)额定压力应大于它能工作的最大压差,包括压井作业的极限值。它应按文件规定的剪切/密封闸板能封闭工作管柱、CT 管或电缆并随后密封井筒。如果制造不能按文件做到这一点的话,应进行质量测试并纳入文件。 (3)该安全头应该仅在紧急情况和测试期间关闭。当处于正常情况,在安全头与抽汲阀这两个阀之间没有压力表显示异常的时候,就不要将阀处于关闭位置。 (4)该安全头应该用法兰连接到采油树上	NORSOK D-002 ISO 13533 ISO 15156-1
D. 初次测试和检验	(1)在初次安装后做功能测试。 (2)在初次安装后做低压和高压渗漏测试。 (3)在随后的下入作业中,在密封件已解除最大井口压力时,在连接处进行渗漏测试	
E. 使用	不压井起下作业的安全头应像井控工作程序说明的那样进行工作(应急程序需由用户决定)	
F. 监管/监测	定期观察检查外部渗漏。 定期做渗漏和功能测试,至少每 14 天一次	
G. 共用的井筒屏障	不压井起下作业安全头(体部、密封闸板和下部连接部位)应正常地作为一个常用的 WBE。 应建立和履行风险降低措施	

表 4.22　套管水泥环

特征项	验收标准	出处/备注
A. 说明	这个屏障组件由位于套管柱(或套管/尾管)和地层(井壁)之间居中的套管及环空中已固结的水泥环组成	
B. 功能	这个屏障组件的功能是提供在套管环空或套管柱之间一个连续的永久的和不渗透的水力密封,以防止地层流体从它的上方或下方流动,并结构性地支撑套管柱或尾管柱	
C. 设计、结构和选择	(1)对每一次注水泥作业应该制定一个注水泥作业程序,至少包括以下内容: ① 套管/尾管居中和扶正,以实现在整个要求封隔的长度范围的压力完整性和密封完整性; ② 使用隔离液; ③ 在泵注和水泥固结之前,套管内外的静水力压差和当量循环密度(ECD)压差的影响; ④ 注水泥时失返(Lost Returns)及其缓解措施造成的风险。 (2)对于关键性的注水泥作业,高温高压条件和复杂水泥浆或泡沫水泥浆设计的注水泥程序应该由具有相应资质的人员进行独立检查(单位内部检查和外单位检查)	API RP 10B ISO 10426-1

第4章 井筒屏障组件及其验收标准的管理

续表

特征项	验收标准	出处/备注
C. 设计、结构和选择	（3）水泥浆配方应该从有代表性井眼的井场提取（水泥）干粉样品和添加剂并在实验室进行试验。试验应提交稠化时间和压缩强度等资料。 （4）注入水泥的性能应该保证关键层位的密封、结构支撑和承受预期温度的影响。 （5）用于封隔含有碳氢化合物流体储层的水泥浆设计应该防止气体（包括 CO_2 和 H_2S）运移。 （6）计划的套管注水泥高度（长度）： ① 设计应该考虑该井以后用于侧钻、再完井和报废等； ② 一般要求：水泥返高应该在套管鞋（或套管开窗处）以上至少100m； ③ 导管：满足结构完整性要求； ④ 表层套管：应该从井口装置及其服役考虑其负载情况。水泥环顶面（TOC）应在地面/海底。 ⑤ 油层套管（尾管）：应该至少在上一层套管鞋以上200m（测深）。如果套管下过入流层（Source of Inflow），设计的水泥浆最小返高应在入流层以上200m（测深）	
D. 初次测试与检查	直到水泥环达到足够的压缩强度时，水泥环应该不受干扰。 （1）在钻出套管鞋以后水泥环密封能力应该经过地层完整性测试进行检查。 ① 水泥环返高应由下列方法之一进行检查： ② 胶结测井，需提供方位的/层段的资料。该测录工作应由资质人员检查并按文件规定执行。 ③ 100%顶替效率：从注水泥施工作业［泵送体积量、注水泥时（返流）回流量等］的记录计算求得。实际的顶替压力和体积量应该与行业认可的软件模拟值相比较。若存在有漏失的情况，该漏夫层应在计划的水泥返高顶界（TOC）以上。 ④ 水泥浆发生漏失的情况，要用压力整体性测试（PIT）/地层整体性测试（FIT）或渗漏测压测试（LOT）的检查方法（只能用于套管水泥环作为钻进下面未钻井段的井筒屏障时；这个方法不能用于检查套管水泥环作为采油作业或永久报废的井筒屏障）。 （2）危险的、要求高的、关键的套管注水泥应该测录井并说明下列情况（这些情况是难点）： ① 采油套管/尾管下入/穿过碳氢化合物源流层（这是关键，采油套管一定要封过产层）； ② 同一层套管水泥环的采油套管/尾管是第一道和第二道井筒屏障组件，这就要求更高； ③ 注入压力超过盖层的地层完整性的井（这当然危险）。 （3）对一个合格的井筒屏障组件来说，实际的水泥返高应该是： ① 水泥返高在油藏的可能存在的入流源之上； ② 用顶替量计算结果检查至少50m（测深）或用胶结测井检查至少30m（测深）实际水泥返高； ③ 当同一个套管水泥环是第一道和第二道井筒屏障的一部分时，用胶结测井法检查至少 2×30 m（测深）的水泥返高； ④ 地层完整性应该超过每一层段的最大预期作业压力； ⑤ 对于注入压力超过盖层处的地层完整性的井筒，其水泥环高度要从上部最主要的注入点到油藏顶部以上至少30m测深用胶结固井检查质量	
F. 监管/监测	（1）应该定期监测套管水泥环以上的环空压力； （2）应该定期（经常）观察表层套管与导管的环空出口	
G. 共用的井筒屏障	作为常用的井筒屏障组件不需验收。当套管水泥环是第一道和第二道井筒屏障的组成部分时，就被确定为关键的套管水泥环和"D项初次检查"的标准	

表 4.23 采油树隔离工具

特征项	验收标准	出处/备注
A. 说明	采油树隔离工具(Tree Isolation Tool)是一个在采油树中临时安排的装置,以隔离采油树和油管挂的测试压力和工作液	
B. 功能	采油树隔离工具的功能是: (1)在最大的处理作业所用的压力可能超过采油树/油管挂的最大额定工作压力时,隔离采油树和油管挂;或者 (2)把研磨性流体隔离开采油树	
C. 设计、结构和选择	(1)采油树隔离工具的工作压力应最少的超过最大的处理作业所用的压力,再增加10%。 (2)采油树隔离工具应使用法兰及金属对金属密封件连接到采油树上。 (3)采油树隔离工具的收回(缩回)系统(Re-tract System)应该是摇控操作的。 (4)采油树隔离工具应在流体出口处有双阀系统。双阀应使用法兰及金属对金属密封件连接到采油树隔离工具上。 (5)该内阀应是水力遥控操作的。 (6)密封管子内部的密封组合,其工作压力应等于采油树隔离工具在特定的油管内径(ID)所设计的相应密封压力	
D. 初次测试和检验	(1)应按文件规定的采油树隔离工具的渗漏测试压力应大于上次检测之后的额定工作压力(RWP)以上50%。 (2)在安装采油树之后,采油树隔离工具应对相应的上部或下部控制阀按采油树工作压力进行渗漏测试。 (3)在采油树隔离工具和压力已泄放之后的采油树之间的环空中的稳定压力	
E. 使用	(1)排放处理液的管线应有足够长度,这样可使采油树隔离工具的密封组合体能够伸展和缩回并在两道井筒屏障中到位。 (2)在密封了采油树隔离工具密封组合体之后,采油树中的翼阀应打开,同时泄压管线应泄放至非危险区域的位置	
F. 监管/监测	在采油树隔离工具和采油树之间的环空应连续地监测,为的是观察在采油树隔离工具中密封组合体压力是否上升而知道有无渗漏	
G. 共用的井筒屏障	无	

表 4.24 水泥塞(注:对水泥塞作业及检验规定得很全面而严格)

特征项	验收标准	出处/备注
A. 说明	这个组件由固结状态的水泥组成,它在井筒中形成一个塞子(Plug)	
B. 功能	塞子的作用是防止地层流体流入井筒与地层之间和(或)流入地面/海底	
C. 设计、结构和选择	(1)对打每个水泥塞应制订工作程序。 (2)对关键性的注水泥的作业,应由具资质人员(企业内部或外部的)独立(单独)地确定(检查)高温高压条件和设计复杂水泥浆的注水泥程序。 (3)水泥配方应在钻井井场有代表性的井眼条件下使用干水泥和添加剂进行试验室试验。该试验应做稠化时间和压缩强度研究。 (4)用于水泥塞封隔含有碳氢化合物的水泥浆应该设计得能防止气体扩散,以及能适合于井眼条件(如含 CO_2、H_2S)。 (5)永久性水泥塞应设计得保持在静载条件、动载条件和静动载负荷条件下持久密封。 (6)它应按最大压差和井下最高温度,并包括安装负荷和测试负荷在内的情况进行设计。	API Spec 10A Class 'G'

第4章 井筒屏障组件及其验收标准的管理

续表

特征项	验收标准	出处/备注
C. 设计、结构和选择	(7)应确定保证水泥浆配制均匀,并考虑各种材料混合到位的水泥浆最小的配制量。 (8)应达到下列的水泥塞最小长度: | 裸眼水泥塞	套管井的水泥塞	裸眼到地面水泥塞(在表层套管中安置)
测深(MD)(水泥塞高度)100m 其中至少有 50m 在任何入流渗漏源(层)深度以上。从裸眼到套管应至少测深50m并在套管鞋以上和以下至少 50m	如果下入(坐入)机械座塞/水泥塞作为基垫物(Foundation)其高度(测深)为 50m,否则为 100m(测深)	如果下入(坐入)一个机械座塞其高度(测深)为 50m,否则为 100m(测深) | (9)在套管井中安置在一个经过验收(如压力测试的机械座基或水泥塞)的连续的水泥塞,它又是第一道和第二道井筒屏障的一个组成部分的话,就先要进行验收。 (10)在一段裸眼中安置一个经过验收的连续的水泥塞,它又是第一道和第二道井筒屏障的一个组成部分,并具有下列状况时: ① 水泥塞应进入套管 50m; ② 它应该坐在一个可靠的基础上(总井深 TD 或从井深 TD 打的水泥塞)。水泥塞应直接放在另一个的顶部。 (11)套管/尾管应该有长 25m 测深的管鞋跟部水泥塞(Shoe Track Plug)	API Spec 10A Class 'G'
D. 初次测试和检验	(1)套管井段的水泥塞应在液流流动方向或从其上部进行测试。 (2)对于作为井筒屏障组件(WBE)使用的套管鞋跟部,要应用如下: ① 从套管水泥的安置位置返回的体积容量,不应明显超过计算量; ② 它应该既要做压力测试又要进行欠平衡流体(见 EAC 表 4.1)或入流测试。 (3)水泥浆的强度变化应该通过地面取样样品对其混合情况,井场固化情况在有代表性的温度条件下进行检测。 (4)水泥塞的安置(包括高度、位置,用浆量以及质量等)应该通过评估,并考虑井眼大小、泵入量和返出量进行专业化检查。 (5)水泥塞应进行下列检查: | 水泥塞类型	检查
---	---
裸眼井套管井	放射性同位素(Tagging)。 压力测试: ① 在套管/(可能)趋向性渗漏井段以下进行 70bar(1000psi)以上的渗漏压力测试,或者在地面进行套管水泥塞 35bar(500psi)测试。 ② 不超过套管压力测试值,同时修正对套管磨损的套管内崩额定值。如果水泥塞在压力测试的基础上进行,就不需要再进行压力测试。它应该用放射性同位素检测		
E. 监视/监测/监管	对暂时报废井(关停井):在评估井况时,最浅处坐放的水泥塞以上的水泥面/液浆压力应按正规要求监视/监管	
F. 共用的井筒屏障	如果一个连续的水泥塞(同一次水泥作业)被认作是第一道和第二道井筒屏障的组成部分,它通过用钻穿水泥塞直到确认硬化水泥为止的方法进行检查。 进入套管的裸眼水泥塞应作压力测试	

表 4.25 完井管柱

特征项	验收标准	出处/备注
A. 说明	本组件由管材、管件等组成	
B. 功能	完井管柱的目的是提供一个地层流体从油藏到地面的通道或地面到油藏的通道,并防止完井管柱内与 A 环空之间相互沟通	
C. 设计、结构和选择	(1)在完井管柱中的所有部件(管子/管体和螺纹)在其服役期内裸露于自由气体时应符合 ISO 13679 CAL Ⅲ 连接标准或 CAL Ⅳ 连接标准。 (2)应确定因次载荷并按文件执行。 (3)应识别完井管柱的弱点。 (4)应确定最小的验收设计系数。预测温度、腐蚀、磨损、疲劳和弯曲的影响并将之包括在设计系数中。 (5)选择完井管柱应考虑: ① 出现的张力负荷和压缩力负荷; ② 内崩和挤毁标准; ③ 接头间隙和打捞限制; ④ 管内和环空的流速; ⑤ 流体的磨损因素; ⑥ 弯曲阻抗; ⑦ 与暴露在地层或注入流体有关的管柱金相学成分; ⑧ 由于温度影响的强度降低	ISO 11960 API Spec5 CT ISO 13679
D. 初次测试和检测	对井筒钻井工作压力(WDP)的压力测试	
E. 使用	无	
F. 监管/监测	用环空压力监管/监测压力完整性	
G. 共用的井筒屏障	无	

表 4.26 地表高压隔水导管

特征项	验收标准	出处/备注
A. 说明	地表高压隔水导管(Surface High Pressure Riser)是海洋井的隔水导管及连接器和密封件(复数),连接在钻井防喷器至井口装置	
B. 功能	它的功能是作为平台上的钻井防喷器的延伸部分,该处的防喷器和井口装置位于不同的高度,同时,它们能防止流体从井筒流动至外部环境	
C. 设计、结构和选择	(1)额定压力应该是井筒设计压力(WDP)包括压井作业的压力极限值。 (2)所有的密封件应能适用于最大的预期流体温度和压力。 (3)连接部件(连接器)应按预期负荷设计为气密型的	ISO 13533 API RP 53
D. 初次测试和检验	(1)应对特别井段或作业做渗漏测试至最大的关井压力。 (2)在安装和卸移时检查其各个部件的内部磨损情况	
E. 使用	应该按设计程序安装并进行维修和检查	
F. 监管/监测	如果恢复安装(再次安装)的话,应做渗漏测试	
G. 共用的井筒屏障	(1)应该进行欠平衡钻井/管控压力钻井(UBD/MPD)设备/作业的应力分析。 (2)依据预先确定的检查频率进行观察检查	

第4章 井筒屏障组件及其验收标准的管理

表4.27 测试管柱

特征项	验收标准	出处/备注
A. 说明	这个测试钻柱的屏障组件由管材管子组成	
B. 功能	作为井筒屏障组件的井筒测试管柱的目的是提供一个地层流体从油藏流通到地面的通道(管路,Conduit)	
C. 设计、结构和选择	(1)部件(管子与螺纹)要气密的(Gas Tight)。 (2)因次载荷要给定义和文件化。 (3)应该识别测试管柱中的最薄弱点。 (4)要确定最小的验收设计系数,应该预测温度、磨损、疲劳和弯曲的影响并包括在设计系数中。 (5)测试管子的选择应考虑下列因素: ① 接头间隙和打捞限制; ② 与采油/注入速率有关的流体性质; ③ 弯曲阻力; ④ 与暴露(裸露)在油藏或其他腐蚀环境有关的金相学成分; ⑤ 疲劳阻抗; ⑥ 高温高压:由于温度影响的强度降低	NORSOK D-SR-007
D. 初次测试和检验	(1)用井筒设计压力(WDP)进行压力测试。 (2)由独立的第三方组织进行螺纹检查。 (3)高温高压:组件应进行非破环性(非损害性)检验	
E. 使用	当钻杆—钻铤测试管柱位于防喷器内时,应该在钻台上准备适用于所有类型接头的插入式安全阀	
F. 监管/监测	用环空压力单独监管压力完整性	
G. 共用的井筒屏障	无	

注:测试管柱组件是为了测试管柱实现其功能,主要有:伸缩短节(Slip Joint)、循环阀、地层测试器、取样工具、仪表外筒、安全接头等。这些组件及其螺纹应该是气密的。设计结构与本表"C"相同,并参照本表"D、E、F"诸栏执行有关事项。

表4.28 机械的油管塞(机械管塞)

特征项	验收标准	出处/备注
A. 说明	这个组件由带有锁紧装置或锚定装置的体部和密封套管/油管井筒之间的密封件塞体组成。这是一个机械管塞坐放在机械管套(套管/油管)的内部的某一剖面或任何地方	机械管塞由三部分组成:体部、锁紧装置和密封件
B. 功能	这个管塞的目的是防止地层流体的流动和在环空与中心位置管柱之间从上或从下产生的反压力(阻力)	
C. 设计、结构和选择	(1)该机械管塞应设计得能承受最大的压差、最小和最大的温度、压力和温度的循环次数、坐放的数目次数、井筒介质、预期的寿命和在安装时间内它将遇到的所有载荷。 (2)应考虑到在管塞预定的服役期内井下流体和条件(温度、H_2S、CO_2等)。 (3)该管塞应完全符合 ISO 14310 标准: ① V_1级用于设计有效性检查; ② Q_1级用于质量控制。 (4)如果机械地移开或者被钻掉的话,该管塞应设计得在控制状态下能平衡跨越管塞的压力。 (5)不允许用机械动作/冲撞方法来粗心地松开它。	ISO 14310 注1:管塞设计要符合国际标准,考虑诸多有关因素。

续表

特征项	验收标准	出处/备注
C. 设计、结构和选择	(6)井筒完整性要求该管塞不能像井筒屏障组件那样单独在井筒或分支井筒中作为永久封堵工具使用。 (7)它应该只能安置在井筒中管材的一个区段中,该区段固了水泥或有足够壁厚能承受管塞负荷的支撑物上	注2:说明机械管塞不能单独使用,有使用条件
D. 初次测试和检查	如果可能的话,它应该在液流方向进行最大压差的渗漏测试。变通的话,它应该在最大压差的反方向进行流动测试或渗漏测试,保证能按文件要求的双向密封能力	
E. 使用	该管塞安放位置应尽量接近入流源并可放在静水压力大于管塞以下的管塞平衡压力的地方	
F. 监测/监管	如果进出可能的话,管塞应按规定监测/监管	
G. 共用的井筒屏障	无	

表4.29 完井管柱组成部件

特征项	验收标准	出处/备注
A. 说明	这些组成部件由带孔的腔体组成。完井管柱组成部件是设计为了防止在完井管柱孔眼和A环空之间的不希望产生的沟通	
B. 功能	它的目的可以是保证完井的功能性,例如气举或装有阀件或平衡构件等模造构件锥形剖面、仪表箱、有密封件/连接的控制管线的侧孔心轴的功能	
C. 设计、结构和选择	(1)该组件(管子和螺纹)应按 ISO 13679 CAL Ⅲ 连接或在其生命期工作于自由气体时按 CAL Ⅳ 连接。 (2)应确定最小的验收设计系数。预期的温度、腐蚀、磨损、疲劳和弯曲应包括在设计系数中。 (3)该部件的设计/选择应考虑的方面是: ① 内崩和挤毁标准; ② 承受的拉力和压缩载荷; ③ 外径与井筒间的间隙和打捞作业的限制; ④ 管子(和环空)流速,还包括腐蚀效应; ⑤ 与所工作的地层,注入或环空流体有关金成分; ⑥ 在铸造材料中的偶坡组合应进行有限元分析; ⑦ 由于温度效应导管强度降低。 (4)在采油封隔器以上完井管柱中的阀件(复数)应保证质量并按 ISO 14310 VI 设计有效性检查,或者在该深度处有自由气体的话按 VO 设计有效性检查	ISO 13679 ISO 14310 ISO 10432 API Spec 14A ISO 10417 API RP 14B API Spec 11V1 ISO 17078-2
D. 初始测试和检验	(1)压力测试至井筒设计压力(WDP)。 (2)阀件应在流动方向按低和高压差进行测试。低压差测试应为最大70bar(约1000psi)	
E. 使用	下入替换工具时应不要事故性地改变该工具的功能性	
F. 监管/监测	(1)环空、控制管线、注入管线的压力监测、监管。 (2)气举阀和化学剂注入阀应按 EAC 表4.8 定期地测试	
G. 共用的井筒屏障	无	

第4章 井筒屏障组件及其验收标准的管理

表 4.30 不压井起下作业管柱

特征项	验收标准	出处/备注
A. 说明	不压井起下作业管柱由带有管子接头的钻柱(管柱)组成	
B. 功能	不压井起下作业管柱的功能是防止地层流体从它的管孔中流动到外部环境中	
C. 设计、结构和选择	(1)应确定其无量纲载荷的情况并纳入文件。 (2)应确定最小的验收/检验设计系数。在设计系数中应包括预计的温度、磨损、腐蚀、疲劳和弯曲的影响。 (3)不压井起下作业管柱的设计基础、假定和假设;设计不压井起下作业管柱应考虑下列各项: ① 重量; ② 过载提拉; ③ 井筒状况; ④ 水力作用载荷; ⑤ 临界点; ⑥ 最大长度。 (4)在检查阀以上的不压井起下管柱用的连接类型应该是气密的和带有金属—金属密封件(复数)的。该密封件应能承受内外压力	ISO 11960 NORSOK D–002
D. 初次测试和检查	(1)在第一次起下之后进行渗漏测试。 (2)在随后的起下时渗漏测试至最大的井口压力。 (3)对螺纹接头/短截剖面的塞件应在第一次起下之前进行低压5min至10min"根部(on Stump)"的渗漏测试。在相同的作业用于以后的起下工作时不需要再重复这项测试	
E. 使用	(1)应使用一个双重/双体检查阀组合体或者一个失效—安全关闭装置以防止未加注意的地层流体流入不压井起下柱中。 (2)为了管柱内的井控如果检查阀失效了的话(即回压至检查阀时),应在底部钻柱组合(BHA)中应配装一个螺纹接头剖面的短节	
F. 监管/监测	(1)在作业时应连续地监管/监测泵压和井口压力。 (2)所用管材的维护保养和颁发证书。 依据文件规定程序,管材(包括管端连接部位和任何管端连接—管体结合部位)应进行维护保养和再证明达到规定的最低状态。 规定的程序应该至少包括以下几方面: ① 管材应该无缺陷,缺陷指的是可能危及管材规定最低要求条件。 ② 最小的影响管材壁厚和壁厚内、外或内外都减薄的延伸部位,应该知道管材任何部位的上述情况并纳入文件。 ③ 端部连接应满足设计雇主的要求,包括检查、最低的验收条件、修理和维护。 端部连接的配伍性(兼容性):当使用配伍—兼容性的端部连接时,应由所有与端部连接的设计服务者有关人员及业主一起来检查其配伍—兼容性	NORSOK D–002
G. 共用的井筒屏障	无	

— 311 —

表 4.31 海水面以下采油树

特征项	验收标准	出处/备注
A. 说明	(1)海水面以下水平采油树由一个壳体内有孔,孔中装有采油和环空控制阀、顶部塞件、流体流动阀和十字阀组成。 (2)海水面以下垂直采油树由一个壳体内有孔,孔中装有采油和环空控制阀、抽汲阀或顶部塞件和流体流动阀组成	
B. 功能	它的功能是: (1)为油气从油管进入海水面以下采油树至地面管线的一个流动通道,并具有使用关闭流动阀和(或)控制阀阻止流动的能力。 (2)提供监管—监测和调整环空压力的能力。 (3)在垂直采油树中提供垂直工具穿过抽汲阀(复数)或在水平采油树中通过顶部塞件(复数)的功能	
C. 设计、结构和选择	(1)海水面以下采油树应该装配有: ① 一个失效—安全自动关闭的控制阀和一个在井筒流体主流动方向的失效—安全自动关闭的翼阀; ② 如果该采油树有侧向出口,应装配失效—安全自动关闭的阀件(复数); ③ 在任何侧向出口以上的每个孔眼的高处应有一个抽汲阀和采油树盖帽(垂直采油树)或两个顶部塞件(水平采油树); ④ 在穿过采油树整体的井下控制管线上,有隔离阀; (2)该采油树应该设计得能承受动载和静载,它可以承受包括正常的、额外的和事故的载荷条件	ISO 10423 ISO 13628-1 ISO 13628-4 ISO 13628-7
D. 初次测试和检验	该阀件(复数)应在流体流动方向进行低的和高的两种最大压差的测试,低压测试应大于 35bar(500psi)。 在海水面以下采油树和井口装置之间应进行最大压差的测试	
E. 使用	(1)在关闭期间和测试期间采取一种使用抗冰冻/抗水合物的处理剂的策略。 (2)在打开和关闭阀件(复数)时注意压力平衡	
F. 监测/监管	(1)自动阀件应在规定的下列期间进行测试: ① 月测,直到完成了 3 次高质量测试为止;随后: ② 每 3 个月一次,直到完成了三次高质量测试为止;随后: ③ 每 6 个月一次。 (2)如果不能直接测量渗漏率的话,应采取在阀的下游的封闭体积内进行压力监视—监测的间接方法。 (3)测试持续时间至少应为 10min。 (4)应每年测试一次紧急关闭功能。它应检查验收关闭时间和在信号下关闭该阀	
G. 共用的井筒屏障	无	

第4章 井筒屏障组件及其验收标准的管理

表4.32 海水面以下测试树组装体

特征项	验收标准	出处/备注
A. 说明	该组件由一个槽形悬挂器、平滑接头、有两个失效—安全关闭阀的腔体、还有一个卸开机构的体部及控制管线和带有检查阀的化学剂注入管线组成的卸开连接部位的部件组成	
B. 功能	它的功能是从下部密封井筒,同时,能使测试管柱从BOP剪切密封闸板下部卸开,在隔水导管可能卸开之前关闭防喷器闸板	
C. 设计、结构和选择	(1)它应装配一个地面遥控开关、失效—安全关闭和不卸开/再卸开功能。为了应急目的也要使用一个机械的卸开机构。 (2)它应安置在井口装置中,允许两个管子闸板来密封平滑接头周围以隔离测试管柱环空。 (3)它应该尽量地足够短,以允许BOP剪切密封闸板在测试树阀门组件以上关闭,同时,阀件和卸放机构是连着的。 (4)应在测试树以上安装一个可剪切关闭接头以能够实现紧急封闭管柱。 (5)它应能封闭电缆或挠管,在井筒作业时可能用到的包括电缆或挠管内部的导线或细缆线	NORSOK D-SR-007
D. 初次测试和检验	(1)放在BOP组装体中的海水面以下的测试树(SSTT)的安放位置应该用等效下入法(仿真下入法)检查,除非已经证实了它的位置。 (2)水力的初次卸放机构应在它已经连接到测试管柱之后,在钻台上进行功能测试(不卸开/卸开)。 (3)它应该在组装封隔件之前进行压力测试	
E. 使用	不应该把SSTT作为作业工作阀件使用,只能作为应急装置使用和准备连接而尚未连接的测试管柱使用	
F. 监测/监管	(1)确定控制管线和使用的控制管线流体的压力完整性。 (2)在未连接测试管柱/隔水导管之前,在BOP中SSTT阀和BOP剪切密封闸板之间监管—监测压力	
G. 共用的井筒屏障	无	

表4.33 地面采油树

特征项	验收标准	出处/备注
A. 说明	这个组件由腔孔内安装了抽吸主控阀(清蜡闸门)、压井(作业)阀和液流流动阀及腔体组成	
B. 功能	(1)提供油气从油管进入地面管线的通道,具有用关闭液流流动和(或)主控阀来阻止液流流动的能力。 (2)提供垂直的工具能进入(经过)抽汲阀;以及 (3)提供压井液能够泵注进入油管的进入口	

续表

特征项	验收标准	出处/备注
C. 设计、结构与选择	(1)地面采油树应装备下列部件： ① 一个失效时自动关闭主控阀和一个在井筒的主要流动方向失效时自动关闭的翼阀。 ② 如果采油树有流向侧向出口的话，那么就要安装自动化的失效安全阀。 ③ 在任一个侧向出口的高度要有一个手动的抽汲阀和采油树上每个孔的帽盖。 ④ 在进入采油树的井下控制管线上要有隔离阀(复数)。 (2)所有第一道密封件(包括采油环空)应该是金属—金属型的。 (3)所有的接口(连接部位)、出口部位等要安放在预定的包装体内并应该是防火的。 (4)采油树应该设计得能承受动、静载荷(它可能承受正常的、额外的和事故的载荷条件)	ISO 10423（API Spec 6A） API Spec 6FA API Spec 6FB API Spec 6FC 注：对采油树的结构和设计讲得全面而深刻(至少比教科书好)
D. 初次测试和检查	该阀件应该用液流方向低和高的最大压差值进行测试。低压测试最大值为35bar(500psi)。 在地面采油树和井口装置之间的连接部位应该用最大压差测试	
E. 使用	(1)在关闭和测试时，从策略上考虑宜使用抗冰结/抗水合物的试剂。 (2)在打开和关闭阀件时注意(小心)平衡/平稳操作	
F. 监测/监管	(1)应在如下的常规范围测试自动的阀件： ① 每月一次，直到完成三次质量合格为止；然后 ② 每3个月一次，直到三次质量合格为止；然后 ③ 每6个月一次。 (2)手动阀件应每年测试。 (3)如不能直接进行渗漏测试，用在封闭的下流方向监测/监视压力的间接法； (4)测试时间最少为10min。 (5)每年进行应急关闭功能测试，它应该检查验收标准规定的关闭时间和根据信号关闭阀件	
G. 共用的井筒屏障	无	

表4.34 地面测试树

特征项	验收标准	出处/备注
A. 说明	这个组件由内装抽汲阀、主控阀、压井阀和液流流动阀的带孔的腔体组成	
B. 功能	(1)为油气从测试油管(或隔水导管)提供一个流动通道；具有用关闭流动阀和(或)主控阀的办法来阻止流动的能力。 (2)提供压井液流经压井阀。 (3)允许电缆或挠性管进行修井等工作。 (4)如果有水龙头，允许在水龙头以下旋转测试管柱	

续表

特征项	验收标准	出处/备注
C. 设计、结构与选择	（1）它应安装一个遥控工作的液流翼阀和压井阀，液流翼阀应是失效—安全关闭型的。 （2）液流阀应是由生产关闭/应急关闭（PSD/ESD）系统控制的。 （3）一个止回流阀（Non-return Valve）（单向流动阀）应连接在压井出口处，以防止液体回流。 （4）如果该测试树安装有水龙头，它应安放在主控阀以上	NORSOK D-SR-007
D. 初次测试和检查	（1）所有部件在它们已经连接到测试管柱之后应进行压力测试到最大的井筒压力。 （2）液流流动阀在预定的流动压力（不是最大压力）条件下进行功能测试，关闭的反应时间应在5s之内进行检查	
E. 使用	（1）对浮动钻机的地面测试树（STT），坐放在海水面以下井口装置中，应该了解（掌握）在海潮高和低时其全部过程的冲程（Stoke）。 （2）应按文件限制浮动钻机的最大起伏极限值	
F. 监测/监管	（1）确定（调查）水力控制管线的压力完整性并且有效利用好控制管线的液体。 （2）如果测试树安装有水龙头，应该在作业时按规定检查渗漏或作业中捕捉到的信息（信号）	
G. 共用的井筒屏障	无	

表 4.35　井筒测试封隔器

特征项	验收标准	出处/备注
A. 说明	这个组件由一个放在油管外面对着井筒的套管的环空密封件组成	
B. 功能	它的功能是提供一个基础性密封，隔离开地层和油管（管柱）周围之间的环空空间	
C. 设计、结构和选择	（1）该封隔器应从上部和下部控制住压力。 （2）密封件要承受跨封隔器的压差，它能依据下列情况计算该压差，取其中最大的压差： ① 施加小于最小油藏压力的压力于环空； ② 小于环空中流体水力压力的最大油藏压力； ③ 渗漏管柱，等于井口关闭压力加环空中小于油藏压力的流体的静水力压力； ④ 抽空油管在井下测试阀"打开"时的环空压力。 （3）井筒测试封隔器应按 ISO 14310 进行测试，同时将其测试等级放在括号内注明。 （4）HPHT 井：应使用全锚卡型（永久型）封隔器。 （5）欠平衡环空的井筒测试，该处要使用可回接封隔器，由于发生向上的力所以要检查该封隔器不能被解脱的可能情况	NORSOK D-SR-007
D. 初次测试和检验	（1）该封隔器应进行压力测试至最大的压差。 （2）该封隔器的压力测试在井筒测试时，从封隔器下部可能发生差别处进行压力测试	
E. 使用	介入工具（复数）的下入应勿损伤封隔器的密封功能也不要无意中使得封隔器失掉封隔而松脱	
F. 监测/监管	密封性能应通过连续地记录在井口处测得的环空压力	
G. 共用的井筒屏障	无	

表 4.36 井筒测试管柱部件

特征项	验收标准	出处/备注
A. 说明	这些部件由带孔的管腔体组成,组件可以有一个侧边安装的零件或一个阀件提供油管和环空之间的沟通	
B. 功能	它的功能可以提供对测试管柱功能的支持,例如:伸缩接头、循环阀、取样工具、仪表附件、安全接头、震击解卡器等	
C. 设计、结构和选择	(1)该部件(管体和螺纹)应该是气密的。 (2)应确定最小的验收设计系数。预计的温度、腐蚀、磨损、疲劳和弯曲的影响应包括在设计系数中。 (3)该部件应设计/选择考虑到下列方面: ① 内崩和挤毁标准; ② 遇到的拉、压载荷; ③ 需要震击松脱被卡的测试管柱的震击影响; ④ 外径间隙和打捞限制; ⑤ 井筒流动速率,也包括磨蚀影响; ⑥ 与裸露地层、注入流体或环空流体有关的金属成分; ⑦ 应避免焊接或形状少见的组合体; ⑧ HPHT:由于所使用温度影响导致强度降低	NORSOK D-SR-007
D. 初次测试和检验	压力测试至井筒设计压力	
E. 使用	介入工具的下入应该不要损伤工具的功能	
F. 监管/监测	压力完整性通过控制环空压力的能力来监管/监测	
G. 共用的井筒屏障	无	

表 4.37 电测闸板

特征项	验收标准	出处/备注
A. 说明	电测闸板就是电测防喷器,由防喷器体部带闸板和隔水导管/润滑器连接部位组成	
B. 功能	电测防喷器的功能是防止流体从井筒在 BOP 以上的填料盒/润滑油头或润滑系统中流动。该组件是在第一道井筒屏障中填料盒/润滑油头的组配元件	
C. 设计、结构和选择	电测闸板应该按照 NORSOK D-002 设计其结构	NORSOK D-002
D. 初次测试和检验	(1)安装好之后进行功能测试。 (2)在初次安装后进行低压和高压渗漏测试(如果以前在 14 天内在现场测试过的话,可以取消)。 (3)在以后的起下工作时,密封已经解除到最大的井口压力时进行渗漏测试	
E. 使用	电测电缆闸板应该像井控工作程序所说明的那样工作(应该建立应急程序)	
F. 监管/监测	(1)定期检查外部渗漏。 (2)定期的渗漏测试和功能测试,在作业期间最少每 14 天一次	
G. 共用的井筒屏障	无 注意:如果电测安全头是它的同一体的话,按表 4.38 办	

第4章　井筒屏障组件及其验收标准的管理

表 4.38　电测安全头

特征项	验收标准	出处/备注
A. 说明	这个组件由带有剪切/密封闸板和隔水导管连接部位的电测安全头体部组成	
B. 功能	它的功能是在地面的第一道井筒屏障中发生漏失或渗漏的情况下防止流体流动。不论有无电缆通过该安全头,它能够关闭和密封住井筒。该组件是第二道屏障中的上部关闭装置	
C. 设计、结构和选择	电测安全头应按照 NORSOK D-002 设计、制造	NORSOK D-002
D. 初次测试和检验	(1)安装好后进行功能测试。 (2)在第一次安装好后进行低压和高压渗漏测试(如果以前在 14 天内在现场测试过的话,可以取消)。 (3)在以后的起下工作时,密封已经解除到最大的井口压力时进行渗漏测试	
E. 使用	(1)电缆安全头应该像井控工作程序所说明的那样工作(应该由用户建立应急程序)。 (2)安全头只能够在应急情况和渗漏及功能测试时关闭	
F. 监管/监测	(1)定期的检查外部渗漏。 (2)定期的渗漏测试和功能测试,作业时最少每 14 天一次	
G. 共用的井筒屏障	电测安全头(体部、密封闸板和下部连接部位)按常用的 WBE 正常地选用。 风险后果减低的方法是: (1)预备一个压井入口(带有双阀门)以连接至泵注管线。它也可以考虑有一条压井管线连到压井泵以便使用压井液。 (2)由模拟确认在电缆被割切情况下电缆落到采油树阀以下时,允许采油树阀能够被关闭。 (3)确保在紧急情况(如局部的应急关闭情况)时能够起出和(或)下放钻具底部组合(BHA)	

表 4.39　电测填料盒/润滑油注入头

特征项	验收标准	出处/备注
A. 说明	这个组件由一个压力控制头和一个润滑器连接件组成	
B. 功能	功能是在井筒和大气之间提供第一道压力密封,同时,允许电缆移动进出井筒。这是第一道井筒屏障中的上部关闭装置	
C. 设计、结构和选择	电测填料盒/润滑油注入头要按 NORSOK D-002 设计、制造	NORSOK D-002
D. 初次测试和检验	(1)安装好后功能测试。 (2)在第一次安装后进行低压和高压渗漏测试。 (3)在随后的起下工作中在密封件已解除压力到最大的井口压力的连接处进行渗漏测试	
E. 使用	润滑油注入压力应足够高,以保持动压力密封以及瞬时的可能性低压,以避免在活动电缆时产生过度摩擦	
F. 监管/监测	定期的观察检查	
G. 共用的井筒屏障	无	

表 4.40 插入(Stab-in)安全阀

特征项	验收标准	出处/备注
A. 说明	这个组件由带孔的腔体和一个球阀组成	
B. 功能	它的目的是允许(能够)装入或关闭插入旋转台(Rotary Table)中的任一自由管柱的顶部接头	注:插入安全阀中有一个旋转台
C. 设计、结构和选择	(1)该阀件应符合井筒设计压力(WDP)。 (2)为了一旦使用安装在管柱中的该阀件,该阀件应有一个容易进得去(指易于插入的)能够操作的关闭机构	NORSOK D-SR-007
D. 初次测试和检查	该阀件应有一个文件规定的持续14天以内的检查试验	
E. 使用	(1)该插入式安全阀应该在任何时候都能用螺纹连接坐放到旋转台的油管。 (2)该阀件应该有可能在小于15s时间内用手上紧之	注:要精细加工为了能够用手快速上紧连接螺纹
F. 监测/监管	在使用时进行观察	
G. 共用的井筒屏障	无	

表 4.41 套管浮动阀(Casing float valve)

特征项	验收标准	出处/备注
A. 说明	这个组件由一个管体和一个放在内部的单向阀组成	
B. 功能	在下入套管/尾管时防止液体从井筒向上流动进入套管/尾管并进行井筒循环	
C. 设计、结构与选择	(1)该组件应该允许向套管/尾管的下部泵注流体,但是防止在相反方向的任何流动。 (2)该组件应能承受预定的包括设计安全系数在内的内崩压力、外挤毁力和轴向载荷。 (3)该组件的工作/密封压力应该等于最大的压差(流经该组件的压差再加上一个确定的安全系数)。 (4)该组件应具有在预定井筒条件下的功能,并涉及不同压力、温度和流体性质。 (5)应该使用两个套管浮动阀。在不存在入流源头时可使用改型的套管浮箍(能自动充满)	ISO 10427-3
D. 初次测试和检查	(1)应由卖主制订说明书和性能。 (2)在下入套管/尾管时应做入流测试和功能测试	
E. 使用	应按卖主的程序安装	
F. 监测/监管	在第一次初始测试之后可不再监测	

第4章 井筒屏障组件及其验收标准的管理

表 4.42　为修井用的下部隔水导管组装体(LRP)

特征项	验收标准	出处/备注
A. 说明	下部隔水导管组装体(LRP)这个组件由一个带有剪切/密封闸板和隔水导管连接部组成	
B. 功能	LRP 的功能是防止第一道井筒屏障在地面漏失或渗漏的情况下从井筒流动。不论有无 CT 或电缆经过 LRP。它能够关闭住并密封井筒。在第二道井筒屏障中，LRP 是上部的关闭装置	
C. 设计、结构和选择	(1) 要按照 ISO 13628-7 设计 LRP。 (2) 额定压力要超过它能工作的最大压差，包括压井作业的限制值。 (3) 它要以文件规定剪切/密封闸板能关闭 CT 或电缆和随后密封井筒。如果这不能按文件制造的话，应进行质量测试并纳入文件	ISO 13628-7 NORSOK D-002 ISO 13533 ISO 15156-1 API RP 5C7
D. 初次测试和检验	(1) 第一次安装好之后的功能测试。 (2) 第一次安装好之后的渗漏测试。 (3) 在随后的起下作业中，在密封件已被解除至最大的井口压力(WHP)的连接位置处做渗漏测试	
E. 使用	LRP 要像井控工作程序中说明的那样进行工作(应急程序要由用户建立)	
F. 监管/监测	(1) 定期检查外部渗漏。 (2) 定期的渗漏和功能测试，至少每 14 天一次	
G. 共用的井筒屏障	无	

表 4.43　尾管顶部封隔器/回接封隔器

特征项	验收标准	出处/备注
A. 说明	尾管顶部封隔器/回接封隔器由一个环状密封元件(它在安装时就到位)及其体部组成	
B. 功能	它的功能是密封套管和尾管之间的环空，同时阻挡从其下部和/或上部的抗阻压力	
C. 设计、结构和选择(额定的、功能的等)	(1) 该封隔器包括一个回接封隔器，要按公认的质量和标准(即以 ISO 14310 VI 为最低标准，如果在坐定深度有自由气体的话则按 ISO 14310 V0 为最低标准)执行。该封隔器要在相关的、未支撑的、未注水泥的套管段做质量测试—检查。 (2) 该封隔器要按最大压差(内崩和挤毁)和安装时及它的全生命周期内预期的井下最大温度条件下进行设计。其他井下条件，例如：地层流体、H_2S、CO_2 等也应考虑在该封隔器的预计生命期中。 (3) 该封隔器在永久报废井或井筒中不作为井筒屏障组件(WBE)验收。 (4) 由于变化的井下温度/循环载荷产生密封失效风险要进行评估。 (5) 它要设计得能避免过早地坐住和坐住前能够旋转	ISO 14310 ISO/FD1S 14998
D. 初次测试和检验	它要从其上部进行压力测试。对开发井，如果实际可能的话，它应该做入流测试。测试压力为： (1) 在套管鞋处或可能(潜在)的渗漏路径以下，用 70bar(约 1000psi) 以上压力进行渗漏测试。 (2) 不超过套管测试压力(当其较低时)	
E. 使用	无	
F. 监管/监测	当在采油封隔器以上安装有尾管顶部封隔器时，要通过连续地记录在井口位置测量的 A 环空压力来监管其密封性能	
G. 共用的井筒屏障	无	

表 4.44　电测润滑器

特征项	验收标准	出处/备注
A. 说明	电测润滑器(WL)由体部带一个两端有连接件的润滑器组成	
B. 功能	功能是当电测的 BHA 下入和起出井筒时在关闭装置之上提供一个润滑空间位置	
C. 设计、结构和选择	该 WL 润滑器要按 NORSOK D-002 设计其结构	NORSOK D-002
D. 初次测试和检验	(1)安装好之后做功能测试。 (2)第一次安装后进行低压和高压渗漏测试。 (3)在随后的下入作业中,在密封已解除到最大井口压力处,进行渗漏测试	
E. 使用	润滑器的全长要在井筒上部关闭装置以上有足够高,能使包括各部件在内的整个工具管柱从井筒中起出	
F. 监管/监测	定期观察检查	
G. 共用的井筒屏障	无	

表 4.45　海水面以下的润滑器阀件

特征项	验收标准	出处/备注
A. 说明	这个组件由腔体带孔和一个水力工作阀组成	
B. 功能	它的功能是密封住下入管柱的内孔以能润滑长电缆或 CT 工具而不必关闭海水面以下测试树(SSTT)和泄放掉整个下入管柱的压力	
C. 设计、结构和选择	(1)该阀要在双向控制压力。 (2)它要有泵过该阀件的可能性。 (3)该阀应该失效时就失效(意指:在相关部件失效时,该阀就失效)。 (4)不要有在多个阀件之间发生压力锁闭(pressure lock)的可能性。 (5)要包括化学剂注入功能(功能常用的防止水合物)	NORSOK D-SR-07
D. 初次测试和检验	要从双向进行压力测试至最大的井筒压力	
E. 使用	建议使用两个润滑器阀件(在井筒中备用)	
F. 监管/监测	每次使用时进行常规的入流测试或压力测试	
G. 共用井筒屏障	无	

表 4.46　井下测试阀

特征项	验收标准	出处/备注
A. 说明	这个组件由阀体和紧位于测试封隔器之上的一个阀件组成	注:该阀与测试封隔器配套使用
B. 功能	它的功能是在测试管柱内孔中提供密封,使之: (1)在压力上升时在井下关井。 (2)与一套循环装置配合循环井中的压井液。 (3)在测试管柱和井筒中有不同比重的流体情况下,下入测试管柱	

第4章 井筒屏障组件及其验收标准的管理

续表

特征项	验收标准	出处/备注
C. 设计、结构和选择	(1)应按环空压力工作。 (2)应该掌握来自上部和下部的压力。 (3)应该有一个锁打开的位置,在该处用环空压力打开锁而不需要保持该阀件打开	NORSOK D-SR-007
D. 初次测试和检查	该阀件应在液流流动方向进行渗漏测试并在甲板安装之前做功能测试	
E. 使用	无	
F. 监测/监管	关闭的阀件的压力完整性应通过监测油管压力来实现	
G. 共用的井筒屏障	无	

表4.47 不压井环状橡胶心子防喷器

特征项	验收标准	出处/备注
A. 说明	不压井环状橡胶心子防喷器(Subbing Stripper BOP)由两个单独的BOP闸板和泄压管线阀件组成。该环状橡胶心子BOP通常由一个下部的环状橡胶心子闸板和一个上部的环状橡胶心子闸板组成	
B. 功能	该环状橡胶心子闸板是用来控制管柱在有井口(地面)压力时向上和非向上的运动。借助于交替的开和关这两个橡胶心子闸板。工具接头可以进/出井筒,同时,保持管材环空的全程控制,即该环状橡胶心子是在不压井"闸板对闸板"时的第一道最上部的井筒屏障组件。 该环状橡胶心子确定作为:如果不压井环状橡胶心子是用于下钻入井(RIH)或起出井筒时,作为备用井筒屏障组件	
C. 设计、结构和选择	(1)它应按照NORSOK D-002设计其结构。 (2)它的工作压力要超过包括压井作业极限在内的井筒设计压力(WDP)。 (3)该环状橡胶心子闸板应能在不压井环空提供密封。 (4)该环状橡胶心子闸板要配装闸板组合件(复数)以设计用于不压井起下工作。 (5)下部的环状橡胶心子闸板应能提供从上部的密封。 (6)上部的环状橡胶心子闸板应能提供从下部的密封	NORSOK D-002 ISO 13533 ISO 15156-1
D. 初次测试和检验	(1)在第一次安装后作功能测试。 (2)在第一次安装后进行低压和高压的渗漏测试。 (3)在随后的下入工作中,在密封件已解除压力至井口压力时,在连接处作渗漏测试	
E. 使用	该环状橡胶心子防喷器应像井控工作程序(应急程序)说明的那样进行工作	
F. 监管/监测	定期的观察检查外部渗漏。 定期的渗漏测试和功能测试,至少每14天一次	
G. 共用的井筒屏障	无	

表 4.48　旋转控制装置

特征项	验收标准	出处/备注
A. 说明	旋转控制装置(Rotating Control Device,简称 RCD)是一个能保持钻进的装置,其设计使用密封件或与钻柱(钻杆、套管等)紧密接触密封的封隔件的方法以允许钻柱旋转和保持钻井液循环流体到达地面的压力	
B. 功能	它的功能是在欠平衡作业(钻进、起下钻和下入完井装置时)在井筒中保持(钻井)液柱并保持钻井液从井筒折流到地面液体的循环系统的装备	
C. 设计、结构和选择	(1)该 RCD 应按设计的预定作业压力范围(包括预定的安全系数)。RCD 系统的压力额定值应按 API 16 RCD 试验的规定。 (2)RCD 应有一个动态的压力额定值在旋转工作管柱时大于或等于最大的预期井口压力,以及一个静态的压力额定值大于或等于在固定的工作管柱工作时最大的预期井口压力。 (3)设计应考虑到:有可能当工作管柱在井中时更换第一道密封元件。 (4)RCD 的密封元件应适用于工作液(钻井液)环境的要求。在欠平衡作业时,该密封元件应适用于气体和多相流循环流体。API Spec 16RCD 规定的测试结果应适于所用的钻井液。 (5)密封元件应适应于预期的工作温度范围。 (6)该 RCD 应能够承受振动和冲击载荷而密封结构不发生损伤。 (7)所有金属材料在与可能含 H_2S 的井筒流体接触时,应满足 ISO 15156-1 对含硫化物(酸性)物质服务的要求。 (8)该 RCD 可被超时磨损或突然失效。应进行突然失效的频率和突然失效原因的评估	API Spec 16RCD ISO 13533 NORSOK Z-015 弹性体钻柱测试的说明: ASTM D412 ASTM D471 ASTM G111 ASTM D2240 ISO 15156-1
D. 初次测试和检查	(1)RCD 在交货之前应通过一个文件规定的压力测试——35bar(500psi)5min 以及 10min 的静压力额定测试。 (2)材料牌照应该是符合要求可用的。 (3)就在 RCD 初次安装到位时应做渗漏测试 5min、35bar(500psi),以及 MPD/UBD 系统的额定工作压力的 10min 渗漏测试。 (4)在初次安装之后,更换密封元件的压力完整性应经过地面最大的在用井筒压力的测试	
E. 使用	应履行下列各项,直到 RCD 降低(减小)磨损时: (1)钻柱的最小震动状态。 (2)对正(校直)钻柱、甲板和防喷器组合体。 (3)保证最佳的钻柱体和工具接头表面[平滑的吊钳痕迹、钻杆接头表面的加硬层,以及 API 坡口(Grooves)/API 标志槽(Slots)]。 (4)用于 RCD 元件的测试流体的适应性。 (5)记录实际使用时工具接头通过元件的最小尺寸	
F. 监测/监管	(1)通过该元件的工作压力监测和监测作业时液罐的静液面并用肉眼观察检查作业时通过密封元件的连续渗漏。 (2)在作业时与钻井防喷器测试频率相同的阶段性渗漏测试和功能测试	
G. 共用的井筒屏障	无	

第4章 井筒屏障组件及其验收标准的管理

表 4.49 井下隔离阀

特征项	验收标准	出处/备注
A. 说明	井下隔离阀(Down Hole Isolation Valve,简称 DIV)在钻进经过它时是全打开的,安装在井下是套管柱/尾管柱的一个组成部分;它安装的深度,或者在偶然使用的钻柱最大深度处,或者在使用最长的井底钻具组合(BHA)长度、割缝尾管或筛管的时候(并要求安全使用而不必用强行起下方法或安全压井之前来保持作业的安全)	注:DIV 安装在套管柱或尾管柱上,有专门功能。国内似乎很少用
B. 功能	DIV 的功能是作为第一道井下井筒屏障,从 DIV 以上的连通油藏层的裸眼段隔离开(钻完井)液体系统	
C. 设计、结构和选择	(1)所选择的 DIV 应满足套管/尾管管柱(它是一个屏障的组件)内崩和外挤设计标准的要求。 (2)DIV 应能承受振动、冲击载荷、旋转的工具接头和裸露在高含量固体粒子的环境,而且不发生密封部件(密封结构)的损坏失效。 (3)额定的工作压力应在关闭 DIV 之后大于最大的压差。 (4)密封元件应适用于工作液环境(液体、气体和多相流体)的预定要求和预定的工作温度的复合要求。 (5)与可能含有 H_2S 的工作液(井筒液)相接触的金属材料,应满足 ISO 15156-1 对含硫化物(酸性物质)服务的要求。 (6)该 DIV 应肯定的(明确的)对其在地面的工作部件说明关闭机构(开/关)的相对位置。 (7)在该阀件以上应保持一个液柱	ISO 28781 弹性材料测试的说明: ASTM D412 ASTM D471 ASTM G111 ASTM D2240
D. 初次测试和检查	(1)DIV 应在交货之前经过文件规定的压差[5min,35bar(500psi)]测试和含有气体介质的额定压力 10min 的测试。应在液流流动方向测试。 (2)DIV 的材料牌照应该是符合要求可用的。 (3)DIV 在第一次安装到位之后应进行渗漏测试(5min、35bar/500psi)和 DIV 额定工作压力的 10min 渗漏测试。测试应按液流流动方向进行。 (4)在初次安装之后,在连接的工作管柱和连接的 DIV 以上的井底钻具组合(BHA)起出之前要经过流动测试,确认 DIV 的压力完整性	
E. 使用	DIV 被连接在最后一层套管(或管柱)下入之前为了用 DIV 隔离开在油藏段的欠平衡钻井	注:DIV 主要用于欠平衡作业
F. 监测/监管	应连续地监测 DIV 以上的液柱	
G. 共用的井筒屏障	无	

表 4.50 UBD/MPD 止回流阀

特征项	验收标准	出处/备注
A. 说明	UBD/MPD 止回流阀(Non-return Valve,简称 NRV)(单向阀)装在浮动接头中是一个嵌入型不带孔眼的阀件(Non-ported Valve),它用于管控压力或欠平衡工作,它接在管柱中下入是工作管柱的一个组成部分。它的阀型可以是球阀(带夹板的球阀)/柱塞阀或单向阀型。在一个井筒屏障组件中至少用 2 个 NRV 阀	
B. 功能	NRV 用于关闭和控制高压或低压,以防止液体从该阀件以下流至地面	

续表

特征项	验收标准	出处/备注
C.设计、结构和选择	(1)NRV 浮动接头应该是工作管柱的一个组成部件,它最小要符合内崩、外挤和扭转的设计标准。 (2)正确锁住 NRV 位置的能力应该是浮动接头的设计中所固有的(内在的)。 (3)NRV 应能承受振动、冲击载荷和裸露在含有固体粒子的环境中而不发生密封结构损伤失效的能力。 (4)NRV 要裸露在 MPD/UBD 模式下(包括一个预定的安全系数)工作,其额定工作压力(RWP)应大于最大压差。 (5)其密封元件应能满足(对抗于)工作流体环境(液体、气体和多相流)的预期作业温度的范围。 (6)NRV 应执行 NORSOK D-002 标准,除非是其他的挪威/NORSOK 标准的正常参考文献。 (7)多个 NRV 安装的深度位置应尽量在钻柱中接近在一起。安装附加的 NRV 时应该考虑根据(高压气体)工作的性质	NORSOK D-002 弹性材料测试的说明: ASTM D412 ASTM D471 ASTM G111 ASTM D2240
D.初次测试和检查	(1)(交货之前)NRV 应经过文件规定的压力测试(5min,35bar/500psi)和额定值工作压力的测试(10min)且无渗漏。对 UBD 作业应用气体介质来测试。对 MPD 作业可用水来测试。 (2)材料证书应该是可用的。 (3)初次安装之后,NRV 的压力完整性应该在连接(上扣)时用入流测试来检验与证明。 (4)调正 NRV 的位置之后,该 NRV 钻具组合应该用水进行渗漏测试至最大压差(并包括预定的安全系数)。只能是制造商的具有同样说明书的原来设备能为调正使用所采纳。测试应在流动方向	
E.使用	(1)在 NRV 以上的工作管柱在下钻入井时应充满液体。应避免突然地快速启动和停止循环系统泵的工作。 (2)岩屑残渣等通过 NRV 会防止正常关闭并导致损坏该阀,建议使用钻杆过滤筛网	
F.监测/监管	在连接(上扣)时做入流测试	
G.共用的井筒屏障	无	

表 4.51 就地地层

特征项	验收标准	出处/备注
A.说明	这是地层作为屏障组件,该地层已经(被)钻穿,而且位于套管与井眼的环空由水泥环或水泥塞隔离	
B.功能	就地地层能提供永久的不渗透的密封,防止流体从井眼到地面/海底流动,或者向其他地层流动	强调该地层是不渗透的
C.设计、结构和选择	在该地层所要求的深度(位置)有下列用途: (1)该地层是不渗透的,同时,不具有潜在的流体流动。 (2)井眼远离裂缝和(或)断层,该就地地层不是注入层位或流体对流层位。 (3)要求该地层完整性应超过最大的井眼压力诱导值。 (4)选择该地层应不受油藏压力在整个生命期(枯竭、压实、压裂、断层反作用)压力变化的影响。 (5)该地层应该与套管/尾管环空水泥或水泥塞直接胶结。 (6)如果该地层与套管直接胶结(例如,地层已经挤压入套管环空),那么应该考虑对蠕变地层的要求[①]	

续表

特征项	验收标准	出处/备注
D. 初次测试和检验	该地层应具备地层完整性,其压力应该用下列方法之一进行检验: (1)压力完整性测试。 (2)做出关井时的测试图解。 (3)如果还不知道最小的地层应力的话,要做延迟测试(XLOT)。 (4)文件规定的方法(或该油田规定的方法)	
E. 使用	无	
F. 监管/监测	无	
G. 共用的井筒屏障	无	

① 蠕变地层提供了一个外部水力密封(与地层完整性有关)。它的最小的层段高度为50m(测深),能承受该井应用的最大压力和最大压差应通过胶结测井检验,应使用两种不同的胶结测井工具(方法)分别单独进行检验,应检测其方位数据,制定测录井响应标准,胶结段接触长度为360°合格长度为50m(测深)。若该(蠕变地层)组件通过测录井、压力和地层完整性测试且质量合格,则该地层完整性可推广应用(特别是应用于永久报废井)。

表 4.52 蠕变地层

特征项	验收标准	出处/备注
A. 说明	蠕变地层由地层塑性地挤入位于套管/尾管和井筒孔眼之间的环空中	
B. 功能	蠕变地层的功能是提供了沿套管环空的一个连续的、永久的和不渗透的水力密封,以防止地层流体和反抗压力从其上、下流动	
C. 设计、结构和选择	(1)该组件能够提供一个外部的水力压力密封。 (2)最小的累计层段高度应为 50m 测深。 (3)该组件的最小地层应力要能够足以承受施加使用的最大压力。 (4)该组件要能承受最大的压差	
D. 初次测试和检验	(1)要通过胶结测井检查该组件的位置和长度: ① 应使用两次独立的测录井方法/工具,测录井方法要有方位数据。 ② 测录井数据要有资质人员和文件为依据进行解释和检查。 ③ 测录井响应标准要在测录井作业之前建立好。 ④ 最小的接触长度应为 50m 测深,并具有质量合格的胶结强度。 (2)压力完整性要应用跨过该层段的压差进行检查。 (3)地层完整性要通过对该层段的渗漏测试来检查。应该按照从该油田模式得到的预期地层应力的结果(见本书第 4 章表 4.51 就地地层 EAC 表)。 (4)如果该组件已由测录井、压力和地层完整性测试合于质量标准,测录井被认为足以应用于随后的其他井筒。地层层段要横向连续。如果测录井响应不能确定相关的地质相似性的话,需要做压力测试	
E. 使用	该组件是第一次用于永久报废井	
F 监管/监测	无	
G. 共用的井筒屏障	无	

表4.53 欠平衡钻井/管控压力钻井阀门(chock)系统

特征项	验收标准	出处/备注
A. 说明	欠平衡钻井/管控压力钻井的阀门管汇是一个为控制流体从井筒流动到地面的控制压力为目的的控制装置。它由隔离阀、从井筒和阀门管汇的流动管线组成	
B. 功能	它的功能是控制井口压力在预定限度内,同时减小回流流体压力至大气压或分离器入口压力	
C. 设计、结构和选择	(1)该阀门管汇系统要在预定的作业压力范围内适合于作业目的。 (2)该阀门管汇系统要有超过最大的UBD/MPD工作压力的额定工作压力,包括预定的安全系数。 (3)该阀门管汇系统的组件要适合于预期的作业流体环境(液体、气体、钻屑和多相流体),该系要能适应回流的流体和固体的流速。 (4)该管汇系统的组件要能适应预定的作业温度范围。 (5)该阀门管汇系统要能承受变化的和振动的载荷而不失效。 (6)阀门的大小尺寸要选择能优化井口压力控制和最小磨损。 (7)所有与井筒含H_2S流体接触的金属材料应满足ISO 15156-1对硫服务的要求。 (8)它要有可能用双组合体和对任何压力源隔离泄放物的再安装的阀门阀件。 (9)该阀门管汇要对每个阀门和流道有两个分开的流道包括阀门和隔离阀。 (10)风险评估(例如:FMEAC——失效模式、影响和危险性分析或相应的分析),要在阀门管汇包括控制系统上做风险评估。 (11)从井筒出来的流动管线要包括两个隔离阀,其中至少有一个是遥控操作的。 (12)MPD/UPD作业者工作台应放在钻台上与司钻在一起。 MPD特别要求: (13)要在阀门的回流管线的上游或下游安装一个高精度流量计。 (14)应配合阀门上游装配一个压力释放(阀件/阀门)以避免超过MPD系统的压力极限。该压力释放阀要能在MPD控制系统独立工作。 (15)该阀门要能由计算机基础系统自动控制工作。 (16)在管线上的遥控工作阀要失效—安全型的。 UPD特别要求: (17)在管线上的遥控工作阀要失效—安全关闭(ESDV,应急关闭阀),同时,其额定工作压力要超过关井井口压力(SIWHP)。要证明ESDV能在下游组合体中发生事件时阻止分离设备过压/过流	ISO 15156-1 NORSOK Z-015
D. 初次测试和检验	(1)该阀门管汇系统组件,包括管线和闸阀要渗漏测试到35bar(500psi)5min和在第一次安装之后和维修或更换部件之后,于开始泵送和循环之前,测试至MPD/UBD最大的MPD/UBD系统工作压力10min。 注:该闸阀不是设计来控制静压力的所以只需测试其体部。 (2)当在MPD验收—检查测试使用一个自动的闸阀控制系统时,要进行井底压力范围所要求的对系统的检查能力的测试。 (3)综合的功能测试要在第一次安装后进行,并要包括对闸阀的控制系统在内。 (4)材料的质量要符合使用标准	
E. 使用	(1)闸阀的程序调动的障碍事件要自动地或通过程序控制解决。 (2)在钻井要录取实时井下压力数据时要校正、标定水力模式	

第4章 井筒屏障组件及其验收标准的管理

续表

特征项	验收标准	出处/备注
F. 监管/监测	（1）要建立磨损和腐蚀程序以反映作业的状况。规定的磁性颗粒检查（MPI）应属于该程序的一个部分。 （2）定期的观察检查外部渗漏。 （3）闸阀的上游压力要监测并用独立和重复的压力监测系统加以控制。 （4）要监测指示的闸阀位置。 （5）定期的渗漏测试和功能测试，最少每14天一次	
G. 共用的井筒屏障	无	

表4.54 静态的欠平衡液柱

特征项	验收标准	出处/备注
A. 说明	在MPD/UBD作业时在井筒中的液体（流体）	NORSOK D-001
B. 功能	静态欠平衡液柱的目的是在井筒中保持静压力。不像EAC表4.1中的液柱，这是一个静态的欠平衡（屏障）组件，需要附加的井筒屏障组件（例如：旋转控制装置，RCD和阀门管汇）以建立第一道井筒屏障	
C. 设计、结构和选择	MPD说明要求。 （1）液体相对密度应该： ① 是最大的； ② 给予足够的闸阀工作范围； ③ 在裸眼井段小于最小的地层应力井段使用以能在循环漏失事故中保持回压）。 （2）在任何作业之前应说明临界的液体（流体）性质和特征。 （3）其相对密度应稳定在某一特殊时间而不能循环时的井下条件所决定的窗口允差值之内。 （4）应预测由起下钻—抽汲引起的井筒压力和循环当量变化并纳入MPD作业参数中。 UBD说明要求。 （1）爆炸极限应该建立在全部循环介质系统，其中有引入氧气到循环流体中的可能性。 （2）应该建立水合物曲线，同时，选择与设计（包括测量性能的工作）以能防止水合物地层的工作液体。 （3）应进行多相流模拟评估井筒清洁效率。 （4）在应用于形成泡沫或乳状问题的明显风险的井段之处，应该进行实验室试验以优化防范方法。 （5）应检查循环系统在注入和产生（形成）的其他成分以找到地层伤害、腐蚀和在地面与井下两处的循环系统成分降级的地方	ISO 10416
D. 初次测试和检查	（1）稳定的液面应使用MPD装备进行检查。 （2）包括相对密度在内的关键性液体（流体）性能应该在技术规范之内	

续表

特征项	验收标准	出处/备注
E. 使用	(1)应在全部时间都能够通过循环或钻进来保持井筒中的液面。 (2)它应能调节液体关键性能以保持或改进(修改)技术规范。 (3)应该确定检查验收静态和动态的漏失到地层的速率,如果有失去循环的风险,应该使用堵漏(失去循环)材料。 (4)应在井场备有足够相对密度的足够量压井液,以能够在任何时候在紧急情况下压井。再有,应该有足够的配浆材料(包括应急材料)以保持具有最小的检验相对密度的液体井筒屏障。 (5)同时进行井筒液体顶替和从(钻井液)液灌转出/转进(钻井液)液体的活动(工作)应该仅仅在高度小心而不影响使用中的液体系统性能的情况下进行。 (6)为了再建液体井筒屏障所要求的参数应该系统地记录并写入压井表格	
F. 监测/监管	(1)井中和在用(钻井液)池的液面应连续监测/监管。 (2)液体从井中返出的速率应连续监测/监管。 (3)在 MPD 动态的流动检查应该直到增大了回流速率增加了地面钻井池的容量,增大了气体含量的时候为止,或者在说明了的常规井段(范围)为止。这种流动检查应持续 10min,在高温高压情况下所有的流动检查应持续 30min。 (4)在循环时测量液体相对密度(入井/出井)应正常进行。 (5)每 12 个循环小时测钻井液相对密度(入井/出井)并与设计要求的性能比较。 (6)压井需要的参数	ISO 10414 – 1 ISO 10414 – 2
G. 共用的井筒屏障	无	

表 4.55 材料塞

特征项	验收标准	出处/备注
A. 说明	这个组件由固态的材料构成,在井筒中形成一个塞子(封堵/封隔塞)。材料塞是用某种或几种材料配制做成的专用于井中的塞子	
B. 功能	这个塞子的目的是防止地层流体在有液流的地层中和(或)从该地层与地面/海底之间进入井筒中	
C. 设计、结构和选择	(1)应说明每种材料的安置作业程序。 (2)对关键材料的作业,高温高压条件和用于这个材料配方的复杂材料应该由资质人员(内部的或外部的)单独检查。 (3)每一段材料的性能应在实验室试验检查以保证密封功能。这应由制造厂提交每段材料的说明文件。 (4)环空的屏障材料处方应在实验室做试验,试验样品应从能代表井眼条件的井场现场提取。 (5)用于封堵含有碳氢化合物的入流(源)的材料,应该设计得能防止气体扩散并适用于井眼条件(例如:含 CO_2,H_2O)。 (6)永久的材料塞,应设计得能提供包括预期的静态和动态条件及其各种载荷时的持久密封能力。 (7)它应按最大压差和最大的井下预期温度,包括安装载荷和测试载荷等进行设计。	UK Oil and Gas OP 071

续表

特征项	验收标准	出处/备注
C. 设计、结构和选择	(8)材料塞的最小长度应该是:<table><tr><td>裸眼材料塞</td><td>套管井材料塞</td><td>裸眼到地面的材料塞</td></tr><tr><td>(100m测深,其中最少有50m测深在任何入流/渗漏点(位置)以上。从裸眼进入套管中的材料塞至少有50m测深在下一层套管鞋上、下</td><td>如果坐放在机械塞之上作为基础的话,材料塞长度为50m测深,否则要100m测深长度</td><td>如果坐放在机械塞之上,材料塞长度为50m测深,否则要100m测深长度</td></tr></table>	UK Oil and Gas OPo71
D. 初次测试和检查	(1)套管井塞的测试或者在流动方向或者在其上部测试。 (2)通过评估作业执行情况并考虑井径扩大、泵注量和回流液量来安置材料塞。 (3)它的位置要通过下列检查:<table><tr><td>堵塞类型</td><td>检查要求</td></tr><tr><td>裸眼</td><td>放射性同位素检查</td></tr><tr><td>下了套管的井筒</td><td>放射性同位素检查。 ① 在预定的漏失测试(LOT)套管可能渗漏的路径以下,用70bar(1000psi)以上的压力测试,或者对表层套管的材料塞用35bar(500psi)测试; ② 不超过套管测试压力同时根据套管磨损状况校正套管内崩压力极限值。 如果材料塞坐放在已经压力测试过的底座(基座)上,就不要求再进行压力测试了。它应该用放射性同位素检查</td></tr></table>	
E. 使用	无	
F. 监测/监管	对临时报废井(关停井):在井眼最浅处安置的材料塞以上的液面/压力应按规定监测,或者在进入现有井眼时进行渗漏检查	
G. 共用的井筒屏障	无	

表 4.56 套管(环空)固结材料

特征项	验收标准	出处/备注
A. 说明	这个组件由固态状态时不渗透的材料组成,位于套管柱(复数)的环空,或在套管/尾管与地层之间的环空	
B. 功能	该组件的目的是提供一个连续的、永久的和沿着套管环空或套管柱(复数)之间环空的不渗透的水力密封,以防止地层流体流动、防止从地层流体上部或下部产生的阻止压力并结构性地支撑套管或尾管柱	
C. 设计、结构和选择	(1)泵作业程序的设计和安装说明应能确保每项泵作业的进行,它包括下列内容: ① 套管/尾管居中并在需要封隔的全长度以上保持压力完整性和密封完整性; ② 使用隔离液; ③ 在泵注作业时管内外的静水压差和循环当量密度(ECD)的效果以及在固结材料到位之前静水压力的损失。 ④ 在固结材料到位时失去回流的风险和减轻风险的方法。 (2)对关键的环空屏障作业、高温高压条件和复杂的配浆设计程序应通过企业内部的或外部的资质人员的检查。	UK Oil and Gas OP 071

续表

特征项	验收标准	出处/备注
C. 设计、结构和选择	（3）每一段配制材料的性能应经过试验室实验的检查以保证密封能力。这项工作应由加工厂以文件说明。 （4）环空屏障材料配方应在有代表性的井眼条件下从井场取样做试验室实验。 （5）所用材料的性能应保证封固井段的结构性支撑，并承受温度的影响。 （6）入流中含碳氢化合物的隔离材料应设计得能防止气体扩散（包括如果有 CO_2 和 H_2S 的时候）。 （7）设计的材料固结长度： ① 设计要允许将来能再用该井筒（如：侧钻、再完井和报废）。 ② 一般要求在套管鞋（或开窗处）以上至少100m测深（MD）。 ③ 导管：根据结构完整性要求来确定。 ④ 表层套管：根据井口装置和作业的载荷条件来确定。固结材料顶部高度应在导管鞋以上，如果未安装导管就要在地面/海底。 ⑤ 油层套管/生产尾管：应在套管鞋以上至少200m；如果套管/尾管进入了入流源，所设计的固结材料长度应在入流源以上200m测深处。 注意：在下入生产尾管的尾管固结材料长度不能达到上述要求时，可以混合使用以往的套管材料来封固要求的200m测深	UK Oil and Gas OP 071
D. 初次测试和检查	直到它达到足够的抗压强度为止，该材料应留存而不受干扰（指：保留样品）。 （1）该材料的密封能力，应在钻出套管鞋/套管开窗位置之后，经过地层完整性测试来检查。 （2）该材料的封固长度应使用下列方法之一来检查： ① 胶结测井。根据胶结检查要求的数据功能选择测井方法与工具。该测井方法应提供方位和封固段长度数据。该测井作业应由资质人员和按文件进行检查。 ② 根据记录的泵注作业（泵注容积、泵注时的回流量等）认可100%的顶替效率。实际的顶替压力与容积应与行业公认的软件模拟值相比较。在有漏失的情况下，漏失层应在有文件的预计的固结材料顶面（TOM）以上，验收文件是与经过测井检查的相似井（复数）的类似漏失情况作业记录相比较而得到的。 ③ 除非该套管材料在钻进下段井眼时作为一个井筒屏障组件（WBE），在漏失事件中，它的验收要用压力完整性（PIT）、地层完整性（FIT）或渗漏测试（LOT）作为检查方法（这个方法不能用作生产井或报废井的一个井筒屏障组件的套管材料检查方法）。 （3）关键的套管固结材料应经测井检查并按下列情况确定： ① 生产套管（尾管）在坐入或穿过有碳氢化合物的入流源时。 ② 生产套管（尾管）在相同的套管材料是第一道和第二道井筒屏障的一部分时。 ③ 有注入压力的井，它的压力超过了盖层的地层完整性。 （4）一个合格的井筒屏障组件的实际材料长度（封隔高度）应该： ① 在潜在入流源（油藏）以上； ② 按顶替计算的50m（MD）长度来检查。地层完整性应超过该井段的最大预定压力	
E. 使用	无	
F. 监测/监管	（1）在该套管固结材料以上的环空压力当其超过该环空以往的压力时应该按规定监测。 （2）表层套管与导管环空的出口要按正规要求监视	
G. 共用的井筒屏障	无	

第4章 井筒屏障组件及其验收标准的管理

表 4.57　无隔水导管的轻型修井—井控组合件（WCP）

特征项	验收标准	出处/备注
A. 说明	这个组件由下列组成： （1）配装于采油树的连接器/管接头。 （2）有两个测试阀和一个安全头的 BOP 体。 （3）连接下部润滑器系统（LLS）的连接件	
B. 功能	该组件的功能是防止从井筒到第一道井筒屏障（润滑油注入头）发生渗漏情况的环境中去的流体流动	
C. 设计、结构和选择	（1）井筒控制组合体要按 ISO 13628 设计结构。 （2）额定压力要超过它能承受包括压井极限值在内的最大压力。 （3）井筒控制组合体要包括安全头以下的一个压井入口。 （4）它要有借助使用遥控作业工具（ROV）连接和不连接压井水龙带的可能性。 （5）安全头要包括在应急关闭（ESD）/应急快速关闭（EQD）工作程序中	ISO 13628
D. 初次测试和检验	（1）安装后的功能测试。 （2）安装后的低压和高压渗漏测试	
E. 使用	（1）安全头要正常地仅在应急情况或发生渗漏时关闭。 （2）测试阀安全树要配置一个调度进、出井筒时作为井筒屏障组件来使用的组件	
F. 监管/监测	（1）定期的观察检查外部渗漏。 （2）定期的渗漏测试和功能测试,当工作时,至少每 7 天测试一次	
G. 共用的井筒屏障	该 WCP（体部、闸板和工具的连接部位）正常地看作是一个常用的 WBE： "结果降低方法"能够： （1）有一个备用压井入口（有两个阀件）以连接泵注管线。它也可以考虑有一条压井管线连接到有使用压井液的压井泵。 （2）保证 BHA 能起出/下入或在应急情况时卸去 BHA	

表 4.58　无隔水导管的轻型修井—下部润滑器部件（LLS）

特征项	验收标准	出处/备注
A. 说明	这个组件由下列组成： （1）与井控组合体相接的连接部件。 （2）润滑器管子。 （3）电缆剪切密封阀。 （4）双封隔组合体［如果没有集成在上部润滑器段（ULS）中的话］。 （5）与 ULS 连接部件	
B. 功能	（1）润滑器管子的功能是提供工具管柱加用的延伸件。 （2）电缆剪切密封阀的功能是在井控情况下工作时,割断电缆和提供密封	
C. 设计、结构和选择	（1）润滑器要按 ISO 13628 设计结构。 （2）额定压力要超过它能够承受的、包括压力极限的最大压力	ISO 13628
D. 初次测试和检验	（1）安装后的功能测试。 （2）安装后的低压和高压渗漏测试	
E. 使用	润滑器全长要能在上部关闭装置及完井工具管柱（包括从井中起出部件）以上足够长	
F. 监管/监测	定期观察检查外部渗漏	
G. 共用的井筒屏障	无	

表 4.59　无隔水导管的轻型修井—上部润滑器部件（ULS）

特征项	验收标准	出处/备注
A. 说明	这个组件由下列组成： （1）流体流动管/填料盒。 （2）双封隔组合体。 （3）工具夹持器。 （4）连接下部润滑器部件（LLS）的连接器	
B. 功能	（1）该流体流动管/填料盒的功能是作为第一道井筒屏障组件，同时，允许缆线移动进出井筒。 （2）双封隔组合体的功能是当流体流动管线失效时提供静密封，以保持井筒压力	
C. 设计、结构和选择	（1）该 ULS 要按 ISO 13628 设计结构。 （2）额定压力要超过它能够承受的，包括压井极限的最大压力。 （3）该 ULS 要包括一个检查阀以防止在电缆破坏情况时的渗漏。 （4）双封隔组合体能够集成于 LLS 中	ISO 13628
D. 初次测试和检验	（1）安装后的功能测试。 （2）安装后的低压和高压渗漏测试	
E. 使用	润滑油注入压力要足够高，以保持动压力密封，以及瞬时地尽可能低，以避免活动电缆时的过度摩擦	
F. 监管/监测	定期地观察检查外部渗漏	
G. 共用的井筒屏障	无	

表 4.A　正常压力/钻井 BOP 和井控设备的渗漏测试压力

	频率 组件	根部 （Stump）	钻出套管之前		井筒测试之前	测试的周期			
			表层套管	深层套管和尾管		每周		每 14 天	每 6 个月
防喷器（BOP）	环空防喷件	WDP①	功能	SDP①	WDP①	功能	最大层段的设计压力	SDP①	工作压力 WP×0.7
	管子闸板	WDP⑭	功能	SDP	井筒设计压力	WDP		SDP	WDP
	剪切闸板	WDP	功能	SDP		WDP		功能⑮	WDP
	BOP 闸阀和压井阀③	WDP	WDP⑥	SDP		WDP		SDP	WDP
	井口连接器	WDP	WDP⑫			WDP		SDP	WDP
	闸板锁住系统	功能⑩							
	套管剪切闸板	功能	功能	功能	功能				
BOP 控制系统	剪切推动系统	功能							
	积累的预加压力	检查							检查⑧
	水力腔室	工作压力							

第4章 井筒屏障组件及其验收标准的管理

续表

	频率 组件	根部 (Stump)	钻出套管之前		井筒测试 之前	测试的周期		
			表层套管	深层套管和尾管		每周	每14天	每6个月
第二个应急系统	应急的声波系统	功能	功能⑪	功能⑪		通信联系	关闭一个闸板	
	所有的遥控作业工具插入(hot stab)对扣功能	工作压力						
	应急卸开系统	功能	功能⑨					
	停机（电测井和水力动力缺失）	功能	功能⑨					
阀门/压井管线和管汇	阀门/压井管线	井筒设计压力	井筒设计压力	最大的层段设计压力	井筒设计压力		最大的层段设计压力	工作压力
	管汇阀件③	井筒设计压力			井筒设计压力		最大的层段设计压力	工作压力
	阀门	功能		功能	功能	功能	功能	
其他设备	压井泵	工作压力②		最大层段设计压力			最大的层段设计压力	工作压力
	BOP内部	井筒设计压力②		最大层段设计压力	井筒设计压力		最大的层段设计压力	工作压力
	插入阀件	工作压力②		最大层段设计压力	井筒设计压力		最大的层段设计压力	工作压力
	上部方形阀	工作压力②		最大层段设计压力			最大的层段设计压力	
	下部方形阀	工作压力②		最大层段设计压力			最大的层段设计压力	工作压力
	立管管汇	工作压力②		工作压力④			工作压力④	
	方钻杆内腔	工作压力②		工作压力④			工作压力④	
	分流器系统		功能⑬					
	隔水导管卡瓦接头	工作压力⑦						

注：(1) 符号说明：WP 工作压力；WDP 井筒设计压力；SDP 最大的层段设计压力。
(2) 功能测试方案要能进一步发展以适用于所有部件和容器的测试交互结合。作为一个部件的最小容器要每周测试一次。
① 或者最大工作压力的70%。
② 或者在第一次安装时测试。
③ 双向型的闸板/压井阀件（BOP 和管汇）要在它们能够在井控情况下所暴露的工作压力的方向测试。如果由于 BOP 安装的限制而不能实施的话，要从阀件上方测试。
④ 泵的缸套工作压力。
⑤ 包括腔体、控制容器等。
⑥ 测试至井筒设计压力的下游。
⑦ 隔水导管连接接头封隔件要在安装前压力测试至工作压力。

⑧ 海水面以下的容器。地面 BOP 容器最少 6 个月测试一次。
⑨ 这个测试要用 BOP 安装在井口装置上进行,以及仅在投入运转或者以前测试 5 年以内要求执行。
⑩ 闸板关闭系统要在闸板压力测试时,用闸板关闭系统的开孔进行测试。
⑪ 通信和功能。
⑫ 海底 BOP 在着底后在压力测试前包括全拉力测试至 25mtf。
⑬ 分流器系统要全功能测试以检查部件预定的工作、操作。
⑭ 不同的孔径闸板应该用最小的和最大的计划使用的管子外径进行测试。
⑮ 如果无工具串管柱通过防喷器,可视具体情况处理

还要强调以下几点:

(1)所有低压测试要用 15~20bar 和最小的测试评价期 5min,同时,高压测试最少应为 10min 评估期。泵入的/回流的液体体积、每个功能测试的开、关时间和偏差识别要记录下来。

(2)如果整个钻井防喷器组合体是未连接的/再连接的或在井筒没有从它的控制系统与被卸开井筒之间移动的话,就不需重复闸板的压力测试,以及不需要在"钻出套管之前"对环空防喷功能做说明。

(3)当 BOP 被安装到井筒时,距上次 BOP 整个组合体测试时间不要超过 14 天。

(4)在下部海洋隔水导管组合(LMRP)再连接上之后要履行下列各项工作:

① K/C 压井管线压力测试从井筒设计压力(WDP)以上和下部海洋隔水导管组合连接器(LMRP)测试压力至 WDP/井筒设计压力或环空压力的 70%(为最低压力)进行压力测试。

② 绿色和黄色罐都要做功能测试(注:绿色罐装的是安全流体,黄色罐装的是危险品)。

③ 应急发声系统的通信试验。

表 4.B　钻井 BOP 和控制系统失效

屏障组件/设备	当测试失效时要采取的工作
环空	立即维修② 如果两个环空已安装了 BOP 和控制系统,而只有一个环空测试失效的话,考虑在下完套管之后依据风险分析进行维修
剪切闸板包括闸板锁定装置	如果是 WBE 的话,立即维修②
连接器/连接部位	如果是 WBE 的话,立即维修②
管子闸板(上、中、下)包括闸板锁定装置	如果是 WBE 的话,立即维修② 如果两个附加的管子闸板还可以满足使用要求时,考虑依据风险分析在方便的时候维修测试失效的闸板
闸板阀(十字阀)内、外两个压井阀(以及阀内、阀外)	如果两个系列中的阀件已经失效,立即维修②。如果两个系列中的阀的一个已经失效的话,考虑依风险分析在下完套管之后维修
海洋隔水导管闸板阀和压井管线①	如果一个已经失效,立即维修②
黄色或绿色罐①	如果都已经失效,立即维修②。如果一个已经完全失效,立即维修。承受关键性的失效功能,考虑依据风险分析在方便的时候维修部分的失效罐
BOP 控制系统	承受关键性的失效功能,考虑依据风险在方便的时候进行维修
声控的剪切闸板①	与剪切闸板相同
声控的管子闸板①	与管子闸板相同。 如果遥控作业工具(ROV)界面可用于活动的管子闸板的话,考虑依据风险分析在下过套管之后维修它的声控功能

① 浮动装置。
② 立即:停业作业和关停井(暂时报废井)。

结 束 语

本书到此全部结束，但是仍有许多待继续扩宽和深入研究的问题，主要是：

(1) 第1章主要讲的是井筒完整性定义、功能和标准。在第1章中除了本书编写的10个作业的井筒完整性标准以外，还有：

① 水平井—多分支井—最大油藏接触面积井等复杂结构井家族的井筒完整性、井筒屏障和在用的以外的屏障新组件。其中，例如目前国际上普遍应用的垂直钻井旋转导向工具及其系统，如斯伦贝谢公司产品 Power V 等；导向的旋转导向钻井系统 Power Drive 系列产品等。复杂结构井的新完井方法。开发—采油中的许多新技术、新装备，都需要制定相应的井筒完整性标准。

② 在国际上已经兴起的智能油田、智能钻井、智能完井等智能化、自动化、信息化新技术、新工艺也需要研究它们的井筒完整性和相应的井筒屏障以及屏障组件。

③ 国际上提高采收率的目标是在目前水平再提高 10%~20%。特别是目前采收率过低只有 10% 左右的油气藏；在油气资源越来越紧张的情况下，国际上已经和继续研究新的热采技术、化学驱技术等，这就必然要涉及它们的井筒完整性、井筒屏障结构与组件以及相应的标准问题。要知道符合我国石油天然气工业的井筒完整性标准。

④ 我国在天然气水合物(可燃冰)勘探和试采工程技术上已经在国际上领先，但是距工业化开发还有很多工作和比较长的路，在这个新领域中的井筒完整性、井筒屏障及其组件将面临更多的挑战。

(2) 本书第2章讲的是井筒完整性及其失效的理论研究。这方面需要研究的问题也很多，主要是井筒完整性和井筒失效的原因、机理方面，要能够设计、制造出功能更强、寿命更长，更能适应在复杂油气藏/复杂油气井(高温高压、含 H_2S/CO_2)、高腐蚀性流体等条件下原用的屏障组件，它们的理论研究包括化学的、物理的、水力的、机械力学的和材料学、制造学等许多方面；在井筒完整性—井筒屏障的监管—监测—检验—测试技术上也有许多需要深入研究的课题。还有遥感遥控技术、信息化、大数据、云计算技术在石油钻采工程中的应用与发展也是大有可为的。

(3) 本书第3章关于井筒完整性的管理和人才培养、人员培训问题。我国在学习与应用井筒完整性方面刚刚起步，目前和国际上起步更早国家及油公司相比较有很大差距。习近平总书记在党的十九大报告中指示：要加快建设创新型国家。创新是引领发展的第一动力，是建设现代化经济体系的战略支撑。要瞄准世界科技前沿，强化基础研究，实现前瞻性基础研究；加强应用基础研究，突出关键共性技术、前沿引领技术、现代工程技术，为建设科技强国、质量强国、数字中国等提供有力支持。要建立以企业为主体、市场为导向、产学研深度融合的技术创新体系。培养造就一大批具有国际水平的战略科技人才、科技领军人才、青年科技人才和高水平创新国家。我国石油天然气工业，包括走出国门的油气企业，总书记指示的每一条都是目标和指路明灯。我们应该按总书记"追赶超越"指示，制订规划和路线图，早日攻克和应用好井筒完整性新理念新技术新工艺。

（4）本书第 4 章"井筒屏障组件及其验收标准的管理"，共编入 60 个井筒屏障组件验收表，基本上是参照 NORSOK D-010 V4 编写的，有些表加了解读和说明。在生产中应用的井筒屏障组件肯定不只是这 60 个，还需要补充和制定它们的验收标准。

最后，有几点建议：

（1）目前第一步是有组织有领导地分类组织面上的和重点的学习与培训井筒完整性知识，开展有关学术活动。需要准备教师和老中青的产学研结合的教学团队，提前准备教材和学习资料；

（2）建议在三大石油集团公司、延长油田集团公司及其下属石油企事业单位技术服务公司、制造厂商、中小企业、协会学会，建立与井筒完整性有关的专兼结合的组织。可以学习国内实行的"河长制"那样，加强领导、明确责任、规定制度等。

（3）组织井筒完整性试点、示范区。每个油气田至少选一个区块试点，建成示范区。应针对本公司油气藏特点选择"三高井""三低井""稠油热采井""地层水腐蚀井"等组织有关井筒完整性的研究与应用。

（4）组织有序的技术培训、学习交流。组织编写有关井筒完整性的资料、文献、教材。

（5）对重大项目和创新技术组织国家级、省部级、厅局级科研项目成立产学研结合的攻关中心或研究所，国家给予资金支持。

以上抛砖引玉的意见，敬请各界指正。

附录 缩写词

AC	acceptance criteria	验收标准
ACV	annulus circulation valve	环空循环阀
AIV	annulus inflow valve	环空入流阀
AIV	annulus isolation valve	环空隔离阀
AMV	annulus master valve	环空控制阀
AP	applied pressure	应用压力
APB	annulus pressure build-up	环空压力变化
APR	annulus pressure ram	环空压力闸板
ASV	annulus safety valve	环空安全阀
Annulus SV	annulus swab valve	环空抽汲阀
AVV	annulus vent valve	环空排出阀
AWV	annulus wing valve	环空翼阀(环空出/进阀)
BHA	bottom hole assembly	井底钻具组合
BHP	bottom hole pressure	井底压力
BLR	braided(cable) lubricator ram	网缆润滑器闸板
BMV	bleed monitoring valve	泄流监管阀
BOP	blow out preventer	防喷器
BPV	back pressure valve	回压阀
BSB	below the seabed	海底以下
CBL	cement bond log	水泥胶结测井
CIV	chemical injection valve	化学剂注入阀
COV,XOV	cross over valve	四通阀
COV	connector on valves	在阀件上连接的阀件
CT	coiled tubing	挠性管(连续管)
DHPG	downhole pressure gauge	井下压力表

DHSV	downhole safety valve	井下安全阀
DIV	downhole isolation valve	井下隔离阀
DP	dynamically positioned	动力定位
DD	dangerous and detected	危险和已检测的
DRS	dual rams sealing	双闸板密封
DU	dangerous and undetected	危险和未检测的
EAC	(well barrier) element acceptance criteria	(井筒屏障)组件验收标准
ECD	equivalent circulating density	当量循环密度
EMW	equivalent mud weight	当量钻井液相对密度
ESD	emergency shut-down	应急关闭
ESDV	emergency shut-down valve	应急关闭阀
FBP	formation breakdown pressure	地层破裂压力
FIT	formation integrity test	地层完整性测试
FPP	fracture propagation pressure	裂缝扩展压力
FRP	fracture reopening pressure	裂缝再开(重启)压力
FCP	fracture closure pressure	裂缝闭合压力
FMECA	failure modes, effects and criticality analysis	失效模式、影响和临界状态分析
FPP	fracture propagation pressure	压裂传导压力
FRP	fracture re-opening pressure	裂缝再开启压力
GIH	grease injection head	润滑油(黄油)注入头
GLV	gas lift valve	气举阀
GSR	grease seal ram	润滑脂密封闸板
HMV	hydraulic master valve	水力控制主阀
HP	high pressure	高压
HPA	high pressure alarms	高压警告
HPHT	high pressure and high temperature	高压高温
HT	high temperature	高温
HSE	health, safety and environment	健康、安全和环保(环境)

HXT	horizontal x – mas tree	水平的采油树
IADC	international association of drilling contractor's	国际钻井承包商协会
ID	internal diameter	内径
IWCF	international well control forum	国际井控论坛
ISO	international standardization organization	国际标准化组织
IT	inflow test	入流测试
KV	kill valve	压井阀
LCM	lost circulation material	漏失循环材料(堵漏材料)
LHD	low head drilling	低压头钻井
LLS	lower lubricator system/section	下部润滑器系统/部件
LLV	lower lubricator valve	下部润滑器阀
LMRP	lower marine riser package	下部海洋隔水导管组合
LOP	leak off pressure	漏失压力
LOT	leak – off test	漏失测试
LRP	lower riser package	下部隔水导管组合体
LWD	logging while drilling	随钻测井
LWI	light well intervention	小型修井作业
MAASP	maximum allowable annulus surface pressure	最大允许的(可用的)环空地面压力
MD	measured depth	测量深度、测深
MIV	methanol injection valve	甲醇注入阀
ML	multi – lateral	分支
MLW	multi – lateral well	分支井
MMV	manual master valve	手控阀
MMV	measured master valve	测量控制阀
MOC	management of change	管理的改变(改变管理)
MODU	mobile offshore drilling unit	移动式海洋钻井装置
MOP	maximum operational pressure	最大工作压力

MPD	managed pressure drilling	管理(管控)压力钻井或者控制压力钻井
MPI	magnetic particle inspection	磁性颗粒检查
MSDP	maximum section design pressure	最大分段设计压力
PBR	polished bore receptacle	抛光孔插座
PCH	pressure control head	压力控制头
PIV	production isolation valve	采油(生产)隔离阀
PLC	programmable electronic controller	可编程的电子控制器
MWDP	maximum well design pressure	最大的井筒设计压力
NRV	non-return valve	止回流阀
OD	outer diameter	外径
PIV	pressure isolate valve	隔离压力阀
PIT	pressure integrity test	压力完整性测试
PIV	pressure isolate valve	压力隔离阀
PMV	production master valve	采油(生产)控制主阀
PRV	pressure relief valve	释放压力阀
PSA	petroleum safety authority	石油安全授权
PSD	production shut-down	停止生产、关井
PSV	production swab valve	生产抽汲阀
PT	pressure test	压力测试
PWV	production wing valve	采油(生产)翼阀
RAM	risk assessment matrix	风险评估模型
RCD	rotating control device	旋转控制装置
R/U	rig up	起钻、钻机立起
RIH	running in hole	下钻入井
RKB	rotary Kelly bushing	旋转方钻杆补心
ROV	remote operated vehicle	遥控作业工具
RV	retainer valve	承托环阀

RWP	rated working pressure	额定工作压力
R/D	rig down	放下井架、卸掉钻机
SB	stuffing box	填料盒子
SCP	sustained casing pressure	持续的(稳定的)套管压力
SCSSV	surface controlled subsurface safety valve	地面控制的井下安全阀
SD	safe and dangerous	安全与危险
SDP	section design pressure	分段的设计压力
SF	safety factor	安全系数
SAP	sustained annulus pressure	持续的(稳定的)环空压力
SCSSV	self-control slick-line safe valve	钢丝电缆自控安全阀
SH	safe head	安全头
SICP	shut in drill pipe pressure	钻柱关闭的压力
SIV	scale inhibitor valve	垢抑制剂阀
SIWHP	shut in wellhead pressure	关井井口压力
SLR	slick line lubricator ram	钢丝电缆润滑器闸板
SPM	single point mooring	单点系泊
SPWV	safety pressure wing valve	安全压力翼阀
SSCSV	sub-surface controlled subsurface safety valve	地下控制的井下安全阀
SSR	shear-seal ram	剪切—密封闸板(对开—对关密封闸板)
SSTT	subsea test tree	海水面以下的测试树
SSV	surface safety valve	地面安全阀
SSSV	subsurface safety valves	地下安全阀
SSW	subsea well	海水面以下井筒(海洋井)
STT	surface test tree	地面测试树
SU	safe and undetected	安全和未检测的
SV	safe valve	安全阀
SV	swab valve	抽吸阀

TAML	technical advanced multi later	（技术先进的）多分支井
TAP	trapped annulus pressure	隔离的环空压力
TCP	tubing conveyed perforating	过油管射孔
TH	tubing hanger	油管挂
TOC	top of cement	水泥顶面（水泥返高）
TP	thermal pressure	加热的压力
TVD	true vertical depth	实际垂直深度
USIT	ultra sonic imaging tool	超声图像工具
UB	under balanced	欠平衡
UBD	under balanced drilling	欠平衡钻井
ULS	upper lubricator section	上部润滑器部件
ULV	upper lubricator valve	上部润滑器阀
VIV/LIV	upper/lower isolate valve	上部/下部隔离阀
VXT	vertical x-mas tree	垂直采油树
WAG	water alternating gas injector	水气交替注入器
WB	well barrier	井筒屏障
WBE	well barrier element	井筒屏障组件
WBS	well barrier schematic	井筒屏障示意图（图解）
WCP	well control package	井筒控制组合体，井筒组合装置
WDP	well design pressure	井筒设计压力
WHP	well head pressure	井口压力
WI	well integrity	井筒完整性
WIMS	well integrity management system	井筒完整性管理系统
WL	wireline	电线、电缆线
WOE	well operating limits	井筒工作（作业）极限
WOV	well open valve	打开井筒阀（开井阀）
WOW	waiting on weather	等候气候（好转）
WP	working pressure	工作压力

WR	wire-line ram	电测缆线闸板
XLOT	extended leak-off test	延长(延迟)渗漏测试
XOV	cross-over valve	十字阀
XT	x-mas tree(production/injection tree)	采油树(采油/注入井口树)

参 考 文 献

陈庭根,管志川,2016. 钻井工程理论与技术[M]. 东营:中国石油大学出版社.

冯耀荣,韩礼红,张福祥,等,2014. 油气井管柱完整性技术研究进展与展望[J]. 天然气工业,34(11):73-81.

胡顺渠,陈琛,史雪枝,等,2011. 川西高温高压气井井筒完整性优化设计及应用[J]. 海洋石油,31(2):82-85.

姜汉桥,等,2006. 油藏工程原理[M]. 东营:中国石油大学出版社.

景宏涛,彭建云,张宝,等,2005. 迪那2井完整性评价及风险分析[J]. 天然气工业,0(1):15-16.

冷永红,等,2014. 柔性自应力水泥固井技术研究及应用[J]. 天然气工业,34(增刊1):140-143.

李龙,孙金声,刘勇,等,2013. 纳米材料在钻井完井流体和油气层保护中的应用研究进展[J]. 油田化学,30(1):139-144.

李炎军,张万栋,杨仲涵,等,2016. 东方13-1高温高压气田全寿命多级屏障井筒完整性设计[J]. 石油钻采工艺,38(6):776-781.

刘敬平,孙金声,2016. 钻井液活度对川滇页岩气地层水化膨胀与分散的影响[J]. 钻井液与完井液,33(2):31-35.

刘敬平,孙金声,2016. 页岩气藏地层井壁水化失稳机理与抑制方法[J]. 钻井液与完井液,33(3):25-29.

刘希圣,1998. 钻井工艺原理(上、中、下册)[M]. 北京:石油工业出版社.

楼一珊,李琪,2013. 钻井工程[M]. 北京:石油工业出版社.

挪威国家石油和天然气协会,挪威科学技术大学,斯塔凡格大学,2016. 井完整性导论[M]. 杨向同,邱金平,刘洪涛,译. 北京:石油工业出版社.

史毅,张宇睿,程纯勇,2014. 国内外井筒完整性研究进展[J]. 天然气工业(5).

孙金声,刘敬平,闫丽丽,等,2016. 国内外页岩气井水基钻井液技术现状及中国发展方向[J]. 钻井液与完井液,33(5):1-8.

孙金声,刘雨晴,王书琪,等,1995. 低荧光阳离子防塌剂WFT-666的合成与性能[J]. 油田化学,12(4):304-307.

孙金声,苏义脑,罗平亚,等,2005. 超低渗透钻井液提高地层承压能力机理研究[J]. 钻井液与完井液,22(5):1-3.

孙金声,张家栋,黄达全,等,2005. 超低渗透钻井液防漏堵漏技术研究与应用[J]. 钻井液与完井液,22(4):21-23.

汤晓勇,王鸿捷,胡耀义,2018. 油气企业智能化转型的规划与建设方法研究[J]. 天然气与石油,36(1):96-100.

万仁溥,1996. 现代完井工程[M]. 北京:石油工业出版社.

王茂功,陈帅,李彦琴,等,2016. 新型抗高温油基钻井液降滤失剂的研制与性能[J]. 钻井液与完井液,33(1):1-5.

王茂功,徐显广,孙金声,等,2016. 气制油合成基钻井液关键处理剂研制与应用[J]. 钻井液与完井液,33(3):30-34.

吴奇,2017. 高温高压及高含硫井完整性指南[M]. 北京:石油工业出版社.

吴奇,郑新权,邱金平,等,2017. 高温高压及高含硫井完整性管理规范[M]. 北京:石油工业出版社.

吴奇,郑新权,张邵礼,等,2017. 高温高压及高含硫井完整性设计准则[M]. 北京:石油工业出版社.

杨登波,刘强,陈峰,等,2018. 带压作业三级注脂电缆动密封技术分析研究及应用[J]. 钻采工艺,41(4):59-62.

余秉森,2014. 油藏的继续开发、生产、环保与其转型的必要性[C]. 西安:第十八届中国科协年会.

岳湘安,等,2013. 提高石油采收率基础[M]. 北京:石油工业出版社.

张洁,2001. 植物酚类化学与应用[M]. 西安:陕西科学技术出版社.

张绍槐,2018. 井筒完整性的定义、功能、应用及进展[J]. 石油钻采工艺,40(1):1-8.

张绍槐,2018. 石油钻井完井文集[M]. 北京:石油工业出版社.

张绍槐,2018. 完井作业应用井筒完整性标准[J]. 石油钻采工艺,40(3):275-286.

张绍槐,2018. 钻井作业应用井筒完整性标准[J]. 石油钻采工艺,40(2):147-156.

张绍槐,罗平亚,1993. 保护储集层技术[M]. 北京:石油工业出版社.

张昕,吴奇兵,葛伟凤,等,2016. 基于宽频超声法的在产井井筒完整性检测技术研究[J],石油管材与仪器,2(5):27-29.

张艳娜,孙金声,耿东士,2016. 杂化硅防塌剂的合成与性能评价[J]. 油田化学,33(3):396-400.

张智,李炎军,张超,等,2013. 高温含CO_2气井的井筒完整性设计[J]. 天然气工业,33(9):79-86.

张智,周延军,付建红,等,2010. 含硫气井的井筒完整性设计方法[J]. 天然气工业,30(3):67-69.

《中国油气田开发志》总编纂委员会,2011. 中国油气田开发志·长庆油气区卷[M]. 北京:石油工业出版社.

《中国油气田开发志》总编纂委员会,2011. 中国油气田开发志·延长油气区卷[M]. 北京:石油工业出版社.

《钻井手册(甲方)》编写组,1990. 钻井手册(甲方)[M]. 北京:石油工业出版社.

QSH 0653—2015　企业标准废弃井封井处置规范[S].

SY/T 6592—2004　固井质量评价方法[S].

SY/T 6646—2006　废弃井及长停井处置指南[S].

SY/T 6845—2011　海洋弃井作业规范[S].

Abimbola Oladipo. Risk-Based Prioritzation Abandonment Strategy for Inactive Subsea Wells[R]. SPE-181020-MS,2016.

Adam T Bur goyne,1999. Sustained Casing Pressure in Offshore Producing Wells[R]. OTC 11029.

Adbulaziz A Al-Mukhaitah,2013. Effective Well Integrity Management in a Mature Sour Oil Field[R]. IPTC,16767.

Ahmed A Sultan,2009. Well Integrity Management Systems:Achievements versus Expectations,IPTC 13405.

Alesio P D,2011. SPE,ProEnergy;and R. Poloni,P. Valente,and P. A. Magarini,Well-Integrity Assessment and Assurance:The Operational Approach for Three CO_2-Storage Fields in Italy[R]. SPE 133056.

Ali Albawi,2013. Influence of Thermal Cycling on Cement Sheath Integrity,NTNU-Trondheim.

Attard M,1991. The Occurrence of Annulus Pressures in the North West Hutton Field:Problems and Solutions[R]. SPE 23136.

Barratt T,2010. A Case History:The Installation of a Damaged Control Line Replacement Safety Valve System in a North Sea Well[R]. SPE 134500.

Colin Stuart,2010. Application of an Intelligent System to Ensure Integrity Throughout the Entire Well Life Cycle[R]. IADC/SPE 135907.

Dethlefs J C,2012. Assessing Well-Integrity Risk:A Qualitative Model[R]. SPE 142854.

George E King,2013. Environmental Risk Arising From Well-Construction Failure—Differences between Barrier and Well Failure,and Estimates of Failure Frequency Across Common Well Types,Locations,and Well Age[R]. SPE 166142.

G. Blakney R,2010. Case Study:Shallow Surface Casing Corrosion Mitigation Evaluation[R]. SPE 130395.

Hamdl Daghmouni,2010. Well Integrity Management System(WIMS)Development[R]. SPE 137966.

ISO/TS 16530-2:2013 Well Integrity—Part2:Well Integrity for the Operational Phase,Technical Specification[S].

Jarle Haga,2009. Talisman Energy Norway,and KjellComeliussen and Forli,Well Integrity Management:A Systematic

Way of Describing and Keeping Track of the Integrity Status for Wells in Operation[R]. SPE 120946.

Jay Turner,2010. Customized Insulating Packer Fluid Improves Steam Injection Well Integrity[R]. SPE 133679.

Jia Cheng zao,Zou Caineng,Li Jianzhong,et al. Evaluation Criteria,Majortypes,Characteristics and Resource Prospects of Tight Oil in China,Petroleum Research,2016.

Jonathan Bellarby,2013. Annular Pressure Build-up Analysis and Methodology with Examples from Multifrac Horizontal Wells and HPHT Reservoirs[R]. SPE/IADC 163557.

Maalouf C B,2015. Formation Damage:A Novel Approach to Evaluate Zonal Productivity Loss in Horizontal Wells[R]. SPE-177533-MS.

Mac Eachran A,1994. Supplement to SPE 21911. Impact on Casing Design of Thermal Expansion of Fluids In Confined Annuli[R]. SPE 029229.

Michel C M,1995. Methods of Detecting and Locating Tubing and Packer Leaks in the Western Operating Area of the Prudhoe Bay Field[R]. SPE Production&Facilities.

Mohamed A Elkholy,2007. Design and Early Implementation of a Well Integrity Management System in an Offshore Brownfield Operation[R]. IPTC 11678.

Mohamed El-Sayed Ibrahim,2011. Perforating for Squeeze Through Four Casing Strings to Remediate Annulus Gas Leak Problem[R]. SPE/IADC 166729.

Neil Sultan,Jean-Baptiste Faget,2008. Real-Time Casing Annulus Pressure Monitoring in a Subsea HPHT Exploration Well[R]. OTC 19286.

NORSOK D-010 Well Integrity in Drilling and Well Operations[S]. 第4版.

OGP Draft 116530-2:2012 Petroleum and Natural Gas Industries—Well Integrity for the Operational Phase[S].

Oudeman P,1993. Field Trial Results of Annular Pressure Behavior in a High-Pressure/High-Temperature Well[R]. SPE 26738.

Rausand M,Hoyland A,2004. System Reliability Theory:Modes,Statistical Methods and Application[M]. 2nd Edition. Hoboken:John Wiley&Sons Inc.

Saadon Kairon,Tom Lane,2008. Optimizing Well integrity Surveillance and Maintenance[R]. IPTC 12624.

Saleh Abdul Samad Al Braiki,2010. Risk Register and Risk Ranking of Non Integral Wells,SPE 137630.

Sanjay K Singh,2012. Integrated Approach to Well Integrity Evaluation via Reliability Assessment of Well Integrity Tools and Methods:Results from Dukhan Field,Qatar[R]. SPE 156052.

Smith L,Milanovic D,2008. The Total Control of Well Integrity Management[R]. SPE 117121-PP.

Sparke S J,2011. The Seven Pillars of Well Integrity Management:The Design and Implementation of a Well Integrity Management System[R]. SPE 142449.

Stewart Hall R,1976. The Technology of Offshore Drilling,completion and Production,ETA Offshore Seminars,Inc.

Tarr B A,W. Ladendorf D,2016. Next Generation Kick Detection during Connections:Influx Detection at Pumps Stop (IDAPS) Software[R]. IADC/SPE-178821-MS.

Wan Rokiah Ismail,AlmagFiraPradana,2013. Mature Field Subsurface Integrity:Formulation of New Paradigm through Holistic Diagnostic Approach for D-Field,Malaysia[R]. SPE 165634.

Weka J Calosia,2010. Well-Integrity Issues in Malacca Strait Contract Area[R]. JPT·APRIL 2011,SPE 129083.

Weka Janitra Calosa,2010. Well Integrity Issues in Malacca Strait Contract Area[R]. SPE 129083.

Weka Janitra Calosa,2011. Exceeding Well Life Design in Mature Field Using Well Integrity Management System[R]. SPE 149087.

Wildiman Reinoso,2016. Removing Formation Damage From Fines Migration in the Putumayo Basin in Colombia:Challenges,Results,Lessons Learned,and New Opportunities after more than 100 Sandstone Acidizing Treatments[R]. SPE-178996-MS.

致　　谢

首先感谢中国石油天然气集团有限公司评估中心审查评估并通过对本书作为纵向图书出版的决定,并提出了宝贵意见。

衷心感谢石油工业出版社张卫国社长、责任编辑何莉主任等对出版本书高水平的策划、精心的编辑和加工。

特别感谢我的恩师、92岁高龄的刘希圣教授、博导、中国知名专家、国家有突出贡献的专家为本书的审查和撰写序言。

还要感谢我的同班老同学陈庭根教授、博导、中国石油大学钻井教研室主任对本书的修改意见和为本书撰写题词。

同时还要感谢我的同班老同学万仁溥老司长、西安石油大学兼职教授在健康状况欠佳的情况下对本书出版的关心。

深深感谢我的博士研究生、现在是沙特阿美石油公司专家、对国际上应用井筒完整性非常熟悉并有独到见解的梅文荣博士为本书逐字逐页的审查修改提出了许多宝贵意见并为本书撰写推荐书。

感谢袁士宝老师的前期合作(2018.7出国)。

应该感谢老伴林敏诚和全家人在工作上的支持、生活上的关爱。